U0185218

"十二五"普通高等教育本科国家级规划教材

运筹学

第五版

刁在筠　戎晓霞　王光辉　刘丙强　刘桂真　编著

中国教育出版传媒集团
高等教育出版社·北京

内容提要

本书是第五版，在第四版的基础上修订完善而成，主要内容包括线性规划、整数线性规划、非线性规划、动态规划、图与网络分析、网络计划技术、排队论、决策分析、对策论等。

第五版继续保持厚理论、宽口径、理论联系实际的特点，以及精炼、严谨的风格。本书以新形态教材的形式出版，结合运筹学的新进展，并融入思政元素，每章增加数字资源，包括科学家故事、前沿扩展、科研应用、案例详解等内容，以二维码的形式呈现，可供教师和读者选择使用。

本书可作为数学与应用数学、信息与计算科学、金融数学等专业的运筹学课程教材，也可作为交通运输、计算机科学与技术、管理科学、系统工程等专业的专业课程教材。

图书在版编目(CIP)数据

运筹学／刁在筠等编著. --5版. --北京：高等教育出版社，2024.4

ISBN 978-7-04-061805-1

Ⅰ.①运…　Ⅱ.①刁…　Ⅲ.①运筹学-高等学校-教材　Ⅳ.①O22

中国国家版本馆CIP数据核字(2024)第044288号

Yunchouxue

策划编辑　张彦云　　责任编辑　胡　颖　　封面设计　王凌波　　版式设计　李彩丽
责任绘图　邓　超　　责任校对　王　雨　　责任印制　赵　振

出版发行	高等教育出版社	网　址	http://www.hep.edu.cn
社　址	北京市西城区德外大街4号		http://www.hep.com.cn
邮政编码	100120	网上订购	http://www.hepmall.com.cn
印　刷	三河市宏图印务有限公司		http://www.hepmall.com
开　本	787mm×1092mm　1/16		http://www.hepmall.cn
印　张	21	版　次	1996年4月第1版
字　数	470千字		2024年4月第5版
购书热线	010-58581118	印　次	2024年4月第1次印刷
咨询电话	400-810-0598	定　价	49.80元

物 料 号　61805-00

第五版前言

本书自1996年第一版出版发行以来，被百余所高校选用，影响广泛，获得众多读者和专家的认同和好评，2000年荣获教育部科学技术进步奖二等奖，先后入选“面向21世纪课程教材”“普通高等教育‘九五’国家级重点教材”“高等教育百门精品课程教材”“2007年度普通高等教育精品教材”“普通高等教育‘十一五’国家级规划教材”“‘十二五’普通高等教育本科国家级规划教材”“首届山东省普通高等教育一流教材”。山东大学采用本书所开设的运筹学课程被评为“国家理科基地创建名牌课程”“国家精品课程”以及“国家级精品资源共享课”。

为深入贯彻落实党的二十大精神，更好地服务于高水平科技自立自强、拔尖创新人才自主培养，编者基于前四版，在总结多年教学实践经验的基础上，认真研讨，完成第五版修订。本书保持了之前各版的特点和风格：选材精炼、深入浅出；对各主要分支的基本理论、基本方法和原理论述严谨，兼具广度和深度；适用面广泛，注重对读者思维的开拓与启迪；学习内容可根据需要适当增删而不削弱其系统性和各章节的协调性；注重培养读者建模和运用计算机解决问题的能力。在此基础上，本次修订主要基于以下两个原则：其一，坚持把“立德树人”作为根本任务，践行课程思政的教育理念，引导学生在学习运筹学知识的同时，培育科学精神、掌握思维方法、强化价值引领；其二，随着科技社会的进步，运筹学也与时俱进，在方法、理论及应用等方面有了创新发展，运筹学教材建设须结合运筹学的新进展，不断升级，紧密对接国家发展的重大战略，引领学科创新发展。

本书采用新形态教材的形式出版，每章新增数字资源，包括科学家故事、前沿扩展、科研应用、案例详解等内容，以期起到扩展视野、引领思维、提高认知，融入思政元素的作用。具体如下：引言中补充了运筹学与中国古代运筹案例，山东大学《运筹学》教材的传承和发展；第1章增加了线性规划在生物信息学方面的应用案例；第2章补充了用整数规划求解数独问题；第3章增加了0.618法的中国故事——华罗庚与优选法；第4章补充了动态规划在生物信息学方面的应用案例；第5章介绍了运筹学家管梅谷教授提出的中国邮递员问题，复杂网络以及极值图论初步；第6章补充了网络计划技术的中国故事——华罗庚与统筹法；第7章补充了习题中机场值机柜台和托运柜台设置问题的详细解答；第8章介绍了运筹与决策管理的若干典型应用；第9章增加了在对策论方面有突出贡献的几位诺贝尔经济学奖得主简介，以及应用对策论思维，辩证分析新问题的内容。

第四版前言

第三版前言

第二版序

第二版前言

第一版前言

书中各章有关案例及求解的相关程序以二维码形式附于教材中,供读者参考使用。

基于修订的实际需要,本版作者有所变动。第一、二版的作者为刁在筠、郑汉鼎、刘家壮、刘桂真;第三版的作者为刁在筠、刘桂真、宿洁、马建华;第四版的作者为刁在筠、刘桂真、戎晓霞、王光辉;第五版的作者为刁在筠、戎晓霞、王光辉、刘丙强、刘桂真。

本次再版得到山东大学本科生院和数学学院的大力支持,国内读者和专家同仁们的热情鼓励,高等教育出版社编辑的耐心帮助,在此向他们表示最衷心的感谢!

限于能力,本书如有不妥之处,恳请广大读者批评指正。

编　者

2023 年 12 月

目录

运筹学简介

1. 运筹学的发展及展望

运筹学(operational research)是20世纪新兴的学科之一,它能帮助决策者应用分析、实验、量化等方法,对有限资源如人、财、物等进行统筹安排,以取得最佳、最有效的管理方案.

朴素的运筹学思想在我国古代文献中就有记载.例如著名的战国时代齐王和田忌赛马的故事.在第二次世界大战中,各国的运筹学工作者进行了大量战略战术方面的运筹分析,为取得反法西斯战争的胜利做出了贡献.第二次世界大战后,随着电子计算机技术的迅速发展,运筹学被广泛应用于民用领域,用来提高工作效率和生产力,产生了巨大的经济效益.进入21世纪以来,随着大型网络的迅猛发展,它逐渐渗透到人们生产、生活和战备的各个领域,引起了某些行业颠覆性的创新.现在人们已普遍应用的计算机互联网主要提供数据服务;而移动互联网提供了方便、快捷的电信服务和媒体服务;电子商务异军突起,推动了商业业态的变化,还通过网络融入金融,正在改变传统的金融业务;下一代互联网将与物联网的服务相结合,然后进入生产服务,通过网络技术实现产品的全生命周期管理,它不仅控制了整个生产过程,还包括零配件供应链的管理、人力资源的管理、物质资源的管理及客户关系管理等方面.我国经济在深入改革中,经过多年高速高效发展后,现正步入新常态的重要转型期.创新驱动是实现新常态的关键.创新是多方面的,但科技创新的地位和作用十分重要.用网络科技来蜕变传统业态、激发企业创新的积极性,提高劳动和资本的边际产出率极为迫切.因此,社会、经济、战备的发展创新为运筹学工作者开辟了巨大的用武之地和广阔的研究领域.可以说,无论在哪一个大型网络管理中都要融入运筹学的优化、管理技能,因而运筹学本身也得到不断向前发展的动力.高校中越来越多的专业开设了有关运筹学的课程,以适应当前形势发展对人才多方面的要求.

2. 运筹学的基本特点及工作步骤

运筹学是一门科学,更是一门艺术.说它是一门科学,首先是因为它是由多种学科形成的综合性科学,具有多学科交叉的特点;任何决策都包含定量和定性两方面,运筹学强调以数量化为基础,因而它是一门以数学为主要工具,给出各种问题最优方案的量化分析,并指出那些定性因素权重的学科,这是运筹学的第二个特点;运筹学的第三个特点是它研究问题着眼于全局,从系统的观点出发,达到整体的优化结果.说它是一门艺术,是因为运筹学的研究发展还需引入一些非数学的方法和理论,研究和运用运筹学的每一个步骤,都取决于运筹学工作者的创造性和经验,需要与人沟通、合作、组织、渗透、平衡等方面的技能,这种精巧的艺术构思和运作是运筹学的第四个特点.20世纪八九十年代软运筹学崛起,对于那些非结构性的复杂问题,运用软运筹学的方法解决称为软计算.这种方法不追求严格最优,具有启发式思路,并借用其他学科的思想来得到寻优方法,如著名的遗传算法、模拟退火算法、神经网络、模糊逻辑算法、进化算法、蚁群优化算法,等等,这表明了运筹学智能化发展的趋势,这是运筹学的第五个特点.

基于运筹学的这些特点,在解决大量的实际问题时我们很难规定具体的步骤,但根据实践经验仍可提出一些通行的工作步骤:

(1) 提出和形成问题　即要搜集相关资料,弄清问题要求的目标,可能的约束条件,问题的可控变量以及有关参数.

(2) 建立模型　即把问题中的可控变量、参数和目标与约束之间的关系用一定的模型表示出来.

(3) 求解　用各种手段(主要是数学方法,也可用其他学科的方法)对模型求解,解可以是最优解、次优解、满意解.对于超大规模的问题,特别是需实时控制问题的求解需要用并行运行的计算机,甚至是目前正在深入研究并已经初部实现的量子计算机、量子传输等工具.对大量一般的问题求解,成功运用的软件已有很多,如 MATLAB,LINDO,LINGO,WinQSB 和 Excel,等等.

(4) 解的检验　将实际问题数据代入模型求得的解毕竟是模型的解,而模型只是对实际问题理想化的近似.为了检验得到的解是否正确,常采用回溯的方法,即将历史资料输入模型,研究得到的解与历史实际的符合程度,以判断模型及解是否正确.

(5) 解的控制　任何模型都有一定的适用范围,模型的解是否有效首先需考虑模型是否继续有效.依据灵敏度分析方法,确定最优解保持稳定时的参数变化范围,一旦实际参数变化超过这个范围,及时对模型及导出的解进行修正.

(6) 解的实施　将求得的解用到实际中必须考虑到实施的问题,如向实践部门讲清楚解的用法,可能产生的问题及如何修正.

以上过程应反复进行.

3. 运筹学的主要分支

按所解决的问题性质上的差别,将实际问题归结为不同类型的数学模型,这些不同类型的数学模型构成了运筹学的各个分支,主要的分支有线性规划、非线性规划、整数规划、动态规划、多目标规划、随机规划、图与网络分析、排队论、决策论、对策论、库存论、可靠性理论、模型论、投入产出分析等.它们中的每一个分支都有丰富的内容,均可独立成册.

上述的前六个部分统称为规划论,它们主要解决两方面的问题:一个是对于给定的人力、物力、财力等资源,怎样才能发挥它们的最大效益;另一个是对于给定的任务,怎样才能用最少的人力、物力和财力去完成它.

图与网络分析主要研究生产管理等系统中经常遇到的工序间的合理衔接搭配问题,设计中经常碰到的研究各种管道、线路的通过能力以及仓库、附属设施的布局等问题.在运筹学中把一些研究的对象用节点表示,对象之间的联系用连线(边)表示,点、边的集合构成图.如果给图中各边赋以某些具体的权数,并指定起点和终点,那么称这样的图为网络图.图与网络分析这一分支通过对图与网络的性质及优化的研究,解决设计与管理中的实际问题,特别是解决大规模、复杂网络系统问题.

排队论是一种研究排队服务系统工作过程优化的数学理论和方法.在这类系统中,服务对象何时到达以及系统对每个对象的服务时间是随机的.排队论通过找出这类系统工作特征的数值,为设计新的服务系统和改进现有系统提供数量依据.

运筹学与中国古代运筹学案例

决策论所研究的问题普遍存在,凡对于"举棋不定"的问题都必须做出决策.人们之所以举棋不定,是因为在着手实现某个预期目标时,有多种策略可选择,采用不同的策略会得到不同的结局和效果.决策者通过对系统状态、采取的策略及效果的度量进行综合研究,来确定决策准则,并选择最优的决策方案.

对策论又称为博弈论,是一种用来研究具有利害冲突的各方,如何制订出对自己有利从而战胜对手的斗争策略.前面提到的齐王和田忌赛马的故事就是对策论的一个绝妙的例子.

山东大学《运筹学》教材简介

其他分支的一些介绍可参见有关参考文献.

参考文献

[1] 塔哈.运筹学导论:基础篇[M].刘德刚,朱建明,韩继业,译. 9版.北京:中国人民大学出版社,2014.

[2]《运筹学》教材编写组.运筹学[M]. 5版.北京:清华大学出版社,2022.

[3] 胡运权,等.运筹学基础及应用[M]. 7版.北京:高等教育出版社,2021.

[4] 谢力同,刘家壮.运筹学的起源和发展之我见[J].军事运筹,1988,1(1):1-8.

[5] 周华任,马亚平.随机运筹学[M].北京:清华大学出版社,2012.

[6] 张杰,郭丽杰,周硕,等.运筹学模型及其应用[M].北京:清华大学出版社,2012.

[7] 卓新建.运筹学[M]. 2版.北京:北京邮电大学出版社,2022.

[8] 肖勇波.运筹学:原理、工具及应用[M].北京:机械工业出版社,2021.

[9] 刘浩洋,户将,李勇锋,等.最优化:建模、算法与理论[M].北京:高等教育出版社,2020.

第 1 章 线性规划

线性规划是运筹学的一个基本分支,其应用极其广泛,其作用也已被越来越多的人所重视.从线性规划诞生至今的几十年中,随着计算机的逐渐普及,它越来越迅速地渗透于工农业生产、商业活动、军事行动和科学研究的各个方面,为社会节省的财富、创造的价值无法估量.近年来,线性规划无论是在深度还是在广度方面又都取得了重大进展.

本章先通过例子归纳线性规划数学模型的一般形式,然后着重介绍有关线性规划的一些基本概念、基本理论及解线性规划问题的若干方法.

§1.1 线性规划问题

在各类经济活动中,经常遇到这样的问题:在生产条件不变的情况下,如何通过统筹安排,改进生产组织或计划,合理安排人力、物力资源,组织生产过程,使总的经济效益最好.这种问题常常可以化成或近似地化成所谓的“线性规划”(linear programming,简记为 LP)问题.本节先举例介绍线性规划问题,然后给出线性规划问题的一般形式、规范形式和标准形式定义及其矩阵和向量表达式,并证明三种形式的 LP 问题是等价的.

1. 线性规划问题举例

下面我们举几个例子.

例 1.1.1 某工厂用 3 种原料 P_1, P_2, P_3 生产 2 种产品 Q_1, Q_2. 已知的条件如表 1.1.1 所示,试制订出总利润最大的月生产计划.

表 1.1.1

单位产品所需原料数量/吨		产品		原料可用量/(吨·月$^{-1}$)
		Q_1	Q_2	
原料	P_1	1	1	150
	P_2	2	3	240
	P_3	3	2	300
单位产品的利润/(万元·吨$^{-1}$)		2.4	1.8	

分析 设产品 Q_j 的月产量为 x_j(单位:吨),$j=1,2$,它们受到一些条件的限制.首先,不能取负值,即必须有 $x_j \geqslant 0, j=1,2$;其次,根据题设,三种原料的月消耗量分别不能超过它们的月可用量,即它们又必须满足

$$x_1 + x_2 \leqslant 150$$

$$2x_1 + 3x_2 \leqslant 240$$

$$3x_1 + 2x_2 \leqslant 300$$

我们希望在以上约束条件下求 x_1, x_2,使其总利润 $z=2.4x_1+1.8x_2$ 达到最大.故求解该问题的数学模型为

$$\begin{cases} \max & z = 2.4x_1 + 1.8x_2 \\ \text{s.t.} & x_1 + x_2 \leqslant 150 \\ & 2x_1 + 3x_2 \leqslant 240 \\ & 3x_1 + 2x_2 \leqslant 300 \\ & x_j \geqslant 0, \quad j=1,2 \end{cases}$$

其中 max 是最大化(maximize)的简记符号,s.t.是约束条件(subject to)的简记符号.

例 1.1.2 运输问题

一个制造厂要把若干单位的产品从 A_1, A_2 两个仓库发送到零售点 B_1, B_2, B_3, B_4. 仓库 A_i 能供应产品的数量为 $a_i, i=1,2$;零售点 B_j 所需产品的数量为 $b_j, j=1,2,3,4$. 假设能供应的产品总量等于所需要的总量,即 $\sum_{i=1}^{2} a_i = \sum_{j=1}^{4} b_j$,且已知从仓库 A_i 运一单位产品到 B_j 的运价为 c_{ij}.问应如何组织运输才能使总运费最小?

分析 假定运费与运量成正比,一般地,采用不同的调运方案,总运费很可能不一样.设 $x_{ij}(i=1,2;\ j=1,2,3,4)$ 表示从仓库 A_i 运往零售点 B_j 的产品数量.从 A_1, A_2 两仓库运往四地的产品数量总和应该分别是 a_1 和 a_2,所以 x_{ij} 应满足

$$x_{11}+x_{12}+x_{13}+x_{14}=a_1$$

$$x_{21}+x_{22}+x_{23}+x_{24}=a_2$$

又运输到 B_1, B_2, B_3, B_4 四地的产品数量应该分别满足它们的需求量,即 x_{ij} 还应满足以下条件:

$$x_{11}+x_{21}=b_1$$

$$x_{12}+x_{22}=b_2$$

$$x_{13}+x_{23}=b_3$$

$$x_{14}+x_{24}=b_4$$

最后,x_{ij} 表示运量,不能取负值,即 $x_{ij} \geqslant 0 (i=1,2;j=1,2,3,4)$. 我们希望在满足供需要求的条件下,求 $x_{ij}(i=1,2;j=1,2,3,4)$,使总运费最小.总运费为

$$z=c_{11}x_{11}+c_{12}x_{12}+c_{13}x_{13}+c_{14}x_{14}+c_{21}x_{21}+c_{22}x_{22}+c_{23}x_{23}+c_{24}x_{24}$$

归纳以上分析,该问题的数学模型为

$$
\begin{cases}
\min & z=c_{11}x_{11}+c_{12}x_{12}+c_{13}x_{13}+c_{14}x_{14}+ \\
 & \quad c_{21}x_{21}+c_{22}x_{22}+c_{23}x_{23}+c_{24}x_{24} \\
\text{s.t.} & x_{11}+x_{12}+x_{13}+x_{14}=a_1 \\
 & x_{21}+x_{22}+x_{23}+x_{24}=a_2 \\
 & x_{11}+x_{21}=b_1 \\
 & x_{12}+x_{22}=b_2 \\
 & x_{13}+x_{23}=b_3 \\
 & x_{14}+x_{24}=b_4 \\
 & x_{ij}\geqslant 0,\ i=1,2;j=1,2,3,4
\end{cases}
$$

其中 min 是最小化(minimize)的简记符号.

在本例题中发点 A_1,A_2 处的产品供应总量是(a_1+a_2)单位,而四个收点 B_1,B_2,B_3,B_4 处的产品需求总量是$(b_1+b_2+b_3+b_4)$单位,两者相等.这一类问题称为**收发平衡型的运输问题**.当然也可以研究收发不平衡型运输问题.

一般的运输问题可表述如下:要把某种物资从 m 个发点 A_i,$i=1,\cdots,m$,调运给需要这种物资的 n 个收点 B_j,$j=1,\cdots,n$;发点 A_i 拥有物资量为 a_i,$i=1,\cdots,m$;收点 B_j 的需求量是 b_j,$j=1,\cdots,n$.已知 $\sum\limits_{i=1}^{m} a_i=\sum\limits_{j=1}^{n} b_j$,从 A_i 运一单位物资到 B_j 的运价是 c_{ij}.现在要确定一个调运方案,即确定由 A_i 到 B_j 的运量 x_{ij},$i=1,\cdots,m$;$j=1,\cdots,n$,在满足供需要求的条件下,使总运费最小.

由类似的分析,我们知道一般运输问题的数学模型是

$$
\begin{cases}
\min & z=\sum\limits_{i=1}^{m}\sum\limits_{j=1}^{n} c_{ij}x_{ij} \\
\text{s.t.} & \sum\limits_{j=1}^{n} x_{ij}=a_i,\ i=1,\cdots,m \\
 & \sum\limits_{i=1}^{m} x_{ij}=b_j,\ j=1,\cdots,n \\
 & x_{ij}\geqslant 0,\ i=1,\cdots,m;j=1,\cdots,n
\end{cases}
$$

这样的例子不胜枚举.这些例子的具体内容各不相同,但归结出的数学模型却属于同一类问题,即在一组线性等式或不等式约束之下,求一个线性函数的最大值或最小值的问题,我们将这类问题称为**线性规划问题**.

2. 线性规划模型

线性规划问题的一般形式为

$$
\begin{cases}
\min & z=c_1x_1+\cdots+c_nx_n \\
\text{s.t.} & a_{i1}x_1+a_{i2}x_2+\cdots+a_{in}x_n=b_i,\ i=1,\cdots,p \\
 & a_{i1}x_1+a_{i2}x_2+\cdots+a_{in}x_n\geqslant b_i,\ i=p+1,\cdots,m \\
 & x_j\geqslant 0,\ j=1,\cdots,q \\
 & x_j\gtrless 0,\ j=q+1,\cdots,n
\end{cases}
\tag{1.1.1}
$$

其中 $x_j(j=1,\cdots,n)$ 为待定的决策变量,已知的系数 a_{ij} 组成的矩阵

$$\boldsymbol{A}=\begin{pmatrix} a_{11} & a_{12} & \cdots & a_{1n} \\ a_{21} & a_{22} & \cdots & a_{2n} \\ \vdots & \vdots & & \vdots \\ a_{m1} & a_{m2} & \cdots & a_{mn} \end{pmatrix}$$

称为**约束矩阵**.$\boldsymbol{A}$ 的列向量记为 $\boldsymbol{A}_j,j=1,\cdots,n$;$\boldsymbol{A}$ 的行向量记为 $\boldsymbol{A}_i^{\mathrm{T}},i=1,\cdots,m$(本书中出现的向量均为列向量,T 为转置符号).称 $c_1x_1+c_2x_2+\cdots+c_nx_n$ 为**目标函数**,记为 $z=\sum_{j=1}^{n}c_jx_j$,向量 $\boldsymbol{c}=(c_1,\cdots,c_n)^{\mathrm{T}}$ 称为**价值向量**,$c_j(j=1,\cdots,n)$称为**价值系数**;向量 $\boldsymbol{b}=(b_1,\cdots,b_m)^{\mathrm{T}}$ 称为**右端向量**,条件$x_j\geqslant 0$称为**非负约束**;符号 $x_j\gtrless 0$ 表示变量 x_j 可取正值、负值或零值,称这样的变量为**符号无限制变量**或**自由变量**.如果原问题是求目标函数 $\sum_{j=1}^{n}c_jx_j$ 的最大值,那么可等价地转换为求 $\sum_{j=1}^{n}(-c_jx_j)$的最小值.因此,一般我们考虑的均是求最小值的问题.

一个满足所有约束条件的向量 $\boldsymbol{x}=(x_1,\cdots,x_n)^{\mathrm{T}}$ 称为问题(1.1.1)的**可行解**或**可行点**.所有可行点组成的集合称为问题(1.1.1)的**可行区域**,记为 D.

由线性代数和微分学中求条件极值的知识知,给定一个线性规划问题,下列三种情况必居其一:(1) $D=\varnothing$,称该问题**无解**或**不可行**;(2) $D\neq\varnothing$,但目标函数在 D 上无界,此时称该问题**无界**;(3) $D\neq\varnothing$,且目标函数有有限的最优值,此时称该问题**有最优解**.求解一个线性规划问题就是要判断该问题属于哪种情况,当问题有最优解时,还需要在可行区域中求出使目标函数达到最小值的点,也就是最优解,以及目标函数的最优值.

在很多时候,我们往往考虑的是 LP 问题(1.1.1)的某些特殊情况.当 $p=0,q=n$ 时,(1.1.1)形式的 LP 问题用矩阵向量的形式表示为

$$\begin{cases} \min & \boldsymbol{c}^{\mathrm{T}}\boldsymbol{x} \\ \text{s.t.} & \boldsymbol{Ax}\geqslant\boldsymbol{b} \\ & \boldsymbol{x}\geqslant\boldsymbol{0} \end{cases} \tag{1.1.2}$$

称(1.1.2)形式的 LP 问题为**规范形式**.当 $p=m,q=n$ 时,问题(1.1.1)为

$$\begin{cases} \min & \boldsymbol{c}^{\mathrm{T}}\boldsymbol{x} \\ \text{s.t.} & \boldsymbol{Ax}=\boldsymbol{b} \\ & \boldsymbol{x}\geqslant\boldsymbol{0} \end{cases} \tag{1.1.3}$$

称(1.1.3)形式的 LP 问题为**标准形式**.而(1.1.1)形式的 LP 称为**一般形式**.

其实,这三种形式的 LP 问题都是等价的,即一种形式的 LP 问题可以简单地变换为另一种形式的 LP 问题,且它们有相同的解.由于规范形式和标准形式也属于一般形式,故只需说明一般形式可变换为规范形式和标准形式即可.

(1) 为了把一般形式的 LP 问题变换为规范形式,我们必须消除等式约束和符号无限制变量.在一般形式的 LP 问题中,一个等式约束

$$\sum_{j=1}^{n}a_{ij}x_j=b_i$$

可用下述两个不等式约束去替代：

$$\sum_{j=1}^{n} a_{ij}x_j \geqslant b_i$$

$$\sum_{j=1}^{n} (-a_{ij})x_j \geqslant -b_i$$

对于一个符号无限制变量 $x_j \geqslant 0$，引进两个非负变量 $x_j^+ \geqslant 0$ 和 $x_j^- \geqslant 0$，并设

$$x_j = x_j^+ - x_j^-$$

这样就把一般形式的 LP 问题变换为规范形式.

(2) 为了把一般形式的 LP 问题变换为标准形式，必须消除其不等式约束和符号无限制变量.对后者的处理可按上述方法进行.对一个不等式约束

$$\sum_{j=1}^{n} a_{ij}x_j \geqslant b_i$$

可引用一个非负变量 s_i，用

$$\sum_{j=1}^{n} a_{ij}x_j - s_i = b_i,\quad s_i \geqslant 0$$

代替上述的不等式约束.称 s_i 为**剩余变量**.如果在形成 LP 问题时，得到下述形式的约束：

$$\sum_{j=1}^{n} a_{ij}x_j \leqslant b_i$$

可引进非负变量 s_i，用

$$\sum_{j=1}^{n} a_{ij}x_j + s_i = b_i,\quad s_i \geqslant 0$$

代替这个不等式约束.这样的变量 s_i 称为**松弛变量**.

例 1.1.3　将下面的 LP 问题化成标准形式：

$$\begin{cases} \max \quad z = -x_1 + x_2 \\ \text{s.t.} \quad 2x_1 - x_2 \geqslant -2 \\ \qquad x_1 - 2x_2 \leqslant 2 \\ \qquad x_1 + x_2 \leqslant 5 \\ \qquad x_1 \geqslant 0 \end{cases} \tag{1.1.4}$$

解　对自由变量 x_2 用 $x_3 - x_4$ 代替；对第一个不等式约束添加剩余变量 x_5，对第二、第三个不等式约束分别添加松弛变量 x_6, x_7，再用 $\bar{z} = -z$ 代替原来的目标函数，便得到了标准形式的 LP 问题

$$\begin{cases} \min \quad \bar{z} = x_1 - (x_3 - x_4) \\ \text{s.t.} \quad 2x_1 - (x_3 - x_4) - x_5 = -2 \\ \qquad x_1 - 2(x_3 - x_4) + x_6 = 2 \\ \qquad x_1 + (x_3 - x_4) + x_7 = 5 \\ \qquad x_1, x_3, x_4, x_5, x_6, x_7 \geqslant 0 \end{cases} \tag{1.1.5}$$

§ 1.2　可行区域与基本可行解

在 LP 问题中,目标函数和可行区域是彼此独立但又相互联系的两个部分.这一节我们主要讨论可行区域 D 的结构,给出基本可行解的概念及线性规划的基本定理.

1. 图解法

如果一个线性规划问题只有两个变量,那么它的可行区域可以在平面上具体画出.这便于我们直观地了解可行区域 D 的结构,同时又可方便地利用目标函数与可行区域的关系用图解法求解该问题.

例 1.2.1　解线性规划

$$\begin{cases} \max \quad z=-x_1+x_2 \\ \text{s.t.} \quad 2x_1-x_2\geqslant -2 \\ \qquad x_1-2x_2\leqslant 2 \\ \qquad x_1+x_2\leqslant 5 \\ \qquad x_1\geqslant 0,\ x_2\geqslant 0 \end{cases}$$

解　这一问题的可行区域如图 1.2.1 所示.变量 x_1, x_2 的非负约束决定了可行区域必须在第一象限;不等式约束

$$2x_1-x_2\geqslant -2$$

决定了以直线 $2x_1-x_2=-2$ 为边界的右下半平面;其他两个不等式也决定了两个半平面.所以,可行区域 D 是由三个不等式约束所决定的三个半平面在第一象限中的交集,即图 1.2.1 中的区域 $OA_1A_2A_3A_4O$.在区域 $OA_1A_2A_3A_4O$ 的内部及边界上的每一个点都是可行点.目标函数的等值线束 $z=-x_1+x_2$(z 取定某一个常值)沿着它的法线方向$(-1,1)^{\mathrm T}$移动,当移动到点 $A_2=(1,4)^{\mathrm T}$ 时,再继续移动就与区域 D 不相交了.于是 A_2 点就是最优解,而最优值为 $z=-1+4=3$. 图 1.2.1 中画出了 $z=0, z=1.5$ 和 $z=3$ 的等值线.

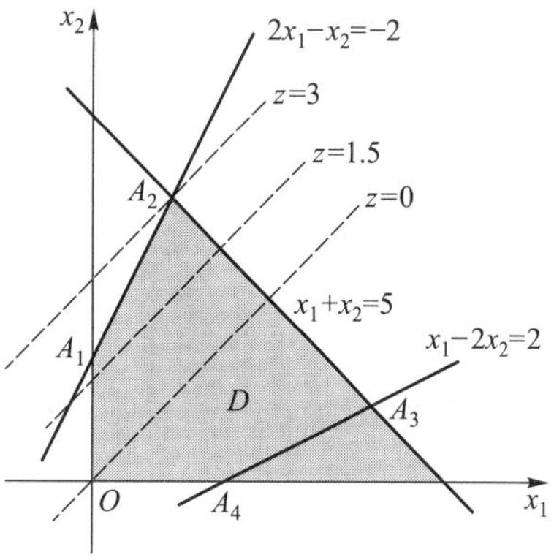

图 1.2.1

上面求解例 1.2.1 的过程称为对两个变量的线性规划问题的**图解法**.

如果将例 1.2.1 中的目标函数改为求 $z=4x_1-2x_2$ 的最小值,可行区域不变,用图解法求解的过程如图 1.2.2 所示.平行线束 $z=4x_1-2x_2$ 沿着它的负法线方向$(-4,2)^{\mathrm T}$移动,当移动到与可行区域 D 的一条边 A_1A_2 重合时(此时 $z=-4$),再继续移动就与 D 不相交了.于是,线段 A_1A_2 上的每一个点均使目标函数 $z=4x_1-2x_2$ 达到最小值-4,即线段 A_1A_2 上的每一个点均为该问题的最

优解.特别地,线段 A_1A_2 的两个端点,即可行区域 D 的两个顶点 $A_1=(0,2)^{\mathrm{T}}$,$A_2=(1,4)^{\mathrm{T}}$ 均是该线性规划问题的最优解.

例 1.2.2　用图解法解线性规划

$$\begin{cases}\min & z=-2x_1+x_2\\ \text{s.t.} & x_1+x_2\geqslant 1\\ & x_1-3x_2\geqslant -3\\ & x_1\geqslant 0,\ x_2\geqslant 0\end{cases}$$

解　该问题的可行区域如图 1.2.3 所示,这是个无界区域.让平行线束 $z=-2x_1+x_2$ 沿着它的负法线方向 $(2,-1)^{\mathrm{T}}$ 移动,可以无限制地移动下去,一直与 D 相交.所以该线性规划问题的最小值是负无穷,无最优解,即该问题无界.在实际问题中出现这种情形多半是数学模型有问题.

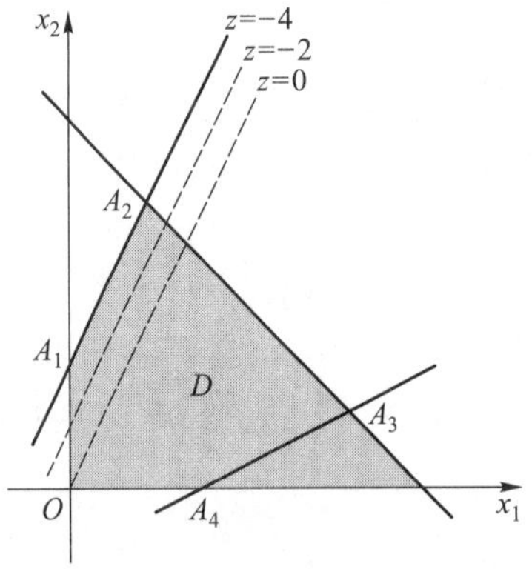

图 1.2.2

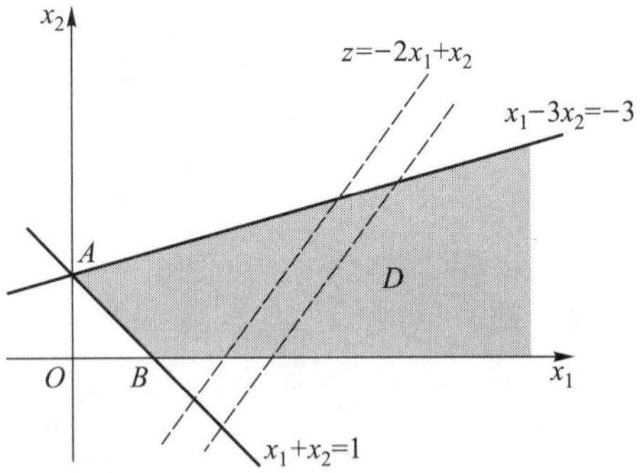

图 1.2.3

从图解法的几何直观容易得到下面两个重要结论:

(1) 线性规划的可行区域 D 是若干个半平面的交集,它形成了一个有界的或无界的凸多边形.

(2) 对于给定的线性规划问题,如果它有最优解,那么最优解总可以在 D 的某个顶点上达到.

对于具有 n 个变量的一般的线性规划问题,也有类似的结论.为此我们要引进若干定义将二维平面上的直线推广到高维空间中的超平面,将二维平面上的凸多边形推广到高维空间中的多面凸集;然后确切地定义多面凸集的顶点,即基本可行解;最后证明 LP 问题若存在最优解,则一定可以在某一个基本可行解上达到.

2. 可行区域的几何结构

不失一般性,考虑标准形式的 LP 问题

$$\begin{cases}\min & z=\boldsymbol{c}^{\mathrm{T}}\boldsymbol{x}\\ \text{s.t.} & \boldsymbol{A}\boldsymbol{x}=\boldsymbol{b}\\ & \boldsymbol{x}\geqslant \boldsymbol{0}\end{cases}\tag{1.2.1}$$

我们用 $\mathbf{R}^n$ 表示 n 维欧氏空间，这里 $\boldsymbol{x}\in\mathbf{R}^n,\boldsymbol{c}\in\mathbf{R}^n,\boldsymbol{b}\in\mathbf{R}^m,\boldsymbol{A}\in\mathbf{R}^{m\times n}$.不妨设可行区域 $D=\{\boldsymbol{x}\in\mathbf{R}^n\mid\boldsymbol{A}\boldsymbol{x}=\boldsymbol{b},\boldsymbol{x}\geqslant\boldsymbol{0}\}\neq\varnothing$，因而线性方程组 $\boldsymbol{A}\boldsymbol{x}=\boldsymbol{b}$ 相容，总可以把多余方程去掉，使剩下的等式约束的系数向量线性无关.故可设秩$(\boldsymbol{A})=m$，$m<n$.

首先，对凸集下定义.直观地我们知道：平面上的长方形与圆、空间中的平行六面体与椭球体等都是凸的.它们的共同特性是：形体中任何两点的连线段整个地落在该形体中.没有这个特性的形体就不是凸的.图 1.2.4 中画出的集合 S_1 是凸的，S_2 不是凸的.我们以此特性作为一般凸集的定义.

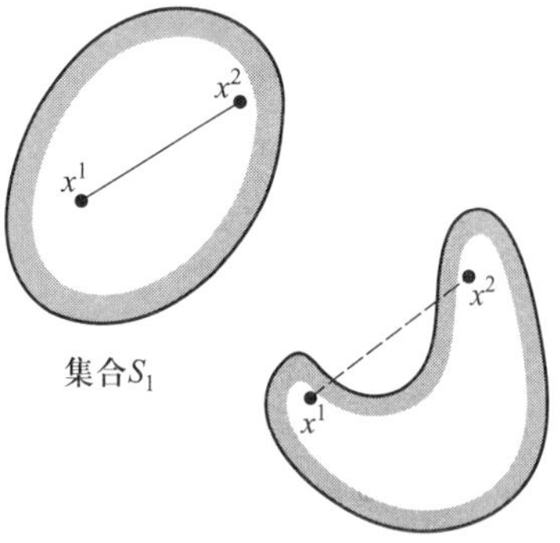

图 1.2.4

定义 1.2.1 设 $S\subset\mathbf{R}^n$ 是 n 维欧氏空间中的一个点集，若对任何 $\boldsymbol{x}\in S,\boldsymbol{y}\in S$ 与任何 $\lambda\in[0,1]$，都有

$$\lambda\boldsymbol{x}+(1-\lambda)\boldsymbol{y}\in S$$

就称 S 是一个**凸集**.

定理 1.2.1 $D=\{\boldsymbol{x}\in\mathbf{R}^n\mid\boldsymbol{A}\boldsymbol{x}=\boldsymbol{b},\boldsymbol{x}\geqslant\boldsymbol{0}\}$ 是凸集.

证 任取 $\boldsymbol{x},\boldsymbol{y}\in D$，$\boldsymbol{w}=\lambda\boldsymbol{x}+(1-\lambda)\boldsymbol{y}$，其中 $\lambda\in[0,1]$.由于 $\boldsymbol{x}\geqslant\boldsymbol{0},\boldsymbol{y}\geqslant\boldsymbol{0}$，故 $\boldsymbol{w}\geqslant\boldsymbol{0}$.又 $\boldsymbol{A}\boldsymbol{x}=\boldsymbol{b},\boldsymbol{A}\boldsymbol{y}=\boldsymbol{b}$，故

$$\boldsymbol{A}\boldsymbol{w}=\lambda\boldsymbol{A}\boldsymbol{x}+(1-\lambda)\boldsymbol{A}\boldsymbol{y}=\boldsymbol{b}$$

即 $\boldsymbol{w}\in D$. ▌

凸集的一个重要性质是

定理 1.2.2 任意多个凸集的交集还是凸集.

(证明留作习题.)

定义 1.2.2 给定 $b\in\mathbf{R}^1$ 及非零向量 $\boldsymbol{a}\in\mathbf{R}^n$，称集合

$$H=\{\boldsymbol{x}\in\mathbf{R}^n\mid\boldsymbol{a}^{\mathrm{T}}\boldsymbol{x}=b\}$$

是 $\mathbf{R}^n$ 中的一个**超平面**.

显然，超平面是二维空间中的直线、三维空间中的平面在高维空间中的推广.易证超平面 H 是凸集.

由超平面 H 产生了两个闭的半空间

$$H^+=\{\boldsymbol{x}\in\mathbf{R}^n\mid\boldsymbol{a}^{\mathrm{T}}\boldsymbol{x}\geqslant b\}$$

$$H^-=\{\boldsymbol{x}\in\mathbf{R}^n\mid\boldsymbol{a}^{\mathrm{T}}\boldsymbol{x}\leqslant b\}$$

它们都是凸集.

由于凸集的交还是凸集，故满足一组线性等式

$$\boldsymbol{a}_i^{\mathrm{T}}\boldsymbol{x}=b_i,\quad i=1,\cdots,p \tag{1.2.2}$$

与一组线性不等式

$$\boldsymbol{a}_i^{\mathrm{T}}\boldsymbol{x}\geqslant b_i,\quad i=p+1,\cdots,p+q \tag{1.2.3}$$

的全体向量 $\boldsymbol{x}$ 的集合也是凸集，这里的 p 或 q 可以为零.

定义 1.2.3 称满足(1.2.2)与(1.2.3)的全体 $\boldsymbol{x}$ 所构成的集合

$$S=\{\boldsymbol{x}\in\mathbf{R}^n\mid\boldsymbol{a}_i^{\mathrm{T}}\boldsymbol{x}=b_i,\ i=1,\cdots,p;\quad\boldsymbol{a}_i^{\mathrm{T}}\boldsymbol{x}\geqslant b_i,\ i=p+1,\cdots,p+q\}$$

为**多面凸集**.特别地，称非空有界的多面凸集为**多面体**.

由以上定义知线性规划问题的可行区域 $D=\{x\in\mathbf{R}^n\mid Ax=b,x\geqslant 0\}$ 是多面凸集.

现在我们来说明什么是凸集的顶点.在例 1.2.1 中,由图 1.2.1 看出可行区域 D 有五个"顶点":$(0,0)^{\mathrm{T}},(0,2)^{\mathrm{T}},(1,4)^{\mathrm{T}},(4,1)^{\mathrm{T}},(2,0)^{\mathrm{T}}$.容易看到,$D$ 中除这五点以外,无论是边线上的点,还是区域内部的点,都能表示成 D 中另外两点连线中的某一点,但这五个"顶点"却不能.以此为特征我们给出以下定义.

定义 1.2.4　设 S 是凸集,$x\in S$.若对任何 $y\in S,z\in S,y\neq z$,以及任何 $0<\lambda<1$ 都有

$$x\neq\lambda y+(1-\lambda)z$$

则称 x 为凸集 S 的一个**顶点**.

按此定义,长方形的四个角点就是长方形区域的全部顶点,而圆周上的点则是圆形区域的全部顶点,在图 1.2.1 中可行区域 D 的五个点 O,A_1,A_2,A_3,A_4 是 D 的顶点.与顶点 A_1 相邻的顶点是原点 O 和点 A_2,与顶点 A_2 相邻的顶点是 A_1,A_3,如此等等.在图 1.2.1 中每个顶点至少是两条直线的交点.一般地,对标准形式的 LP 问题(1.2.1),当可行区域非空时,可以证明其多面凸集 D 一定有顶点,每个顶点至少是 $n-m$ 个超平面的交点.至于多面凸集 D 的顶点个数的有限性,在下一段我们给出了顶点的代数结构后,结论将是非常清楚的.

3. 基本可行解及线性规划的基本定理

我们考虑标准形式的线性规划问题(1.2.1).由于假设秩$(A)=m$,故 A 中必有 m 个线性无关的列向量,它们构成满秩方阵 B,把 A 中其余各列组成的子阵记为 N,即 $A=(B,N)$.再把 $x=(x_1,\cdots,x_n)^{\mathrm{T}}$ 的分量也相应地分为两部分,记为 x_B 和 x_N,则 $Ax=b$ 可记作

$$Bx_B+Nx_N=b$$

由于 B 是满秩方阵,故 B^{-1}存在.上式两端同时左乘 B^{-1},移项后得

$$x_B=B^{-1}b-B^{-1}Nx_N$$

根据线性方程组的理论,可以把 x_N 视为一组自由变量,给它任意一组值 $\bar{x}_N$,则可得到对应的 x_B 的一组值 $\bar{x}_B$,于是 $x=\begin{pmatrix}\bar{x}_B\\ \bar{x}_N\end{pmatrix}$ 便是约束方程组 $Ax=b$ 的一个解.特别地,令 $x_N=0$,我们得到约束方程组的一种特殊形式的解 $x=\begin{pmatrix}B^{-1}b\\ 0\end{pmatrix}$.对此,我们有下面的定义.

定义 1.2.5　设 B 是秩为 m 的约束矩阵 $A\in\mathbf{R}^{m\times n}$ 中的一个 m 阶满秩子方阵,则称 B 为一个**基**(或**基阵**).B 中 m 个线性无关的列向量称为**基向量**,变量 x 中与之对应的 m 个分量称为**基变量**,其余的分量称为**非基变量**.令所有的非基变量取值为零,得到的解 $x=\begin{pmatrix}x_B\\ x_N\end{pmatrix}=\begin{pmatrix}B^{-1}b\\ 0\end{pmatrix}$ 称为相应于 B 的**基本解**.当 $B^{-1}b\geqslant 0$ 时,称基本解 x 为**基本可行解**,这时对应的基 B 称为**可行基**.

例如转换为标准形式的例 1.2.1 中的 LP 问题是

$$\begin{cases}\min \quad z=x_1-x_2 \\ \text{s.t.} \quad 2x_1-x_2-x_3 = -2 \\ \qquad x_1-2x_2+x_4=2 \\ \qquad x_1+x_2+x_5=5 \\ \qquad x_j\geqslant 0,\ j=1,2,3,4,5\end{cases} \tag{1.2.4}$$

(1.2.4)式所示的 LP 问题的约束矩阵为

$$\boldsymbol{A}=\begin{pmatrix}2 & -1 & -1 & 0 & 0\\ 1 & -2 & 0 & 1 & 0\\ 1 & 1 & 0 & 0 & 1\end{pmatrix}$$

根据以上定义，

$$\boldsymbol{B}_1=\begin{pmatrix}-1 & 0 & 0\\ 0 & 1 & 0\\ 0 & 0 & 1\end{pmatrix}$$

是一个基，它所对应的基本解为 $\boldsymbol{x}^1=(0,0,2,2,5)^{\mathrm{T}}$；

$$\boldsymbol{B}_2=\begin{pmatrix}2 & 0 & 0\\ 1 & 1 & 0\\ 1 & 0 & 1\end{pmatrix}$$

也是一个基，它所对应的基本解为 $\boldsymbol{x}^2=(-1,0,0,3,6)^{\mathrm{T}}$. 但基本解 $\boldsymbol{x}^2$ 的第一个分量为负值，不满足变量非负的要求，因此 $\boldsymbol{x}^2$ 不是可行解，而 $\boldsymbol{x}^1$ 是基本可行解，$\boldsymbol{B}_1$ 是可行基.

给出一个基本解，我们立即知道它是否是可行解，下面的定理给出了判别一个可行解是否是基本可行解的准则.

定理 1.2.3 可行解 $\overline{\boldsymbol{x}}$ 是基本可行解的充要条件是它的正分量所对应的 $\boldsymbol{A}$ 中列向量线性无关.

证 不妨设 $\overline{\boldsymbol{x}}$ 的前 k 个分量为正分量，即

$$\overline{\boldsymbol{x}}=(\overline{x}_1,\cdots,\overline{x}_k,0,\cdots,0)^{\mathrm{T}}$$
$$\overline{x}_j>0,\ j=1,\cdots,k$$

若 $\overline{\boldsymbol{x}}$ 是基本可行解，则取正值的变量必定是基变量，它们所对应的约束矩阵 $\boldsymbol{A}$ 中的列向量 $\boldsymbol{A}_1,\cdots,\boldsymbol{A}_k$ 是基向量，故必线性无关.

反之，若 $\boldsymbol{A}_1,\cdots,\boldsymbol{A}_k$ 线性无关，则必有 $k\leqslant m$. 由于 $\overline{\boldsymbol{x}}$ 是可行解，有 $\boldsymbol{A}\overline{\boldsymbol{x}}=\boldsymbol{b}$，故有

$$\sum_{j=1}^{k}\overline{x}_j\boldsymbol{A}_j=\boldsymbol{b}$$

若 $k=m$，则 $\boldsymbol{B}=(\boldsymbol{A}_1,\cdots,\boldsymbol{A}_k)$ 就是一个基，$\overline{\boldsymbol{x}}$ 为 $\boldsymbol{B}$ 所对应的基本可行解；若 $k<m$，因为秩$(\boldsymbol{A})=m$，则一定可以从其余的 $n-k$ 个列向量中再挑选出 $m-k$ 个，不妨设为 $\boldsymbol{A}_{k+1},\cdots,\boldsymbol{A}_m$，使 $\boldsymbol{A}_1,\cdots,\boldsymbol{A}_k,\boldsymbol{A}_{k+1},\cdots,\boldsymbol{A}_m$ 构成基 $\boldsymbol{B}$，易知 $\overline{\boldsymbol{x}}$ 为相应于基 $\boldsymbol{B}$ 的基本可行解. ▌

由定义知，基本可行解至少有 $n-m$ 个分量为零，从几何上看它至少属于 $n-m$ 个超平面的交集. 容易想象，基本可行解对应的是可行区域 D 的顶点. 下面给出证明.

* **定理 1.2.4** $\overline{\boldsymbol{x}}$ 是基本可行解的充要条件是 $\overline{\boldsymbol{x}}$ 是可行区域 D 的顶点.

证　充分性.设 $\bar{\boldsymbol{x}}$ 是 D 的顶点,我们仍设它的前 k 个分量取正值,这时其对应的列 $\boldsymbol{A}_1,\cdots,\boldsymbol{A}_k$ 必定是线性无关的. 事实上,如果它们相关,那么存在非零向量 $\boldsymbol{y}=(y_1,\cdots,y_k,0,\cdots,0)^{\mathrm{T}}$ 使得

$$\sum_{j=1}^{k} y_j \boldsymbol{A}_j=\boldsymbol{0}$$

于是对任一正实数 δ,都有

$$\sum_{j=1}^{k}(\bar{x}_j \pm \delta y_j)\boldsymbol{A}_j=\boldsymbol{b}$$

与上式等价地,当取 $\boldsymbol{x}^1=\bar{\boldsymbol{x}}+\delta\boldsymbol{y},\boldsymbol{x}^2=\bar{\boldsymbol{x}}-\delta\boldsymbol{y}$ 时,总有 $\boldsymbol{A}\boldsymbol{x}^1=\boldsymbol{A}\boldsymbol{x}^2=\boldsymbol{b}$.因为 $\bar{x}_j>0,j=1,\cdots,k$,当 $\delta>0$ 取充分小时,有 $\boldsymbol{x}^1\geqslant\boldsymbol{0},\boldsymbol{x}^2\geqslant\boldsymbol{0}$,故有 $\boldsymbol{x}^1\in D,\boldsymbol{x}^2\in D$.由于 $\boldsymbol{y}\neq\boldsymbol{0}$,故 $\boldsymbol{x}^1\neq\boldsymbol{x}^2$,然而

$$\bar{\boldsymbol{x}}=\frac{1}{2}\boldsymbol{x}^1+\frac{1}{2}\boldsymbol{x}^2$$

这与 $\bar{\boldsymbol{x}}$ 是 D 的顶点相矛盾,故 $\boldsymbol{A}_1,\cdots,\boldsymbol{A}_k$ 线性无关,从而 $\bar{\boldsymbol{x}}$ 是基本可行解.

必要性.设 $\bar{\boldsymbol{x}}$ 是基本可行解,设它的前 k 个分量取正值.假定存在 $\boldsymbol{x}^1\in D,\boldsymbol{x}^2\in D$,$\boldsymbol{x}^1\neq\boldsymbol{x}^2$ 及 $0<\lambda<1$,使得

$$\bar{\boldsymbol{x}}=\lambda\boldsymbol{x}^1+(1-\lambda)\boldsymbol{x}^2$$

这里 $\boldsymbol{x}^1=(x_1^1,\cdots,x_n^1)^{\mathrm{T}},\boldsymbol{x}^2=(x_1^2,\cdots,x_n^2)^{\mathrm{T}}$.当 $j\geqslant k+1$ 时, 因为 $\bar{x}_j=0,x_j^1\geqslant 0,x_j^2\geqslant 0$,故有 $x_j^1=x_j^2=0$. 于是由 $\boldsymbol{A}\boldsymbol{x}^1=\boldsymbol{A}\boldsymbol{x}^2=\boldsymbol{b}$ 可得

$$\sum_{j=1}^{k}(x_j^1-x_j^2)\boldsymbol{A}_j=\boldsymbol{0}$$

又因为 $\boldsymbol{x}^1\neq\boldsymbol{x}^2$,所以至少存在一个 $j(1\leqslant j\leqslant k)$ 使得 $x_j^1\neq x_j^2$,因而向量 $\boldsymbol{A}_1,\cdots,\boldsymbol{A}_k$ 线性相关.由定理 1.2.3 知这与 $\bar{\boldsymbol{x}}$ 是基本可行解相矛盾,所以 $\bar{\boldsymbol{x}}$ 是 D 的一个顶点. ▌

一个基本可行解 $\bar{\boldsymbol{x}}$,如果它的所有的基变量都取正值,那么称它是**非退化的**;如果有的基变量也取零值,那么称它为**退化的**.一个可行基对应一个基本可行解;反之,若一个基本可行解是非退化的, 那么它也对应着唯一的一个可行基;如果一个基本可行解是退化的,那么一般来说,它可由不止一个可行基得到.由基本可行解与可行基的这种对应关系,我们知道给定一个标准形式的 LP 问题(1.2.1),它最多有 $\binom{n}{m}$ 个可行基,因而基本可行解的个数不会超过 $\binom{n}{m}$,从而多面凸集 D 的顶点个数不会超过 $\binom{n}{m}$.一个 LP 问题,如果它的所有基本可行解都是非退化的,就说该问题是非退化的,否则说它是退化的.

下面定理给出了基本可行解的存在性.

定理 1.2.5　一个标准形式的 LP 问题(1.2.1),若有可行解,则至少有一个基本可行解.

证　设 $\boldsymbol{x}^0=(x_1^0,\cdots,x_n^0)^{\mathrm{T}}$ 是问题(1.2.1)的任意一个可行解,则有 $\boldsymbol{A}\boldsymbol{x}^0=\boldsymbol{b},\boldsymbol{x}^0\geqslant\boldsymbol{0}$. 不妨设 $\boldsymbol{x}^0$ 的非零分量为前 k 个,即有 $x_j^0>0,j=1,\cdots,k;x_l^0=0,l=k+1,\cdots,n$.如果约束矩阵 $\boldsymbol{A}$ 的前 k 个列向量 $\boldsymbol{A}_1,\cdots,\boldsymbol{A}_k$ 线性无关,那么由定理 1.2.3 知 $\boldsymbol{x}^0$ 是基本可行解;否则存在

不全为零的数 $\delta_j, j=1,\cdots,k$,使得

$$\sum_{j=1}^{k}\delta_j\boldsymbol{A}_j=\boldsymbol{0}$$

令 $\delta_l=0, l=k+1,\cdots,n$,得到 n 维向量 $\boldsymbol{\delta}=(\delta_1,\cdots,\delta_k,\delta_{k+1},\cdots,\delta_n)^{\mathrm{T}}$,有

$$\boldsymbol{A\delta}=\sum_{j=1}^{k}\delta_j\boldsymbol{A}_j+\sum_{l=k+1}^{n}\delta_l\boldsymbol{A}_l=\boldsymbol{0}$$

由于 $x_j^0>0, j=1,\cdots,k$,我们可取适当小的正数 ε,使得

$$x_j^0\pm\varepsilon\delta_j\geqslant 0,\ j=1,\cdots,k,k+1,\cdots,n$$

易知

$$\boldsymbol{A}(\boldsymbol{x}^0\pm\varepsilon\boldsymbol{\delta})=\boldsymbol{Ax}^0\pm\varepsilon\boldsymbol{A\delta}=\boldsymbol{b}$$

所以 $\boldsymbol{x}^0+\varepsilon\boldsymbol{\delta}$ 和 $\boldsymbol{x}^0-\varepsilon\boldsymbol{\delta}$ 均是(1.2.1)的可行解.在满足不等式

$$x_j^0+\varepsilon\delta_j\geqslant 0,\ x_j^0-\varepsilon\delta_j\geqslant 0,\ j=1,\cdots,k$$

的同时,可以选择 $\varepsilon>0$,使上述诸式中至少有一个取等号.

这样就得到(1.2.1)的一个可行解 $\boldsymbol{x}^0+\varepsilon\boldsymbol{\delta}$ 或 $\boldsymbol{x}^0-\varepsilon\boldsymbol{\delta}$,它的非零分量至少比 $\boldsymbol{x}^0$ 少一个.如果这个解还不是基本可行解,那么上述过程仍可继续下去……由于当可行解只有一个非零分量时,该非零分量所对应的列向量一定是线性无关的,所以(1.2.1)必存在基本可行解. ▌

上述定理同时证明了非空多面凸集 $D=\{\boldsymbol{x}\in\mathbf{R}^n\mid\boldsymbol{Ax}=\boldsymbol{b},\boldsymbol{x}\geqslant\boldsymbol{0}\}$ 的顶点的存在性.

我们已经讨论了可行区域的结构,现在考虑目标函数与可行区域的关系.我们知道当 z 取不同值时,目标函数的等值面 $\boldsymbol{c}^{\mathrm{T}}\boldsymbol{x}=z$ 为 $\mathbf{R}^n$ 中彼此平行且与向量 $\boldsymbol{c}$ 正交的一族超平面.当超平面沿着目标函数的负梯度方向 $-\nabla(\boldsymbol{c}^{\mathrm{T}}\boldsymbol{x})=-\boldsymbol{c}$ 移动时,z 值越来越小.因而求解一个 LP 问题也就是求一点 $\boldsymbol{x}^*\in D$,使超平面 $\boldsymbol{c}^{\mathrm{T}}\boldsymbol{x}=z^*$ 与 D 相交于 $\boldsymbol{x}^*$,且对所有的 $z<z^*$,超平面 $\boldsymbol{c}^{\mathrm{T}}\boldsymbol{x}=z$ 与 D 不相交.此时,$\boldsymbol{x}^*$ 为该 LP 问题的一个最优解,而 z^* 为最优值.若 $D=\varnothing$,则该问题无解;若 $D\neq\varnothing$,有如下定理.

定理 1.2.6 若标准形式的 LP 问题(1.2.1)有有限的最优值,则一定存在一个基本可行解是最优解.

证 设 $\boldsymbol{x}^0$ 是(1.2.1)的一个最优解,即有

$$\min\{\boldsymbol{c}^{\mathrm{T}}\boldsymbol{x}\mid\boldsymbol{Ax}=\boldsymbol{b},\boldsymbol{x}\geqslant\boldsymbol{0}\}=\boldsymbol{c}^{\mathrm{T}}\boldsymbol{x}^0$$

若 $\boldsymbol{x}^0$ 是基本可行解,则问题得证;否则,按定理 1.2.5 的证明过程可作出两个可行解 $\boldsymbol{x}^0+\varepsilon\boldsymbol{\delta}$ 和 $\boldsymbol{x}^0-\varepsilon\boldsymbol{\delta}$,它们的目标函数值分别为

$$\boldsymbol{c}^{\mathrm{T}}(\boldsymbol{x}^0+\varepsilon\boldsymbol{\delta})=\boldsymbol{c}^{\mathrm{T}}\boldsymbol{x}^0+\varepsilon\boldsymbol{c}^{\mathrm{T}}\boldsymbol{\delta}$$

$$\boldsymbol{c}^{\mathrm{T}}(\boldsymbol{x}^0-\varepsilon\boldsymbol{\delta})=\boldsymbol{c}^{\mathrm{T}}\boldsymbol{x}^0-\varepsilon\boldsymbol{c}^{\mathrm{T}}\boldsymbol{\delta}$$

因为 $\boldsymbol{c}^{\mathrm{T}}\boldsymbol{x}^0$ 是最优值,所以有

$$\boldsymbol{c}^{\mathrm{T}}\boldsymbol{x}^0+\varepsilon\boldsymbol{c}^{\mathrm{T}}\boldsymbol{\delta}\geqslant\boldsymbol{c}^{\mathrm{T}}\boldsymbol{x}^0$$

$$\boldsymbol{c}^{\mathrm{T}}\boldsymbol{x}^0-\varepsilon\boldsymbol{c}^{\mathrm{T}}\boldsymbol{\delta}\geqslant\boldsymbol{c}^{\mathrm{T}}\boldsymbol{x}^0$$

因而得到 $\boldsymbol{c}^{\mathrm{T}}\boldsymbol{\delta}=0$. 故有 $\boldsymbol{c}^{\mathrm{T}}(\boldsymbol{x}^0\pm\varepsilon\boldsymbol{\delta})=\boldsymbol{c}^{\mathrm{T}}\boldsymbol{x}^0$,且可行解 $\boldsymbol{x}^0+\varepsilon\boldsymbol{\delta}$ 或 $\boldsymbol{x}^0-\varepsilon\boldsymbol{\delta}$ 的非零分量个数比 $\boldsymbol{x}^0$ 的少.按照定理 1.2.5 的证明方法继续做下去,最后得到基本可行解 $\bar{\boldsymbol{x}}$,一定有 $\boldsymbol{c}^{\mathrm{T}}\bar{\boldsymbol{x}}=\boldsymbol{c}^{\mathrm{T}}\boldsymbol{x}^0$,即基本可行解 $\bar{\boldsymbol{x}}$ 也是(1.2.1)的最优解. ▌

定理 1.2.6 也可叙述为：若标准形式的 LP 问题的目标函数有有限的最优值，则必可在某个基本可行解处达到.这个定理具有重要的意义，它与定理 1.2.5 一起被称为线性规划的基本定理.它告诉我们，求解标准形式的 LP 问题，只需在基本可行解的集合中进行搜索（如果其目标函数有有限最优值的话），而基本可行解的个数是有限的.然而求出并比较所有的基本可行解的方法通常是不切实际的.下一节介绍的单纯形方法就是根据线性规划的基本定理，给出一定的规则和步骤，在基本可行解的一个子集中逐步搜索，最终求得最优解或判别问题无最优解.

§1.3　单纯形法

解线性规划问题著名的单纯形法（simplex method）是 G.B.Dantzig 在 1947 年提出的.本节我们介绍单纯形法的理论、基本计算步骤及具体实施运算的单纯形表.

1. 单纯形法

考虑标准形式的 LP 问题

$$\begin{cases}\min \quad z=\boldsymbol{c}^{\mathrm{T}}\boldsymbol{x} & (1.3.1)\\ \text{s.t.} \quad \boldsymbol{Ax}=\boldsymbol{b} & (1.3.2)\\ \qquad \boldsymbol{x}\geqslant \boldsymbol{0} & (1.3.3)\end{cases}$$

仍假设 $D=\{\boldsymbol{x}\in\mathbf{R}^n \mid \boldsymbol{Ax}=\boldsymbol{b},\boldsymbol{x}\geqslant\boldsymbol{0}\}\neq\varnothing$，秩$(\boldsymbol{A})=m<n$，$\boldsymbol{A}$ 为一$m\times n$实矩阵.我们已经知道，如果它有最优解，那么必可在某一基本可行解处达到，因而只需在基本可行解集合中寻求.单纯形法的主要思想就是先找一个基本可行解，判别它是否为最优解，如不是，就找一个更好的基本可行解，再进行判别，如此迭代进行，直至找到最优解，或者判定该问题无界.

这里有两个问题需要解决：一是如何得到第一个基本可行解；二是如何判别和进行迭代.我们先讨论后一个问题，前者留在下一节解决.

假定已找到一个非退化的基本可行解 $\bar{\boldsymbol{x}}$，即找到了一个基 $\boldsymbol{B}$，此时可将方程组 $\boldsymbol{Ax}=\boldsymbol{b}$ 化成与之等价的方程组

$$\boldsymbol{x}_B+\boldsymbol{B}^{-1}\boldsymbol{N}\boldsymbol{x}_N=\boldsymbol{B}^{-1}\boldsymbol{b} \tag{1.3.4}$$

这里 $\boldsymbol{B}=(\boldsymbol{A}_{B_1},\boldsymbol{A}_{B_2},\cdots,\boldsymbol{A}_{B_m})$，对应地，$\boldsymbol{x}_B=(\boldsymbol{x}_{B_1},\boldsymbol{x}_{B_2},\cdots,\boldsymbol{x}_{B_m})^{\mathrm{T}}$，且有$\boldsymbol{B}^{-1}\boldsymbol{b}>\boldsymbol{0}$. 为叙述方便，假定 $\boldsymbol{B}=(\boldsymbol{A}_1,\cdots,\boldsymbol{A}_m)$，记向量

$$\overline{\boldsymbol{A}}_j=\boldsymbol{B}^{-1}\boldsymbol{A}_j=(\bar{a}_{1j},\cdots,\bar{a}_{mj})^{\mathrm{T}},\ j=1,\cdots,n$$

$$\bar{\boldsymbol{b}}=\boldsymbol{B}^{-1}\boldsymbol{b}=(\bar{b}_1,\cdots,\bar{b}_m)^{\mathrm{T}}$$

则(1.3.4)式可写成

$$\boldsymbol{x}_B+\sum_{j=m+1}^{n}x_j\overline{\boldsymbol{A}}_j=\bar{\boldsymbol{b}}$$

或

$$\boldsymbol{x}_B+\boldsymbol{B}^{-1}\boldsymbol{N}\boldsymbol{x}_N=\overline{\boldsymbol{b}} \tag{1.3.5}$$

显然,如果取的基不同,那么对应的方程表达式也不同,我们把(1.3.5)式所表示的 m 个方程称为对应于基 $\boldsymbol{B}$ 的**典则方程组**,简称**典式**.在一般情况下,若$\overline{\boldsymbol{b}}\geqslant\boldsymbol{0}$,则典式(1.3.5)对应于基本可行解 $\overline{\boldsymbol{x}}=\begin{pmatrix}\overline{\boldsymbol{b}}\\ \boldsymbol{0}\end{pmatrix}$,当$\overline{\boldsymbol{b}}>\boldsymbol{0}$ 时该解为非退化的基本可行解.

将(1.3.2)式变换成与之等价的(1.3.5)式后,目标函数 $\boldsymbol{c}^{\mathrm{T}}\boldsymbol{x}$ 也要作相应的变换,用非基变量来表示它.与基 $\boldsymbol{B}$ 相对应地,价值向量 $\boldsymbol{c}$ 记为 $\boldsymbol{c}^{\mathrm{T}}=(\boldsymbol{c}_B^{\mathrm{T}},\boldsymbol{c}_N^{\mathrm{T}})$,则

$$\begin{aligned}
z=\boldsymbol{c}^{\mathrm{T}}\boldsymbol{x}&=\boldsymbol{c}_B^{\mathrm{T}}\boldsymbol{x}_B+\boldsymbol{c}_N^{\mathrm{T}}\boldsymbol{x}_N\\
&=\boldsymbol{c}_B^{\mathrm{T}}(\overline{\boldsymbol{b}}-\boldsymbol{B}^{-1}\boldsymbol{N}\boldsymbol{x}_N)+\boldsymbol{c}_N^{\mathrm{T}}\boldsymbol{x}_N\\
&=\boldsymbol{c}_B^{\mathrm{T}}\overline{\boldsymbol{b}}-(\boldsymbol{c}_B^{\mathrm{T}}\boldsymbol{B}^{-1}\boldsymbol{N}-\boldsymbol{c}_N^{\mathrm{T}})\boldsymbol{x}_N\\
&=\boldsymbol{c}_B^{\mathrm{T}}\overline{\boldsymbol{b}}-\sum_{j=m+1}^{n}(\boldsymbol{c}_B^{\mathrm{T}}\overline{\boldsymbol{A}}_j-c_j)x_j
\end{aligned} \tag{1.3.6}$$

初始的基本可行解 $\overline{\boldsymbol{x}}$ 对应的目标函数值用 z_0 表示,则 $z_0=\boldsymbol{c}^{\mathrm{T}}\overline{\boldsymbol{x}}=\boldsymbol{c}_B^{\mathrm{T}}\overline{\boldsymbol{b}}$,即 z_0 为(1.3.6)式中的常数项,由于$(\overline{\boldsymbol{A}}_1,\cdots,\overline{\boldsymbol{A}}_m)=\boldsymbol{B}^{-1}\boldsymbol{B}=\boldsymbol{I}_m$,故当 $j=1,\cdots,m$ 时,$\overline{\boldsymbol{A}}_j$ 是一个第 j 个分量为1,其余分量为 0 的 m 维向量,故有

$$\boldsymbol{c}_B^{\mathrm{T}}\overline{\boldsymbol{A}}_j-c_j=0,\quad j=1,\cdots,m$$

引入记号

$$\zeta_j=\boldsymbol{c}_B^{\mathrm{T}}\overline{\boldsymbol{A}}_j-c_j,\quad j=1,\cdots,n$$

或者用向量表示为

$$\begin{aligned}
\boldsymbol{\zeta}^{\mathrm{T}}&=\boldsymbol{c}_B^{\mathrm{T}}\boldsymbol{B}^{-1}\boldsymbol{A}-\boldsymbol{c}^{\mathrm{T}}=(\zeta_1,\cdots,\zeta_n)\\
&=(\boldsymbol{\zeta}_B^{\mathrm{T}},\boldsymbol{\zeta}_N^{\mathrm{T}})=(\boldsymbol{0},\boldsymbol{c}_B^{\mathrm{T}}\boldsymbol{B}^{-1}\boldsymbol{N}-\boldsymbol{c}_N^{\mathrm{T}})
\end{aligned}$$

从而(1.3.6)式可记为

$$z=\boldsymbol{c}_B^{\mathrm{T}}\overline{\boldsymbol{b}}-\boldsymbol{\zeta}^{\mathrm{T}}\boldsymbol{x}$$

因而,对应于基本可行解 $\overline{\boldsymbol{x}}=\begin{pmatrix}\overline{\boldsymbol{b}}\\ \boldsymbol{0}\end{pmatrix}$,$\overline{\boldsymbol{b}}>\boldsymbol{0}$,经过变换后与原问题等价的问题是

$$\begin{cases}
\min\quad z=z_0-\boldsymbol{\zeta}^{\mathrm{T}}\boldsymbol{x} & (1.3.7)\\
\text{s.t.}\quad \boldsymbol{x}_B+\boldsymbol{B}^{-1}\boldsymbol{N}\boldsymbol{x}_N=\overline{\boldsymbol{b}} & (1.3.8)\\
\qquad\ \ \boldsymbol{x}\geqslant\boldsymbol{0}
\end{cases}$$

该问题充分反映了基本可行解 $\overline{\boldsymbol{x}}$ 的特征.根据其中的系数情况,我们有以下定理.

定理 1.3.1(最优性准则) 如果(1.3.7)式中 $\boldsymbol{\zeta}\leqslant\boldsymbol{0}$,那么 $\overline{\boldsymbol{x}}$ 为原问题的最优解.

证 设 x 为原问题的任一可行解,由 $\boldsymbol{x}\geqslant\boldsymbol{0}$ 可知 $\boldsymbol{\zeta}^{\mathrm{T}}\boldsymbol{x}\leqslant 0$,从而$\boldsymbol{c}^{\mathrm{T}}\boldsymbol{x}=z_0-\boldsymbol{\zeta}^{\mathrm{T}}\boldsymbol{x}\geqslant z_0=\boldsymbol{c}^{\mathrm{T}}\overline{\boldsymbol{x}}$. ▍

定理 1.3.2　如果(1.3.7)中的向量 $\boldsymbol{\zeta}$ 的第 k 个分量 $\zeta_k>0$(显然,$m+1\leqslant k\leqslant n$),而向量 $\overline{\boldsymbol{A}}_k=\boldsymbol{B}^{-1}\boldsymbol{A}_k\leqslant\boldsymbol{0}$,那么原问题无界.

证　令 $\boldsymbol{d}=\begin{pmatrix}-\overline{\boldsymbol{A}}_k\\ \boldsymbol{0}\end{pmatrix}+\boldsymbol{e}_k$,其中 $\boldsymbol{e}_k$ 是第 k 个分量为 1,其余分量为 0 的 n 维向量.因为 $\overline{\boldsymbol{A}}_k\leqslant\boldsymbol{0}$,所以有 $\boldsymbol{d}\geqslant\boldsymbol{0}$,而

$$
\begin{aligned}
\boldsymbol{Ad}&=(\boldsymbol{B},\boldsymbol{N})\begin{pmatrix}-\overline{\boldsymbol{A}}_k\\ \boldsymbol{0}\end{pmatrix}+\boldsymbol{Ae}_k\\
&=(\boldsymbol{B},\boldsymbol{N})\begin{pmatrix}-\boldsymbol{B}^{-1}\boldsymbol{A}_k\\ \boldsymbol{0}\end{pmatrix}+(\boldsymbol{A}_1,\cdots,\boldsymbol{A}_{k-1},\boldsymbol{A}_k,\boldsymbol{A}_{k+1},\cdots,\boldsymbol{A}_n)\begin{pmatrix}0\\ \vdots\\ 0\\ 1\\ 0\\ \vdots\\ 0\end{pmatrix}\\
&=-\boldsymbol{A}_k+\boldsymbol{A}_k\\
&=\boldsymbol{0}
\end{aligned}
\tag{1.3.9}
$$

对于充分大的正数 θ,观察向量 $\overline{\boldsymbol{x}}+\theta\boldsymbol{d}$,此时有

$$
\boldsymbol{A}(\overline{\boldsymbol{x}}+\theta\boldsymbol{d})=\boldsymbol{A}\overline{\boldsymbol{x}}+\theta\boldsymbol{Ad}=\boldsymbol{b}
$$

$$
\overline{\boldsymbol{x}}+\theta\boldsymbol{d}\geqslant\boldsymbol{0}
$$

所以 $\overline{\boldsymbol{x}}+\theta\boldsymbol{d}$ 是原问题的可行解,它所对应的目标函数值为

$$
\begin{aligned}
\boldsymbol{c}^{\mathrm{T}}(\overline{\boldsymbol{x}}+\theta\boldsymbol{d})&=\boldsymbol{c}^{\mathrm{T}}\overline{\boldsymbol{x}}+\theta\boldsymbol{c}^{\mathrm{T}}\boldsymbol{d}\\
&=\boldsymbol{c}^{\mathrm{T}}\overline{\boldsymbol{x}}+\theta(\boldsymbol{c}_B^{\mathrm{T}},\boldsymbol{c}_N^{\mathrm{T}})\begin{pmatrix}-\overline{\boldsymbol{A}}_k\\ \boldsymbol{0}\end{pmatrix}+\theta(c_1,\cdots,c_{k-1},c_k,c_{k+1},\cdots,c_n)\begin{pmatrix}0\\ \vdots\\ 0\\ 1\\ 0\\ \vdots\\ 0\end{pmatrix}\\
&=\boldsymbol{c}^{\mathrm{T}}\overline{\boldsymbol{x}}-\theta(\boldsymbol{c}_B^{\mathrm{T}}\overline{\boldsymbol{A}}_k-c_k)\\
&=\boldsymbol{c}^{\mathrm{T}}\overline{\boldsymbol{x}}-\theta\zeta_k
\end{aligned}
\tag{1.3.10}
$$

由于 $\zeta_k>0$,而 $\theta>0$ 可任意大,故原问题的目标函数无下界. ▍

当以上两个定理的条件不满足时,即(1.3.7)式中的向量 $\boldsymbol{\zeta}$ 有某个分量 $\zeta_k>0$,而(1.3.8)式中相应的向量 $\overline{\boldsymbol{A}}_k=\boldsymbol{B}^{-1}\boldsymbol{A}_k$ 至少有一个正分量,我们可在原有基 $\boldsymbol{B}$ 的基础上稍加修改而得到一个新的基,从而得到一个新的基本可行解.修改的思想是:从原来的非基变量中选一个变量让它变为基变量,为保证新得到的解仍是基本可行解,必

须从原来的基变量中选一个让它变为非基变量.也就是说新基与原有的基有 $m-1$ 个相同的列向量,仅有一列向量不同.应该选择哪一个非基变量变为基变量呢?若已知 $\zeta_k>0$,因为 $m+1\leqslant k\leqslant n$,与 ζ_k 相对应的是非基变量 x_k,因此当 x_k 变为基变量时,它的值由零变为正数,比如说 $x_k=\theta>0$,其余的非基变量仍取值为零.由(1.3.7)式知对应新解的目标函数值为 $z=z_0-\theta\zeta_k<z_0$. 至于 θ 的取值大小,应以保证新解是基本可行解为原则.具体地,我们有下面的定理和证明.

定理 1.3.3 对于非退化的基本可行解 $\overline{\boldsymbol{x}}$,若(1.3.7)式中的向量 $\boldsymbol{\zeta}$ 有 $\zeta_k>0$,而其相应的向量 $\overline{\boldsymbol{A}}_k$ 至少有一个正分量,则能找到一个新的基本可行解 $\hat{\boldsymbol{x}}$,使 $\boldsymbol{c}^{\mathrm{T}}\hat{\boldsymbol{x}}<\boldsymbol{c}^{\mathrm{T}}\overline{\boldsymbol{x}}$.

证 只需将 $\hat{\boldsymbol{x}}$ 具体地找出来.

如定理 1.3.2 证明中所述,令

$$\boldsymbol{d}=\begin{pmatrix}-\overline{\boldsymbol{A}}_k\\ \boldsymbol{0}\end{pmatrix}+\boldsymbol{e}_k$$

由(1.3.9)式知

$$\boldsymbol{A}\boldsymbol{d}=\boldsymbol{0}$$

令

$$\begin{aligned}\hat{\boldsymbol{x}}&=\overline{\boldsymbol{x}}+\theta\boldsymbol{d}=\begin{pmatrix}\overline{\boldsymbol{b}}\\ \boldsymbol{0}\end{pmatrix}+\theta\begin{pmatrix}-\overline{\boldsymbol{A}}_k\\ \boldsymbol{0}\end{pmatrix}+\theta\boldsymbol{e}_k\\&=\begin{pmatrix}\overline{\boldsymbol{b}}-\theta\overline{\boldsymbol{A}}_k\\ \boldsymbol{0}\end{pmatrix}+\theta\boldsymbol{e}_k\end{aligned}\tag{1.3.11}$$

下面证明,当适当地选取 $\theta>0$ 后,$\hat{\boldsymbol{x}}$ 即为所求.

显然,

$$\boldsymbol{A}\hat{\boldsymbol{x}}=\boldsymbol{A}\overline{\boldsymbol{x}}+\theta\boldsymbol{A}\boldsymbol{d}=\boldsymbol{b}$$

为使 $\hat{\boldsymbol{x}}\geqslant\boldsymbol{0}$,则要求 $\overline{\boldsymbol{b}}-\theta\overline{\boldsymbol{A}}_k\geqslant\boldsymbol{0}$.令

$$\begin{aligned}\theta&=\min\left\{\frac{\overline{b}_i}{\overline{a}_{ik}}\,\middle|\,\overline{a}_{ik}>0,i=1,\cdots,m\right\}\\&=\frac{\overline{b}_r}{\overline{a}_{rk}}\end{aligned}\tag{1.3.12}$$

从而保证了 $\hat{\boldsymbol{x}}\geqslant\boldsymbol{0}$,因而 $\hat{\boldsymbol{x}}$ 是可行解 .

下面证明 $\hat{\boldsymbol{x}}$ 也是基本解.$\hat{\boldsymbol{x}}$ 的各分量为

$$\hat{x}_i=\overline{b}_i-\frac{\overline{b}_r}{\overline{a}_{rk}}\overline{a}_{ik},\quad i=1,\cdots,m,\quad i\neq r$$

$$\hat{x}_r=0$$

$$\hat{x}_k=\frac{\overline{b}_r}{\overline{a}_{rk}}$$

$$\hat{x}_j=0,\ j=m+1,\cdots,n,\ j\neq k \tag{1.3.13}$$

只需证明向量组 $\boldsymbol{A}_1,\cdots,\boldsymbol{A}_{r-1},\boldsymbol{A}_k,\boldsymbol{A}_{r+1},\cdots,\boldsymbol{A}_m$ 线性无关.假若不然,$\boldsymbol{A}_1,\cdots,\boldsymbol{A}_{r-1},\boldsymbol{A}_k,\boldsymbol{A}_{r+1},\cdots,\boldsymbol{A}_m$ 线性相关,因为原来的向量组 $\boldsymbol{A}_1,\cdots,\boldsymbol{A}_m$ 是线性无关的,所以向量 $\boldsymbol{A}_k$ 可由其余 $m-1$ 个向量线性表出,即存在 $m-1$ 个数 $y_i,i=1,\cdots,m,i\neq r$,使得

$$\boldsymbol{A}_k=\sum_{\substack{i=1\\i\neq r}}^{m}y_i\boldsymbol{A}_i$$

又 $\overline{\boldsymbol{A}}_k=\boldsymbol{B}^{-1}\boldsymbol{A}_k$,因此有

$$\boldsymbol{A}_k=\boldsymbol{B}\overline{\boldsymbol{A}}_k=(\boldsymbol{A}_1,\cdots,\boldsymbol{A}_m)\begin{pmatrix}\overline{a}_{1k}\\ \vdots\\ \overline{a}_{mk}\end{pmatrix}=\sum_{i=1}^{m}\overline{a}_{ik}\boldsymbol{A}_i$$

将上面两式相减得

$$\overline{a}_{rk}\boldsymbol{A}_r+\sum_{\substack{i=1\\i\neq r}}^{m}(\overline{a}_{ik}-y_i)\boldsymbol{A}_i=\boldsymbol{0}$$

已知 $\overline{a}_{rk}\neq 0$, 故 $\boldsymbol{A}_1,\cdots,\boldsymbol{A}_m$ 线性相关,引出矛盾.

最后,由非退化假设 $\overline{\boldsymbol{b}}>\boldsymbol{0}$,因而 $\theta=\dfrac{\overline{b}_r}{\overline{a}_{rk}}>0$. 由(1.3.10)式知

$$\boldsymbol{c}^{\mathrm{T}}\hat{\boldsymbol{x}}=\boldsymbol{c}^{\mathrm{T}}\overline{\boldsymbol{x}}-\theta\zeta_k<\boldsymbol{c}^{\mathrm{T}}\overline{\boldsymbol{x}}$$ ▌

由以上定理,我们知道对应于基本可行解 $\overline{\boldsymbol{x}}$ 的向量 $\boldsymbol{\zeta}^{\mathrm{T}}=c_{\boldsymbol{B}}^{\mathrm{T}}\boldsymbol{B}^{-1}\boldsymbol{A}-\boldsymbol{c}^{\mathrm{T}}$ 有重要的作用,我们称它为基本可行解 $\overline{\boldsymbol{x}}$ 的**检验数向量**,它的各个分量称为**检验数**.

注意,在(1.3.12)式中若有几个比值同时达到最小值,则可任意选择一个,但在新的基本可行解 $\hat{\boldsymbol{x}}$ 中,这些对应分量均为零,从而 $\hat{\boldsymbol{x}}$ 是一退化的基本可行解.当我们假设线性规划问题非退化时,即它的任何一个基本可行解均为非退化的,上述现象就不会出现.如果检验数向量 $\boldsymbol{\zeta}$ 有不止一个正分量,可以任意选取一个正分量作为定理中的 $\zeta_k>0$. 一般常取最大的那个 ζ_k,因为从定理 1.3.3 的证明中可知,当 ζ_k 所对应的非基变量 x_k 的值由零变为单位 1 时,目标函数值减少 ζ_k 单位.但实际情况表明,这种对 ζ_k 的选取不一定是最好的策略.首先,最大的 ζ_k 不一定对应最大的 θ,而选择 ζ_k 后由基本可行解 $\overline{\boldsymbol{x}}$ 到基本可行解 $\hat{\boldsymbol{x}}$ 使目标函数值实际减少 $\theta\zeta_k$;其次,即使选择的正值 ζ_k 使这一步迭代目标函数值下降量最大,但从基本可行解 $\hat{\boldsymbol{x}}$ 开始的以后各步迭代情况并不一定好.从总体情况分析选择正值 ζ_k 的最好策略是什么? 这个问题至今尚未解决.此问题若得到解决,将使单纯形法在算法理论和实际应用方面取得极其重大的进展.

定理 1.3.3 的证明实则具体给出了从一个基本可行解 $\overline{\boldsymbol{x}}$ 移动到另一个"更好"的基本可行解 $\hat{\boldsymbol{x}}$ 的过程.新旧基本可行解 $\hat{\boldsymbol{x}}$ 与 $\overline{\boldsymbol{x}}$ 的差别在于以原来的非基变量 x_k 代替原来的基变量 x_r 而成为第 r 个基变量,而 x_r 变为非基变量.因此整个过程称为**换基**,或说进行了一次迭代,称 $\boldsymbol{A}_r$ 为**退出基列**,$\boldsymbol{A}_k$ 为**进入基列**,x_r 为**离基变量**,x_k 为**进基变量**.对单纯形法来说,每一次迭代要依据检验数先确定一进基变量,然后依据(1.3.13)式(可

能的话)确定一离基变量.

上面三个定理给出了单纯形法的迭代步骤,给定一个基本可行解 $\bar{\boldsymbol{x}}$,计算与其对应的检验数向量 $\boldsymbol{\zeta}$.若 $\zeta\leqslant\boldsymbol{0}$,则 $\bar{\boldsymbol{x}}$ 就是最优解;如果 $\boldsymbol{\zeta}$ 的某个分量 $\zeta_k>0$,而 $\overline{\boldsymbol{A}}_k\leqslant 0$,那么原问题无界;如果 $\zeta_k>0$ 且 $\overline{\boldsymbol{A}}_k$ 含有正分量,那么按照(1.3.12)式和(1.3.13)式求出另一个基本可行解 $\hat{\boldsymbol{x}}$,使目标函数值减少 $\theta\zeta_k$ 单位.得到新的基本可行解后,再按以上程序进行,这样便可得到一个基本可行解的序列.如果所得到的解均为非退化的,那么每迭代一次目标函数值严格减少,因而序列中的基本可行解不可能重复出现.由于基本可行解的个数是有限的,故最终一定能找到最优解或者判定问题无界,所以得到如下定理.

定理 1.3.4 对于任何非退化的线性规划问题,从任何基本可行解开始,经过有限多次迭代,或得到一个基本可行的最优解,或作出该线性规划问题无界的判断.

在单纯形法的一次迭代过程中,迭代前后的两个基有 $m-1$ 个相同的列向量,这样的基称为**相邻基**.在几何上,可以严格证明相邻基所对应的要么是可行区域 D 的相邻顶点,要么是同一个顶点(在退化情况下).因此直观地说,单纯形法就是从可行区域的一个顶点迭代到与其相邻的另一个顶点,直至找到最优解或判定问题无界.下面给出具体的计算步骤.

单纯形法步骤:

第 1 步 找一个初始的可行基 $\boldsymbol{B}$;

第 2 步 求出对应的典式及检验数向量 $\boldsymbol{\zeta}$;

第 3 步 求 $\zeta_k=\max\{\zeta_j \mid j=1,\cdots,n\}$;

第 4 步 若 $\zeta_k\leqslant 0$,停止,已找到最优解 $\boldsymbol{x}=\begin{pmatrix}\boldsymbol{x}_B\\ \boldsymbol{x}_N\end{pmatrix}=\begin{pmatrix}\bar{\boldsymbol{b}}\\ \boldsymbol{0}\end{pmatrix}$ 及最优值 $z=\boldsymbol{c}_B^{\mathrm{T}}\bar{\boldsymbol{b}}$;

第 5 步 若 $\overline{\boldsymbol{A}}_k\leqslant\boldsymbol{0}$,停止,原问题无界;

第 6 步 求 $\min\left\{\dfrac{\bar{b}_i}{\bar{a}_{ik}}\,\middle|\,\bar{a}_{ik}>0,i=1,\cdots,m\right\}=\dfrac{\bar{b}_r}{\bar{a}_{rk}}$;

第 7 步 以 $\boldsymbol{A}_k$ 代替 $\boldsymbol{A}_{B_r}$ 得到新的基,转第 2 步.

2. 单纯形表

直接用公式进行单纯形法的迭代计算是很不方便的,其中最复杂的是进行基变换,但施行基变换所用的实际上是消元法.由线性代数知道,用消元法解线性方程组可在增广矩阵上利用行初等变换进行计算.因此,我们可以将单纯形法的全部计算过程在一个类似增广矩阵的数表上进行,这种表格称为**单纯形表**.

例如,某 LP 问题的约束方程组为

$$\begin{cases}x_1 \qquad\qquad +3x_4+2x_5=1\\ x_1+x_2 \qquad +5x_4+\ \ x_5=3\\ x_1 \qquad +x_3+2x_4+5x_5=4\end{cases}\tag{1.3.14}$$

可表示为

x_1	x_2	x_3	x_4	x_5	
1	0	0	3	2	1
1	1	0	5	1	3
1	0	1	2	5	4

其中方程组中右端系数写在表的最后一列,为方便计,将其记为第 $n+1$ 列,用一条直线把它与其他列分开.由线性代数知,对上面的数表进行行初等变换不会改变方程组的解.给定一个基 $\boldsymbol{B}$,我们可以用数表上的行初等变换将其化为形如(1.3.8)的典式.在这个例子里,若 $\boldsymbol{B}=(\boldsymbol{A}_1,\boldsymbol{A}_2,\boldsymbol{A}_3)$,则可将第一行乘(−1)分别加到第二行和第三行,从而得到

x_1	x_2	x_3	x_4	x_5	
1	0	0	3	2	1
0	1	0	2	−1	2
0	0	1	−1	3	3

这张表所对应的恰恰是方程组(1.3.14)对应于基 $\boldsymbol{B}$ 的典式.让非基变量 $x_4=x_5=0$,则第 $n+1$ 列的数值给出了对应的基变量的值,$x_1=1,x_2=2,x_3=3$,即典式中右端向量 $\bar{\boldsymbol{b}}$.注意,表中非基列的数值恰是 $\bar{a}_{ik}$,即 $\overline{\boldsymbol{A}}_4=\boldsymbol{B}^{-1}\boldsymbol{A}_4=(3,2,-1)^{\mathrm{T}}$,$\overline{\boldsymbol{A}}_5=\boldsymbol{B}^{-1}\boldsymbol{A}_5=(2,-1,3)^{\mathrm{T}}$,或等价地有

$$\boldsymbol{A}_4=\boldsymbol{B}\overline{\boldsymbol{A}}_4=3\boldsymbol{A}_1+2\boldsymbol{A}_2-\boldsymbol{A}_3$$
$$\boldsymbol{A}_5=\boldsymbol{B}\overline{\boldsymbol{A}}_5=2\boldsymbol{A}_1-\boldsymbol{A}_2+3\boldsymbol{A}_3$$

由于表中可直接读出 $\bar{\boldsymbol{b}}$ 和诸 $\overline{\boldsymbol{A}}_k$,故改变基的运算可以直接在表上进行.例如,若把第 $k=4$ 列引入基,则按公式(1.3.12)得

$$\theta=\min\left\{\frac{1}{3},\frac{2}{2}\right\}=\frac{\bar{b}_1}{\bar{a}_{14}}=\frac{1}{3}$$

即表中第 $n+1$ 列的数值与表中 x_k 所对应列中正值的最小比.现在知道 $r=1$,即 x_4 为进基变量,x_1 为离基变量.目前的新基为 $\hat{\boldsymbol{B}}=(\boldsymbol{A}_4,\boldsymbol{A}_2,\boldsymbol{A}_3)$,为得到对应于基 $\hat{\boldsymbol{B}}$ 的典式,在前一张表上进行行初等变换:将第一行乘 $\frac{1}{3}$;然后将它加到第三行;再把它乘(−2)加到第二行.这样得到下表

x_1	x_2	x_3	x_4	x_5	
$\frac{1}{3}$	0	0	1	$\frac{2}{3}$	$\frac{1}{3}$
$-\frac{2}{3}$	1	0	0	$-\frac{7}{3}$	$\frac{4}{3}$
$\frac{1}{3}$	0	1	0	$\frac{11}{3}$	$\frac{10}{3}$

新的基本可行解 $\hat{\boldsymbol{x}}=\left(0,\frac{4}{3},\frac{10}{3},\frac{1}{3},0\right)^{\mathrm{T}}$.

一般地,当基 $\boldsymbol{B}=(\boldsymbol{A}_1,\cdots,\boldsymbol{A}_m)$ 时,将约束方程组 $\boldsymbol{A}\boldsymbol{x}=\boldsymbol{b}$ 用行初等变换化成典式后的单纯形表如表 1.3.1 所示.

表 1.3.1

x_1	$\cdots$	x_r	$\cdots$	x_m	x_{m+1}	$\cdots$	x_k	$\cdots$	x_n	
1	$\cdots$	0	$\cdots$	0	$\bar{a}_{1,m+1}$	$\cdots$	$\bar{a}_{1k}$	$\cdots$	$\bar{a}_{1n}$	$\bar{b}_1$
$\vdots$		$\vdots$		$\vdots$	$\vdots$		$\vdots$		$\vdots$	$\vdots$
0	$\cdots$	1	$\cdots$	0	$\bar{a}_{r,m+1}$	$\cdots$	$\bar{a}_{rk}$	$\cdots$	$\bar{a}_{rn}$	$\bar{b}_r$
$\vdots$		$\vdots$		$\vdots$	$\vdots$		$\vdots$		$\vdots$	$\vdots$
0	$\cdots$	0	$\cdots$	1	$\bar{a}_{m,m+1}$	$\cdots$	$\bar{a}_{mk}$	$\cdots$	$\bar{a}_{mn}$	$\bar{b}_m$

如果 x_k 为进基变量,x_r 为离基变量,要得到相应于新基 $\hat{\boldsymbol{B}}$ 的典式,就要在表 1.3.1 中用行初等变换将第 k 列变为第 r 个分量为 1,其余分量为零的单位向量.在进行这些变换后,一般第 r 列不再是单位向量.变换后表中的元素用 $\hat{a}_{ij}$ 表示,则有如下式子(为符号简单计,在以下公式中将$\bar{\boldsymbol{b}}$记为 $\overline{\boldsymbol{A}}_{n+1}$):

用 $\bar{a}_{rk}$除第 r 行的各元素得到

$$\hat{a}_{rj}=\frac{\bar{a}_{rj}}{\bar{a}_{rk}},\quad j=1,\cdots,n,n+1 \tag{1.3.15}$$

将新的第 r 行元素乘$(-\bar{a}_{ik})$后加到第 i 行上得到

$$\hat{a}_{ij}=\bar{a}_{ij}-\bar{a}_{ik}\hat{a}_{rj},\quad i=1,\cdots,r-1,r+1,\cdots,m;j=1,\cdots,n,n+1 \tag{1.3.16}$$

所有这些 $\hat{a}_{ij}(i=1,\cdots,m;j=1,\cdots,n,n+1)$便构成了对应于新基 $\hat{\boldsymbol{B}}$ 的典式的单纯形表.新表的最后一列为

$$\hat{b}_r=\frac{\bar{b}_r}{\bar{a}_{rk}}$$

$$\hat{b}_i=\bar{b}_i-\frac{\bar{b}_r}{\bar{a}_{rk}}\bar{a}_{ik},\quad i=1,\cdots,m,\quad i\neq r$$

这正是基 $\hat{\boldsymbol{B}}$ 所对应的基本可行解中各基变量的取值.

当我们换基时,为方便地获得对应于新基 $\hat{\boldsymbol{B}}$ 的检验数向量,目标函数的表达式也要作相应的变换,即要将式子

$$z=\boldsymbol{c}_B^{\mathrm{T}}\bar{\boldsymbol{b}}-(\boldsymbol{c}_B^{\mathrm{T}}\boldsymbol{B}^{-1}\boldsymbol{N}-\boldsymbol{c}_N^{\mathrm{T}})\boldsymbol{x}_N$$

或等价的表达式

$$z+(\boldsymbol{c}_B^{\mathrm{T}}\boldsymbol{B}^{-1}\boldsymbol{N}-\boldsymbol{c}_N^{\mathrm{T}})\boldsymbol{x}_N=\boldsymbol{c}_B^{\mathrm{T}}\bar{\boldsymbol{b}} \tag{1.3.17}$$

中的 $\boldsymbol{B}$ 换成 $\hat{\boldsymbol{B}}$.进行这一变换的最方便的办法是将(1.3.17)式看成一个方程,将其系数及右端项添加在表 1.3.1 的最上面作为第 0 行,将 z 也视为变量,令约束方程中 z 的系数为零.所得到的表格如表 1.3.2 所示.

表 1.3.2

	z	x_1	$\cdots$	x_r	$\cdots$	x_m	x_{m+1}	$\cdots$	x_k	$\cdots$	x_n	RHS
z	1	0	$\cdots$	0	$\cdots$	0	ζ_{m+1}	$\cdots$	ζ_k	$\cdots$	ζ_n	z_0
x_1	0	1	$\cdots$	0	$\cdots$	0	$\bar{a}_{1,m+1}$	$\cdots$	$\bar{a}_{1k}$	$\cdots$	$\bar{a}_{1n}$	$\bar{b}_1$
$\vdots$	$\vdots$	$\vdots$		$\vdots$		$\vdots$	$\vdots$		$\vdots$		$\vdots$	$\vdots$
x_r	0	0	$\cdots$	1	$\cdots$	0	$\bar{a}_{r,m+1}$	$\cdots$	$\bar{a}_{rk}$	$\cdots$	$\bar{a}_{rn}$	$\bar{b}_r$
$\vdots$	$\vdots$	$\vdots$		$\vdots$		$\vdots$	$\vdots$		$\vdots$		$\vdots$	$\vdots$
x_m	0	0	$\cdots$	0	$\cdots$	1	$\bar{a}_{m,m+1}$	$\cdots$	$\bar{a}_{mk}$	$\cdots$	$\bar{a}_{mn}$	$\bar{b}_m$

为清楚起见,把基 $\boldsymbol{B}$ 对应的基变量列在表的左面,最后一列记为 RHS,即右端向量.位于第 0 行第 $n+1$ 列位置上的数 $z_0=\boldsymbol{c}_B^{\mathrm{T}}\bar{\boldsymbol{b}}$就是当前的基本可行解所对应的目标函数值.这就形成了一张完整的单纯形表.当我们换基时,对典式进行的行初等变换公式(1.3.16)也同样适用于第 0 行(即将(1.3.16)公式中的行指标 i 的取值改为 $i=0,1,\cdots,r-1,r+1,\cdots,m$ 即可).这样在表 1.3.2 上可以用统一的格式算出对应于新基 $\hat{\boldsymbol{B}}$ 的各元素 $\hat{a}_{ij}$以及检验数$\hat{\zeta}_j$.注意到对表 1.3.2 中的各元素进行行初等变换时,变量 z 所对应列中各元素不会有任何改变,因此在表格中为变量 z 保留一列是没有必要的.省略变量 z 对应的列,得到表 1.3.3.

表 1.3.3

	x_1	$\cdots$	x_r	$\cdots$	x_m	x_{m+1}	$\cdots$	x_k	$\cdots$	x_n	RHS
	0	$\cdots$	0	$\cdots$	0	ζ_{m+1}	$\cdots$	ζ_k	$\cdots$	ζ_n	z_0
x_1	1	$\cdots$	0	$\cdots$	0	$\bar{a}_{1,m+1}$	$\cdots$	$\bar{a}_{1k}$	$\cdots$	$\bar{a}_{1n}$	$\bar{b}_1$
$\vdots$	$\vdots$		$\vdots$		$\vdots$	$\vdots$		$\vdots$		$\vdots$	$\vdots$
x_r	0	$\cdots$	1	$\cdots$	0	$\bar{a}_{r,m+1}$	$\cdots$	$\bar{a}_{rk}^*$	$\cdots$	$\bar{a}_{rn}$	$\bar{b}_r$
$\vdots$	$\vdots$		$\vdots$		$\vdots$	$\vdots$		$\vdots$		$\vdots$	$\vdots$
x_m	0	$\cdots$	0	$\cdots$	1	$\bar{a}_{m,m+1}$	$\cdots$	$\bar{a}_{mk}$	$\cdots$	$\bar{a}_{mn}$	$\bar{b}_m$

若 x_k 为进基变量,x_r 为离基变量,称元素 $\bar{a}_{rk}$为**转轴元**,用 * 标出,称第 k 列为**旋转列**,第 r 行为**旋转行**.单纯形表 1.3.3 中各元素按公式(1.3.15)和(1.3.16)(此时 $i=0,1,\cdots,r-1,r+1,\cdots,m$)进行变换,这种变换称为**旋转变换**,得到表 1.3.4.

表 1.3.4

	x_1	$\cdots$	x_r	$\cdots$	x_m	x_{m+1}	$\cdots$	x_k	$\cdots$	x_n	RHS
	0	$\cdots$	$\hat{\zeta}_r$	$\cdots$	0	$\hat{\zeta}_{m+1}$	$\cdots$	0	$\cdots$	$\hat{\zeta}_n$	$\hat{z}_0$
x_1	1	$\cdots$	$\hat{a}_{1r}$	$\cdots$	0	$\hat{a}_{1,m+1}$	$\cdots$	0	$\cdots$	$\hat{a}_{1n}$	$\hat{b}_1$
$\vdots$	$\vdots$		$\vdots$		$\vdots$	$\vdots$		$\vdots$		$\vdots$	$\vdots$
x_{r-1}	·		·		·	·		·		·	·
x_k	0	$\cdots$	$\hat{a}_{rr}$	$\cdots$	0	$\hat{a}_{r,m+1}$	$\cdots$	1	$\cdots$	$\hat{a}_{rn}$	$\hat{b}_r$
x_{r+1}	·		·		·	·		·		·	·
$\vdots$	$\vdots$		$\vdots$		$\vdots$	$\vdots$		$\vdots$		$\vdots$	$\vdots$
x_m	0	$\cdots$	$\hat{a}_{mr}$	$\cdots$	1	$\hat{a}_{m,m+1}$	$\cdots$	0	$\cdots$	$\hat{a}_{mn}$	$\hat{b}_m$

这样便得到一张新的单纯形表.由表中第 0 行的检验数可判别当前的基本可行解是否为最优解,或者找出进基变量和离基变量,重复上述步骤,或者判定问题是无界的.

我们来看两个例题.

例 1.3.1 求解问题

$$\begin{cases}\min \quad z=-x_2+2x_3 \\ \text{s.t.} \quad x_1-2x_2+x_3=2 \\ \qquad x_2-3x_3+x_4=1 \\ \qquad x_2-x_3+x_5=2 \\ \qquad x_j\geqslant 0,\ j=1,2,\cdots,5\end{cases}$$

解 这里 $\boldsymbol{B}=(\boldsymbol{A}_1,\boldsymbol{A}_4,\boldsymbol{A}_5)$ 是一个单位矩阵,且 $\boldsymbol{b}=(2,1,2)^{\mathrm{T}}>\boldsymbol{0}$,故基 $\boldsymbol{B}$ 是可行基,x_1,x_4,x_5 为基变量,x_2,x_3 为非基变量,基 $\boldsymbol{B}$ 对应的基本可行解为 $\boldsymbol{x}=(2,0,0,1,2)^{\mathrm{T}}$,其目标函数值 $z_0=0$. 方程组 $\boldsymbol{Ax}=\boldsymbol{b}$ 已是典式,得到第一张单纯形表:

	x_1	x_2	x_3	x_4	x_5	RHS
	0	1	−2	0	0	0
x_1	1	−2	1	0	0	2
x_4	0	1^*	−3	1	0	1
x_5	0	1	−1	0	1	2

注意,第 0 行的元素应是将目标函数 $z=-x_2+2x_3$ 化成等价的方程 $z+x_2-2x_3=0$后的相应元素.

检验数 $\zeta_2=1>0$,故当前解不是最优解.$\overline{\boldsymbol{A}}_2$ 列中有两个元素 $\bar{a}_{22},\bar{a}_{32}$均为正数,取

$$\min\left\{\frac{\bar{b}_2}{\bar{a}_{22}},\frac{\bar{b}_3}{\bar{a}_{32}}\right\}=\min\left\{\frac{1}{1},\frac{2}{1}\right\}=1$$

故转轴元为 $\bar{a}_{22}$，x_2 为离基变量，x_4 为离基变量.进行旋转变换后得下表：

	x_1	x_2	x_3	x_4	x_5	RHS
	0	0	1	−1	0	−1
x_1	1	0	−5	2	0	4
x_2	0	1	−3	1	0	1
x_5	0	0	2^*	−1	1	1

它对应的基本可行解为 $\boldsymbol{x}=(4,1,0,0,1)^{\mathrm{T}}$，其目标函数值为 $z_0=-1$. 但 $\zeta_3=1>0$，仍不是最优解，此时 $\bar{a}_{33}$ 为转轴元，进行旋转变换得下表：

	x_1	x_2	x_3	x_4	x_5	RHS
	0	0	0	$-\frac{1}{2}$	$-\frac{1}{2}$	$-\frac{3}{2}$
x_1	1	0	0	$-\frac{1}{2}$	$\frac{5}{2}$	$\frac{13}{2}$
x_2	0	1	0	$-\frac{1}{2}$	$\frac{3}{2}$	$\frac{5}{2}$
x_3	0	0	1	$-\frac{1}{2}$	$\frac{1}{2}$	$\frac{1}{2}$

它对应的基本可行解为 $\boldsymbol{x}=\left(\frac{13}{2},\frac{5}{2},\frac{1}{2},0,0\right)^{\mathrm{T}}$，其目标函数值为 $z_0=-\frac{3}{2}$.此时检验数向量 $\boldsymbol{\zeta}\leqslant\mathbf{0}$，故为最优解.

例 1.3.2　解 LP 问题

$$\begin{cases}\min\quad z=-x_2-2x_3\\ \text{s.t.}\quad x_1\qquad\quad -\frac{1}{2}x_4+\frac{5}{2}x_5=\frac{13}{2}\\ \qquad\qquad x_2\quad -\frac{1}{2}x_4+\frac{3}{2}x_5=\frac{5}{2}\\ \qquad\qquad\quad x_3-\frac{1}{2}x_4+\frac{1}{2}x_5=\frac{1}{2}\\ \qquad x_j\geqslant 0,\ j=1,\cdots,5\end{cases}$$

解　显然这个问题的可行区域与例 1.3.1 的相同，但目标函数不同.我们取 $\boldsymbol{x}=\left(\frac{13}{2},\frac{5}{2},\frac{1}{2},0,0\right)^{\mathrm{T}}$ 作为它的初始基本可行解，此时基 $\boldsymbol{B}=(\boldsymbol{A}_1,\boldsymbol{A}_2,\boldsymbol{A}_3)$.约束方程组 $\boldsymbol{Ax}=\boldsymbol{b}$ 已是典式，但目标函数的表达式 $z+x_2+2x_3=0$ 还不是典式.此种情况我们可以从下面的初始表开始：

	x_1	x_2	x_3	x_4	x_5	RHS
	0	1	2	0	0	0
x_1	1	0	0	$-\frac{1}{2}$	$\frac{5}{2}$	$\frac{13}{2}$
x_2	0	1	0	$-\frac{1}{2}$	$\frac{3}{2}$	$\frac{5}{2}$
x_3	0	0	1	$-\frac{1}{2}$	$\frac{1}{2}$	$\frac{1}{2}$

注意,这张表的第 0 行不符合单纯形表第 0 行的要求:对应基变量的元素为 0,对应非基变量的元素应为检验数.此时第 0 行基变量 x_2,x_3 对应的元素分别为 1 和 2. 可利用行初等变换将第 0 行化为典式:将第二行乘(-1),第三行乘(-2)后都加到第 0 行,得到第一张单纯形表:

	x_1	x_2	x_3	x_4	x_5	RHS
	0	0	0	$\frac{3}{2}$	$-\frac{5}{2}$	$-\frac{7}{2}$
x_1	1	0	0	$-\frac{1}{2}$	$\frac{5}{2}$	$\frac{13}{2}$
x_2	0	1	0	$-\frac{1}{2}$	$\frac{3}{2}$	$\frac{5}{2}$
x_3	0	0	1	$-\frac{1}{2}$	$\frac{1}{2}$	$\frac{1}{2}$

此时 $\zeta_4=\dfrac{3}{2}>0$,但对应的 $\overline{\boldsymbol{A}}_4<\boldsymbol{0}$,所以此问题无界.

当然,在方程组已成典式、目标函数表达式尚不为典式的情况下,也可按式(1.3.17)计算得到单纯形表第 0 行中各元素.如对例 1.3.2,有

$$\boldsymbol{B}=(\boldsymbol{A}_1,\boldsymbol{A}_2,\boldsymbol{A}_3),\quad \boldsymbol{B}^{-1}\boldsymbol{N}=\begin{pmatrix}-\frac{1}{2} & \frac{5}{2}\\ -\frac{1}{2} & \frac{3}{2}\\ -\frac{1}{2} & \frac{1}{2}\end{pmatrix},\quad \overline{\boldsymbol{b}}=\begin{pmatrix}\frac{13}{2}\\ \frac{5}{2}\\ \frac{1}{2}\end{pmatrix}$$

所以

$$\boldsymbol{\zeta}_N^{\mathrm{T}}=\boldsymbol{c}_B^{\mathrm{T}}\boldsymbol{B}^{-1}\boldsymbol{N}-\boldsymbol{c}_N^{\mathrm{T}}=(0,-1,-2)\begin{pmatrix}-\frac{1}{2} & \frac{5}{2}\\ -\frac{1}{2} & \frac{3}{2}\\ -\frac{1}{2} & \frac{1}{2}\end{pmatrix}-(0,0)=\left(\frac{3}{2},-\frac{5}{2}\right)$$

$$z_0=\boldsymbol{c}_B^{\mathrm{T}}\overline{\boldsymbol{b}}=(0,-1,-2)\begin{pmatrix}\frac{13}{2}\\ \frac{5}{2}\\ \frac{1}{2}\end{pmatrix}=-\frac{7}{2}$$

同样得到了第一张单纯形表第 0 行中各元素.

§1.4　初　始　解

本节我们讨论如何找第一个基本可行解,即初始解.

如果一个 LP 问题与例 1.3.1 或例 1.3.2 一样,在给出的约束矩阵 $\boldsymbol{A}$ 中含有一个 m 阶单位矩阵,且 $\boldsymbol{b}\geqslant\boldsymbol{0}$,那么我们已经有了一个明显的基本可行解,且方程组 $\boldsymbol{Ax}=\boldsymbol{b}$ 已是典式,只要按例 1.3.2 的方法将目标函数的表达式化为典式,单纯形法就可以进行.但是实际问题往往并非如此,为找第一个基本可行解,即初始解,下面介绍常用的两阶段法.

1. 两阶段法

设原问题为

$$\begin{cases}\min\quad z=\boldsymbol{c}^{\mathrm{T}}\boldsymbol{x}\\ \text{s.t.}\quad \boldsymbol{Ax}=\boldsymbol{b}\quad(\boldsymbol{b}\geqslant\boldsymbol{0})\\ \qquad\ \ \boldsymbol{x}\geqslant\boldsymbol{0}\end{cases}\tag{1.4.1}$$

显然,必要时在方程两端同乘(-1),总可使 $\boldsymbol{b}\geqslant\boldsymbol{0}$.

所谓两阶段法,就是将线性规划问题的求解过程分成两个阶段.第一阶段是判断线性规划是否有可行解,如果没有可行解,当然就没有基本可行解,计算停止;如果有可行解,按第一阶段的方法可以求得一个初始的基本可行解,使运算进入第二阶段.第二阶段是从这个初始的基本可行解开始,使用单纯形法或者判定线性规划问题无界,或者求得一个最优解.

算法的第一阶段是对问题(1.4.1)增加 m 个人工变量 $\boldsymbol{x}_\alpha=(x_{n+1},\cdots,x_{n+m})^{\mathrm{T}}$ 后,用单纯形法解辅助问题

$$
\begin{cases}
\min \quad g=\sum\limits_{i=n+1}^{n+m} x_i \\
\text{s.t.} \quad \boldsymbol{A}\boldsymbol{x}+\boldsymbol{x}_\alpha=\boldsymbol{b} \\
\qquad\quad \boldsymbol{x}\geqslant \boldsymbol{0},\ \boldsymbol{x}_\alpha\geqslant \boldsymbol{0}
\end{cases}
\tag{1.4.2}
$$

现在来研究 LP 问题(1.4.1)与它的辅助 LP 问题(1.4.2)之间的关系.

设原问题(1.4.1)的可行区域为 D,辅助问题(1.4.2)的可行区域为 D',显然 $\boldsymbol{x}\in D$ 和 $\begin{pmatrix}\boldsymbol{x}\\ \boldsymbol{x}_\alpha\end{pmatrix}=\begin{pmatrix}\boldsymbol{x}\\ \boldsymbol{0}\end{pmatrix}\in D'$ 是等价的.而对应人工变量 $\boldsymbol{x}_\alpha=\boldsymbol{0}$ 的(1.4.2)的解 $\begin{pmatrix}\boldsymbol{x}\\ \boldsymbol{0}\end{pmatrix}\in D'$,当且仅当有 $\min g=0$(注意 $\boldsymbol{x}_\alpha\geqslant\boldsymbol{0}$).这样我们就能通过解辅助问题来获得原问题的初始解了.

而辅助 LP 问题(1.4.2)是一个有 $m+n$ 个变量的标准形式线性规划,且人工变量对应的 m 列构成了一个 m 阶单位矩阵,又因为 $\boldsymbol{b}\geqslant\boldsymbol{0}$,所以(1.4.2)的第一个基本可行解为 $\boldsymbol{x}=\boldsymbol{0},\boldsymbol{x}_\alpha=\boldsymbol{b}$,它所对应的目标函数值为 $g_0=\sum\limits_{i=1}^{m} b_i$,且方程组已经是典式,目标函数的表达式经适当变换后也易化为典式,因此单纯形法可以开始.因为要求 $\boldsymbol{x}_\alpha\geqslant\boldsymbol{0}$,所以目标函数有下界 $g\geqslant 0$,从而问题(1.4.2)必有最优解.计算结果有三种可能情形:

情形 1　问题(1.4.2)的最优值 $g=0$,且人工变量 $x_j,j=n+1,\cdots,n+m$ 皆为非基变量,此时我们已得到原问题(1.4.1)的一个基本可行解.

情形 2　问题(1.4.2)的最优值 $g>0$,说明原问题没有可行解.这时或者原问题的约束方程组不相容,即有秩$(\boldsymbol{A})<$秩$(\boldsymbol{A},\boldsymbol{b})$;或者方程组虽相容,但没有非负解.总之,此时可行区域 $D=\varnothing$,运算结束.

情形 3　问题(1.4.2)的最优值 $g=0$,但某些人工变量虽然取值为零,可仍是基变量.

当情形 1 出现时,把人工变量对应的列从单纯形表中去掉,然后直接转入第二阶段:即对原目标函数 $z=\boldsymbol{c}^{\mathrm{T}}\boldsymbol{x}$ 应用通常的单纯形法.有时为了方便,在第一阶段开始时就同时用两个检验数行:一个是关于 g 的,另一个是关于 z 的.在第一阶段迭代时,每次的旋转变换两个检验数行都参加,这样当第一阶段结束时就不必重新计算第二阶段开始时的检验数行及 z_0.

当情形 3 出现时,第一阶段的最优单纯形表如下,辅助问题的检验数向量 $\boldsymbol{\mu}=(\mu_1,\cdots,\mu_{n+m})^{\mathrm{T}}\leqslant\boldsymbol{0}$.

	x_1	$\cdots$	x_s	$\cdots$	x_n	x_{n+1}	$\cdots$	x_{n+m}	RHS
	μ_1	$\cdots$	μ_s	$\cdots$	μ_n	μ_{n+1}	$\cdots$	μ_{n+m}	0
x_{B_1}									$\bar{b}_1$
$\vdots$									$\vdots$
x_{B_r}			$\bar{a}_{ij}$						$\bar{b}_r$
$\vdots$									$\vdots$
x_{B_m}									$\bar{b}_m$

这里的基变量为 $x_{B_1},\cdots,x_{B_r},\cdots,x_{B_m}$，不妨设 x_{B_r} 为一人工变量（$n+1\leqslant B_r\leqslant n+m$），显然有 $\bar{b}_r=0$. 我们观察表中第 r 行的前 n 个元素，即考察 $\bar{a}_{rj},j=1,\cdots,n$，如果它们不全为零，设 $\bar{a}_{rs}\neq 0(1\leqslant s\leqslant n)$，以 $\bar{a}_{rs}$ 为转轴元进行一次旋转变换（注意，此时不要求 $\bar{a}_{rs}>0$）后，由于 $\bar{b}_r=0$，所以 $\theta=0$，故 g 值不变，最优解也不变，只是将零值的 x_s 变成了基变量，代替了取零值的人工变量 x_{B_r}，这样使基变量中减少了一个人工变量. 如果 $\bar{a}_{rj}=0,j=1,\cdots,n$，这时矩阵

$$\bar{\boldsymbol{A}}=\begin{pmatrix}\bar{a}_{11} & \cdots & \bar{a}_{1n}\\ \vdots & & \vdots\\ \bar{a}_{m1} & \cdots & \bar{a}_{mn}\end{pmatrix}$$

有一行全为零，即秩$(\bar{\boldsymbol{A}})<m$. 而 $\bar{\boldsymbol{A}}$ 是由原约束矩阵 $\boldsymbol{A}$ 经过一系列行初等变换得到的. 初等变换不改变矩阵的秩，所以有秩$(\boldsymbol{A})=$秩$(\bar{\boldsymbol{A}})<m$. 这表明单纯形表中的第 r 个约束方程是多余的，将它删去就可以了. 如果基变量中还有其他人工变量，重复刚才的过程，直至基变量中没有人工变量. 至此，我们获得了原问题(1.4.1)的第一个基本可行解.

在前几节讨论中我们总假定秩$(\boldsymbol{A})=m,D\neq\varnothing$，但是对实际问题来说，一般并不知道约束方程组是否满足这些假定. 这其实关系不大，上面的分析使我们知道，在寻找初始解的第一阶段总能解决这两个问题.

例 1.4.1　求解

$$\begin{cases}\min & z=5x_1+21x_3\\ \text{s.t.} & x_1-x_2+6x_3-x_4\qquad =2\\ & x_1+x_2+2x_3\qquad -x_5=1\\ & x_j\geqslant 0,\ j=1,\cdots,5\end{cases}$$

解　增加人工变量 x_6,x_7 得到辅助 LP 问题

$$\begin{cases}\min & g=x_6+x_7\\ \text{s.t.} & x_1-x_2+6x_3-x_4\qquad +x_6\qquad =2\\ & x_1+x_2+2x_3\qquad -x_5\qquad +x_7=1\\ & x_j\geqslant 0,\ j=1,\cdots,7\end{cases}$$

形成如下形式的表：

	x_1	x_2	x_3	x_4	x_5	x_6	x_7	RHS
z	−5	0	−21	0	0	0	0	0
g	0	0	0	0	0	−1	−1	0
x_6	1	−1	6	−1	0	1	0	2
x_7	1	1	2	0	−1	0	1	1

将表中第一行和第二行加到关于 g 的第 0 行中，使基变量 x_6,x_7 的检验数为零，得到辅助问题的第一张单纯形表.（一般情况下，如何得到辅助问题的第一张单纯形表?）然后按单

纯形法迭代.此处要注意的是两个检验数行都要进行变换：

	x_1	x_2	x_3	x_4	x_5	x_6	x_7	RHS
z	-5	0	-21	0	0	0	0	0
g	2	0	8	-1	-1	0	0	3
x_6	1	-1	6^*	-1	0	1	0	2
x_7	1	1	2	0	-1	0	1	1

	x_1	x_2	x_3	x_4	x_5	x_6	x_7	RHS
z	$-\frac{3}{2}$	$-\frac{7}{2}$	0	$-\frac{7}{2}$	0	$\frac{21}{6}$	0	7
g	$\frac{2}{3}$	$\frac{4}{3}$	0	$\frac{1}{3}$	-1	$-\frac{4}{3}$	0	$\frac{1}{3}$
x_3	$\frac{1}{6}$	$-\frac{1}{6}$	1	$-\frac{1}{6}$	0	$\frac{1}{6}$	0	$\frac{1}{3}$
x_7	$\frac{2}{3}$	$\frac{4}{3}^*$	0	$\frac{1}{3}$	-1	$-\frac{1}{3}$	1	$\frac{1}{3}$

	x_1	x_2	x_3	x_4	x_5	x_6	x_7	RHS
z	$\frac{1}{4}$	0	0	$-\frac{21}{8}$	$-\frac{21}{8}$	$\frac{21}{8}$	$\frac{21}{8}$	$\frac{63}{8}$
g	0	0	0	0	0	-1	-1	0
x_3	$\frac{1}{4}$	0	1	$-\frac{1}{8}$	$-\frac{1}{8}$	$\frac{1}{8}$	$\frac{1}{8}$	$\frac{3}{8}$
x_2	$\frac{1}{2}^*$	1	0	$\frac{1}{4}$	$-\frac{3}{4}$	$-\frac{1}{4}$	$\frac{3}{4}$	$\frac{1}{4}$

第一阶段结束，得到辅助问题的一个最优解$\left(0,\frac{1}{4},\frac{3}{8},0,0,0,0\right)^{\mathrm{T}}$，同时得到原问题的第一个基本可行解$\boldsymbol{x}^0=\left(0,\frac{1}{4},\frac{3}{8},0,0\right)^{\mathrm{T}}$，它对应的典式也在这张单纯形表中.去掉人工变量对应的行、列，直接开始第二阶段运算.因为$\zeta_1=\frac{1}{4}>0$，旋转元为$\bar{a}_{21}$，得到下一张单纯形表：

	x_1	x_2	x_3	x_4	x_5	RHS
z	0	$-\frac{1}{2}$	0	$-\frac{11}{4}$	$-\frac{9}{4}$	$\frac{31}{4}$
x_3	0	$-\frac{1}{2}$	1	$-\frac{1}{4}$	$\frac{1}{4}$	$\frac{1}{4}$
x_1	1	2	0	$\frac{1}{2}$	$-\frac{3}{2}$	$\frac{1}{2}$

从而得到原问题的最优解 $\boldsymbol{x}=\left(\frac{1}{2},0,\frac{1}{4},0,0\right)^{\mathrm{T}}$,其最优值为$\frac{31}{4}$.

例 1.4.2　求解

$$\begin{cases}\min & z=3x_1+2x_2+x_3 \\ \text{s.t.} & x_1+2x_2+\ x_3 \quad\quad =15 \\ & 2x_1 \quad\quad +5x_3 \quad\quad =18 \\ & 2x_1+4x_2+\ x_3+x_4=10 \\ & x_j\geqslant 0,\ j=1,2,3,4\end{cases}$$

解　这个例子的系数矩阵中已包含一个单位向量,就是 $\boldsymbol{A}_4=(0,0,1)^{\mathrm{T}}$,因此在用两阶段法求解时,第一阶段只要增加两个人工变量 x_5,x_6,所得辅助问题为

$$\begin{cases}\min & g=x_5+x_6 \\ \text{s.t.} & x_1+2x_2+\ x_3 \quad\quad +x_5 \quad\quad =15 \\ & 2x_1 \quad\quad +5x_3 \quad\quad\quad\quad +x_6=18 \\ & 2x_1+4x_2+\ x_3+x_4 \quad\quad\quad\quad =10 \\ & x_j\geqslant 0,\ j=1,\cdots,6\end{cases}$$

作如下表:

	x_1	x_2	x_3	x_4	x_5	x_6	RHS
z	−3	−2	−1	0	0	0	0
g	0	0	0	0	−1	−1	0
x_5	1	2	1	0	1	0	15
x_6	2	0	5	0	0	1	18
x_4	2	4	1	1	0	0	10

将表中第一行、第二行加到关于 g 的第 0 行中，得到辅助问题的第一张单纯形表：

	x_1	x_2	x_3	x_4	x_5	x_6	RHS
z	-3	-2	-1	0	0	0	0
g	3	2	6	0	0	0	33
x_5	1	2	1	0	1	0	15
x_6	2	0	5^*	0	0	1	18
x_4	2	4	1	1	0	0	10

按单纯形法迭代：

	x_1	x_2	x_3	x_4	x_5	x_6	RHS
z	$-\frac{13}{5}$	-2	0	0	0	$\frac{1}{5}$	$\frac{18}{5}$
g	$\frac{3}{5}$	2	0	0	0	$-\frac{6}{5}$	$\frac{57}{5}$
x_5	$\frac{3}{5}$	2	0	0	1	$-\frac{1}{5}$	$\frac{57}{5}$
x_3	$\frac{2}{5}$	0	1	0	0	$\frac{1}{5}$	$\frac{18}{5}$
x_4	$\frac{8}{5}$	4^*	0	1	0	$-\frac{1}{5}$	$\frac{32}{5}$

	x_1	x_2	x_3	x_4	x_5	x_6	RHS
z	$-\frac{9}{5}$	0	0	$\frac{1}{2}$	0	$\frac{1}{10}$	$\frac{34}{5}$
g	$-\frac{1}{5}$	0	0	$-\frac{1}{2}$	0	$-\frac{11}{10}$	$\frac{41}{5}$
x_5	$-\frac{1}{5}$	0	0	$-\frac{1}{2}$	1	$-\frac{1}{10}$	$\frac{41}{5}$
x_3	$\frac{2}{5}$	0	1	0	0	$\frac{1}{5}$	$\frac{18}{5}$
x_2	$\frac{2}{5}$	1	0	$\frac{1}{4}$	0	$-\frac{1}{20}$	$\frac{8}{5}$

关于目标函数 g 的检验数都不是正数，因此辅助 LP 问题的最优解为 $\boldsymbol{x}=\left(0,\frac{8}{5},\frac{18}{5},0,\frac{41}{5},0\right)^{\mathrm{T}}$，其最优值 $g=\frac{41}{5}>0$，所以原问题无可行解.

在没有明显初始解时，为找第一个基本可行解也可采用大 M 法. 大 M 法的缺点是：不容易确定 M 的取值，且 M 过大容易引起计算误差，有关介绍可见文献[1]、[2]或有关线性规划的专门教材.

2. 关于单纯形法的几点说明

在以上几节的讨论中，我们总假定基本可行解是非退化的，这保证了单纯形法的每一次迭代使目标函数值严格下降，因此已出现过的基本可行解不可能重复出现. 由于基本可行解的个数有限，故迭代一定在有限步结束. 但如果在单纯形法迭代过程中遇到退化的基本可行解，就不能保证目标函数值通过迭代得到改进. 于是，有可能使单纯形的迭代在进行了若干次旋转变换后又回到了前面的某个基本可行解. 这意味着算法将无限地循环下去，这种现象称为**循环**. 幸而这种情况在实际中极少出现，因此这里不加以讨论. 当然避免发生循环的方法是有的，如摄动法[1]、字典序方法[3]和 Bland 反循环算法[3]，等等. 按照这些方法所给出的有关规则进行单纯形法的迭代，不论是否出现退化情况，均保证单纯形在有限次迭代后终止运算.

在计算机上实际计算的 LP 问题，一般其变量个数和约束方程个数都比较多，如何节省存储单元、减少计算量和误差是必须加以考虑的问题. 仔细地分析前面所述单纯形法的各计算公式，可以使我们在保留最必要的数据前提下，精巧地处理有关运算，这就是**修正的单纯形法**或称为**逆矩阵法**. 一般在计算机上解 LP 问题时，大多采用的是修正的单纯形法. 所幸的是解 LP 的商用软件包已经普及，大家可以在计算机上直接调用. 关于这个方法的详细讨论，请参见文献[2]或[3].

对于某些有特定结构的大型 LP 问题，利用修正的单纯形法在紧缩存储及减少计算误差方面的优越性，将该大型 LP 问题的计算归结为若干个较小的 LP 问题，从而使大型问题可以在中等大小的计算机上得以实现. 这类方法统称为分解方法. Dantzig-Wolfe 分解算法就是这类方法的代表，详情请参见文献[2]、[3].

对于另外一些有特殊结构的 LP 问题，例如运输问题，变量有上、下界限制，或者约束方程组的系数矩阵是稀疏的，将其化为标准形式的 LP 问题后，往往使变量个数和约束方程个数都增加很多，导致问题规模增大，给计算和存储带来困难. 已经发展了一些针对这类线性规划问题的专用单纯形算法，如解运输问题的表上作业法（见第 5 章中的相关内容）、图上作业法，有界变量单纯形法，有效约束方法，等等. 这些方法避免了上述弊端，提高了单纯形法解题的能力，关于这些内容的详细介绍见文献[1]、[2]、[3].

§1.5　对偶性及对偶单纯形法

对偶理论（duality theory）是线性规划最重要的内容之一，每一个线性规划问题必然有与之相伴而生的另一个线性规划问题. 其中一个问题称为“原始”的，记为（P），则另一个问题称为“对偶”的，记为（D）. 这两个问题有着非常密切的关系. 本节主要涉及三个问题:一是给定了 LP 问题(P)后,如何写出(P)的对偶问题(D);二是研究问题(P)与(D)之间的关系;最后,给出解 LP 问题的对偶单纯形算法.

1. 对偶线性规划

考虑(1.1.1)式中定义的一般形式的 LP 问题

$$\begin{cases}\min & \boldsymbol{c}^{\mathrm{T}}\boldsymbol{x} \\ \text{s.t.} & \boldsymbol{a}_i^{\mathrm{T}}\boldsymbol{x}=b_i,\ \ i=1,\cdots,p \\ & \boldsymbol{a}_i^{\mathrm{T}}\boldsymbol{x}\geqslant b_i,\ \ i=p+1,\cdots,m \\ & x_j\geqslant 0,\ \ j=1,\cdots,q \\ & x_j\gtreqless 0,\ \ j=q+1,\cdots,n\end{cases} \tag{1.5.1}$$

这里 $\boldsymbol{a}_i=(a_{i1},\cdots,a_{in})^{\mathrm{T}}\in\mathbf{R}^n$ 是约束矩阵 $\boldsymbol{A}$ 的第 i 个行向量,$\boldsymbol{A}$ 为一 $m\times n$ 矩阵,$\boldsymbol{b}=(b_1,\cdots,b_m)^{\mathrm{T}}$ 为右端向量.为了使用定理 1.3.1(最优性准则),我们需要把(1.5.1)变为标准形式的 LP 问题:对 $i=p+1,\cdots,m$ 的每一个不等式约束,减去一个非负的剩余变量 x_i^s;对每一个自由变量 $x_j,j=q+1,\cdots,n$,用两个非负变量$x_j^+\geqslant 0$ 和 $x_j^-\geqslant 0$ 替换它,即有 $x_j=x_j^+-x_j^-,j=q+1,\cdots,n$;并将约束矩阵 $\boldsymbol{A}$ 中相应的列 $\boldsymbol{A}_j$ 用列 $\boldsymbol{A}_j$ 和$(-\boldsymbol{A}_j)$来替换,得到标准形式的 LP 问题如下:

$$\begin{cases}\min & \hat{\boldsymbol{c}}^{\mathrm{T}}\hat{\boldsymbol{x}} \\ \text{s.t.} & \hat{\boldsymbol{A}}\hat{\boldsymbol{x}}=\boldsymbol{b} \\ & \hat{\boldsymbol{x}}\geqslant\boldsymbol{0}\end{cases} \tag{1.5.2}$$

其中

$$\hat{\boldsymbol{x}}=(x_1,\cdots,x_q,x_{q+1}^+,x_{q+1}^-,\cdots,x_n^+,x_n^-,x_1^s,\cdots,x_{m-p}^s)^{\mathrm{T}}$$

$$\hat{\boldsymbol{c}}=(c_1,\cdots,c_q,c_{q+1},-c_{q+1},\cdots,c_n,-c_n,0,\cdots,0)^{\mathrm{T}}$$

均为 $q+2(n-q)+(m-p)$ 维向量,矩阵$\hat{\boldsymbol{A}}$用分块矩阵的形式表达为

$$\hat{\boldsymbol{A}}=\left(\boldsymbol{A}_1,\cdots,\boldsymbol{A}_q\,\middle|\,\boldsymbol{A}_{q+1},-\boldsymbol{A}_{q+1},\cdots,\boldsymbol{A}_n,-\boldsymbol{A}_n\,\middle|\,\begin{matrix}\boldsymbol{O}\\ \hline -\boldsymbol{I}\end{matrix}\right) \tag{1.5.3}$$

$\hat{\boldsymbol{A}}$是一个 $m\times[q+2(n-q)+(m-p)]$矩阵,右上角子阵 $\boldsymbol{O}$ 是一个 $p\times(m-p)$零矩阵,右下角的 $\boldsymbol{I}$ 是一个$(m-p)\times(m-p)$单位矩阵.

由单纯形算法和最优性准则知,若(1.5.2)有最优基本可行解 $\hat{\boldsymbol{x}}_0$,则 LP 问题(1.5.2)存在一个对应于 $\hat{\boldsymbol{x}}_0$ 的可行基 $\hat{\boldsymbol{B}}$,使得检验数向量

$$\boldsymbol{\zeta}^{\mathrm{T}}=\hat{\boldsymbol{c}}_{\hat{B}}^{\mathrm{T}}\hat{\boldsymbol{B}}^{-1}\hat{\boldsymbol{A}}-\hat{\boldsymbol{c}}^{\mathrm{T}}\leqslant\boldsymbol{0}$$

令 $\boldsymbol{w}^{\mathrm{T}}=\hat{\boldsymbol{c}}_{\hat{B}}^{\mathrm{T}}\hat{\boldsymbol{B}}^{-1}$,则 $\boldsymbol{w}$ 是线性约束

$$\boldsymbol{w}^{\mathrm{T}}\hat{\boldsymbol{A}}\leqslant\hat{\boldsymbol{c}}^{\mathrm{T}} \tag{1.5.4}$$

的一个可行解,其中 $\boldsymbol{w}=(w_1,\cdots,w_m)^{\mathrm{T}}\in\mathbf{R}^m$,$m$ 是问题(1.5.1)中矩阵 $\boldsymbol{A}$(也是问题(1.5.2)中矩阵$\hat{\boldsymbol{A}}$)的行数.按$\hat{\boldsymbol{A}}$列集合的划分(1.5.3),线性约束(1.5.4)中的不等式可分为三组:第一组是对应于非负变量 $\boldsymbol{x}_j,j=1,\cdots,q$,有

$$\boldsymbol{w}^{\mathrm{T}}\boldsymbol{A}_j\leqslant c_j,\ \ j=1,\cdots,q \tag{1.5.5}$$

第二组是对应于自由变量 x_j, $j=q+1,\cdots,n$，有

$$\boldsymbol{w}^{\mathrm{T}}\boldsymbol{A}_j\leqslant c_j$$

$$-\boldsymbol{w}^{\mathrm{T}}\boldsymbol{A}_j\leqslant -c_j,\ j=q+1,\cdots,n$$

这两个不等式等价于

$$\boldsymbol{w}^{\mathrm{T}}\boldsymbol{A}_j=c_j,\ j=q+1,\cdots,n \tag{1.5.6}$$

第三组是对应于 $i=p+1,\cdots,m$ 的不等式约束，有

$$-w_i\leqslant 0,\ i=p+1,\cdots,m$$

或者写为

$$w_i\geqslant 0,\ i=p+1,\cdots,m \tag{1.5.7}$$

不等式组(1.5.5)，(1.5.6)和(1.5.7)定义了一个新的 LP 问题的约束. 如果我们对它再加上一个目标函数 max $\boldsymbol{w}^{\mathrm{T}}\boldsymbol{b}$，就构成了一个新的 LP 问题. 我们把(1.5.1)式定义的 LP 问题称为原始的，将这个新的 LP 问题称为原始的对偶问题. 当 $\boldsymbol{w}^{\mathrm{T}}=\hat{\boldsymbol{c}}_{\hat{B}}^{\mathrm{T}}\hat{\boldsymbol{B}}^{-1}$ 时，由(1.5.4)式知 $\boldsymbol{w}$ 不仅是对偶问题的可行解，马上可以证明它还是对偶问题的最优解. 首先，我们有下面的定义.

定义 1.5.1　给定一个一般形式的 LP 问题，称它为原始 LP 问题，那么它的对偶问题定义如下：

原始(P)			对偶(D)	
min	$\boldsymbol{c}^{\mathrm{T}}\boldsymbol{x}$		max	$\boldsymbol{b}^{\mathrm{T}}\boldsymbol{w}$
s.t.	$\boldsymbol{a}_i^{\mathrm{T}}\boldsymbol{x}=b_i$	$i=1,\cdots,p$	s.t.	$w_i\gtreqless 0$
	$\boldsymbol{a}_i^{\mathrm{T}}\boldsymbol{x}\geqslant b_i$	$i=p+1,\cdots,m$		$w_i\geqslant 0$
	$x_j\geqslant 0$	$j=1,\cdots,q$		$\boldsymbol{A}_j^{\mathrm{T}}\boldsymbol{w}\leqslant c_j$
	$x_j\gtreqless 0$	$j=q+1,\cdots,n$		$\boldsymbol{A}_j^{\mathrm{T}}\boldsymbol{w}=c_j$

现在来观察定义 1.5.1 中给出的原始 LP 问题(P)和它的对偶 LP 问题(D)之间形式上的关系. 首先，原始问题求的是极小，而对偶问题求的是极大，原始问题的不等式约束是“大于或等于”，而对偶问题的不等式约束是“小于或等于”；其次，与原始问题中 p 个等式约束相对应的是对偶问题中 p 个自由变量，与原始问题中$(m-p)$个不等式约束相对应的是对偶问题中$(m-p)$个非负变量. 反之亦然，即原始问题中的 q 个非负变量对应的是对偶问题中的 q 个不等式约束，而原始问题中的$(n-q)$个自由变量对应的是对偶问题中的$(n-q)$个等式约束；再次，原始问题目标函数中的价值向量 $\boldsymbol{c}$ 就是对偶问题约束中的右端向量，而(P)的右端向量 $\boldsymbol{b}$ 就是(D)的目标函数中的价值向量；最后，如果用矩阵和向量形式写出问题(P)和(D)的约束，那么易看出这两个问题的约束矩阵互为转置. 记住这一些规则，就可以很容易地写出一个 LP 问题的对偶问题.

根据定义 1.5.1，当原始 LP 问题为规范形式

$$\begin{cases}\min & \boldsymbol{c}^{\mathrm{T}}\boldsymbol{x}\\ \text{s.t.} & \boldsymbol{A}\boldsymbol{x}\geqslant\boldsymbol{b}\\ & \boldsymbol{x}\geqslant\boldsymbol{0}\end{cases}$$

其对偶问题为

$$\begin{cases}\max & \boldsymbol{b}^{\mathrm{T}}\boldsymbol{w}\\ \text{s.t.} & \boldsymbol{A}^{\mathrm{T}}\boldsymbol{w}\leqslant\boldsymbol{c}\\ & \boldsymbol{w}\geqslant\boldsymbol{0}\end{cases}$$

当 LP 问题为标准形式

$$\begin{cases}\min & \boldsymbol{c}^{\mathrm{T}}\boldsymbol{x}\\ \text{s.t.} & \boldsymbol{A}\boldsymbol{x}=\boldsymbol{b}\\ & \boldsymbol{x}\geqslant\boldsymbol{0}\end{cases}$$

其对偶问题为

$$\begin{cases}\max & \boldsymbol{b}^{\mathrm{T}}\boldsymbol{w}\\ \text{s.t.} & \boldsymbol{A}^{\mathrm{T}}\boldsymbol{w}\leqslant\boldsymbol{c}\\ & \boldsymbol{w}\gtrless\boldsymbol{0}\end{cases}$$

我们往往将 $\boldsymbol{w}\gtrless\boldsymbol{0}$ 省略，$\boldsymbol{w}$ 为自由变量的含义不会混淆.

例 1.5.1 我们来看例 1.4.1 中的 LP 问题.

原始问题

$$\begin{cases}\min & 5x_1+21x_3\\ \text{s.t.} & x_1-x_2+6x_3-x_4 \qquad\qquad =2\\ & x_1+x_2+2x_3 \qquad\qquad -x_5=1\\ & x_j\geqslant 0,\ j=1,\cdots,5\end{cases}$$

这里 $\boldsymbol{c}=(5,0,21,0,0)^{\mathrm{T}}$，$\boldsymbol{b}=(2,1)^{\mathrm{T}}$，

$$\boldsymbol{A}=\begin{pmatrix}1 & -1 & 6 & -1 & 0\\ 1 & 1 & 2 & 0 & -1\end{pmatrix}$$

根据定义，其对偶问题是

$$\begin{cases}\max & (2,1)\begin{pmatrix}w_1\\ w_2\end{pmatrix}\\ \text{s.t.} & \\ & \begin{pmatrix}1 & 1\\ -1 & 1\\ 6 & 2\\ -1 & 0\\ 0 & -1\end{pmatrix}\begin{pmatrix}w_1\\ w_2\end{pmatrix}\leqslant\begin{pmatrix}5\\ 0\\ 21\\ 0\\ 0\end{pmatrix}\end{cases}$$

按分量形式写出的对偶问题是

$$\begin{cases}\max & 2w_1+w_2\\ \text{s.t.} & w_1+w_2\leqslant 5\\ & -w_1+w_2\leqslant 0\\ & 6w_1+2w_2\leqslant 21\\ & -w_1\leqslant 0\\ & -w_2\leqslant 0\end{cases}$$

2. 对偶理论

我们来讨论原始 LP 问题及其对偶问题之间的关系.

定理 1.5.1　如果一个 LP 问题有最优解,那么它的对偶问题也有最优解,且它们的最优值相等.

证　假设 $\boldsymbol{x},\boldsymbol{w}$ 分别是原始问题和它的对偶问题的任一个可行解,根据原始问题与对偶问题的定义 1.5.1,对于 $i=1,\cdots,p$,有

$$\boldsymbol{a}_i^{\mathrm{T}}\boldsymbol{x}=b_i,\quad w_i\geqslant 0$$

则有

$$w_i\boldsymbol{a}_i^{\mathrm{T}}\boldsymbol{x}=w_ib_i,\quad i=1,\cdots,p \tag{1.5.8}$$

对于 $i=p+1,\cdots,m$,有

$$\boldsymbol{a}_i^{\mathrm{T}}\boldsymbol{x}\geqslant b_i,\quad w_i\geqslant 0$$

则有

$$w_i\boldsymbol{a}_i^{\mathrm{T}}\boldsymbol{x}\geqslant w_ib_i,\quad i=p+1,\cdots,m \tag{1.5.9}$$

将(1.5.8)和(1.5.9)中的 m 个式子相加得到

$$\sum_{i=1}^{m} w_i\boldsymbol{a}_i^{\mathrm{T}}\boldsymbol{x}\geqslant \sum_{i=1}^{m} w_ib_i$$

将上式用矩阵向量的形式写出来就是:对原始问题的任一可行解 $\boldsymbol{x}$ 及它的对偶问题的任一可行解 $\boldsymbol{w}$,有以下关系式成立:

$$\boldsymbol{w}^{\mathrm{T}}\boldsymbol{A}\boldsymbol{x}\geqslant \boldsymbol{w}^{\mathrm{T}}\boldsymbol{b} \tag{1.5.10}$$

类似地,可证明它们还有另一个关系式

$$\boldsymbol{c}^{\mathrm{T}}\boldsymbol{x}\geqslant \boldsymbol{w}^{\mathrm{T}}\boldsymbol{A}\boldsymbol{x} \tag{1.5.11}$$

成立.将这两个关系式联合起来,有

$$\boldsymbol{c}^{\mathrm{T}}\boldsymbol{x}\geqslant \boldsymbol{w}^{\mathrm{T}}\boldsymbol{A}\boldsymbol{x}\geqslant \boldsymbol{w}^{\mathrm{T}}\boldsymbol{b} \tag{1.5.12}$$

即如果原始问题和它的对偶问题都有可行解,那么原始问题任一可行解的目标函数值永远不会小于其对偶问题任一可行解的目标函数值.由定理假设知,原始问题有可行解,所以其对偶问题不可能是无界的.

由假设知原始问题有最优解 $\hat{\boldsymbol{x}}_0$,它对应的基为 $\hat{\boldsymbol{B}}$,即有 $\hat{\boldsymbol{x}}_B=\hat{\boldsymbol{B}}^{-1}\boldsymbol{b}$.由本节开始部分的讨论知,$\boldsymbol{w}^{\mathrm{T}}=\hat{\boldsymbol{c}}_{\hat{B}}^{\mathrm{T}}\hat{\boldsymbol{B}}^{-1}$ 就是对偶问题的一个可行解,故按单纯形算法的理论知,对偶问题必有最优解.由于对偶问题的可行解 $\boldsymbol{w}^{\mathrm{T}}=\hat{\boldsymbol{c}}_{\hat{B}}^{\mathrm{T}}\hat{\boldsymbol{B}}^{-1}$ 的目标函数值为

$$\boldsymbol{w}^{\mathrm{T}}\boldsymbol{b}=\hat{\boldsymbol{c}}_{\hat{B}}^{\mathrm{T}}\hat{\boldsymbol{B}}^{-1}\boldsymbol{b}=\hat{\boldsymbol{c}}_{\hat{B}}^{\mathrm{T}}\hat{\boldsymbol{x}}_B$$

由关系式(1.5.12)知,$\boldsymbol{w}$ 是其对偶问题的最优解,且它们的最优值相等.　▌

推论 1.5.1　若 $\boldsymbol{x},\boldsymbol{w}$ 分别是原始问题及其对偶问题的可行解,则 $\boldsymbol{x},\boldsymbol{w}$ 分别是原始问题、对偶问题最优解的充要条件是 $\boldsymbol{c}^{\mathrm{T}}\boldsymbol{x}=\boldsymbol{w}^{\mathrm{T}}\boldsymbol{b}$.

对偶性的一个重要特征是它具有下述定理中的对称性.

定理 1.5.2　对偶问题的对偶为原始 LP 问题.

证　将原始 LP 问题的对偶问题记为

$$\begin{cases} \min & (-\boldsymbol{b})^{\mathrm{T}}\boldsymbol{w} \\ \text{s.t.} & (-\boldsymbol{A}_j)^{\mathrm{T}}\boldsymbol{w} \geqslant -c_j,\ j=1,\cdots,q \\ & (-\boldsymbol{A}_j)^{\mathrm{T}}\boldsymbol{w} = -c_j,\ j=q+1,\cdots,n \\ & w_i \geqslant 0,\ i=p+1,\cdots,m \\ & w_i \gtrless 0,\ i=1,\cdots,p \end{cases}$$

把它视为原始问题,按定义 1.5.1 写出它的对偶问题是

$$\begin{cases} \max & (-\boldsymbol{c})^{\mathrm{T}}\boldsymbol{x} \\ \text{s.t.} & x_j \geqslant 0,\ j=1,\cdots,q \\ & x_j \gtrless 0,\ j=q+1,\cdots,n \\ & -\boldsymbol{a}_i^{\mathrm{T}}\boldsymbol{x} \leqslant -b_i,\ i=p+1,\cdots,m \\ & -\boldsymbol{a}_i^{\mathrm{T}}\boldsymbol{x} = -b_i,\ i=1,\cdots,p \end{cases}$$

显然这就是最初的原始 LP 问题. ▍

任何一个 LP 问题总是属于下列三种情况之一:(1) 有最优解;(2) 问题无界;(3) 无可行解.因此一个原始线性规划问题和它的对偶问题有九种可能的组合,如表 1.5.1 所示.

表 1.5.1

原始问题	对偶问题		
	有最优解	问题无界	无可行解
有最优解	①	×	×
问题无界	×	×	③
无可行解	×	③	②

根据定理 1.5.1 和定理 1.5.2,表中除原始问题和对偶问题都有最优解,即情况①发生外,第一行和第一列的其他情形都不可能发生.不可能发生的情况都用“×”号表示.其余几种情况是由下述定理所保证的.

定理 1.5.3 给定一个原始 LP 问题和它的对偶问题,则表 1.5.1 中表示的三种情况恰有一种出现.

证 由(1.5.12)式知,如果原始 LP 问题或者它的对偶问题中有一个是无界的,那么另一个不可能有可行解.因此剩下的只有表上所示的情况②和③.下述例题说明情况②或③是会出现的.

考虑原始 LP 问题

$$\begin{cases} \min & x_1 \\ \text{s.t.} & x_1+x_2 \geqslant 1 \\ & -x_1-x_2 \geqslant 1 \\ & x_1 \geqslant 0, x_2 \geqslant 0 \end{cases}$$

其对偶问题是

$$\begin{cases}\max & w_1+w_2\\ \text{s.t.} & w_1-w_2=1\\ & w_1-w_2=0\\ & w_1\geqslant 0,\ w_2\geqslant 0\end{cases}$$

显然,两个问题均不可行,情况②出现.如果将原始 LP 问题加上限制 $x_1\geqslant 0, x_2\geqslant 0$,它仍是不可行的,但此时它的对偶问题却是

$$\begin{cases}\max & w_1+w_2\\ \text{s.t.} & w_1-w_2\leqslant 1\\ & w_1-w_2\leqslant 0\\ & w_1\geqslant 0,\ w_2\geqslant 0\end{cases}$$

显然这是个无界问题,情况③出现. ▎

从对偶问题的定义 1.5.1 可发现,原始问题和它的对偶问题之间存在着一种松紧关系:一个问题中某个约束是"紧的",另一个问题中对应的约束就是"松的",最终的平衡表达式就是 $\boldsymbol{x}$ 和 $\boldsymbol{w}$ 分别为原始问题和对偶问题最优解的充要条件,即互补松紧性条件.

定理 1.5.4(互补松紧性)　设 $\boldsymbol{x}$ 和 $\boldsymbol{w}$ 分别是原始问题和对偶问题的可行解,则它们分别是原始问题和对偶问题的最优解的充要条件是:对一切 $i=1,\cdots,m$ 和一切 $j=1,\cdots,n$,有

$$u_i=w_i(\boldsymbol{a}_i^{\mathrm{T}}\boldsymbol{x}-b_i)=0 \tag{1.5.13}$$

$$v_j=(c_j-\boldsymbol{w}^{\mathrm{T}}\boldsymbol{A}_j)x_j=0 \tag{1.5.14}$$

证　首先,由对偶问题的定义 1.5.1 知,对一切 i 和 j 有 $u_i\geqslant 0, v_j\geqslant 0$. 定义

$$u=\sum_{i=1}^{m}u_i\geqslant 0,\quad v=\sum_{j=1}^{n}v_j\geqslant 0$$

因此,$u=0$ 当且仅当 $u_i=0, i=1,\cdots,m$,即对一切 i 有(1.5.13)式成立.同理,$v=0$ 当且仅当对一切 $j=1,\cdots,n$ 有(1.5.14)式成立.对一切 i 和 j,将(1.5.13)式和(1.5.14)式相加,得到

$$\begin{aligned}u+v&=\sum_{i=1}^{m}w_i(\boldsymbol{a}_i^{\mathrm{T}}\boldsymbol{x}-b_i)+\sum_{j=1}^{n}(c_j-\boldsymbol{w}^{\mathrm{T}}\boldsymbol{A}_j)x_j\\&=\sum_{i=1}^{m}w_i\left(\sum_{j=1}^{n}a_{ij}x_j-b_i\right)+\sum_{j=1}^{n}\left(c_j-\sum_{i=1}^{m}a_{ij}w_i\right)x_j\\&=\sum_{i=1}^{m}\sum_{j=1}^{n}a_{ij}x_jw_i-\sum_{i=1}^{m}w_ib_i+\sum_{j=1}^{n}c_jx_j-\sum_{j=1}^{n}\sum_{i=1}^{m}a_{ij}x_jw_i\\&=\sum_{j=1}^{n}c_jx_j-\sum_{i=1}^{m}b_iw_i\\&=\boldsymbol{c}^{\mathrm{T}}\boldsymbol{x}-\boldsymbol{b}^{\mathrm{T}}\boldsymbol{w}\end{aligned}$$

因而(1.5.13)式和(1.5.14)式对一切 i 和 j 成立,当且仅当有 $u+v=0$,或者是

$$\boldsymbol{c}^{\mathrm{T}}\boldsymbol{x}=\boldsymbol{b}^{\mathrm{T}}\boldsymbol{w}$$

根据推论 1.5.1,定理结论成立. ▌

互补松紧性条件说明,对于最优解 $\boldsymbol{x}$ 和 $\boldsymbol{w}$,如果对偶问题中的一个约束取严格不等式,那么原始问题中对应的变量必取值为零;对称地,如果一个问题中其非负变量取正值,那么另一个问题中对应的约束必取等式.

例 1.5.2 考虑例 1.5.1 中给出的原始问题及其对偶问题.由于原始问题是标准形式的,故互补松紧性条件(1.5.13)自动满足.在例 1.4.1 中已求出这个原始 LP 问题的最优解为 $\boldsymbol{x}=\left(\frac{1}{2},0,\frac{1}{4},0,0\right)^{\mathrm{T}}$,其中 $x_1>0,x_3>0$,所以条件(1.5.14)变为

$$c_1-\boldsymbol{w}^{\mathrm{T}}\boldsymbol{A}_1=0$$
$$c_3-\boldsymbol{w}^{\mathrm{T}}\boldsymbol{A}_3=0$$

即对偶问题的最优解必使第一个和第三个约束取等式,有

$$w_1+w_2=5$$
$$6w_1+2w_2=21$$

由此可解得 $w_1=\frac{11}{4},w_2=\frac{9}{4}$,其对应的目标函数值为$\frac{31}{4}$.由定理 1.5.4 知,此解为对偶问题的最优解.

3. 原始问题和对偶问题的解及其经济意义

有关对偶问题最优解的全部信息,我们在解原始 LP 问题的最后一张单纯形表中可以得到.为了叙述方便计,假定开始解原始 LP 问题时表的左半部分是一个单位矩阵,通常它对应于人工变量或松弛变量,如表 1.5.2 所示.

表 1.5.2

$-c_j$		
$\boldsymbol{I}$		

在单纯形算法结束时,得到最优基本可行解 $\boldsymbol{x}$,设 $\boldsymbol{B}$ 是 $\boldsymbol{x}$ 对应的可行基,此时对所有的 j,其检验数 $\zeta_j=\boldsymbol{w}^{\mathrm{T}}\boldsymbol{A}_j-c_j\leqslant 0$,其中 $\boldsymbol{w}^{\mathrm{T}}=\boldsymbol{c}_B^{\mathrm{T}}\boldsymbol{B}^{-1}$.根据前面有关对偶性定理的证明,$\boldsymbol{w}^{\mathrm{T}}=\boldsymbol{c}_B^{\mathrm{T}}\boldsymbol{B}^{-1}$ 就是其对偶问题的最优解.由于初始表中第 1 列至第 m 列构成一个单位矩阵,所以有

$$\boldsymbol{A}_j=\begin{pmatrix}0\\\vdots\\0\\1\\0\\\vdots\\0\end{pmatrix}j,\quad j=1,\cdots,m$$

从而有

$$\zeta_j = w_j - c_j,\ j=1,\cdots,m$$

因此从最后的单纯形表中,可得到对偶问题的最优解为

$$w_j = \zeta_j + c_j,\ j=1,\cdots,m$$

我们还可看出,在最后的单纯形表中,$\boldsymbol{B}^{-1}$替换了开始的单位矩阵的位置.最后的单纯形表如表 1.5.3 所示.

表 1.5.3

w_j-c_j		
$\boldsymbol{B}^{-1}$		

例 1.5.3　回顾例 1.4.1,注意在初始表中人工变量 x_6,x_7 对应的列构成一单位矩阵,且 $c_6=c_7=0$. 为了直接从最后的单纯形表上得到对偶问题最优解的信息,在用两阶段法求解原始 LP 问题时,在第一阶段结束后,不必去掉有关人工变量的列,即取如下形式的单纯形表:

	x_1	x_2	x_3	x_4	x_5	x_6	x_7	RHS
z	$\frac{1}{4}$	0	0	$-\frac{21}{8}$	$-\frac{21}{8}$	$\frac{21}{8}$	$\frac{21}{8}$	$\frac{63}{8}$
x_3	$\frac{1}{4}$	0	1	$-\frac{1}{8}$	$-\frac{1}{8}$	$\frac{1}{8}$	$\frac{1}{8}$	$\frac{3}{8}$
x_2	$\frac{1}{2}^*$	1	0	$\frac{1}{4}$	$-\frac{3}{4}$	$-\frac{1}{4}$	$\frac{3}{4}$	$\frac{1}{4}$

开始第二阶段运算,以 $\bar{a}_{21}$ 为转轴元,作一次旋转变换后得到

	x_1	x_2	x_3	x_4	x_5	x_6	x_7	RHS
z	0	$-\frac{1}{2}$	0	$-\frac{11}{4}$	$-\frac{9}{4}$	$\frac{11}{4}$	$\frac{9}{4}$	$\frac{31}{4}$
x_3	0	$-\frac{1}{2}$	1	$-\frac{1}{4}$	$\frac{1}{4}$	$\frac{1}{4}$	$-\frac{1}{4}$	$\frac{1}{4}$
x_1	1	2	0	$\frac{1}{2}$	$-\frac{3}{2}$	$-\frac{1}{2}$	$\frac{3}{2}$	$\frac{1}{2}$

原来参加第二阶段运算的变量 $x_j,j=1,\cdots,5$ 对应的检验数 $\zeta_j\leqslant 0,j=1,\cdots,5$，因而得到原始问题的最优解 $\boldsymbol{x}=\left(\frac{1}{2},0,\frac{1}{4},0,0\right)^{\mathrm{T}}$，且基 $\boldsymbol{B}=(\boldsymbol{A}_3,\boldsymbol{A}_1)=\begin{pmatrix}6&1\\2&1\end{pmatrix}$ 的逆矩阵 $\boldsymbol{B}^{-1}=\begin{pmatrix}\frac{1}{4}&-\frac{1}{4}\\-\frac{1}{2}&\frac{3}{2}\end{pmatrix}$.而在初始表中对应单位矩阵的人工变量的价值系数 $c_6=c_7=0$，所以可在最后单纯形表中直接读出对偶问题的最优解 $w_1=\frac{11}{4},w_2=\frac{9}{4}$，其最优值为 $\frac{31}{4}$.

由以上的讨论可以知道，对于任何一个 LP 问题(P)，如果它的对偶问题(D)可行，我们可以通过求解(D)来讨论原问题(P).若(D)无界，则(P)无解；若(D)有最优解，则可在解(D)的最后一张单纯形表上得到(P)的最优解和最优值.由于能在计算机上求解的线性规划问题的规模通常受问题所含行数的限制，当一个线性规划问题的规模太大时，或许改为求解它的对偶问题反而比较适当.

分析原始问题和对偶问题的解有其重要的经济意义.我们以资源利用问题(见第 1 章习题(A)第 3 题)为例，将其作为问题(P)，并写出其对偶问题(D)，

$$
(\mathrm{P})\quad\begin{cases}\max\quad z=\sum\limits_{j=1}^{n}c_jx_j\\ \text{s.t.}\quad \sum\limits_{j=1}^{n}a_{ij}x_j\leqslant b_i,\ \ i=1,2,\cdots,m\\ \qquad\ \ x_j\geqslant 0,\ \ j=1,2,\cdots,n\end{cases}
$$

$$
(\mathrm{D})\quad\begin{cases}\min\quad \bar{z}=\sum\limits_{i=1}^{m}b_iw_i\\ \text{s.t.}\quad \sum\limits_{i=1}^{m}a_{ij}w_i\geqslant c_j,\ \ j=1,2,\cdots,n\\ \qquad\ \ w_i\geqslant 0,\ \ i=1,2,\cdots,m\end{cases}
$$

在(P)中每个数据或变量的量纲如下：

z=利润，

c_j=第 j 个变量的单位利润$\left(\dfrac{\text{利润}}{\text{第 } j \text{ 个变量单位数}}\right)$，

x_j=第 j 个变量单位数，

a_{ij}=第 j 个变量每单位消耗第 i 种资源数量$\left(\dfrac{\text{第 } i \text{ 种资源单位数}}{\text{第 } j \text{ 个变量单位数}}\right)$，

b_i=第 i 种资源的单位数(总量).

在(D)中引入的新变量仅是 $\bar{z}$ 和 w_i，因为(P)和(D)的最优值相等，所以 $z^*=\bar{z}^*$，因而 $\bar{z}$ 与 z 的量纲是相同的，那么对偶变量 w_i 的量纲是什么？

让我们按量纲形式重新列出问题(P)和(D)：

$$
(\mathrm{P})\begin{cases}\max\quad z=\sum\limits_{j=1}^{n}\left(\dfrac{\text{利润}}{\text{第 } j \text{ 个变量单位数}}\right)(\text{第 } j \text{ 个变量单位数})=\text{利润}\\ \text{s.t.}\quad \sum\limits_{j=1}^{n}\left(\dfrac{\text{第 } i \text{ 种资源单位数}}{\text{第 } j \text{ 个变量单位数}}\right)(\text{第 } j \text{ 个变量单位数})\\ \qquad\leqslant(\text{第 } i \text{ 种资源单位数}),i=1,\cdots,m\\ \qquad(\text{第 } j \text{ 个变量单位数})\geqslant 0,\ j=1,\cdots,n\end{cases}
$$

$$
(\mathrm{D})\begin{cases}\max\quad z=\sum\limits_{i=1}^{m}(\text{第 } i \text{ 种资源单位数})w_i=\text{利润}\\ \text{s.t.}\quad \sum\limits_{i=1}^{m}\left(\dfrac{\text{第 } i \text{ 种资源单位数}}{\text{第 } j \text{ 个变量单位数}}\right)w_i\geqslant\left(\dfrac{\text{利润}}{\text{第 } j \text{ 个变量单位数}}\right),\ j=1,\cdots,n\\ \qquad w_i\geqslant 0,\ i=1,2,\cdots,m\end{cases}
$$

为了保持约束条件两侧量纲的一致,易分析出对偶变量 w_i 的量纲为

$$
w_i=\frac{\text{利润}}{\text{第 } i \text{ 种资源单位数}}
$$

即 w_i 为当第 i 种资源从原来的量 b_i 增加一单位时,目标函数最优值的增量.这个结果在经济学上的含意是重要的.如当已知 LP 问题(P)的最优解时,它只告诉了企业管理者在目前情况下如何最好地利用它们的资源,以获取最大利润.而有作为的管理者都希望能改善现状,以获取更多的利润.对偶变量就提供了这一重要信息.例如,若(P)的对偶问题(D)的最优解中有 $w_3=9$,这意味着第 3 种资源每增加一单位,可使目标函数的最优值增加 9 单位,而 $w_1=0$ 时,说明第 1 种资源的增加不会使总利润值提高.这给管理者提供了挖潜、改革获取更大利润的有用信息.

对偶变量已被赋予各种名称,如影子价格(shadow price)、边际投入、边际效益等.

例 1.5.4　回顾例 1.1.1,这是一个具体的资源利用问题,我们可以同时提出两个问题:

(1) 工厂应如何安排月生产计划,使总利润最大?

(2) 若某企业想从该工厂购买这 3 种原料.该工厂应如何定价这 3 种原料,才能使双方都认可?

解　实质上问题(1)是求原始问题的最优解,问题(2)是求其对偶问题的最优解.利用单纯形法,我们可同时得到原始问题的最优解 $x_1=84$(吨),$x_2=24$(吨),最优值为 244.8(万元/月);对偶问题的最优解 $w_1=0$(万元/吨),$w_2=0.12$(万元/吨),$w_3=0.72$(万元/吨).故双方认可的原料定价为原料 P_1 为零,原料 P_2 为 0.12 万元/吨,原料 P_3 为 0.72 万元/吨,该企业为购买这 3 种原料应付出 244.8 万元.第一种原料的定价为 0,这说明该原料的影子价值为零,即原料 P_1 的资源过剩.从计算结果可知 $x_1+x_2=84+24<150$,即原料 P_1 剩余 42 吨.

从一般经济意义来看,影子价格反映了资源对目标函数的边际贡献,即资源转换成经济效益的效率.上面的例子说明,在其他条件不变的情况下,若原料 P_2 月供增加 1 吨,该厂按最优计划安排生产可多获利 0.12 万元;若原料 P_3 月供增加 1 吨,可多获利 0.72 万元;而原料 P_1 增加 1 吨,对获利无影响.但当某资源数量不断增加超过某值

时,需要重新计算目标函数的最优解.这将需要灵敏度分析中的某些知识.

从另一观点来看,影子价格反映了资源的稀缺程度.在上面的例子中 $w_2>0$,$w_3>0$,表明资源 P_2,P_3 短缺,决策者要增加收入,先注重影子价格高的资源;$w_1=0$,表明这种资源不短缺或过剩.

在上面的例子中,厂方对资源定价,这是资源占有者赋予资源的一个内部价格,与资源的市场价格无直接关系.影子价格可以计算出经济活动的成本,它不是市场价格,不能与资源的市场价格概念等同.关于这方面更深入的探讨属于经济理论问题.

4. 对偶单纯形法

根据对偶性,我们还可以给出解标准形式的线性规划问题

$$\begin{cases}\min & \boldsymbol{c}^{\mathrm{T}}\boldsymbol{x}\\ \text{s.t.} & \boldsymbol{A}\boldsymbol{x}=\boldsymbol{b}\\ & \boldsymbol{x}\geqslant\boldsymbol{0}\end{cases}$$

的另一种方法——对偶单纯形法.

回忆§1.3中的单纯形法及定理1.3.1给出的最优性准则:当基本可行解 $\boldsymbol{x}$ 对应的检验数向量

$$\boldsymbol{\zeta}^{\mathrm{T}}=\boldsymbol{c}_B^{\mathrm{T}}\boldsymbol{B}^{-1}\boldsymbol{A}-\boldsymbol{c}^{\mathrm{T}}=\boldsymbol{w}^{\mathrm{T}}\boldsymbol{A}-\boldsymbol{c}^{\mathrm{T}}\leqslant\boldsymbol{0} \tag{1.5.15}$$

时,$\boldsymbol{x}$ 为最优解,其中 $\boldsymbol{B}$ 为 $\boldsymbol{x}$ 对应的可行基,$\boldsymbol{w}^{\mathrm{T}}=\boldsymbol{c}_B^{\mathrm{T}}\boldsymbol{B}^{-1}$.可以认为(1.5.15)式是对偶变量 $\boldsymbol{w}^{\mathrm{T}}=\boldsymbol{c}_B^{\mathrm{T}}\boldsymbol{B}^{-1}$ 的可行性表示.因此单纯形法可以解释为:它是在保持一个原始问题可行解的前提下,向对偶可行解的方向迭代,这样的算法称为**原始算法**.同样,我们可以从一个对偶可行解开始,保持对偶问题的可行性,向原始可行解的方向迭代,这样的算法称为**对偶单纯形法**.

假定初始单纯形表中有一个原始问题的基本解(但不是可行解)和一个对偶问题的可行解(即检验数向量 $\boldsymbol{\zeta}\leqslant\boldsymbol{0}$),那么为减少原始问题的不可行性,我们选择这样一个行 r 作为旋转行,它对应于原始不可行解的分量 $\bar{b}_r<0$. 通过旋转变换,我们希望增加当前的目标函数值 z,且保持对偶解的可行性.假设以 $\bar{a}_{rk}$ 为转轴元作旋转变换,目标函数值变为 $\hat{z}=z-\dfrac{\bar{b}_r}{\bar{a}_{rk}}\zeta_k$,新的检验数为 $\hat{\zeta}_j=\zeta_j-\dfrac{\bar{a}_{rj}}{\bar{a}_{rk}}\zeta_k$.因为已有 $\zeta_k\leqslant0$,$\bar{b}_r<0$,要增加 z 值,则要求转轴元 $\bar{a}_{rk}<0$;要保持对偶解的可行性,则要求

$$\zeta_j-\frac{\bar{a}_{rj}}{\bar{a}_{rk}}\zeta_k\leqslant0$$

已有 $\bar{a}_{rk}<0$,$\zeta_k\leqslant0$,$\zeta_j\leqslant0$,故仅需对 $\bar{a}_{rj}<0$ 的元素必须有

$$\frac{\zeta_j}{\bar{a}_{rj}}\geqslant\frac{\zeta_k}{\bar{a}_{rk}}$$

因此旋转列的选取由下式确定:

$$\min\left\{\frac{\zeta_j}{\bar{a}_{rj}}\,\middle|\,\bar{a}_{rj}<0,j=1,\cdots,n\right\}=\frac{\zeta_k}{\bar{a}_{rk}} \tag{1.5.16}$$

由此可以得到对偶单纯形法的计算步骤.

对偶单纯形法步骤：

第 1 步　列出初始单纯形表(它含有原始问题的一个基本解和对偶问题的一个可行解)；

第 2 步　求$\bar{b}_r=\min\{\bar{b}_i \mid i=1,\cdots,m\}$；

第 3 步　若$\bar{b}_r\geqslant 0$,停止,已找到原始问题的最优解 $\boldsymbol{x}=\begin{pmatrix}\boldsymbol{x}_B\\ \boldsymbol{x}_N\end{pmatrix}=\begin{pmatrix}\bar{\boldsymbol{b}}\\ \boldsymbol{0}\end{pmatrix}$ 及最优值$z=\boldsymbol{c}_B^{\mathrm{T}}\bar{\boldsymbol{b}}$；

第 4 步　若 $\bar{a}_{rj}\geqslant 0, j=1,\cdots,n$,则原始问题无可行解(为什么？留作习题),停止；

第 5 步　求 $\min\left\{\dfrac{\zeta_j}{\bar{a}_{rj}}\middle|\, \bar{a}_{rj}<0, j=1,\cdots,n\right\}=\dfrac{\zeta_k}{\bar{a}_{rk}}$；

第 6 步　以 $\bar{a}_{rk}$为转轴元作一次旋转变换,转第 2 步.

注意,与原始单纯形算法相对称的是,在对偶单纯形算法中,先根据右端向量元素的符号选取旋转行(即先决定离基变量),然后在已选取的第 r 行中的负元素与其对应的检验数比值中选取最小者以决定进入基的旋转列(即后决定进基变量)；而在原始单纯形算法中,先根据检验数的符号选取旋转列(即先决定进基变量),而后在选取的第 k 列中正元素与其对应的右端向量元素的比值中选取最小者以决定离基变量.对偶单纯形法与原始单纯形法十分对称,以至于读者可能猜测到,对偶单纯形算法实质上是将原始单纯形算法应用到对偶问题上.该结论的详细证明可参见文献[3].

在不出现退化时,对偶单纯形算法是从一个原始(不可行)基本解,移动到另一个原始(不可行)基本解,并使目标函数值增加,当得到第一个原始基本可行解时,它就是最优解,算法终止.所经过的基本解不会重复出现,因此算法一定会在有限步后终止.在出现退化情况时,按某种避免循环的法则,如 Bland 法则,亦可保证算法的有限性.

例 1.5.5　解下面的 LP 问题：

$$\begin{cases}\min & z=x_1+x_2+x_3\\ \text{s.t.} & 3x_1+\ x_2+x_3\geqslant 1\\ & -x_1+4x_2+x_3\geqslant 2\\ & \quad x_1,x_2,x_3\geqslant 0\end{cases}$$

解　引进非负的剩余变量 $x_4\geqslant 0, x_5\geqslant 0$,将不等式约束化为等式约束

$$\begin{cases}3x_1+\ x_2+x_3-x_4 \qquad =1\\ -x_1+4x_2+x_3 \qquad -x_5=2\\ \quad x_j\geqslant 0,\ j=1,\cdots,5\end{cases}$$

若用原始单纯形法求解,需再引进两个非负的人工变量,然后利用两阶段法求解.由本例所具有的特点,我们只要将等式两端同乘(-1),就直接得到原问题的一个基本(不可行)解和对偶问题的一个可行解(检验数向量$\boldsymbol{\zeta}\leqslant\boldsymbol{0}$),对应的单纯形表如下：

	x_1	x_2	x_3	x_4	x_5	RHS
z	-1	-1	-1	0	0	0
x_4	-3	-1	-1	1	0	-1
x_5	1	-4^*	-1	0	1	-2

直接利用对偶单纯形法求解.$\bar{b}_2=-2<\bar{b}_1=-1$,所以 x_5 为离基变量,由以下比值决定进基变量:

$$\min\left\{\frac{-1}{-4},\frac{-1}{-1}\right\}=\frac{\zeta_2}{\bar{a}_{22}}=\frac{1}{4}$$

因而 x_2 为进基变量.以 $\bar{a}_{22}$ 为转轴元进行旋转变换得下表:

	x_1	x_2	x_3	x_4	x_5	RHS
	$-\frac{5}{4}$	0	$-\frac{3}{4}$	0	$-\frac{1}{4}$	$\frac{1}{2}$
x_4	$-\frac{13}{4}^*$	0	$-\frac{3}{4}$	1	$-\frac{1}{4}$	$-\frac{1}{2}$
x_2	$-\frac{1}{4}$	1	$\frac{1}{4}$	0	$-\frac{1}{4}$	$\frac{1}{2}$

显然 x_4 为离基变量.计算

$$\min\left\{\frac{-\frac{5}{4}}{-\frac{13}{4}},\frac{-\frac{3}{4}}{-\frac{3}{4}},\frac{-\frac{1}{4}}{-\frac{1}{4}}\right\}=\frac{\zeta_1}{\bar{a}_{11}}=\frac{5}{13}$$

确定 x_1 为进基变量.以 $\bar{a}_{11}$ 为转轴元作旋转变换得

	x_1	x_2	x_3	x_4	x_5	RHS
	0	0	$-\frac{6}{13}$	$-\frac{5}{13}$	$-\frac{2}{13}$	$\frac{9}{13}$
x_1	1	0	$\frac{3}{13}$	$-\frac{4}{13}$	$\frac{1}{13}$	$\frac{2}{13}$
x_2	0	1	$\frac{4}{13}$	$-\frac{1}{13}$	$-\frac{3}{13}$	$\frac{7}{13}$

此时$\bar{\boldsymbol{b}}>\mathbf{0}$,故原问题的最优解为 $\boldsymbol{x}=\left(\frac{2}{13},\frac{7}{13},0,0,0\right)^{\mathrm{T}}$,其最优值为$\frac{9}{13}$.

由以上例题可见,在某些情况下使用对偶单纯形法比用原始单纯形法更具优越性.至于对一般问题如何列出含有原始问题的一个基本解和对偶问题的一个可行解的初始单纯形表，这里不详细讨论，有兴趣的读者可参见文献[2].有时，将原始单纯形法和对偶单纯形法结合起来使用是很方便的，同时使用这两种算法于同一个线性规划问题称为原始-对偶单纯形算法，而且这样的算法有多种形式，这里不再赘述.

§1.6　灵敏度分析

在设计实际的线性规划模型时，所搜集到的各个数据不是很精确；另一方面在市场经济大环境中，各种信息瞬息万变，已形成的数学模型中有些数据必须随之而变.因此，对于一个线性规划问题，研究当数据变动时解的变化情况是很重要的.在本节，我们仅研究个别数据变化时导致解变化的情况，这就是灵敏度分析(sensitivity analysis).

1. 改变价值向量 $\boldsymbol{c}$

考虑如下的 LP 问题：

$$\begin{cases} \min & \boldsymbol{c}^{\mathrm{T}}\boldsymbol{x} \\ \text{s.t.} & \boldsymbol{A}\boldsymbol{x}=\boldsymbol{b} \\ & \boldsymbol{x}\geqslant \boldsymbol{0} \end{cases} \tag{1.6.1}$$

假定已得到它的最优单纯形表，如表 1.6.1 所示：

表 1.6.1

	$\boldsymbol{x}_B$	$\boldsymbol{x}_N$	RHS
z	$\boldsymbol{0}$	$\boldsymbol{c}_B^{\mathrm{T}}\boldsymbol{B}^{-1}\boldsymbol{N}-\boldsymbol{c}_N^{\mathrm{T}}$	$\boldsymbol{c}_B^{\mathrm{T}}\boldsymbol{B}^{-1}\boldsymbol{b}$
$\boldsymbol{x}_B$	$\boldsymbol{I}$	$\boldsymbol{B}^{-1}\boldsymbol{N}$	$\boldsymbol{B}^{-1}\boldsymbol{b}$

最优基本可行解 $\boldsymbol{x}=\begin{pmatrix}\boldsymbol{x}_B\\ \boldsymbol{x}_N\end{pmatrix}=\begin{pmatrix}\boldsymbol{B}^{-1}\boldsymbol{b}\\ \boldsymbol{0}\end{pmatrix}$ 对应的可行基为 $\boldsymbol{B}$，$\boldsymbol{I}$ 为一个 m 阶单位矩阵.

当问题(1.6.1)中的某些数据改变时，是否需要我们从头开始进行计算呢？分析一下表 1.6.1，我们发现某些数据只和表中的某些矩阵块有关，因而当某些数据变动时，只需对表 1.6.1 中的相应矩阵块进行修改，便可得到新问题的单纯形表，然后就可以进行判别和迭代了.

在实际问题中，改变价值向量 $\boldsymbol{c}$ 或改变右端向量 $\boldsymbol{b}$ 是经常发生的.下面我们先讨论改变价值向量 $\boldsymbol{c}$ 的情况.

当问题(1.6.1)中的价值向量由 $\boldsymbol{c}$ 变为 $\boldsymbol{c}'$，而约束矩阵 $\boldsymbol{A}$ 和右端向量 $\boldsymbol{b}$ 不变时，可行区域没有变，因此原来的最优基本可行解 $\boldsymbol{x}$ 还是新问题的基本可行解，但对新问题来说，$\boldsymbol{x}$ 所对应的检验数向量 $\boldsymbol{\zeta}'$ 和目标函数值 z_0' 应作相应变动.按公式有

$$\boldsymbol{\zeta}_N'^{\mathrm{T}}=\boldsymbol{c}_B'^{\mathrm{T}}\boldsymbol{B}^{-1}\boldsymbol{N}-\boldsymbol{c}_N'^{\mathrm{T}}$$

$$z_0'=\boldsymbol{c}_B'^{\mathrm{T}}\boldsymbol{B}^{-1}\boldsymbol{b}$$

故只需改变表 1.6.1 中的第 0 行.当 $\boldsymbol{\zeta}'\leqslant\mathbf{0}$ 时,$\boldsymbol{x}$ 仍为新问题的最优解;否则,需按单纯形法进行迭代.

当价值向量只有一个分量 c_k 变成 c_k'时,情况更为简明,可按下述办法处理.

情形 1　x_k 是非基变量

由单纯形法的计算公式知,只有 ζ_k 变化,新的检验数 ζ_k'应为

$$\zeta_k'=\boldsymbol{c}_B^{\mathrm{T}}\overline{\boldsymbol{A}}_k-c_k'=\boldsymbol{c}_B^{\mathrm{T}}\overline{\boldsymbol{A}}_k-c_k+c_k-c_k'=\zeta_k+(c_k-c_k') \tag{1.6.2}$$

这样就得到了新问题的一张单纯形表.若 $\zeta_k'\leqslant 0$, 则 $\boldsymbol{x}$ 还是新问题的最优解;否则,可由此开始进行单纯形迭代.

情形 2　x_k 是基变量

不妨设在问题(1.6.1)的最后一张单纯表中,基变量 x_k 对应的是表中第 l 行元素,即有 $x_k=\overline{b}_l$.此时 c_k 变为 c_k'.在新问题的检验数向量中仍要求 $\boldsymbol{\zeta}_B'^{\mathrm{T}}=\mathbf{0}$,而 $\boldsymbol{\zeta}_N'^{\mathrm{T}}$ 可按下式计算:

$$\begin{aligned}\boldsymbol{\zeta}_N'^{\mathrm{T}}&=\boldsymbol{c}_B'^{\mathrm{T}}\boldsymbol{B}^{-1}\boldsymbol{N}-\boldsymbol{c}_N^{\mathrm{T}}\\&=\boldsymbol{c}_B^{\mathrm{T}}\boldsymbol{B}^{-1}\boldsymbol{N}+(0,\cdots,0,c_k'-c_k,0,\cdots,0)\boldsymbol{B}^{-1}\boldsymbol{N}-\boldsymbol{c}_N^{\mathrm{T}}\\&=\boldsymbol{\zeta}_N^{\mathrm{T}}+(c_k'-c_k)(\boldsymbol{B}^{-1}\boldsymbol{N})^{(l)}\end{aligned} \tag{1.6.3}$$

其中$(\boldsymbol{B}^{-1}\boldsymbol{N})^{(l)}$表示 $\boldsymbol{B}^{-1}\boldsymbol{N}$ 的第 l 行元素.新目标函数值为

$$\begin{aligned}z_0'&=\boldsymbol{c}_B'^{\mathrm{T}}\boldsymbol{B}^{-1}\boldsymbol{b}=\boldsymbol{c}_B'^{\mathrm{T}}\overline{\boldsymbol{b}}\\&=\boldsymbol{c}_B^{\mathrm{T}}\overline{\boldsymbol{b}}+(c_k'-c_k)\overline{b}_l\end{aligned} \tag{1.6.4}$$

将(1.6.3)式与(1.6.4)式归纳为在表 1.6.1 上的运算:把单纯形表上的第 l 行元素乘$(c_k'-c_k)$加到第 0 行上去,再令 $\zeta_k'=0$,就得到了对应新问题的一张单纯形表.

例 1.6.1　回忆例 1.4.1 中的问题

$$\begin{cases}\min & z=5x_1+21x_3\\ \text{s.t.} & x_1-x_2+6x_3-x_4\qquad =2\\ & x_1+x_2+2x_3\qquad -x_5=1\\ & x_j\geqslant 0,\ j=1,\cdots,5\end{cases}$$

它的最优单纯形表如下:

	x_1	x_2	x_3	x_4	x_5	RHS
z	0	$-\frac{1}{2}$	0	$-\frac{11}{4}$	$-\frac{9}{4}$	$\frac{31}{4}$
x_3	0	$-\frac{1}{2}$	1	$-\frac{1}{4}$	$\frac{1}{4}$	$\frac{1}{4}$
x_1	1	2	0	$\frac{1}{2}$	$-\frac{3}{2}$	$\frac{1}{2}$

如果 c_2 由 0 变为 1,由于 x_2 是非基变量,故只需计算 ζ_2',

$$\zeta_2'=\zeta_2+(c_2-c_2')=-\frac{1}{2}+(0-1)=-\frac{3}{2} \tag{1.6.5}$$

这样就得到了新问题的一张单纯形表：

	x_1	x_2	x_3	x_4	x_5	RHS
z	0	$-\frac{3}{2}$	0	$-\frac{11}{4}$	$-\frac{9}{4}$	$\frac{31}{4}$
x_3	0	$-\frac{1}{2}$	1	$-\frac{1}{4}$	$\frac{1}{4}$	$\frac{1}{4}$
x_1	1	2	0	$\frac{1}{2}$	$-\frac{3}{2}$	$\frac{1}{2}$

由于 $\zeta'\leqslant 0$，故原问题的最优解 $\boldsymbol{x}=\left(\frac{1}{2},0,\frac{1}{4},0,0\right)^{\mathrm{T}}$ 仍是新问题的最优解.

实际上，由(1.6.5)式我们还可得到更多的有用信息：如果对这个问题而言，改变的仅仅是 c_2，其他数据均不改变，当新的 $c_2'\geqslant -\frac{1}{2}$ 时，原来的最优解仍是新问题的最优解；当 $c_2'<-\frac{1}{2}$ 时，最优解的情况会发生变化.

如果原问题中的 c_3 由 21 变成 5，x_3 为基变量.在原来问题的最优单纯形表中只需按如下规则改变第 0 行中各元素：将 x_3 对应的第一行元素乘(5−21)加到第 0 行上去，再令 $\zeta_3'=0$. 得到新问题的单纯形表如下：

	x_1	x_2	x_3	x_4	x_5	RHS
z	0	$\frac{13}{2}$	0	$\frac{5}{4}$	$-\frac{25}{4}$	$\frac{15}{4}$
x_3	0	$-\frac{1}{2}$	1	$-\frac{1}{4}$	$\frac{1}{4}$	$\frac{1}{4}$
x_1	1	2	0	$\frac{1}{2}$	$-\frac{3}{2}$	$\frac{1}{2}$

由于 $\zeta_2'>0,\zeta_4'>0$，故 $\boldsymbol{x}=\left(\frac{1}{2},0,\frac{1}{4},0,0\right)^{\mathrm{T}}$ 不再是新问题的最优解，需继续进行迭代以求解新问题.

2. 改变右端向量 $\boldsymbol{b}$

设右端向量 $\boldsymbol{b}$ 变成 $\boldsymbol{b}'$，则由表 1.6.1 可知，只需修改单纯形表中最右端的一列 $\begin{pmatrix} z_0 \\ \bar{\boldsymbol{b}} \end{pmatrix}$，便得到了新问题的单纯形表.新表中的 $\overline{\boldsymbol{b}'}$ 和 z_0' 可按下式计算：

$$\bar{\boldsymbol{b}}'=\boldsymbol{B}^{-1}\boldsymbol{b}',\quad z_0'=\boldsymbol{c}_{\boldsymbol{B}}^{\mathrm{T}}\bar{\boldsymbol{b}}'$$

若只改变右端向量中的一个分量 b_s，且 $\boldsymbol{B}^{-1}$ 是已知的，则计算还可简化为

$$\begin{aligned}\bar{\boldsymbol{b}}'&=\boldsymbol{B}^{-1}\boldsymbol{b}'=\boldsymbol{B}^{-1}\boldsymbol{b}+\boldsymbol{B}^{-1}(\boldsymbol{b}'-\boldsymbol{b})\\&=\bar{\boldsymbol{b}}+(b_s'-b_s)\boldsymbol{B}_s^{-1}\end{aligned}\tag{1.6.6}$$

这里 $\boldsymbol{B}_s^{-1}$ 表示矩阵 $\boldsymbol{B}^{-1}$ 的第 s 列向量，而新目标函数值为 $z_0'=\boldsymbol{c}_{\boldsymbol{B}}^{\mathrm{T}}\bar{\boldsymbol{b}}'$. 显然，在新问题的单纯形表中检验数向量不变，仍有 $\boldsymbol{\zeta}'=\boldsymbol{\zeta}\leqslant\boldsymbol{0}$. 若 $\bar{\boldsymbol{b}}'\geqslant\boldsymbol{0}$，则已找到新问题的最优解；否则单纯形表对应的是新问题的一个基本（不可行）解和对偶问题的一个可行解，故可用对偶单纯形法继续求解.

例 1.6.2 仍用例 1.4.1 中的问题，现在右端向量 $\boldsymbol{b}=\begin{pmatrix}2\\1\end{pmatrix}$ 变为 $\boldsymbol{b}'=\begin{pmatrix}-2\\1\end{pmatrix}$，其他数据不变. 由于原问题的约束矩阵

$$\boldsymbol{A}=\begin{pmatrix}1&-1&6&-1&0\\1&1&2&0&-1\end{pmatrix}$$

变量 x_4,x_5 对应一个二阶单位矩阵乘 (-1). 在单纯形法的迭代过程中，实际上我们在表上进行的是行初等变换，由线性代数知

$$(\boldsymbol{B},\boldsymbol{I})\xrightarrow{\text{行初等变换}}(\boldsymbol{I},\boldsymbol{B}^{-1})$$

因而也有

$$(\boldsymbol{B},-\boldsymbol{I})\xrightarrow{\text{行初等变换}}(\boldsymbol{I},-\boldsymbol{B}^{-1})$$

因而原问题的最优解 $\boldsymbol{x}=\left(\frac{1}{2},0,\frac{1}{4},0,0\right)^{\mathrm{T}}$ 所对应的可行基 $\boldsymbol{B}=(\boldsymbol{A}_3,\boldsymbol{A}_1)=\begin{pmatrix}6&1\\2&1\end{pmatrix}$ 的逆矩阵 $\boldsymbol{B}^{-1}$ 可以在它的最优单纯形表上直接读出，即有

$$\boldsymbol{B}^{-1}=\begin{pmatrix}\frac{1}{4}&-\frac{1}{4}\\-\frac{1}{2}&\frac{3}{2}\end{pmatrix}$$

（注意符号！），故

$$\bar{\boldsymbol{b}}'=\boldsymbol{B}^{-1}\boldsymbol{b}'=\begin{pmatrix}\frac{1}{4}&-\frac{1}{4}\\-\frac{1}{2}&\frac{3}{2}\end{pmatrix}\begin{pmatrix}-2\\1\end{pmatrix}=\begin{pmatrix}-\frac{3}{4}\\\frac{5}{2}\end{pmatrix}$$

$$z_0'=(c_3,c_1)\bar{\boldsymbol{b}}'=(21,5)\begin{pmatrix}-\frac{3}{4}\\\frac{5}{2}\end{pmatrix}=-\frac{13}{4}$$

从而新问题对应的单纯形表为

	x_1	x_2	x_3	x_4	x_5	RHS
z	0	$-\frac{1}{2}$	0	$-\frac{11}{4}$	$-\frac{9}{4}$	$-\frac{13}{4}$
x_3	0	$-\frac{1}{2}$	1	$-\frac{1}{4}$	$\frac{1}{4}$	$-\frac{3}{4}$
x_1	1	2	0	$\frac{1}{2}$	$-\frac{3}{2}$	$\frac{5}{2}$

它对应了新问题的一个基本不可行解 $\boldsymbol{x}=\left(\frac{5}{2},0,-\frac{3}{4},0,0\right)^{\mathrm{T}}$ 和对偶的可行解($\boldsymbol{\zeta}\leqslant\boldsymbol{0}$),可用对偶单纯形法继续求解.

根据表 1.6.1 的结构,类似的分析可以针对改变矩阵 $\boldsymbol{A}$ 中的某些元素,增加新变量或增加新的约束情况下解的变化.

从以上讨论可知,当原问题只有个别数据改变,特别是变化幅度不大时,用灵敏度分析要比对新问题从头开始求解简便得多,而这正是许多具体问题在修改数据时常会碰到的情况.

*§ 1.7　参数线性规划

当 LP 问题中的某些数据发生连续变化时,研究最优解随参数的变动情况,这是实际中经常遇到的.譬如原材料的供应量或价格随时间(或其他因素)不断改变.这时用上节的灵敏度分析的方法处理不方便,而要采用新的方法.本节先讨论目标函数是某个参数线性函数的 LP 问题(parametric cost programming,简记为 PCP),然后讨论右端向量是某个参数线性函数的 LP 问题(parametric rhs programming,简记为 PRP).这些问题统称为**含参数的 LP 问题**.

1. 目标函数含参数的线性规划问题

PCP 问题可表述如下(其中 λ 是实参数):

$$(\text{PCP})\quad\begin{cases}\min & z(\lambda)=(\boldsymbol{C}'+\lambda\boldsymbol{C}'')^{\mathrm{T}}\boldsymbol{x}\\ \text{s.t.} & \boldsymbol{A}\boldsymbol{x}=\boldsymbol{b}\\ & \boldsymbol{x}\geqslant\boldsymbol{0}\end{cases}\tag{1.7.1}$$

假定 PCP 问题的可行区域非空.

求解 PCP 问题,可以先取定一个 λ 值,如令 $\lambda=0$,求解对应的(PCP),再求出使该解保持为最优解的 λ 区间$[\lambda_1,\lambda_2]$.若给出的问题已经是典式,则可以立即求出与该基本可行解对应的使检验数向量非正的 λ 区间$[\lambda_1,\lambda_2]$,然后对 $\lambda>\lambda_2$ 和 $\lambda<\lambda_1$ 求解.继续这一过程,当 $\lambda\in(-\infty,+\infty)$都找到最优解或判定在 λ 的某些区间问题无界时,也就

求解了(PCP)问题.

设当 $\lambda=\lambda^*$ 时,已求解了相应的(PCP)问题,最优解为 $\boldsymbol{x}^*$,对应的最优基为 $\boldsymbol{B}$,于是有

$$(\boldsymbol{C}_B'+\lambda^*\boldsymbol{C}_B'')^{\mathrm{T}}\boldsymbol{B}^{-1}\boldsymbol{A}-(\boldsymbol{C}'+\lambda^*\boldsymbol{C}'')^{\mathrm{T}}\leqslant\boldsymbol{0}$$

即

$$\boldsymbol{\zeta}'^{\mathrm{T}}+\lambda^*\boldsymbol{\zeta}''^{\mathrm{T}}=(\boldsymbol{C}_B'^{\mathrm{T}}\boldsymbol{B}^{-1}\boldsymbol{A}-\boldsymbol{C}'^{\mathrm{T}})+\lambda^*(\boldsymbol{C}_B''^{\mathrm{T}}\boldsymbol{B}^{-1}\boldsymbol{A}-\boldsymbol{C}''^{\mathrm{T}})\leqslant\boldsymbol{0}$$

为了求得 $\boldsymbol{x}^*$ 为最优解的 λ 区间,只需求解满足 $\boldsymbol{\zeta}'+\lambda^*\boldsymbol{\zeta}''\leqslant\boldsymbol{0}$ 的 λ 区间,即对所有 $j=1,\cdots,n$,必须满足下列条件:

$$\zeta_j'\leqslant 0,\quad 若\ \zeta_j''=0 \tag{1.7.2}$$

$$\lambda\leqslant\frac{-\zeta_j'}{\zeta_j''},\ 若\ \zeta_j''>0 \tag{1.7.3}$$

$$\lambda\geqslant\frac{-\zeta_j'}{\zeta_j''},\ 若\ \zeta_j''<0 \tag{1.7.4}$$

令

$$\overline{\lambda}_B=\min\left\{-\frac{\zeta_j'}{\zeta_j''}\middle|\zeta_j''>0\right\}\quad(\min\{\varnothing\}=+\infty)$$

$$\underline{\lambda}_B=\max\left\{-\frac{\zeta_j'}{\zeta_j''}\middle|\zeta_j''<0\right\}\quad(\max\{\varnothing\}=-\infty)$$

由于 $\boldsymbol{x}^*$ 是 $\lambda=\lambda^*$ 时的最优解,故(1.7.2)式必定满足.显然有 $\underline{\lambda}_B\leqslant\lambda^*\leqslant\overline{\lambda}_B$,这样就得到了使 $\boldsymbol{x}^*$ 为最优解的 λ 区间$[\underline{\lambda}_B,\overline{\lambda}_B]$,称为基 $\boldsymbol{B}$ 的**特征区间**.

若 $\overline{\lambda}_B=+\infty$,则基 $\boldsymbol{B}$ 的特征区间为$[\underline{\lambda}_B,+\infty)$.设 $\overline{\lambda}_B=-\dfrac{\zeta_k'}{\zeta_k''}<+\infty$,则当 $\lambda>\overline{\lambda}_B$ 时有 $\zeta_k'+\lambda\zeta_k''>0$,此时若 $\overline{\boldsymbol{A}}_k\leqslant\boldsymbol{0}$,则 PCP 问题无界;否则可取 x_k 为进基变量,作旋转变换,迭代得到新的最优基 $\hat{\boldsymbol{B}}$,再求出 $\hat{\boldsymbol{B}}$ 的特征区间,可以证明 $\hat{\boldsymbol{B}}$ 的特征区间的下界 $\underline{\lambda}_{\hat{B}}=\overline{\lambda}_B$,只需再求 $\overline{\lambda}_{\hat{B}}$ 即可.

在实际计算中,我们把 $\boldsymbol{C}'^{\mathrm{T}}$ 和 $\boldsymbol{C}''^{\mathrm{T}}$ 对应的两行元素都放在表上,一起迭代.在可行区域不空的前提下(用两阶段法可判定),对任一 λ 值,PCP 问题要么有最优解,要么无界.

开始解 PCP 问题时如果选定了一个 λ 值,比如 $\lambda=\lambda_1$,若此时有最优解,则总可用上述办法求解 PCP 问题.但若 $\lambda=\lambda_1$ 时 PCP 问题无界,此时必定存在下标 k,使 $\zeta_k'+\lambda_1\zeta_k''>0$,而 $\overline{\boldsymbol{A}}_k\leqslant\boldsymbol{0}$.这时对所有满足 $\zeta_k'+\lambda\zeta_k''>0$ 的 λ 值,PCP 问题均无界,即若 $\zeta_k''=0$,则 $\zeta_k'>0$,此时对任意实数 λ,PCP 问题均无界;否则令 $\lambda_2=-\dfrac{\zeta_k'}{\zeta_k''}$,若 $\zeta_k''>0$,则当 $\lambda>\lambda_2$ 时 PCP 问题无界,若 $\zeta_k''<0$,则当 $\lambda<\lambda_2$ 时 PCP 问题无界.总之,在 $\zeta_k'+\lambda_1\zeta_k''>0$ 而 $\overline{\boldsymbol{A}}_k\leqslant\boldsymbol{0}$,且 $\zeta_k''\neq 0$ 时,可以改取 $\lambda=\lambda_2$ 继续求解,若当 $\lambda=\lambda_2$ 时 PCP 问题仍然无界,则可以再改取

λ 的值,如此进行,必能在有限步内判定 PCP 问题对所有实数 λ 都无界,或者对某一固定的 λ 值找到最优解和最优基,从而可对所有实数 λ 求解 PCP 问题.

例 1.7.1　求解如下 PCP 问题

$$\begin{cases}\min & z=(1+2\lambda)x_1+(1-\lambda)x_2\\ \text{s.t.} & -2x_1+\ x_2\leqslant 1\\ & \quad x_1-2x_2\leqslant 2\\ & \quad x_1,x_2\geqslant 0\end{cases}$$

解　将目标函数表示成

$$z=z'+\lambda z''=x_1+x_2+\lambda(2x_1-x_2)$$

形式,即有 $\boldsymbol{C}'=(1,1)^{\mathrm{T}}$,$\boldsymbol{C}''=(2,-1)^{\mathrm{T}}$.引入松弛变量 x_3,x_4,可得单纯形表如表 1.7.1 所示.

表 1.7.1

	x_1	x_2	x_3	x_4	RHS
z'	-1	-1	0	0	0
z''	-2	1	0	0	0
x_3	-2	1^*	1	0	1
x_4	1	-2	0	1	2

此时由$-1-2\lambda\leqslant 0$ 和$-1+\lambda\leqslant 0$,立即可求出当 $\lambda\in\left[-\dfrac{1}{2},1\right]$ 时,最优解 $\boldsymbol{x}^*=(0,0,1,2)^{\mathrm{T}}$,其基 $\boldsymbol{B}=(\boldsymbol{A}_3,\boldsymbol{A}_4)$,最优值 $z(\lambda)=z_0'+\lambda z_0''=0$.

当 $\lambda>1$ 时,变量 x_2 的检验数 $\zeta_2'+\lambda\zeta_2''=-1+\lambda>0$,以 $\bar{a}_{12}$ 为转轴元进行旋转变换,得表 1.7.2.

表 1.7.2

	x_1	x_2	x_3	x_4	RHS
z'	-3	0	1	0	1
z''	0	0	-1	0	-1
x_2	-2	1	1	0	1
x_4	-3	0	2	1	4

由表 1.7.2 知,当 $\lambda\in[1,+\infty)$ 时,非基变量 x_3 的检验数 $1-\lambda\leqslant 0$,非基变量 x_1 的检验数$-3+\lambda\cdot 0<0$.因而当 $\lambda\in[1,+\infty)$ 时最优解为$(0,1,0,4)^{\mathrm{T}}$,最优基为$(\boldsymbol{A}_2,\boldsymbol{A}_4)$,最优值为 $z(\lambda)=1-\lambda$.

当 $\lambda<-\dfrac{1}{2}$时,由表 1.7.1 知,非基变量 x_1 的检验数为$-1-2\lambda>0$,在表1.7.1上以 $\bar{a}_{21}$ 为转轴元,经旋转变换得表 1.7.3.

表 1.7.3

	x_1	x_2	x_3	x_4	RHS
z'	0	−3	0	1	2
z''	0	−3	0	2	4
x_3	0	−3	1	2	5
x_1	1	−2	0	1	2

在表 1.7.3 中，由 $-3-3\lambda\leqslant 0$ 和 $1+2\lambda\leqslant 0$，求得最优基$(\boldsymbol{A}_3,\boldsymbol{A}_1)$的特征区间为$\left[-1,-\frac{1}{2}\right]$，其对应的最优解为$(2,0,5,0)^{\mathrm{T}}$，最优值为 $z(\lambda)=2+4\lambda$.

当 $\lambda<-1$ 时，由表 1.7.3 知 $\zeta_2'+\lambda\zeta_2''=-3-3\lambda>0$，但 $\overline{\boldsymbol{A}}_2<\boldsymbol{0}$，故 PCP 问题的无界区域为 $\lambda\in(-\infty,-1)$.

图 1.7.1 给出了函数 $z(\lambda)$ 的图形.

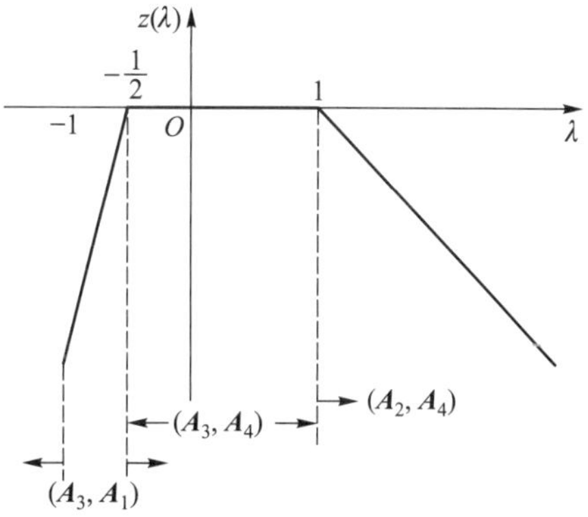

图 1.7.1

上述结果给了企业生产组织者一个有意义的信息：在例 1.7.1 中，如果当前的局面是 $\lambda\in\left[-\frac{1}{2},1\right]$，最优解是生产 1 单位的产品 x_3，2 单位的产品 x_4，产品 x_1，x_2 不生产；但当预测到不久的将来 λ 值会超过 1 时，当前就要计划未来产品 x_2 的生产.

2. 右端向量含参数的线性规划问题

PRP 问题可表述如下：

$$(\text{PRP})\quad\begin{cases}\min & z=\boldsymbol{c}^{\mathrm{T}}\boldsymbol{x}\\ \text{s.t.} & \boldsymbol{A}\boldsymbol{x}=\boldsymbol{b}'+\lambda\boldsymbol{b}''\\ & \boldsymbol{x}\geqslant\boldsymbol{0}\end{cases}$$

其中 λ 是实参数.PRP 问题的对偶问题是 PCP 问题，因而本小节所得的结论与上一小节类似.

设当 $\lambda=\lambda^*$ 时，找到了最优基 $\boldsymbol{B}$ 和最优解 $\boldsymbol{x}=\begin{pmatrix}\boldsymbol{x}_B\\ \boldsymbol{x}_N\end{pmatrix}$，这里

$$\boldsymbol{x}_B=\overline{\boldsymbol{b}}'+\lambda^*\overline{\boldsymbol{b}}''\geqslant\boldsymbol{0}$$

$$\boldsymbol{x}_N=\boldsymbol{0}$$

现在要决定 λ 的取值范围，使得在此范围内 $\boldsymbol{B}$ 仍为最优基.由于检验数与 λ 的取值无关，故只需根据 $\overline{\boldsymbol{b}}'+\lambda\overline{\boldsymbol{b}}''\geqslant\boldsymbol{0}$，即由 $\overline{b}_i'+\lambda\overline{b}_i''\geqslant 0, i\in\{B_1,\cdots,B_m\}$ 决定 λ 的取值范围.因此，令

$$\underline{\lambda}_B=\max\left\{-\frac{\overline{b}_i'}{\overline{b}_i''}\,\middle|\,\overline{b}_i''>0\right\}\quad(\max\{\varnothing\}=-\infty)$$

$$\bar{\lambda}_B=\min\left\{-\frac{\bar{b}'_i}{\bar{b}''_i}\middle|\bar{b}''_i<0\right\}\quad(\min\{\varnothing\}=+\infty)$$

则当 $\lambda\in[\underline{\lambda}_B,\bar{\lambda}_B]$ 时，$\boldsymbol{B}$ 为最优基，即 $\boldsymbol{B}$ 的特征区间为 $[\underline{\lambda}_B,\bar{\lambda}_B]$，在此区间内，最优解的基变量为 $\boldsymbol{x}_B=\bar{\boldsymbol{b}}'+\lambda\bar{\boldsymbol{b}}''$，最优值 $z(\lambda)=z'_0+\lambda z''_0$.

若 $\bar{\lambda}_B<+\infty$，则当 $\lambda>\bar{\lambda}_B$ 时对应的检验数仍为非正，而 $-\frac{\bar{b}'_r}{\bar{b}''_r}=\min\left\{-\frac{\bar{b}'_i}{\bar{b}''_i}\middle|\bar{b}''_i<0\right\}$，故有 $\bar{b}'_r+\lambda\bar{b}''_r<0$.此时可用对偶单纯形法进行迭代，或者判定 PRP 问题无解，或者找到新的最优基 $\hat{\boldsymbol{B}}$ 及其特征区间.当 $\underline{\lambda}_B>-\infty$ 时，有类似的讨论，直至对所有实数 λ 都求解了 PRP 问题.

例 1.7.2　求解问题

$$\begin{cases}\min & z=x_1+x_2\\ \text{s.t.} & -2x_1+x_2\leqslant 1+\lambda\\ & x_1-2x_2\leqslant 2-\lambda\\ & x_1,x_2\geqslant 0\end{cases}$$

解　引入松弛变量 x_3 和 x_4 后，得到表 1.7.4.

表 1.7.4

	x_1	x_2	x_3	x_4	RHS	
z	−1	−1	0	0	0	0
x_3	−2	1	1	0	1	1
x_4	1	-2^*	0	1	2	−1

这里，我们把右端向量分成两列 $\begin{pmatrix}z'_0\\ \bar{b}'\end{pmatrix}$ 和 $\begin{pmatrix}z''_0\\ \bar{b}''\end{pmatrix}$.由于检验数向量 $\boldsymbol{\zeta}^{\mathrm{T}}=(-1,-1,0,0)\leqslant\boldsymbol{0}$，故由右端的 $1+\lambda\geqslant 0$ 和 $2-\lambda\geqslant 0$ 可求出基 $(\boldsymbol{A}_3,\boldsymbol{A}_4)$ 的特征区间为 $[-1,2]$，此时最优解为 $(0,0,1+\lambda,2-\lambda)^{\mathrm{T}}$，最优值 $z(\lambda)=0$.

当 $\lambda>2$ 时，$\bar{b}'_2+\lambda\bar{b}''_2=2-\lambda<0$，以 $\bar{a}_{22}$ 为转轴元，用对偶单纯形法进行迭代，得到表 1.7.5.

表 1.7.5

	x_1	x_2	x_3	x_4	RHS	
z	$-\frac{3}{2}$	0	0	$-\frac{1}{2}$	−1	$\frac{1}{2}$
x_3	$-\frac{3}{2}$	0	1	$\frac{1}{2}$	2	$\frac{1}{2}$
x_2	$-\frac{1}{2}$	1	0	$-\frac{1}{2}$	−1	$\frac{1}{2}$

由于当 $\lambda\geqslant 2$ 时,恒有 $2+\frac{\lambda}{2}\geqslant 0$ 和 $-1+\frac{\lambda}{2}\geqslant 0$,故知基$(\boldsymbol{A}_3,\boldsymbol{A}_2)$的特征区间为$[2,+\infty)$,此时最优解为$\left(0,-1+\frac{\lambda}{2},2+\frac{\lambda}{2},0\right)^{\mathrm{T}}$,最优值为 $z(\lambda)=-1+\frac{\lambda}{2}$.

当 $\lambda<-1$ 时,由表 1.7.4 知,此时基变量 $x_3=1+\lambda<0$,在表 1.7.4 上,以 $\bar{a}_{11}$ 为转轴元,用对偶单纯形法进行迭代,得到表 1.7.6.

表 1.7.6

	x_1	x_2	x_3	x_4	RHS	
z	0	$-\frac{3}{2}$	$-\frac{1}{2}$	0	$-\frac{1}{2}$	$-\frac{1}{2}$
x_1	1	$-\frac{1}{2}$	$-\frac{1}{2}$	0	$-\frac{1}{2}$	$-\frac{1}{2}$
x_4	0	$-\frac{3}{2}$	$\frac{1}{2}$	1	$\frac{5}{2}$	$-\frac{1}{2}$

由于当 $\lambda\leqslant -1$ 时,不等式$-\frac{1}{2}-\frac{\lambda}{2}\geqslant 0$ 和$\frac{5}{2}-\frac{\lambda}{2}\geqslant 0$ 总成立,故基$(\boldsymbol{A}_1,\boldsymbol{A}_4)$的特征区间为$(-\infty,-1]$,对应的最优解为$\left(-\frac{1}{2}-\frac{\lambda}{2},0,0,\frac{5}{2}-\frac{\lambda}{2}\right)^{\mathrm{T}}$,最优值为$z(\lambda)=-\frac{1}{2}-\frac{\lambda}{2}$,$z(\lambda)$的图形如图 1.7.2 所示.

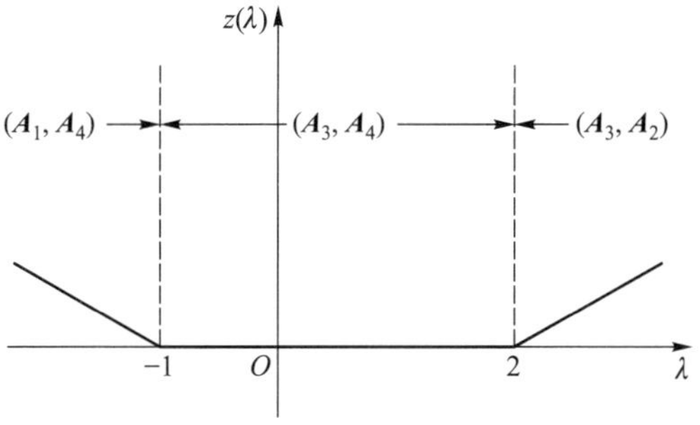

图 1.7.2

解 PRP 问题仍存在找一个初始解的问题.

如果当 $\lambda=\lambda^*$ 时已经有了一个可行基,此时求解该 PRP 问题有两种可能结果:(1) 找到了当 $\lambda=\lambda^*$ 时的最优解,此时可以对所有实数 λ 求解 PRP 问题;(2) 当 $\lambda=\lambda^*$ 时 PRP 问题无界,此时必有一个检验数 $\zeta_k>0$,但其对应的 $\overline{\boldsymbol{A}}_k\leqslant\mathbf{0}$,而这些数据与右端向量中的 λ 均无关,因此对所有的实数 λ,PRP 问题均无界.

为了寻找 PRP 问题的一个可行基,可以使用两阶段法求解右端向量含参数的辅助问题.对一个固定的 λ 值来说,辅助问题的可行区域非空,且目标函数有下界,所以总是可解的.一旦找到使 $\min g=0$ 的 λ 值,也就找到了 PRP 问题的一个可行基;若对所有实数 λ,均有 $\min g>0$,则 PRP 问题无解.

在 PRP 问题的每一个特征区间中,其对偶问题的最优解固定,$\boldsymbol{w}^{\mathrm{T}}=\boldsymbol{c}_{\boldsymbol{B}}^{\mathrm{T}}\boldsymbol{B}^{-1}$.利用对偶变量的经济解释和对右端向量参数值变化范围的研究,我们得到一些很有意义的信息.例如下述(P)问题是一个存在资源限止约束,求利润或产值极大的问题:

$$
(\mathrm{P})\quad\begin{cases}\max & z=\boldsymbol{c}^{\mathrm{T}}\boldsymbol{x}\\ \text{s.t.} & \boldsymbol{A}\boldsymbol{x}\leqslant\boldsymbol{b}'+\lambda\boldsymbol{b}''\\ & \boldsymbol{x}\geqslant\boldsymbol{0}\end{cases}
$$

其对偶问题(D)为

$$
(\mathrm{D})\quad\begin{cases}\min & z'=(\boldsymbol{b}'+\lambda\boldsymbol{b}'')^{\mathrm{T}}\boldsymbol{w}\\ \text{s.t.} & \boldsymbol{A}^{\mathrm{T}}\boldsymbol{w}\geqslant\boldsymbol{c}\\ & \boldsymbol{w}\geqslant\boldsymbol{0}\end{cases}
$$

(P)问题的第 i 个约束对应(D)问题中的第 i 个变量 w_i.当两个问题同时达到最优时,w_i 的值表示第 i 项资源额外增加一单位,可得到的目标值的贡献增量.但要注意的是,资源 i 的值只能在当前最优基的特征区间范围内变化,由此决策者可确定增加额外资源的单位数或约束的松弛范围,以调整生产计划.

有关参数线性规划更详细的内容,请参见文献[2].

*§1.8　算法复杂性及解线性规划问题的进一步研究

从 20 世纪 60 年代开始发展起来的“计算复杂性”理论给出了衡量算法好坏的一个标准,按此标准将已有若干算法的问题进行分类,并建立各类问题之间的关系,以指导我们对这些问题进一步的研究.根据这套理论,一个算法如果是多项式时间算法,就认为这是个有效算法;对一种问题来说,如果存在解这种问题的多项式时间算法,就认为这种问题是“容易”解决的.那么,什么是多项式时间算法,解 LP 问题的单纯形算法是不是多项式时间算法,线性规划问题是否有多项式时间算法等,对这些问题的简要介绍就是本节的主要内容.

1. 算法的复杂性

解决同一种问题可以提出多个算法,如何比较和衡量这些算法的好坏,通常采纳的主要标准是看这个算法解决问题所花费时间的多少.但是一个算法的执行时间与很多因素有关.首先与所使用计算机的性能有关,其次与我们求解的具体问题有关.为了使衡量算法的好坏有一个客观的标准,我们必须消除与算法无关的因素所产生的干扰,为此经常采取以下办法.

首先,我们假定算法是在“理想计算机”上执行的.理想计算机只能进行基本计算:加、减、乘、除、比较大小和转移指令;且每做一次基本运算均需一单位时间.这样,算法的执行时间就可以用算法中需要执行的基本运算总次数来衡量，从而消除了计算机本身的不确定因素.

当然，用一个算法计算同一种问题的各个不同的具体问题时，所需要的基本运算总次数也是不同的.例如用单纯形算法解具体的线性规划问题时，变量个数、约束条件的个数、约束和目标函数中各数据的大小及性质均影响迭代次数及每次迭代所需进行的基本运算次数.例如考虑如下 LP 问题：

$$\begin{cases}\min & \boldsymbol{c}^{\mathrm{T}}\boldsymbol{x} \\ \text{s.t.} & \boldsymbol{A}\boldsymbol{x}\leqslant \boldsymbol{b} \\ & \boldsymbol{x}\geqslant \boldsymbol{0}\end{cases}$$

若 $\boldsymbol{c}\geqslant\boldsymbol{0},\boldsymbol{b}\geqslant\boldsymbol{0}$，则 $\boldsymbol{x}=\boldsymbol{0}$ 就是最优解，无须进行单纯形法的迭代.对一般的价值向量 $\boldsymbol{c}$ 和右端向量 $\boldsymbol{b}$，就要进行多次迭代，且每次迭代中进基变量(若有多个正值检验数时)的不同选择也导致总的迭代次数的不同.为了消除具体问题可能带来的各种影响，我们先引入“具体问题的输入规模”这个概念.当我们把一个具体问题输送到计算机中时，一般总是把与这个给定的问题有关的各种信息转化成二进制代码序列(即只由 0 和 1 组成的序列)，把这个序列中所包含的 0 和 1 的个数 L 称为这个具体问题的**输入规模**(input size).例如输入的信息仅为一个简单的正整数 5 时，将 5 写成二进制序列为 101，它的输入规模 $L=3$. 对一般的正整数 n，它的输入规模 $L=[\log_2 n]+1$($[x]$表示小于或等于 x 的最大整数)或者是$[\log_2 n]+2$. 因而一个具体问题的输入规模 L 是对这个问题“大小”的一种度量.但对有些问题，我们也采用一些容易计算的、有代表性的量作为它的输入规模.例如给定一个图 $G=(V,E)$，V 表示图 G 的顶点集，E 表示边集.将这个图 G 输入计算机中时，采用不同的数据结构，其输入规模是不同的.习惯上我们往往用$|V|$或$|E|$($|V|$表示集合 V 中所含元素的个数)作为这个图的规模.对算法复杂性的主要理论来说，这两种规模定义是不矛盾的.

输入规模均为 L 的不同的具体问题用同一个算法来计算，需要执行的基本运算总次数也往往不同.为此，我们采取的办法是设法计算出该算法对同一种问题中输入规模均为 L 的所有可能的具体问题在最坏情况下需要执行的基本运算总次数，记为 $f(L)$，称函数 $f(L)$ 为该算法的**计算时间复杂性**，简称为该算法的**复杂性**.因而算法复杂性是输入规模的函数，可用它来衡量这个算法的好坏.精确计算$f(L)$是不可能的，也没有这个必要，因而我们一般是估计基本运算总次数 $f(L)$ 的一个上界.而且在算法复杂性的研究中，仅在输入规模很大时，我们才对其计算行为感兴趣.这是因为只有规模大的输入，才能确定算法可应用性的限制.像复杂性为 $10L^3$ 和 $9L^3$ 的算法间的差别可以忽略不计，因为这可以通过科技进步，使计算机速度提高 10 倍来补偿.另一方面，当输入规模足够大时，在复杂性函数中，增长速度较慢的项，如在 L^2+5L 中的 $5L$ 这一项，终将被增长速度较快的项超过.在上式中，当 $L\gg 1\ 000$ 时，显然有 $L^2>5L$.因此我们仅对算法复杂性的增长速度感兴趣.例如当我们说某个算法的复杂性是 $O(L^3)$时，其含义是存在一个常数 $c>0$，使当 L 足够大时有 $f(L)\leqslant cL^3$.

一般地，要求出一个算法所需基本运算总次数的比较好的上界并不是一件简单的事情，它可能与算法的设计一样需要相当的技巧和艺术.这种工作称为**算法复杂性分析**.

什么样的算法被认为是实际有效的呢？现今人们有一个总的看法，认为解一种问题的某个算法，仅当其复杂性随输入规模的增加而呈多项式增长时，这个算法才是实际有效的.即这个算法的时间复杂性函数为 $O(P(L))$，其中 L 为输入规模，P 为 L 的一个多项式，称这样的算法为**多项式时间算法**.例如复杂性为$O(L^2)$，$O(L^3)$的算法是多项式时间算法.另有一些算法，比如其复杂性是$O(L^{2.5})$或 $O(L\log_2 L)$，$L^{2.5}$ 和 $L\log_2 L$ 虽不是 L 的一个多项式，但它在 L 充分大以后可以有一个 L 的多项式作为上界，具有这种复杂性的算法也被称为多项式时间算法.如果一个算法的复杂性函数不能被输入规模的一个多项式所界定，就称其为**指数时间算法**.如复杂性为 $O(L^{\log_2 L})$，$O(2^L)$ 或 $O(L!)$ 的算法均为指数时间算法.

多项式时间算法具有很多优点.首先，当输入规模增大时，任意一个多项式时间算法终将变得比任一个指数时间算法更有效.如当 $L=100$ 时，$L\log_2 L\approx 664$，$L^3=10^6$；而 $2^L\approx 1.27\times 10^{30}$，$L!\approx 10^{158}$；当 $L=1\ 000$ 时，$L\log_2 L\approx 9\ 966$，$L^3=10^9$；而 $2^L\approx 1.05\times 10^{301}$，$L!\approx 4\times 10^{2\ 567}$.其次，多项式时间算法在某种意义上很好地利用了技术进步性.例如每次技术突破，计算机速度提高 10 倍，那么多项式时间算法原来在一单位时间内所能解题的最大规模，现在可以增加 c 倍，其中$1<c<10$；而指数时间算法所能解题的最大规模，只能增加一个常数.如算法复杂性是 L^2 的算法，若前一单位时间的解题规模是 N_2，当计算机速度提高 10 倍后，在一单位时间内的解题规模设为 $\overline{N}_2$，则有 $\overline{N}_2^2=10N_2^2$，所以 $\overline{N}_2\approx 3.16N_2$；而对复杂性是 2^L 的算法，原来的解题规模为 N_s，计算机速度提高 10 倍后的解题规模为 $\overline{N}_s$，则有 $2^{\overline{N}_s}=10\cdot 2^{N_s}$，所以 $\overline{N}_s=\log_2 10+N_s\approx 3+N_s$.最后，多项式时间算法具有“封闭”的性质，即某一个多项式时间算法调用了若干个多项式时间算法作为其子程序，则整个算法的复杂性仍是多项式的.因而，如果一种问题已有了一个多项式时间算法，我们就认为这种问题是“容易”解决的，称它属于 P **类问题**.

2. 解线性规划问题的进一步研究

算法好坏的这种衡量标准得到了不少实际问题的验证.对于许多类型的问题，多项式时间算法确实明显地优于指数时间算法.解 LP 问题的单纯形算法一般是相当有效的，几十年的实践经验已证明了这一点.那么，根据计算复杂性理论，它是不是一个多项式时间算法呢？1972 年，美国学者 Klee 和 Minty[6] 发表了一个出乎人们意料之外的例子，他们构造的例子按通常的单纯形法在最坏情况下迭代次数是指数，因而说明了单纯形法的时间复杂性是指数阶的.这个例子激起了人们强烈的兴趣，因为它是对指数时间算法是无效率方法这一观念的一个挑战.究其原因，算法复杂性的取值是在最坏情况下所需基本运算次数，但是这种最坏情况出现的可能性有多大并没有得到反映.一部分学者研究了在某些概率分布条件下，单纯形法迭代次数的数学期望值是输入规模的多项式，这说明了单纯形法的平均运算次数是多项式.另一部分学者则研究 LP 问题是否存在多项式时间算法.第一个这样的方法是由苏联数学家 Л.Г.Хачиян 于 1979 年提出的，他根据解非线性规划问题椭球算法的思想，给出了一个解线性规划问题的椭球算法，并证明了其时间复杂性函数是多项式的.

椭球算法从理论上来说是一个重要的突破,因为它提供了解 LP 问题的第一个多项式时间算法,从而证明了线性规划问题属于 P 类问题,解决了这个长期悬而未决的问题.但遗憾的是广泛的实际检验表明其计算效果比单纯形法差,在实际使用方面尚不能取代单纯形法.

1984 年,在美国贝尔实验室工作的印度裔数学家 N.Karmarkar 提出了可以有效求解实际线性规划问题的多项式时间算法——Karmarkar 算法,引起了学术界的极大关注,掀起了继单纯形法、椭球算法之后研究线性规划的第三次高潮.

Karmarkar 算法是一个基于非线性规划方法设计的迭代算法,它的思想完全不同于单纯形法.单纯形法是从可行区域的一个顶点沿某条边转移到相邻的顶点,直到达到最优顶点或判定问题无界,其移动轨迹在可行区域的边界上.Karmarkar 算法是从可行区域多面体内部的一个点(称为内点)出发,产生一个直接穿过多面体内部的点列而到达最优解,如图 1.8.1 所示.Karmarkar 证明了该算法迭代次数的上界是 $O(nL)$,每次迭代的平均计算量是 $O(n^{2.5})$,因而其算法总的时间复杂性是 $O(n^{3.5}L)$,其中 n 是 LP 问题的维数,L 为其输入规模.关于该算法的详细论述可参看[8].

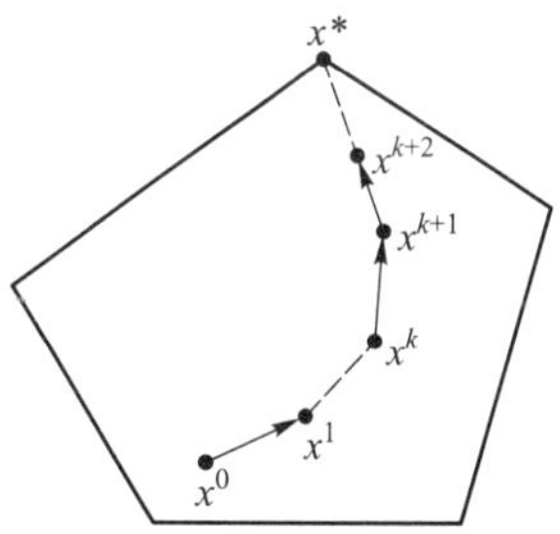

图 1.8.1

由 Karmarkar 算法激发的内点法热催生了一些实际效果极好的算法,如仿射尺度算法(affine scaling algorithm)、路径跟踪算法(path tracing algorithm)等,统称为解 LP 问题的内点算法.目前,这些算法中最好的时间复杂性函数是 $O(n^3L)$.

解 LP 问题的内点算法已在一些商业软件中实现(如 CPLEX),被视为最强有力的方法.这些方法还能很好地并行化,相较于并行化不是很成功的单纯形法,更凸显其优势.但是,内点法固有的弱点严重制约了其应用.其弱点之一是仅提供近似最优解,对于要求顶点最优解的实际应用,需另外增加一个所谓“纯化”(purification)过程.更重要的是,单纯形法有“热启动”特征,从最后求得的基再开始能大大缩短求解时间,而内点法不具有这种特征,难以处理整数线性规划产生的大量相互关联的线性规划问题,只能将它们留给单纯形法.因而内点法难以撼动单纯形法在实际中的统治地位.

线性规划在生物信息学方面的应用案例

目前,单纯形法和内点法的竞争并未停止,没有对所有线性规划问题都适用的单个方法.商业软件通常提供多个方法备选.有些学者建议将内点法和单纯形法结合起来,先用内点迭代后再用单纯形法迭代求解问题,可发挥两类方法各自的优势,从而实现互补.这些均有待进一步研究.

线性规划程序

第 1 章习题

(A)

1. 某商业集团公司在 A_1, A_2, A_3 三地设有仓库,它们分别库存 40,20,40 单位产品,而其零售商店分布在地区 $B_i, i=1,\cdots,5$,它们需要的产品数量分别是 25,10,20,30,15 单位.产品从 A_i 到 B_j 的每单位装运费列于下表：

	B_1	B_2	B_3	B_4	B_5
A_1	55	30	40	50	40
A_2	35	30	100	45	60
A_3	40	60	95	35	30

试建立装运费最小的调运方案的数学模型.

2. 从数学观点分析，在标准的运输问题中，为什么要假设总供应量必须等于总需求量（收发量平衡）？

建立一个总供应量大于总需求量的运输问题的数学模型.

3. 某企业生产需要 m 种资源，记为 $A_1,\cdots,A_m$，其拥有量分别为 $b_1,\cdots,b_m$，现用来生产 n 种产品，记为 $B_1,\cdots,B_n$. 产品 B_j 的每单位的利润为 c_j，又生产每单位的 B_j 需消耗资源 A_i 的量为 a_{ij}，$j=1,\cdots,n$，$i=1,\cdots,m$. 在现有资源条件下，企业应如何安排生产，才能使利润最大？建立这个资源利用问题的数学模型，然后将其化为标准形式的线性规划问题.

4. 将下面的线性规划问题化成标准形式：

$$\begin{cases}\max \quad x_1-x_2+2x_3\\ \text{s.t.} \quad x_1-2x_2+3x_3\geqslant 6\\ \qquad 2x_1+x_2-x_3\leqslant 3\\ \qquad 0\leqslant x_1\leqslant 3\\ \qquad -1\leqslant x_2\leqslant 6\end{cases}$$

（提示：令 $x_2'=x_2+1$.）

5. 用图解法求解下列线性规划问题：

$$(1)\begin{cases}\min \quad x_1+3x_2\\ \text{s.t.} \quad x_1+x_2\leqslant 20\\ \qquad 6\leqslant x_1\leqslant 12\\ \qquad x_2\geqslant 2\end{cases}\qquad (2)\begin{cases}\max \quad x_1+3x_2\\ \text{s.t.} \quad x_1+x_2\leqslant 20\\ \qquad 6\leqslant x_1\leqslant 12\\ \qquad x_2\geqslant 2\end{cases}$$

$$(3)\begin{cases}\max \quad 2x_1-2x_2\\ \text{s.t.} \quad -2x_1+x_2\geqslant 2\\ \qquad x_1-x_2\geqslant 1\\ \qquad x_1\geqslant 0,\ x_2\geqslant 0\end{cases}\qquad (4)\begin{cases}\max \quad x_1+2x_2\\ \text{s.t.} \quad 2x_1+5x_2\geqslant 12\\ \qquad x_1+2x_2\leqslant 8\\ \qquad 0\leqslant x_1\leqslant 4\\ \qquad 0\leqslant x_2\leqslant 3\end{cases}$$

6. 证明集合 $S=\left\{\boldsymbol{d}\in\mathbf{R}^n \,\middle|\, \boldsymbol{A}\boldsymbol{d}=\boldsymbol{0},\boldsymbol{d}\geqslant\boldsymbol{0},\ \sum_{i=1}^{n} d_i=1\right\}$ 是一个凸集.

7. （1）证明任意多个凸集的交集还是凸集；

（2）举例说明两个凸集的并集并不一定是凸集.

*8. （1）写出题 5(4) 的可行区域 D 中的所有顶点；

（2）证明：若一个线性规划问题在两个顶点上达到最优值，则此线性规划问题必有无穷多个最优解.

9. 某线性规划问题的约束条件是

$$\begin{cases} -2x_1+2x_2+x_3 \qquad =4 \\ 3x_1+\ x_2 \qquad +x_4=6 \\ x_j\geqslant 0,\ j=1,2,3,4 \end{cases}$$

问变量 x_2,x_4 所对应的列向量 $\boldsymbol{A}_2,\boldsymbol{A}_4$ 是否构成可行基？若是，写出 $\boldsymbol{B},\boldsymbol{N}$，并求出 $\boldsymbol{B}$ 所对应的基本可行解.

*10. 证明线性规划问题

$$\begin{cases} \min & \boldsymbol{c}^{\mathrm{T}}\boldsymbol{x} \\ \text{s.t.} & \boldsymbol{A}\boldsymbol{x}=\boldsymbol{b} \end{cases}$$

在可行区域不空的条件下只有两种可能结果：(1) 目标函数值无下界；(2) 所有可行解对应的目标函数值都相等，从而都是最优解.

*11. 设有线性规划问题

$$\begin{cases} \min & \boldsymbol{c}^{\mathrm{T}}\boldsymbol{x} \\ \text{s.t.} & \boldsymbol{A}\boldsymbol{x}=\boldsymbol{b} \\ & \boldsymbol{x}\geqslant \boldsymbol{0} \end{cases}$$

及

$$\begin{cases} \min & \mu\boldsymbol{c}^{\mathrm{T}}\boldsymbol{x} \\ \text{s.t.} & \boldsymbol{A}\boldsymbol{x}=\lambda\boldsymbol{b} \\ & \boldsymbol{x}\geqslant \boldsymbol{0} \end{cases}$$

这里 λ,μ 均为大于 0 的实数，说明这两个问题的最优解的关系. 当 $\lambda<0$ 或 $\mu<0$ 时，这两者关系如何?

12. 对于下面的线性规划问题，以 $\boldsymbol{B}=(\boldsymbol{A}_2,\boldsymbol{A}_3,\boldsymbol{A}_6)$ 为基写出对应的典式：

$$\begin{cases} \min & x_1-2x_2+x_3 \\ \text{s.t.} & 3x_1-\ x_2+2x_3+x_4 \qquad =7 \\ & -2x_1+4x_2 \qquad +x_5 \qquad =12 \\ & -4x_1+3x_2+8x_3 \qquad +x_6=10 \\ & x_j\geqslant 0,\ j=1,\cdots,6 \end{cases}$$

13. 证明：非退化的基本可行解 $\boldsymbol{x}^*$ 是唯一最优解的充要条件是这个基本可行解 $\boldsymbol{x}^*$ 的所有非基变量的检验数 $\zeta_j<0$.

14. 用单纯形法求解下面的线性规划问题，并在平面上画出迭代点走过的路线：

$$\begin{cases} \min & z=-2x_1-x_2 \\ \text{s.t.} & 2x_1+5x_2\leqslant 60 \\ & x_1+\ x_2\leqslant 18 \\ & 3x_1+\ x_2\leqslant 44 \\ & x_2\leqslant 10 \\ & x_1,x_2\geqslant 0 \end{cases}$$

*15. 有一线性规划问题，目标函数为 $\min(-5x_1-3x_2)$，约束条件为 $\leqslant$ 类型的线性不等式，x_3 和 x_4 为松弛变量，经过一次迭代后得到下表：

	x_1	x_2	x_3	x_4	RHS
z	b	1	f	g	-10
x_3	c	0	1	$\frac{1}{5}$	2
x_1	d	e	0	1	a

试写出原问题，并写出这张单纯形表所对应的 $\boldsymbol{B}$ 和 $\boldsymbol{B}^{-1}$.

16. 用单纯形法求解下列线性规划问题：

(1) $$\begin{cases} \min & z=-2x_1-x_2+x_3 \\ \text{s.t.} & 3x_1+x_2+x_3\leqslant 60 \\ & x_1-x_2+2x_3\leqslant 10 \\ & x_1+x_2-x_3\leqslant 20 \\ & x_j\geqslant 0,\ j=1,2,3 \end{cases}$$

(2) $$\begin{cases} \min & z=3x_1+x_2+x_3+x_4 \\ \text{s.t.} & -2x_1+2x_2+x_3=4 \\ & 3x_1+x_2+x_4=6 \\ & x_j\geqslant 0,\ j=1,2,3,4 \end{cases}$$

(3) $$\begin{cases} \min & z=x_1-x_2+x_3+x_5-x_6 \\ \text{s.t.} & 3x_3+x_5+x_6=6 \\ & x_2+2x_3-x_4=10 \\ & -x_1+x_6=0 \\ & x_3+x_6+x_7=6 \\ & x_j\geqslant 0,\ j=1,\cdots,7 \end{cases}$$

17. 用两阶段法求解下列问题：

(1) $$\begin{cases} \max & z=3x_1+4x_2+2x_3 \\ \text{s.t.} & x_1+x_2+x_3+x_4\leqslant 30 \\ & 3x_1+6x_2+x_3-2x_4\leqslant 0 \\ & x_2\geqslant 4 \\ & x_j\geqslant 0,\ j=1,2,3,4 \end{cases}$$

(2) $$\begin{cases} \min & z=2x_1+4x_2 \\ \text{s.t.} & 2x_1-3x_2\geqslant 2 \\ & -x_1+x_2\geqslant 3 \\ & x_1,x_2\geqslant 0 \end{cases}$$

(3) $$\begin{cases} \min & z=4x_1+x_2 \\ \text{s.t.} & 3x_1+x_2=3 \\ & 4x_1+3x_2\geqslant 6 \\ & x_1+2x_2\leqslant 3 \\ & x_1,x_2\geqslant 0 \end{cases}$$

(4) $\begin{cases} \max & z=2x_1-4x_2+5x_3-6x_4 \\ \text{s.t.} & x_1+4x_2-2x_3+8x_4=2 \\ & -x_1+2x_2+3x_3+4x_4=1 \\ & x_j \geqslant 0,\ j=1,2,3,4 \end{cases}$

18. 写出下列线性规划问题的对偶问题：

(1) $\begin{cases} \min & 10x_1+10x_2 \\ \text{s.t.} & 5x_1+2x_2 \geqslant 5 \\ & x_1+4x_2 \geqslant 3 \\ & x_1+3x_2 \geqslant 2 \\ & 8x_1+2x_2 \geqslant 4 \\ & x_1,x_2 \text{ 为自由变量} \end{cases}$

(2) $\begin{cases} \min & x_1+2x_2+4x_3 \\ \text{s.t.} & 2x_1+3x_2+4x_3 \geqslant 2 \\ & 2x_1+x_2+6x_3=3 \\ & x_1+3x_2+5x_3 \leqslant 5 \\ & x_1 \geqslant 0, x_2 \geqslant 0,\ x_3 \text{ 为自由变量} \end{cases}$

(3) $\begin{cases} \min & \sum\limits_{i=1}^{m}\sum\limits_{j=1}^{n} c_{ij}x_{ij} \\ \text{s.t.} & \sum\limits_{j=1}^{n} x_{ij}=a_i \quad (i=1,\cdots,m) \\ & \sum\limits_{i=1}^{m} x_{ij}=b_j \quad (j=1,\cdots,n) \\ & x_{ij} \geqslant 0 \quad (i=1,\cdots,m;j=1,\cdots,n) \end{cases}$

其中 $\sum\limits_{i=1}^{m} a_i=\sum\limits_{j=1}^{n} b_j$.

19. 证明下面的线性规划问题要么无解，要么最优目标函数值为零，其中 $\boldsymbol{c} \in \mathbf{R}^n, \boldsymbol{b} \in \mathbf{R}^m, \boldsymbol{A}$ 为 $m \times n$ 矩阵：

$$\begin{cases} \min & \boldsymbol{c}^{\mathrm{T}}\boldsymbol{x}-\boldsymbol{b}^{\mathrm{T}}\boldsymbol{y} \\ \text{s.t.} & \boldsymbol{A}\boldsymbol{x} \geqslant \boldsymbol{b} \\ & \boldsymbol{A}^{\mathrm{T}}\boldsymbol{y} \leqslant \boldsymbol{c} \\ & \boldsymbol{x} \geqslant \mathbf{0}, \boldsymbol{y} \geqslant \mathbf{0} \end{cases}$$

20. 把线性规划问题

$$\begin{cases} \min & x_1+x_3 \\ \text{s.t.} & x_1+2x_2 \leqslant 5 \\ & \frac{1}{2}x_2+x_3=3 \\ & x_1,x_2,x_3 \geqslant 0 \end{cases}$$

记为(P).

(1) 用单纯形法解(P)；

(2) 写出(P)的对偶问题(D)；

（3）写出(P)的互补松紧性条件，并利用它们解对偶问题(D).

通过计算(P)和(D)的最优值，检查你的答案.

21. 设 $b_i>0, i=1,\cdots,m; c_j\geqslant 0, j=1,\cdots,n, m<n$. 写出下面线性规划的对偶问题，证明对偶问题有唯一最优解，并找出对偶问题的这一最优解：

$$\begin{cases}\min & \sum\limits_{j=m+1}^{n} c_j x_j \\ \text{s.t.} & x_i+\sum\limits_{j=m+1}^{n} a_{ij}x_j=b_i,\ i=1,\cdots,m \\ & x_j\geqslant 0,\ j=1,\cdots,n\end{cases}$$

22. 判断下列说法是否正确，为什么？

（1）如果线性规划的原始问题存在可行解，那么其对偶问题也一定存在可行解；

（2）如果线性规划的对偶问题无可行解，则原始问题也一定无可行解；

（3）在互为对偶的一对原始问题与对偶问题中，不管原始问题是求极大还是极小，原始问题可行解的目标函数值一定不超过其对偶问题可行解的目标函数值；

（4）任何线性规划问题具有唯一的对偶问题.

23. 用对偶单纯形法求解下列问题：

（1）$$\begin{cases}\min & 2x_1+3x_2+4x_3 \\ \text{s.t.} & x_1+2x_2+x_3\geqslant 3 \\ & 2x_1-x_2+3x_3\geqslant 4 \\ & x_1,x_2,x_3\geqslant 0\end{cases}$$

（2）$$\begin{cases}\min & 3x_1+2x_2+x_3 \\ \text{s.t.} & x_1+x_2+x_3\leqslant 6 \\ & x_1-x_3\geqslant 4 \\ & x_2-x_3\geqslant 3 \\ & x_1,x_2,x_3\geqslant 0\end{cases}$$

（3）$$\begin{cases}\min & 2x_1+3x_2+5x_3+6x_4 \\ \text{s.t.} & x_1+2x_2+3x_3+x_4\geqslant 2 \\ & -2x_1+x_2-x_3+3x_4\leqslant -3 \\ & x_j\geqslant 0,\ j=1,2,3,4\end{cases}$$

24. 考虑第 20 题中的线性规划问题(P)，在下述每一种情况下，试利用解问题(P)所得到的最优单纯形表继续求解：

（1）c_1 由 1 变为 $-\frac{5}{4}$；

（2）c_1 由 1 变为 $-\frac{5}{4}$，c_3 由 1 变为 2；

（3）$\boldsymbol{b}$ 由 $\begin{pmatrix}5\\3\end{pmatrix}$ 变为 $\begin{pmatrix}-2\\1\end{pmatrix}$；

（4）$\boldsymbol{b}$ 由 $\begin{pmatrix}5\\3\end{pmatrix}$ 变为 $\begin{pmatrix}2\\3\end{pmatrix}$.

25. 用单纯形法直接求最大值的 LP 问题如下：

$$\begin{cases} \max \quad z=5x_1+x_2+2x_3 \\ \text{s.t.} \quad x_1+x_2+x_3 \leqslant 6 \\ \quad 6x_1 \quad +x_3 \leqslant 8 \\ \quad x_2+x_3 \leqslant 2 \\ \quad x_j \geqslant 0,\ j=1,2,3 \end{cases}$$

其最优单纯形表(为什么是最优的?)如下:

	x_1	x_2	x_3	x_4	x_5	x_6	RHS
z	0	$\frac{1}{6}$	0	0	$\frac{5}{6}$	$\frac{7}{6}$	9
x_4	0	$\frac{1}{6}$	0	1	$-\frac{1}{6}$	$-\frac{5}{6}$	3
x_1	1	$-\frac{1}{6}$	0	0	$\frac{1}{6}$	$-\frac{1}{6}$	1
x_3	0	1	1	0	0	1	2

(1) 从表上直接读出该问题的对偶问题的最优解和最优值;

(2) 使当前基保持最优时,求目标函数中 x_1 的系数 c_1 的取值范围.

*26. 解下面的参数线性规划问题,画出 $z(\lambda)$ 与 λ 的变化关系:

(1) $$\begin{cases} \min \quad z=(6-\lambda)x_1+(5-\lambda)x_2+(-3+\lambda)x_3+(-4+\lambda)x_4 \\ \text{s.t.} \quad x_1-x_2-x_3 \leqslant 1 \\ \quad -x_1+x_2-x_4 \leqslant 1 \\ \quad -x_2+x_3 \leqslant 1 \\ \quad x_j \geqslant 0,\ j=1,\cdots,4 \end{cases}$$

(2) $$\begin{cases} \min \quad z=2x_1+6x_2+15x_3 \\ \text{s.t.} \quad -2x_1-3x_2-5x_3 \leqslant 6-\lambda \\ \quad x_1+x_2+x_3 \leqslant -2+\lambda \\ \quad x_2+2x_3 \leqslant -3+2\lambda \\ \quad x_j \geqslant 0,\ j=1,2,3 \end{cases}$$

(B)

1. 一个资源利用问题的数学模型如下:

$$\begin{cases} \max \quad z=100x_1+180x_2+70x_3 \\ \text{s.t.} \quad 40x_1+50x_2+60x_3 \leqslant 10\ 000 \\ \quad 3x_1+6x_2+2x_3 \leqslant 600 \\ \quad x_1 \leqslant 130 \\ \quad x_2 \leqslant 80 \\ \quad x_3 \leqslant 200 \\ \quad x_1,x_2,x_3 \geqslant 0 \end{cases}$$

用 LINDO 软件包解之，并从 LINDO 的输出表中回答下列问题：

（1）在现有资源约束条件下，企业管理者应如何组织生产，才能使利润最大?

（2）为改善现状，以获取更大利润，管理者应该如何做?

（3）若希望增加某种资源的供应量，需支付额外的费用，这笔费用应控制在什么范围内，对企业才是有利的? 此时（即增加某些资源供应量，同时支付相应的额外费用），企业总利润的增量是多少?

2. 一个工厂生产两种产品，甲产品每单位利润为 0.5 单位，乙产品每单位利润为 0.3 单位，产品仅能在周末运出.产品的生产量必须与工厂仓库容量相适应，仓库容量为 400 000 单位.包装好的每单位产品占用仓库容量 2 单位.两种产品通过相同的系统生产（例如烟厂生产不同品牌的香烟），产品甲的生产率为2 000单位/小时，产品乙的生产率为 2 500 单位/小时，系统每周可使用的工时是 130 小时，市场预测表明，在目前市场状态和广告宣传作用下，甲产品每周最大的需求量为 250 000 单位，乙产品为 350 000 单位.另外，根据合同规定，工厂每周至少要生产 50 000 单位乙产品提供给某特殊用户.

（1）在现有状态下，工厂应如何安排每周的生产计划，以获取最大利润?

（2）工厂为获取更大利润，应如何改革? 比如增加系统的生产时间（需新增生产线）；增加宣传力度，以提高市场需求量（需增加宣传费用）；增加仓库容量（要付出额外租金）；不满足乙产品合同规定的部分生产量（要付罚金），哪些措施能使利润增加?

*（3）能使利润增加的措施，在多大的范围内是可取的（在影子价格不变的前提下），此时实际的利润是多少?（提示：利用参数规划，所需的参数可能不止一个.）

*3. 自动化储药柜的优化设计

储药柜的结构类似于书橱，通常由若干个横向隔板和竖向隔板将其分割成若干个储药槽（如图1所示）.为保证药品分拣的准确率，防止发药错误，一个储药槽内只能摆放同一种药品.药品在储药槽中的排列方式如图 2 所示.药品从后端放入，从前端取出.

为保证药品在储药槽内顺利出入，要求药盒与两侧竖向隔板之间、与上下两层横向隔板之间应留 2 mm 的间隙，同时还要求药盒在储药槽内推送的过程中不会出现并排重叠、侧翻或水平旋转.在忽略横向和竖向隔板厚度的情况下，建立数学模型，给出下面几个问题的解决方案.

（1）药房内的盒装药品种类繁多，药盒尺寸规格差异较大，附件 1 中给出了一些药盒的规格.请

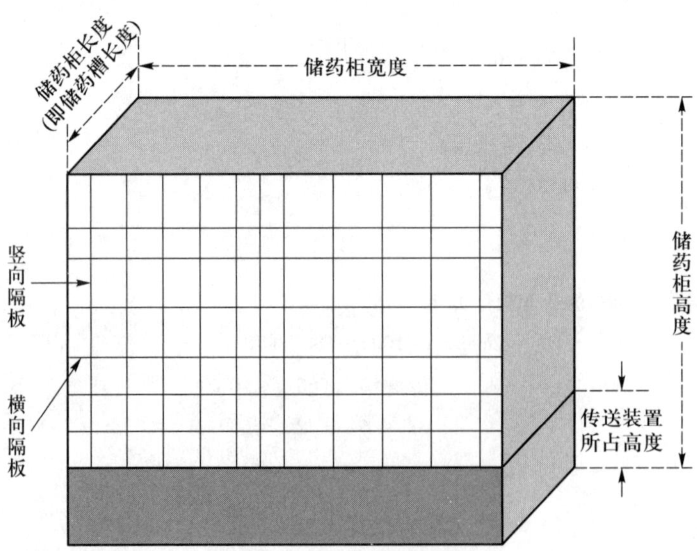

图 1　储药柜立体示意图

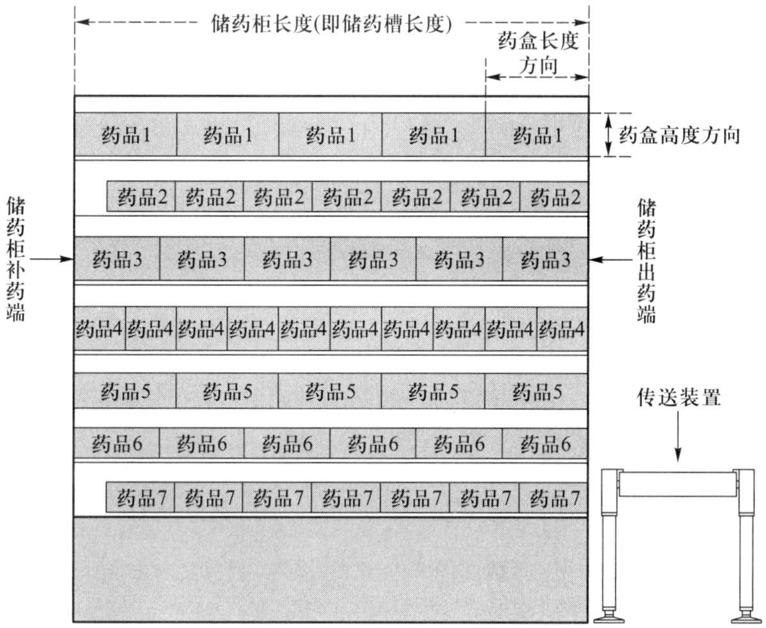

图 2　储药柜的侧剖面及药品摆放示意图

利用附件 1 的数据,给出竖向隔板间距类型最少的储药柜设计方案,包括类型的数量和每种类型所对应的药盒规格.

(2) 药盒与两侧竖向隔板之间的间隙超出 2 mm 的部分可视为宽度冗余.增加竖向隔板的间距类型数量可以有效地减少宽度冗余,但会增加储药柜的加工成本,同时降低了储药槽的适应能力.设计时希望总宽度冗余尽可能小,同时也希望间距的类型数量尽可能少.仍利用附件 1 的数据,给出合理的竖向隔板间距类型的数量以及每种类型对应的药品编号.

(3) 考虑补药的便利性,储药柜的宽度不超过 2.5 m、高度不超过 2 m,传送装置占用的高度为 0.5 m,即储药柜的最大允许有效高度为 1.5 m.药盒与两层横向隔板之间的间隙超出 2 mm 的部分可视为高度冗余,平面冗余=高度冗余×宽度冗余.在问题(2)计算结果的基础上,确定储药柜横向隔板间距的类型数量,使得储药柜的总平面冗余量尽可能小,且横向隔板间距的类型数量也尽可能少.

(4) 附件 2 给出了每一种药品编号对应的日需求量(单位:盒/日,附件 2 的第 2—5 列为每个季度的平均日需求量,第 6 列为全年的平均日需求量).在储药槽的长度为 1.5 m、每天仅集中补药一次的情况下,请根据第 6 列计算每一种药品需要的储药槽个数.为保证药房储药满足需求,根据问题(3)中单个储药柜的规格,计算最少需要多少个储药柜.

(5) 根据每个季度的平均日需求量,重新讨论问题(4).如果每个季节的方案存在不同,给出合理的调整计划.

附件 1　药盒型号(单位:mm)

药品编号	长	高	宽
1	120	76	24
2	125	72	20
3	125	76	21
4	91	71	15
⋮	⋮	⋮	⋮
1918	115	66	16
1919	62	45	25

附件 2　药品需求量(单位:盒/日)

药品编号	季度 1	季度 2	季度 3	季度 4	年
1	268	244	238	429	273
2	223	244	66	6	155
3	93	155	155	167	139
4	73	172	148	78	124
⋮	⋮	⋮	⋮	⋮	⋮
1918	0	0	0	1	1
1919	0	1	0	1	1

参考文献

[1] 管梅谷,郑汉鼎.线性规划[M].济南:山东科学技术出版社,1983.

[2] 张建中,许绍吉.线性规划[M].北京:科学出版社,1990.

[3] PAPADIMITRIOU C H,STEIGLITZ K.Combinatorial optimization:algorithms and complexity [M].New Jersey:Prentice-Hall,1982.

[4] 王金德.随机规划[M].南京:南京大学出版社,1990.

[5] 胡运权.运筹学基础及应用[M].7 版.北京:高等教育出版社,2021.

[6] KLEE V, MINTY G J.How good is the simplex algorithm? Inequalities[C]. New York:Academic Press,1972.

[7] 越民义.椭球法介绍[J].运筹学杂志,1983,2(1):1-9.

[8] KARMARKAR N.A new polynomial-time algorithm for linear programming[J].Combinatorica,1984,4(4):373-395.

[9]《运筹学》教材编写组.运筹学[M].5 版.北京:清华大学出版社,2022.

[10] 潘平奇.线性规划计算:上[M].北京:科学出版社,2012.

[11] LIU J T,LI G J,CHANG Z,et al.BinPacker:packing-based de novo transcriptome assembly from RNA-seq data[J].PLoS Computational Biology,2016,12(2):e1004772.

第 2 章 整数线性规划

要求变量取整数值的线性规划问题称为**整数线性规划问题**,其中变量只取 0 或 1 的线性规划称为 **0-1 规划**. 只要求部分变量取整数值的线性规划称为**混合整数线性规划**.

整数线性规划与线性规划有着密不可分的关系,它的一些基本算法的设计都是以相应的线性规划的最优解为出发点的,但是变量取整数值的要求本质上是一种非线性约束,因此解整数线性规划的"困难度"大大超过线性规划,一些著名的"困难"问题都是整数线性规划问题.

本章主要介绍整数线性规划的一些实际背景及常用算法.

§ 2.1 整数线性规划问题

整数线性规划(integer linear programming,简记为 ILP)问题是下述形式的优化问题:

$$\begin{cases} \min & z=\boldsymbol{c}^{\mathrm{T}}\boldsymbol{x} \\ \text{s.t.} & \boldsymbol{A}\boldsymbol{x}=\boldsymbol{b} \\ & \boldsymbol{x}\geqslant \boldsymbol{0} \\ & x_i\in \boldsymbol{I}, i\in J\subset\{1,\cdots,n\} \end{cases} \tag{2.1.1}$$

其中 $\boldsymbol{A}$ 为 $m\times n$ 矩阵,$\boldsymbol{c}\in\mathbf{R}^n,\boldsymbol{b}\in\mathbf{R}^m,\boldsymbol{x}=(x_1,\cdots,x_n)^{\mathrm{T}},I=\{0,1,\cdots\}$.

若 $I=\{0,1\},J=\{1,\cdots,n\}$,则(2.1.1)为 0-1 规划问题;若 J 是 $\{1,\cdots,n\}$ 的非空真子集,则(2.1.1)是混合整数线性规划问题;若 $J=\{1,\cdots,n\}$,则(2.1.1)是纯整数线性规划问题.

规范形式和一般形式的 ILP 问题也可以类似地定义,并且 § 1.1 中的那些等价性的说明仍然是对的.

本节我们先举例介绍整数线性规划广泛的实际背景,然后分析解 ILP 问题的困难所在.

1. 整数线性规划问题举例

在许多实际问题中我们所研究的量具有不可分割的性质,如人数、机器数、项目数等;而开与关、取与舍、真与假等逻辑现象都需要用取值仅为 0 或 1 的变量来数量化描述.涉及这些量的线性规划问题,非整数的解答显然不合乎要求.

例 2.1.1　投资决策问题

某部门在今后五年中可用于投资的资金总额为 B 万元,有 $n(n\geqslant 2)$ 个可以考虑的投资项目,假定每个项目最多投资一次,第 j 个项目所需的资金为 b_j 万元,将会获得的利润为 c_j 万元.问应如何选择投资项目,才能使获得的总利润最大?

解　设投资决策变量为

$$x_j=\begin{cases}1, & \text{决定投资第 } j \text{ 个项目},\\ 0, & \text{决定不投资第 } j \text{ 个项目},\end{cases}\quad j=1,\cdots,n$$

设获得的总利润为 z,则上述问题的数学模型为

$$\begin{cases}\max & z=\sum\limits_{j=1}^{n} c_j x_j\\ \text{s.t.} & 0<\sum\limits_{j=1}^{n} b_j x_j\leqslant B\\ & x_j=0 \text{ 或 } 1,\ j=1,\cdots,n\end{cases}\tag{2.1.2}$$

显然,问题(2.1.2)是一个 0-1 规划.决策变量取值为 0 或 1 这个约束是可以用一个等价的非线性约束

$$x_j(1-x_j)=0,\ j=1,\cdots,n$$

来代替的.因而变量限制为整数本质上是一个非线性约束,它不可能用线性约束来代替.

例 2.1.2　某建筑公司承包两种类型的住宅楼建设.甲种住宅楼每幢占地面积为 $0.25\times10^3\ \text{m}^2$,乙种住宅楼每幢占地面积为 $0.4\times10^3\ \text{m}^2$.该公司已购进 $3\times10^3\ \text{m}^2$ 的建筑用地.计划要求建甲种住宅楼不超过 8 幢,乙种住宅楼不超过 4 幢.建甲种住宅楼 1 幢可获利 10 万元,建乙种住宅楼 1 幢可获利 20 万元.问应建甲、乙种住宅楼各几幢,才能使公司获利最大?

解　设建甲种住宅楼 x_1 幢、乙种住宅楼 x_2 幢,则该问题的数学模型为

$$\begin{cases}\max & z=10x_1+20x_2\\ \text{s.t.} & 0.25x_1+0.4x_2\leqslant 3\\ & x_1\leqslant 8\\ & x_2\leqslant 4\\ & x_1,x_2\geqslant 0 \text{ 且为整数}\end{cases}$$

这是一个纯整数线性规划问题.

例 2.1.3　旅行售货员问题(又称货郎担问题)

有一推销员,从城市 v_0 出发,要遍访城市 $v_1,\cdots,v_n$ 各一次,最后返回 v_0.已知从 v_i 到 v_j 的旅费为 c_{ij},问他应按怎样的次序访问这些城市,才能使总旅费最小?(设 $c_{ii}=M$,M 为充分大的正数,$i=0,1,\cdots,n$.)

解 对每一对城市 v_i, v_j，我们指定一个变量 x_{ij}，令

$$x_{ij}=\begin{cases}1, & \text{如果推销员决定从 } v_i \text{ 直接进入 } v_j\\ 0, & \text{其他情况}\end{cases}$$

该问题的数学模型为

$$\begin{cases}\min \quad z=\sum\limits_{i,j=0}^{n} c_{ij}x_{ij}\\ \text{s.t.} \quad \sum\limits_{i=0}^{n} x_{ij}=1, \ j=0,1,\cdots,n\\ \qquad \sum\limits_{j=0}^{n} x_{ij}=1, \ i=0,1,\cdots,n\\ \qquad u_i-u_j+nx_{ij}\leqslant n-1, \ 1\leqslant i\neq j\leqslant n\\ \qquad x_{ij}=0 \text{ 或 } 1, \ i,j=0,1,\cdots,n\\ \qquad u_i \text{ 为实数}, \ i=1,\cdots,n\end{cases} \tag{2.1.3}$$

对求目标函数的极小值而言，$c_{ii}=M$（M 为充分大的正数），迫使 $x_{ii}=0, i=0,1,\cdots,n$.因而第一组约束条件表示各城市恰好进入一次；第二组约束条件表示各城市恰好离开一次；第三组约束条件用以防止出现多于一个的互不连通的旅行路线圈，且不排除任何可能的旅行路线.例如，对于 6 个城市（$n=5$）的旅行售货员问题，若令

$$x_{01}=x_{12}=x_{20}=1$$

$$x_{34}=x_{45}=x_{53}=1$$

$$\text{其他 } x_{ij}=0$$

即取图 2.1.1 中所示的两个互不连通的旅行路线圈，这样的一组 $\{x_{ij}\}$ 满足第一、第二组约束条件，但不满足第三组约束条件，因为其中的三个不等式为

$$u_3-u_4+5\leqslant 4$$

$$u_4-u_5+5\leqslant 4$$

$$u_5-u_3+5\leqslant 4$$

这三个不等式相加，不论 u_3, u_4, u_5 取任何实数值均导致 $5\leqslant 4$ 的矛盾.第三组约束所起的这个作用是可以严格证明的，见文献[1].

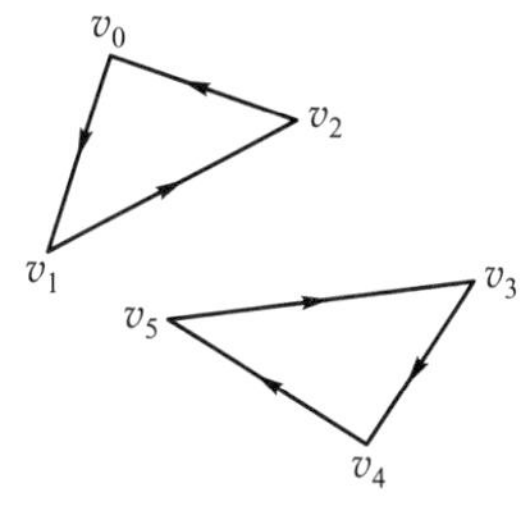

图 2.1.1

根据定义，旅行售货员问题是一个混合整数线性规划问题.

有许多实际应用问题的数学模型都是(2.1.3)的形式，如生产顺序表问题、集成电路的布线问题，等等.旅行售货员问题是著名的“困难”问题之一.还有很多著名的“困难”问题，如背包问题、数理逻辑中的适定性问题等均可归结为一个 ILP 问题，这里不再一一列举.

2. 解整数线性规划问题的困难性

考虑如下形式的 ILP 问题：

$$\begin{cases} \min & z=\boldsymbol{c}^{\mathrm{T}}\boldsymbol{x} \\ \text{s.t.} & \boldsymbol{A}\boldsymbol{x}=\boldsymbol{b} \\ & \boldsymbol{x}\geqslant \boldsymbol{0} \\ & \boldsymbol{x}\text{ 为整数向量} \end{cases} \tag{2.1.4}$$

在(2.1.4)中除去 $\boldsymbol{x}$ 为整数向量这一约束后，就得到一个普通的 LP 问题，而对于 LP 问题已有有效的算法.因此，人们对 ILP 提出的第一个问题是：为什么不解对应的 LP 问题，然后将其解舍入到最靠近的整数解呢？在某些情况下，特别是当 LP 问题的解是一些很大的数时(因此对舍入误差不敏感)，这一策略是可行的.但在一般情况下，要把 LP 问题的解舍入到一个可行的整数解往往是很困难的，甚至是不可行的.图 2.1.2 说明了这一方法是不可行的.另一方面，在以上的几个例题中我们看到，很多 ILP 问题中的整数约束是用来描述某种组合限制条件或各种类型的非线性约束，根据这样一些 ILP 问题的本质，舍入方法是不可取的，因为那样做将破坏用 ILP 来描述问题的目的.如某些 0-1 规划问题，实行舍入与解原问题是同样困难的.

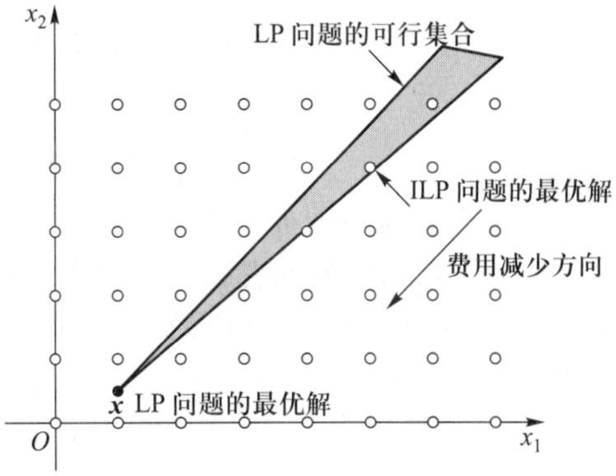

图 2.1.2

从图 2.1.2 我们还可以看到，ILP 问题的可行集合是一些离散的整数点，又称为**格点**，而其相应的 LP 问题的可行集合是包含这些格点的多面凸集.对有界的 ILP 问题来说，其可行集合内的格点数目是有限的.于是人们对 ILP 提出的第二个问题是：可否用枚举法来解 ILP 问题呢？即算出目标函数在可行集合内各个格点上的函数值，然后比较这些函数值的大小，以求得 ILP 问题的最优解和最优值.当问题的变量个数很少，且可行集合内的格点个数也很少时，枚举法是可行的.但对一般的 ILP 问题，枚举法是无能为力的.如 50 个城市的旅行售货员问题，所有可能的旅行路线个数为 $\dfrac{49!}{2}$(请读者考虑为什么？留作习题)，如用枚举法在计算机上求解，即使对未来的计算机速度做最乐观的估计，也将需要数十亿年！

由上可见，求解 ILP 问题比求解 LP 问题要困难得多.究其原因，ILP 是一个非常一般的数学模型，许多不同种类的问题都可归结为它.正由于这个一般性，其表现出内在的困难性.从 1959 年 R.E.Gomory 提出解整数线性规划的割平面算法至今，经过几十年的努力，目前发展起来的一些常用算法，如各种类型的割平面算法、分枝定界法、解 0-1 规划的隐枚举法、分解方法、群论方法、动态规划方法等，因需要较大的计算量，一般只能用来解中小型的 ILP 问题.近几十年来，对一些著名的"困难"的 ILP 问题，发展了一些有效的近似算法.1993 年 7 月在美国费城召开的美国工业与应用数学学会(SIAM)年会中，加拿大的 W.J.Cook 报告了他从超大规模集成电路应用中提出的一个 10 907 064

个城市的旅行售货员问题，他用平行计算求得了这个问题的近似解，并证明了近似解的目标函数值不多于最优值的 4%.还有人用计算机模拟法，如 Monte Carlo 方法解 ILP 问题，也取得了很好的效果（文献[5]）.关于计算机模拟的理论和方法可参见文献[6].

下面我们介绍由解 LP 问题的单纯形法导出的割平面法，以及基于巧妙枚举的分枝定界法.这是目前解整数线性规划的两种基本途径.

§ 2.2　Gomory 割平面法

解整数线性规划问题的割平面法有多种类型，但它们的基本思想是相同的.本节我们介绍 Gomory 割平面算法.它在理论上是重要的，被认为是整数线性规划的核心部分.

1. Gomory 割平面法的基本思想

考虑纯整数线性规划问题

$$
(\mathrm{P})\quad \begin{cases} \min & z=\boldsymbol{c}^{\mathrm{T}}\boldsymbol{x} \\ \text{s.t.} & \boldsymbol{A}\boldsymbol{x}=\boldsymbol{b} \\ & \boldsymbol{x}\geqslant \boldsymbol{0} \\ & \boldsymbol{x}\ \text{为整数向量} \end{cases}
$$

其中 $\boldsymbol{A},\boldsymbol{b},\boldsymbol{c}$ 中的元素皆为整数.(P)的可行区域记为 D，当 $D\neq\varnothing$ 时它是由有限个或可数个格点构成的集合.现在我们放弃 $\boldsymbol{x}$ 为整数向量这个约束，称线性规划问题

$$
(\mathrm{P}_0)\quad \begin{cases} \min & z=\boldsymbol{c}^{\mathrm{T}}\boldsymbol{x} \\ \text{s.t.} & \boldsymbol{A}\boldsymbol{x}=\boldsymbol{b} \\ & \boldsymbol{x}\geqslant \boldsymbol{0} \end{cases}
$$

为(P)的**松弛问题**，记为问题(P_0).(P_0)的可行区域 D_0 是一个多面凸集.这两个问题之间具有如下明显的关系：

(1) $D\subset D_0$；

(2) 若(P_0)无可行解，则(P)无可行解；

(3) (P_0)的最优值是(P)的最优值的一个下界；

(4) 若(P_0)的最优解 $\boldsymbol{x}^0$ 是整数向量，则 $\boldsymbol{x}^0$ 是(P)的最优解.

割平面法的基本思想是：用单纯形法先解松弛问题(P_0)，若(P_0)的最优解 $\boldsymbol{x}^0$ 是整数向量，则 $\boldsymbol{x}^0$ 是 ILP 问题(P)的最优解，计算结束；若(P_0)的最优解 $\boldsymbol{x}^0$ 的分量不全是整数，则设法对(P_0)增加一个线性约束条件（称它为**割平面条件**），新增加的这个割平面条件将(P_0)的可行区域 D_0 割掉一块，且这个非整数解 $\boldsymbol{x}^0$ 恰在被割掉的区域内，而原 ILP 问题(P)的任何一个可行解（格点）都没有被割去.我们把增添了割平面条件的问题记为(P_1)，可将(P_1)视为 ILP 问题(P)的一个改进的松弛问题，用对偶单纯形法

求解 LP 问题(P_1).若(P_1)的最优解 $\boldsymbol{x}^1$ 是整数向量,则 $\boldsymbol{x}^1$ 是原 ILP 问题(P)的最优解,计算结束;否则对问题(P_1)再增加一个割平面条件,形成问题(P_2)……如此继续下去,通过求解不断改进的松弛 LP 问题,直到得到最优整数解为止.图 2.2.1 说明了这个过程.

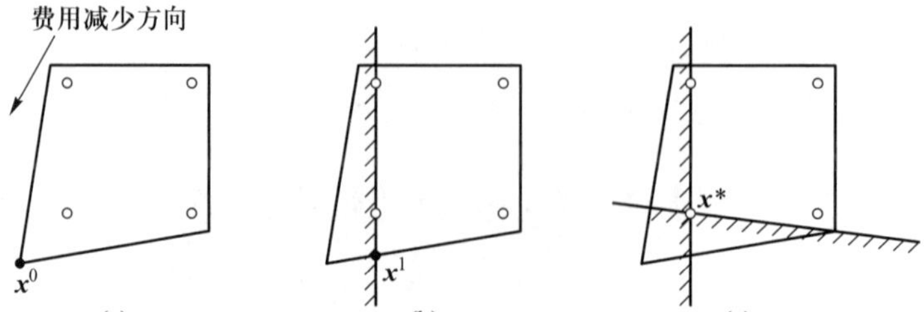

图 2.2.1

如果在增加约束的过程中,得到的 LP 问题没有可行解,那么原 ILP 问题没有可行解;如果得到的 LP 问题无界,可以证明原 ILP 问题或者无可行解或者无界,计算均可停止.

下面我们描述 Gomory 生成割平面条件的代数方法:给定一个 ILP 问题(P),用单纯形法解它的松弛问题(P_0),得到最优基本可行解 $\boldsymbol{x}^0$,设它对应的基为 $\boldsymbol{B}=(\boldsymbol{A}_{\boldsymbol{B}_1},\cdots,\boldsymbol{A}_{\boldsymbol{B}_m})$,$x_{\boldsymbol{B}_1},\cdots,x_{\boldsymbol{B}_m}$ 为 $\boldsymbol{x}^0$ 的基变量,基变量的下标集合为 S,非基变量的下标集合为 $\overline{S}$.最后一张单纯形表中问题(P_0)的典式为

$$z+\sum_{j\in\overline{S}}\zeta_j x_j=z_0$$

$$x_{\boldsymbol{B}_i}+\sum_{j\in\overline{S}}\overline{a}_{ij}x_j=\overline{b}_i,\quad i=1,\cdots,m \tag{2.2.1}$$

为使符号简便计,令 $x_{\boldsymbol{B}_0}=z,\overline{a}_{0j}=\zeta_j,\overline{b}_0=z_0$.如果 $\overline{b}_i(i=0,1,\cdots,m)$ 全是整数,我们已经得到了 ILP 问题(P)的最优解 $\boldsymbol{x}^0$.否则至少有一个 $\overline{b}_l$ 不是整数($0\leqslant l\leqslant m$),设 $\overline{b}_l$ 所对应的约束方程是

$$x_{\boldsymbol{B}_l}+\sum_{j\in\overline{S}}\overline{a}_{lj}x_j=\overline{b}_l \tag{2.2.2}$$

我们用$[a]$表示不超过实数 a 的最大整数,如$[2.3]=2$,$[-3.5]=-4$,$[0]=0$ 等,则有

$$\begin{aligned}\overline{a}_{lj}&=[\overline{a}_{lj}]+f_{lj},\quad j\in\overline{S}\\ \overline{b}_l&=[\overline{b}_l]+f_l\end{aligned} \tag{2.2.3}$$

其中 f_{lj}是 $\overline{a}_{lj}$的分数部分,有 $0\leqslant f_{lj}<1,j\in\overline{S}$; f_l 是 $\overline{b}_l$ 的分数部分,有 $0<f_l<1$.

由于方程(2.2.2)中的变量是非负的,故有

$$\sum_{j\in\overline{S}}[\overline{a}_{lj}]x_j\leqslant\sum_{j\in\overline{S}}\overline{a}_{lj}x_j \tag{2.2.4}$$

从而方程(2.2.2)变为

$$x_{B_l}+\sum_{j\in\bar{S}}[\bar{a}_{lj}]x_j\leqslant\bar{b}_l \tag{2.2.5}$$

因在 ILP 中 $\boldsymbol{x}$ 限制为整数向量,故(2.2.5)式左端为整数,所以右端用 $\bar{b}_l$ 的整数部分代替后,(2.2.5)式的不等式关系仍成立,即有

$$x_{B_l}+\sum_{j\in\bar{S}}[\bar{a}_{lj}]x_j\leqslant[\bar{b}_l] \tag{2.2.6}$$

(2.2.2)减(2.2.6)得

$$\sum_{j\in\bar{S}}(\bar{a}_{lj}-[\bar{a}_{lj}])x_j\geqslant\bar{b}_l-[\bar{b}_l] \tag{2.2.7}$$

注意到(2.2.3)式,得到线性约束

$$\sum_{j\in\bar{S}}f_{lj}x_j\geqslant f_l \tag{2.2.8}$$

并称它为对应于**生成行 l 的 Gomory 割平面条件**.

将割平面条件(2.2.8)加到前面已得到的最后一张单纯形表中,为得到对应新的松弛问题(P_1)的基本解,用(-1)乘(2.2.8)式两端后再引进一个松弛变量 s,从而(2.2.8)式就变为

$$-\sum_{j\in\bar{S}}f_{lj}x_j+s=-f_l \tag{2.2.9}$$

(2.2.9)是一个超平面方程,称它为**割平面**.

下面的定理证明了将割平面(2.2.9)加到前面已得到的最优单纯形表后所产生的影响.

定理 2.2.1 如果把割平面(2.2.9)加到松弛问题(P_0)的最优单纯形表中,那么没有割掉原 ILP 问题的任何整数可行解,当 $\bar{b}_l$ 不是整数时,新表中是一个原始问题的基本不可行解和对偶问题的可行解.

证 由于割平面(2.2.9)是由原 ILP 的整数约束推出来的,所以它不会割掉整数可行解;松弛变量 s 是新的基变量,并且它与原来的基变量 $x_{B_1},\cdots,x_{B_m}$ 一起构成了新松弛问题的基变量,当 $\bar{b}_l$ 不是整数时,$f_l>0$,因此新松弛问题的基本解中有 $s=-f_l<0$.因此它对应的是新松弛问题的原始问题的基本不可行解.由于表中第 0 行(检验数行)没有改变,所以它仍保持对偶可行性. ▌

2. Gomory 割平面法计算步骤

现在我们可以给出解纯整数线性规划问题(P)的计算步骤.

Gomory 割平面法步骤:

第 1 步 用单纯形法解 ILP 问题(P)的松弛问题(P_0).若(P_0)没有最优解,则计算停止,(P)也没有最优解.若(P_0)有最优解 $\boldsymbol{x}^0$,若 $\boldsymbol{x}^0$ 是整数向量,则 $\boldsymbol{x}^0$ 是(P)的最优解,计算停止,输出 $\boldsymbol{x}^0$;否则转第 2 步.

第 2 步　求割平面方程：任选 $\boldsymbol{x}^0$ 的一个非整数分量 $\bar{b}_l(0\leqslant l\leqslant m)$，按关系式(2.2.2)和(2.2.3)得到割平面方程

$$-\sum_{j\in\bar{S}} f_{lj}x_j+s=-f_l \tag{2.2.10}$$

第 3 步　将割平面方程(2.2.10)加到第 1 步所得的最优单纯形表中，用对偶单纯形法求解这个新的松弛问题.若其最优解为整数解，则它是问题(P)的最优解，计算停止，输出这个最优解；否则将这个最优解重新记为 $\boldsymbol{x}^0$，返回第 2 步.若对偶单纯形法发现对偶问题是无界的，此时原 ILP 是不可行的，计算停止.

例 2.2.1　求解 ILP 问题

$$\begin{cases}\max\quad x_2\\ \text{s.t.}\quad 3x_1+2x_2\leqslant 6\\ \qquad -3x_1+2x_2\leqslant 0\\ \qquad\qquad x_1,x_2\geqslant 0,\text{且为整数}\end{cases} \tag{2.2.11}$$

解　这个问题及其松弛 LP 问题的可行区域如图 2.2.2 所示.显然(2.2.11)的整数最优解是 $\boldsymbol{x}^*=(1,1)^{\mathrm{T}}$.

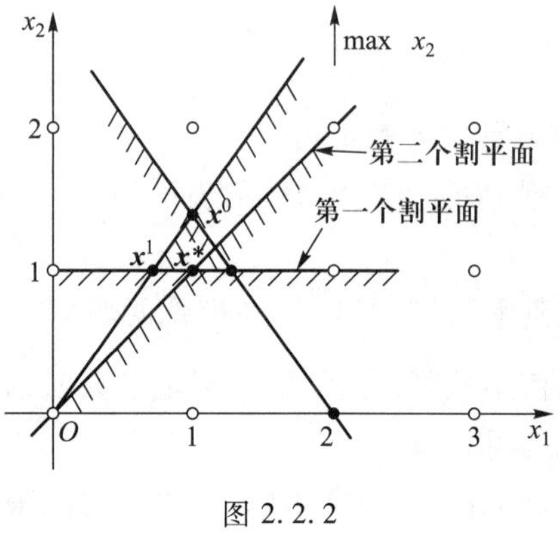

图 2.2.2

下面我们用 Gomory 割平面法解这个问题，以说明算法的全过程.

增加松弛变量 x_3 和 x_4，得到松弛 LP 问题的第一张单纯形表(表 2.2.1)；

表 2.2.1

	x_1	x_2	x_3	x_4	RHS
z	0	1	0	0	0
x_3	3	2	1	0	6
x_4	−3	2	0	1	0

经过两次旋转变换得最优单纯形表为表 2.2.2：

表 2.2.2

	x_1	x_2	x_3	x_4	RHS
z	0	0	$-\frac{1}{4}$	$-\frac{1}{4}$	$-\frac{3}{2}$
x_1	1	0	$\frac{1}{6}$	$-\frac{1}{6}$	1
x_2	0	1	$\frac{1}{4}$	$\frac{1}{4}$	$\frac{3}{2}$

对应的最优解为 $\boldsymbol{x}^0=\left(1,\frac{3}{2}\right)^{\mathrm{T}}$，最优值为(求极小) $z^*=-\frac{3}{2}$. 由于 $\boldsymbol{x}^0$ 不是整数向量，所以生成割平面. 第 0 行和第 2 行均可生成割平面. 由于 $\frac{1}{4}=0+\frac{1}{4}, \frac{3}{2}=1+\frac{1}{2}, -\frac{1}{4}=-1+\frac{3}{4}$, $-\frac{3}{2}=-2+\frac{1}{2}$，我们已将所需要的数分解为整数和分数部分. 第 2 行生成的割平面条件为

$$\frac{1}{4}x_3+\frac{1}{4}x_4 \geqslant \frac{1}{2} \tag{2.2.12}$$

由表 2.2.1 的约束，解得

$$x_3=6-3x_1-2x_2$$

$$x_4=3x_1-2x_2$$

将它们代入(2.2.12)得到等价的割平面条件

$$x_2 \leqslant 1 \tag{2.2.13}$$

见图 2.2.2 上的第一个割平面.

由第 0 行也可以生成割平面条件

$$\frac{3}{4}x_3+\frac{3}{4}x_4 \geqslant \frac{1}{2}$$

其等价的割平面条件为

$$x_2 \leqslant \frac{4}{3}$$

由于 x_2 要求为整数，故上述条件等价于

$$x_2 \leqslant 1$$

第 0 行与第 2 行生成的割平面条件是一样的.

现在我们选取第 2 行生成的割平面条件(2.2.12)，然后把方程

$$-\frac{1}{4}x_3-\frac{1}{4}x_4+s_1=-\frac{1}{2} \tag{2.2.14}$$

加到表 2.2.2 中，得到表 2.2.3：

表 2.2.3

	x_1	x_2	x_3	x_4	s_1	RHS
z	0	0	$-\frac{1}{4}$	$-\frac{1}{4}$	0	$-\frac{3}{2}$
x_1	1	0	$\frac{1}{6}$	$-\frac{1}{6}$	0	1
x_2	0	1	$\frac{1}{4}$	$\frac{1}{4}$	0	$\frac{3}{2}$
s_1	0	0	$-\frac{1}{4}$	$-\frac{1}{4}$	1	$-\frac{1}{2}$

利用对偶单纯形法解上表中的松弛问题(P_1),得到关于问题(P_1)的最优单纯形表为表 2.2.4:

表 2.2.4

	x_1	x_2	x_3	x_4	s_1	RHS
z	0	0	0	0	-1	-1
x_1	1	0	0	$-\frac{1}{3}$	$\frac{2}{3}$	$\frac{2}{3}$
x_2	0	1	0	0	1	1
x_3	0	0	1	1	-4	2

它的最优解 $\boldsymbol{x}^1=\left(\frac{2}{3},1\right)^{\mathrm{T}}$ 仍不是整数解.

由第一行生成的割平面条件为

$$\frac{2}{3}x_4+\frac{2}{3}s_1\geqslant\frac{2}{3} \tag{2.2.15}$$

由表 2.2.3 的约束中解出 s_1,已知 $x_3=6-3x_1-2x_2$, $x_4=3x_1-2x_2$,将它们代入(2.2.15)得等价的割平面条件

$$x_1\geqslant x_2$$

见图 2.2.2 上的第二个割平面.

将方程

$$-\frac{2}{3}x_4-\frac{2}{3}s_1+s_2=-\frac{2}{3}$$

加到表 2.2.4 中，并用对偶单纯形法求解，得到最后的最优单纯形表如下：

	x_1	x_2	x_3	x_4	s_1	s_2	RHS
z	0	0	0	0	−1	0	−1
x_1	1	0	0	0	1	$-\frac{1}{2}$	1
x_2	0	1	0	0	1	0	1
x_3	0	0	1	0	−5	$\frac{3}{2}$	1
x_4	0	0	0	1	1	$-\frac{3}{2}$	1

其最优解 $\boldsymbol{x}^*=(1,1)^{\mathrm{T}}$ 为原 ILP 问题(2.2.11)的最优解.

由以上解题过程可见，表中含有分数元素且在算法过程中始终保持对偶可行性，因此这个算法也称为**分数对偶割平面算法**.

按照一定的规则选取非整数 $\bar{b}_l$ 所在的行作为割平面的生成行，再运用对偶单纯形法避免循环的规则，就可以保证分数对偶割平面算法在有限步内结束运算(证明见文献[2]).

分数对偶割平面算法涉及两个主要问题：一个它是分数的；另一个它是对偶的.这两个问题都给它带来一定的局限性.首先，该算法要进行乘除运算，1 除以 3，再乘 3，在计算机上进行数值运算时得到的不是原数 1，而是 0.999 999 9；且从一个阶段到另一个阶段的误差要累积.这使我们很难判定一个给定的元素是否为整数，但是这一点对生成割平面却是必需的.为克服这一困难，人们提出了全整数算法，这个算法保证了转轴元始终为整数 1.其次，这是个对偶算法，因此在达到最优性以前不可能得到原始可行解.由于分数对偶割平面算法一般需要较多的运行时间，如果我们因故在中途停止计算，此时既得不到原始问题的整数解，也得不到原始问题的松弛问题的可行解，计算毫无结果.为克服这一局限性，人们提出了原始整数割平面算法，它是始终保持原始问题整数可行的割平面算法，如果用户提前停机，就可以得到 ILP 问题的次最优解.

§ 2.3 分枝定界法

分枝定界法可用于解纯整数线性规划和混合整数线性规划，它是目前求解整数线性规划问题的成功方法之一.本节介绍该方法的基本思想和计算步骤.

1. 分枝定界法的基本思想

有界 ILP 问题的可行区域中的格点数目是有限的.分枝定界法是以“巧妙”地枚举

ILP 问题的可行解的思想为依据设计的.给定一个 ILP 问题,我们记为(P),去掉整数约束条件,求解(P)的松弛 LP 问题(P_0).若(P_0)无解,则 ILP 问题(P)无解;若(P_0)的最优解 $\boldsymbol{x}^0$ 是满足整数要求的向量,则 $\boldsymbol{x}^0$ 是 ILP 的最优解;若 $\boldsymbol{x}^0$ 不满足整数的要求,则有两条不同的途径:一是不断改进松弛问题,以期求得(P)的最优解,上节讲过的割平面法就属于这一类;另一条途径是利用分解技术,将要求解的 ILP 问题(P)分解为几个子问题的和,如果对每个子问题的可行区域(简称为**子域**)能做到:或者找到了这个子域内的最优解,或者明确原问题(P)的最优解肯定不在这个子域内,这样原问题就容易解决了.分解是逐步进行的,这个过程称为**分枝**.分枝的具体做法如下.

考虑整数线性规划问题

$$
(\mathrm{P})\quad \begin{cases} \min & z=\boldsymbol{c}^{\mathrm{T}}\boldsymbol{x} \\ \text{s.t.} & \boldsymbol{A}\boldsymbol{x}\leqslant \boldsymbol{b} \\ & \boldsymbol{x}\geqslant \boldsymbol{0} \\ & \boldsymbol{x}\ \text{为整数向量} \end{cases}
$$

$\boldsymbol{A}$ 为整数矩阵,$\boldsymbol{b}$,$\boldsymbol{c}$ 为整数向量.若(P)的松弛 LP 问题(P_0)的最优解为 $\boldsymbol{x}^0$,$\boldsymbol{c}^{\mathrm{T}}\boldsymbol{x}^0$ 是(P)的最优值的一个下界.若 $\boldsymbol{x}^0$ 的某个分量 x_i^0 不满足整数要求,由于(P)的整数最优解的第 i 个分量必定落在区域 $x_i\leqslant[x_i^0]$ 或 $x_i\geqslant[x_i^0]+1$ 中($[a]$表示不超过数 a 的最大整数),因此可将原问题(P)分解为两个子问题来求解.这两个子问题是

$$
(\mathrm{P}_1)\quad \begin{cases} \min & z=\boldsymbol{c}^{\mathrm{T}}\boldsymbol{x} \\ \text{s.t.} & \boldsymbol{A}\boldsymbol{x}\leqslant \boldsymbol{b} \\ & \boldsymbol{x}\geqslant \boldsymbol{0},\ \boldsymbol{x}\ \text{为整数向量} \\ & x_i\leqslant [x_i^0] \end{cases}
$$

和

$$
(\mathrm{P}_2)\quad \begin{cases} \min & z=\boldsymbol{c}^{\mathrm{T}}\boldsymbol{x} \\ \text{s.t.} & \boldsymbol{A}\boldsymbol{x}\leqslant \boldsymbol{b} \\ & \boldsymbol{x}\geqslant \boldsymbol{0},\ \boldsymbol{x}\ \text{为整数向量} \\ & x_i\geqslant [x_i^0]+1 \end{cases}
$$

这两个子问题将(P)的可行区域分成两部分,且把不满足整数要求的(P_0)的最优解 $\boldsymbol{x}^0$ 排斥在外.对于整数线性规划(P_1)和(P_2),仍然是求解它相应的松弛 LP 问题.比如说问题(P_1)的松弛问题的解 $\boldsymbol{x}^1$ 是满足整数要求的,这个子域就查清了,不需要再分枝;若问题(P_2)的松弛问题的最优解 $\boldsymbol{x}^2$ 不满足整数要求,我们又可根据它的某个不满足整数要求的分量 x_k^2,按 $x_k\leqslant[x_k^2]$ 或 $x_k\geqslant[x_k^2]+1$ 将问题(P_2)像分解问题(P)一样分解为问题(P_3)和(P_4),如此继续下去.我们可以把这个过程想象为一棵树,如图 2.3.1 所示,树根代表原问题,而每个点代表一个子问题.

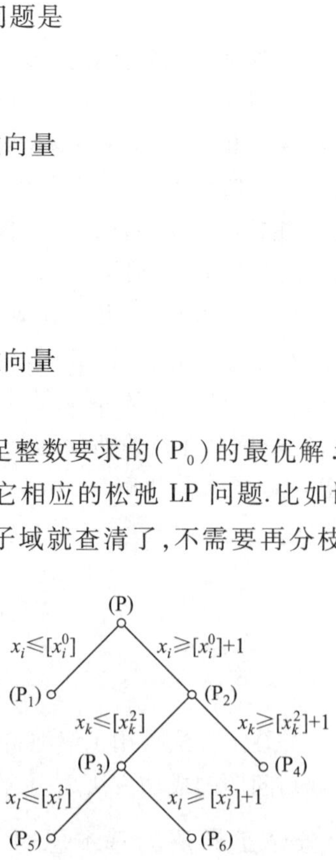

图 2.3.1

用增加两个互斥且穷举的不等式约束将一个问题分解为它的两个子问题作为该问题的两个后代.对

第 i 个子问题，我们有一个松弛解 $\boldsymbol{x}^i$，及对应于这个子域的 ILP 问题的目标函数下界 $z_i=\boldsymbol{c}^{\mathrm{T}}\boldsymbol{x}^i$. 这样的树称为**分枝树**.

如果原整数线性规划(P)的可行区域是有界的，那么这个分枝过程不可能无限地继续下去. 分枝过程在某个点上由下述两个原因之一而停止：(1) 相应松弛 LP 问题的解是满足整数要求的；(2) 相应松弛 LP 问题是不可行的. 这样的点称为**树叶**.

上面我们描述的是分枝定界法的分枝部分. 如果我们仅用分枝过程，直到所有的点都是树叶为止，那么目标函数最小的树叶一定是原 ILP 问题(P)的最优解，但这样做计算量太大. 下面我们描述定界部分. 利用对 ILP 目标函数界的一个估值，可以“巧妙”地删去不必要的一些点的分枝，使计算量大大减少. 假设在某一时刻，到当时为止所得到的最好的满足整数要求解的目标函数值是 z_m，而且我们正打算由某一点 $\boldsymbol{x}^k$ 分枝，该点子域对应的 ILP 问题的目标函数下界为 $z_k=\boldsymbol{c}^{\mathrm{T}}\boldsymbol{x}^k$. 若 $z_k\geqslant z_m$，这意味着点 $\boldsymbol{x}^k$ 的所有后代得到的各个解 $\boldsymbol{x}$ 的目标函数值均有

$$\boldsymbol{c}^{\mathrm{T}}\boldsymbol{x}\geqslant z_k\geqslant z_m$$

因此无需由 $\boldsymbol{x}^k$ 继续分枝. 在这种情况下，我们说 $\boldsymbol{x}^k$ 已被**剪枝**，并把它称为**死点**(也称为已查明的)，其余的点称为**活点**，从活点那里分枝仍可能改进值 z_m.

2. 分枝定界法的计算步骤

我们先看一个例题.

例 2.3.1 求解 ILP 问题

$$\begin{cases}\min & z=-(x_1+x_2)\\ \text{s.t.} & -4x_1+2x_2\leqslant -1\\ & 4x_1+2x_2\leqslant 11\\ & -2x_2\leqslant -1\\ & x_1,x_2\geqslant 0,\text{且为整数}\end{cases}$$

解 其可行区域如图 2.3.2(a)所示. 易求得其松弛 LP 问题(P_0)的最优解为 $\boldsymbol{x}^0=\left(\dfrac{3}{2},\dfrac{5}{2}\right)^{\mathrm{T}}$，最优值为 $z_0=\boldsymbol{c}^{\mathrm{T}}\boldsymbol{x}^0=-4$，它是原 ILP 问题最优值的一个下界. $x_1^0=\dfrac{3}{2}$ 是非整数分量.

引进两个约束

$$x_1\leqslant 1 \quad 和 \quad x_1\geqslant 2$$

生成两个子问题

$$(\mathrm{P}_1)\quad\begin{cases}\min & z=-(x_1+x_2)\\ \text{s.t.} & -4x_1+2x_2\leqslant -1\\ & 4x_1+2x_2\leqslant 11\\ & -2x_2\leqslant -1\\ & x_1\leqslant 1\\ & x_1,x_2\geqslant 0,\text{且为整数}\end{cases}$$

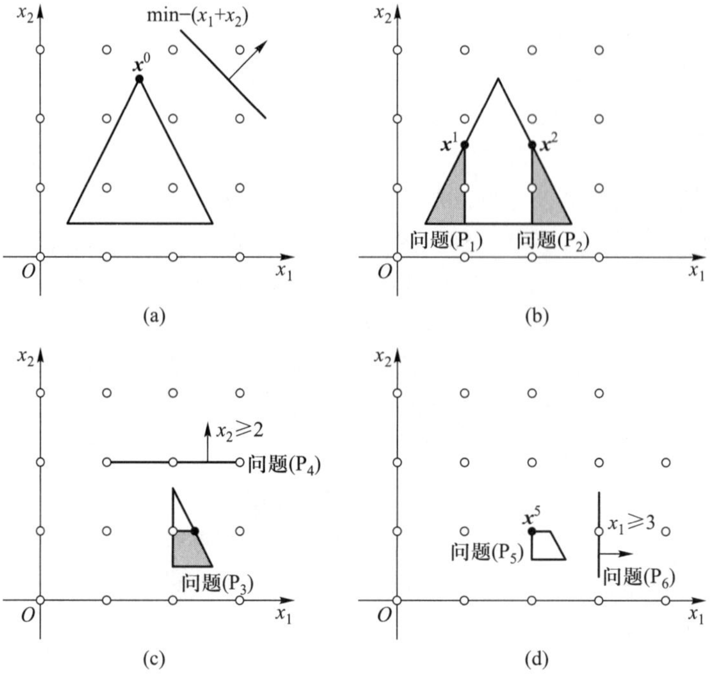

图 2.3.2

和

$$
(P_2)\quad \begin{cases} \min & z=-(x_1+x_2) \\ \text{s.t.} & -4x_1+2x_2 \leqslant -1 \\ & 4x_1+2x_2 \leqslant 11 \\ & -2x_2 \leqslant -1 \\ & x_1 \geqslant 2 \\ & x_1, x_2 \geqslant 0,\text{且为整数} \end{cases}
$$

问题(P_1),(P_2)的可行区域如图 2.3.2(b)所示.ILP 问题(P_1)的松弛 LP 问题的最优解 $\boldsymbol{x}^1=\left(1,\dfrac{3}{2}\right)^{\mathrm{T}}$,最优值 $z_1=\boldsymbol{c}^{\mathrm{T}}\boldsymbol{x}^1=-\dfrac{5}{2}$;($P_2$)的松弛 LP 问题的最优解 $\boldsymbol{x}^2=\left(2,\dfrac{3}{2}\right)^{\mathrm{T}}$,最优值 $z_2=\boldsymbol{c}^{\mathrm{T}}\boldsymbol{x}^2=-\dfrac{7}{2}$.两个问题均可继续分枝.一般我们选取目标函数较优的那个点先分枝.这里通过增加约束 $x_2\leqslant 1$ 和 $x_2\geqslant 2$ 将问题(P_2)分解成两个问题(P_3)和(P_4).(P_3)和(P_4)的可行区域如图 2.3.2(c)所示.解(P_3)和(P_4)的相应松弛 LP 问题,其结果用图 2.3.3 的分枝树表示,问题(P_4)无解,(P_3)的松弛 LP 问题的解为 $\boldsymbol{x}^3=(2.25,1)^{\mathrm{T}}$,$z_3=\boldsymbol{c}^{\mathrm{T}}\boldsymbol{x}^3=-3.25$;将问题($P_3$)分解为问题($P_5$)和($P_6$),($P_5$)和($P_6$)的可行区域如图 2.3.2(d)所示.($P_6$)无解,($P_5$)的松弛 LP 问题的解为 $\boldsymbol{x}^5=(2,1)^{\mathrm{T}}$,$z_5=\boldsymbol{c}^{\mathrm{T}}\boldsymbol{x}^5=-3$.点($P_4$),($P_5$),($P_6$)均为树叶.现在我们返回来看左半分枝,当前我们所得到的最好的整数

解为 $\boldsymbol{x}^5=(2,1)^{\mathrm{T}}$，其目标函数值为 $z_5=-3$. 而问题（P_1）的松弛 LP 问题的最优值 $z_1=-2.5>z_5=-3$. 因此点（P_1）被点（P_5）剪枝，点（P_1）为死点. 由于没有其余的活点，故点（P_5）的解 $\boldsymbol{x}^5=(2,1)^{\mathrm{T}}$ 一定是原 ILP 问题的最优解.

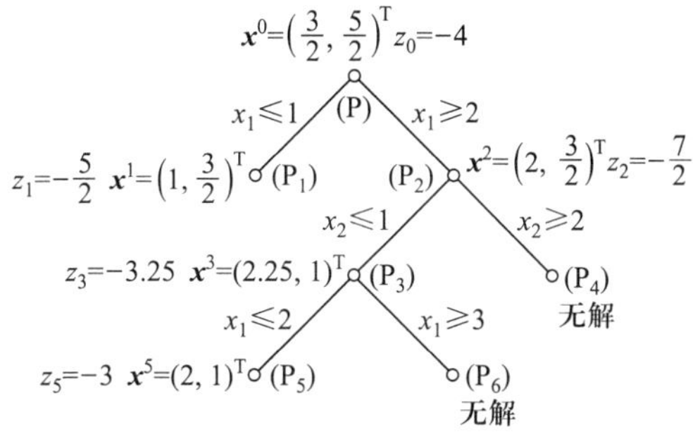

图 2.3.3

解整数线性规划问题的分枝定界法步骤：

第 1 步　令活点集 $:=\{O\}$（注："O"代表原问题，下面的正整数"k"代表子问题（P_k）），上界 $U:=+\infty$，当前最好的整数解 $:=\varnothing$.

第 2 步　若活点集 $=\varnothing$，则转向第 7 步；否则，选择一个分枝点 $k\in$ 活点集，从活点集中去掉点 k.

第 3 步　解点 k 对应的松弛 LP 问题，若此问题无解，转回第 2 步.

第 4 步　若点 k 对应的松弛 LP 问题的最优值 $z_k\geqslant U$，则点 k 被剪枝，转回第 2 步.

第 5 步　若点 k 对应的松弛 LP 问题的最优解 $\boldsymbol{x}^k$ 满足整数要求（此时一定有 $z_k<U$），则

$$\text{当前最好整数解}:=\boldsymbol{x}^k$$
$$\text{上界 } U:=z_k$$

转回第 2 步.

第 6 步　若点 k 对应的松弛 LP 问题的最优解 $\boldsymbol{x}^k$ 不满足整数要求，按 $\boldsymbol{x}^k$ 的某个非整数分量生成点 k 的两个后代点. 令这两个后代点为活点，并加入活点集中，转回第 2 步.

第 7 步　若当前最好的整数解 $=\varnothing$，$U=+\infty$，则原 ILP 问题无解；否则，当前最好的整数解就是原 ILP 的最优解，U 就是最优值. 计算停止.

分枝定界法的思想不仅适用于解 ILP 问题，也适用于几乎任何组合最优化问题. 在生成分枝树时只需要两种运算：(1) 分枝：一个解集，用一个点表示它可按某种规则被划分成一些互不相交的集合. 划分后的每个子集用原来点的一个后代点代表. 划分规则可视具体问题而异. 一个活点的后代点不一定非是两个不可，可以是有限多个. (2) 定界：选择一种合理的算法可用于计算一个给定子集中任何解的目标函数下界. 如在解 ILP 问题的分枝定界法中，定界的算法是解该点相应松弛 LP 问题的单纯形法. 当然，对不同的问题，松弛问题的选择可以不同，定界的算法也随松弛问题的改变而有所改变.

上述方法没有利用整数线性规划的其他性质,因此我们可以给任何可利用(1)和(2)的最优化问题描述一个分枝定界法,而不管目标函数和约束是否是线性的.

类似于解 ILP 问题的分枝定界法,我们容易给出一般意义的分枝定界法的基本步骤.用活点集存储各个活点,而用变量 U 存储任何给定时刻得到当前最好解的值(即原问题最优值的一个上界).需要说明的是,当我们从活点集中取点时,一般采用"先进后出"的原则,即采用深探法分枝,以便减少存储量.如果存储不是一个决定因素,那么从下界最低的活点分枝似乎是一个合理的选择.除此之外,还有另一方面的选择,即如何生成当前分枝点的后代,如在 ILP 问题中,当前点 $\boldsymbol{x}^k$ 中有多个非整数分量时,选择哪一个非整数分量以便增加约束生成它的两个后代.关于这两方面的选择,目前没有理论告诉我们最好的策略是什么,计算经验和直觉是设计目前已知的这类分枝定界法的仅有的指南.

用整数规划求解数独问题

整数线性规划程序

有一种特殊的分枝定界法,它适用于解 0-1 规划问题,称为隐枚举法.详细介绍可见文献[3],[4].

第 2 章习题

(A)

1. 某厂生产 A,B 两种产品,每件产品均要在甲、乙、丙各台设备上加工.每件第 j 种产品在第 i 台设备上加工消耗的工时为 a_{ij},$i=1,2,3$;$j=1,2$.现在各台设备可用于生产这两种产品的工时分别为 b_i,$i=1,2,3$.每件第 j 种产品可以提供利润 c_j,$j=1,2$.根据需要,A,B 产品的产量不能少于 $k_j(>0)$ 件,$j=1,2$.而 A,B 产品的产量必须取整数.问如何安排生产才能使该厂利润最大? 试建立该问题的数学模型.

2. 指派问题

设有 n 项任务要完成,恰有 n 个人都有能力去完成任何一项任务.第 i 个人完成第 j 项任务需要的时间为 c_{ij},$i=1,\cdots,n$;$j=1,\cdots,n$.试写出一个使总花费时间最少的人员分配工作方案的数学模型.

3. 给定 ILP 问题如下:

$$\begin{cases}\min & z=x_1-5x_2\\ \text{s.t.} & x_1+2x_2\leqslant 8\\ & x_1-\ x_2\geqslant 4\\ & x_1,x_2\geqslant 0,\text{且为整数}\end{cases}$$

(1) 用图解法求出该 ILP 问题的所有可行解、最优解与最优值;

(2) 用割平面法求解.

4. 考虑下述 ILP 问题:

$$\begin{cases}\max & z=\boldsymbol{c}^{\mathrm{T}}\boldsymbol{x}\\ \text{s.t.} & \boldsymbol{A}\boldsymbol{x}\leqslant\boldsymbol{b}\\ & \boldsymbol{x}\geqslant\boldsymbol{0},\text{且为整数向量}\end{cases}$$

其中 $\boldsymbol{A}$,$\boldsymbol{b}$ 和 $\boldsymbol{c}$ 中所有元素为正整数.设 $\boldsymbol{x}^0$ 是 ILP 问题的最优解,$\boldsymbol{x}^1$ 是其松弛 LP 问题的最优解,证明:$[\boldsymbol{x}^1]=([x_1^1],\cdots,[x_n^1])^{\mathrm{T}}$是 ILP 问题的可行解,并且有

$$\boldsymbol{c}^{\mathrm{T}}\boldsymbol{x}^0-\boldsymbol{c}^{\mathrm{T}}[\boldsymbol{x}^1]\leqslant\sum_{i=1}^{n}c_i$$

5. 证明割平面方程(2.2.9)中的松弛变量 s 可以表示成变量 x 的整数系数的线性组合再加上一个整数常数,即有

$$s=\sum_{j=1}^{n}k_jx_j+k_0$$

其中 $k_j, j=0,1,\cdots,n$ 均为整数.

6. 用分枝定界法解下述 ILP 问题:

(1) $\begin{cases}\max & z=3x_1+2x_2\\ \text{s.t.} & 2x_1+3x_2\leqslant 14\\ & 2x_1+x_2\leqslant 9\\ & x_1,x_2\geqslant 0,\text{且为整数}\end{cases}$

(2) $\begin{cases}\min & z=-11x_1-4x_2\\ \text{s.t.} & -x_1+2x_2\leqslant 4\\ & 5x_1+2x_2\leqslant 16\\ & 2x_1-x_2\leqslant 4\\ & x_1,x_2\geqslant 0,\text{且为整数}\end{cases}$

7. 用分枝定界法求解下面的混合整数线性规划问题:

$$\begin{cases}\max & z=3x_1+2x_2\\ \text{s.t.} & 2x_1+3x_2\leqslant 14\\ & 2x_1+x_2\leqslant 9\\ & x_1,x_2\geqslant 0,x_1\text{ 为整数}\end{cases}$$

(B)

1. 选址问题

某大企业计划在几个地点建厂,可供选择的地点有 $A_1,\cdots,A_m$,它们的生产能力分别是 $a_1,\cdots,a_m$(为简便计算,假设生产同一种产品),在 A_i 地建厂费用为 $f_i, i=1,\cdots,m$.需要销售这种产品的地点有 n 个,设为 $B_1,\cdots,B_n$,其销量分别为 $b_1,\cdots,b_n$.从设在 A_i 地的工厂运往销售地点 B_j 的单位运费为 c_{ij}.试决定应在哪些地方建厂,使得既满足各地的需求,又使总建设费用和总运费最小? 写出该问题的数学模型.

2. 某大学计算机实验室聘用了勤工俭学的 4 名本科生(代号为 1,2,3,4)和两名研究生(代号为 5,6)值班.已知每人从周一至周五每天最多可安排的值班时间及每人每小时值班的报酬如下表所示:

学生代号	报酬/(元·小时$^{-1}$)	每天最多可安排的值班时间/小时				
		周一	周二	周三	周四	周五
1	10.0	6	0	6	0	7
2	10.0	0	6	0	6	0
3	9.9	4	8	3	0	5
4	9.8	5	5	6	0	4
5	10.8	3	0	4	8	0
6	11.3	0	6	0	6	3

该实验室每天开放 14 小时,开放时间内须有且仅有一名学生值班.规定本科生每周值班不少于 8 小时,研究生每周值班不少于 7 小时,每名学生每周值班不超过 3 次,每次值班不少于 2 小时,每天安排值班的学生不超过 3 人,且其中必须至少有一名研究生.试用本书提到的软件为该实验室安排一张人员值班表,使支付的总报酬最少.

3. 世界著名的日本数独游戏共有 9×9 个方格，再划分成 9 个 3×3 的子网格.游戏要求把 1～9 的数字填入这些格子，使得每行、每列以及每个子网格中的数字都不相同，有些格子中事先已经填入了数字.事先已经填入的数字的多少及其位置很大程度上决定了这个游戏的难易程度.将这个问题表示为一个整数线性规划.（提示：如果数字 k 填入格子 (i,j) 中 $(i=1,\cdots,9,j=1,\cdots,9)$，令 $x_{i,j,k}=1$.）

加拿大滑铁卢大学研制的软件 Maple 中有专门解数独游戏的软件.

民间有很多做数独游戏的高手，他们是用逻辑分析和聪明智慧（即某种启发式算法）解决问题的.下面给出一个比较容易的具体问题，试一下，您是如何解决的.

		4		9			6	7
				3				
6	1	9	8	7				5
3		7		6	4	8		
	9						3	
		1	5	2		7		6
1				5	9	6	7	3
				8				
5	7			4		9		

参 考 文 献

[1] GARFINKEL R S, NEMHAUSER G L.Integer programming[M].New York: John Wiley & Sons, 1972.

[2] PAPADIMITRIOU C H, STEIGLITZ K.Combinatorial optimization: algorithms and complexity[M].New Jersey: Prentice-Hall, 1982.

[3] 许国志，马仲蕃.整数规划初步[M].沈阳：辽宁教育出版社，1985.

[4] 卢向华，侯定丕，魏权龄.运筹学教程[M].北京：高等教育出版社，1991.

[5] BONOMI E, LUTTON J L.The N-city travelling salesman problem: statistical mechanics and the metropolis algorithm[J].SIAM Review, 1984, 26(4): 551–568.

[6] 赵玮，王荫清.随机运筹学[M].北京：高等教育出版社，1993.

[7] 胡运权.运筹学基础及应用[M].7 版.北京：高等教育出版社，2021.

[8] 塔哈.运筹学导论：基础篇[M].刘德刚，朱建明，韩继业，译.9 版.北京：中国人民大学出版社，2014.

第 3 章 非线性规划

非线性规划(nonlinear programming)研究的对象是非线性函数的数值最优化问题.它的理论和方法渗透到许多方面,特别是在军事、经济、管理、生产过程自动化、工程设计和产品优化设计等方面都有着重要的应用.

处理非线性规划问题并非易事,它没有一个像线性规划中单纯形法那样的通用算法,而是根据问题的不同特点给出不同的解法,因而这些解法均有各自的适用范围.本章将简洁地介绍有关非线性规划的基本概念和理论、某些重要算法以及相应的流行软件.

§3.1 基本概念

本节给出非线性规划数学模型的一般形式,非线性规划问题的解及最优解集的初步概念,以及解非线性规划问题基本的数值迭代法的一般性描述.

1. 非线性规划问题

非线性规划问题大家早已在微分学的学习中接触过,这里仅举几个简单的例子.

例 3.1.1 曲线的最优拟合问题

在实验数据处理或统计资料分析中,常常遇到这样的问题:如何利用有关变量的实验数据资料去确定这些变量之间的函数关系.例如,已知某物体的温度 φ 与时间 t 之间有如下形式的经验函数关系:

$$\varphi=c_1+c_2t+e^{c_3t} \tag{3.1.1}$$

其中 c_1,c_2,c_3 是待定参数.现通过测试获得 n 组 φ 与 t 之间的实验数据 (t_i,φ_i), $i=1,\cdots,n$.试确定参数 c_1, c_2, c_3,使理论曲线(3.1.1)尽可能地与 n 个测试点 (t_i,φ_i), $i=1,\cdots,n$ 拟合,见图 3.1.1.

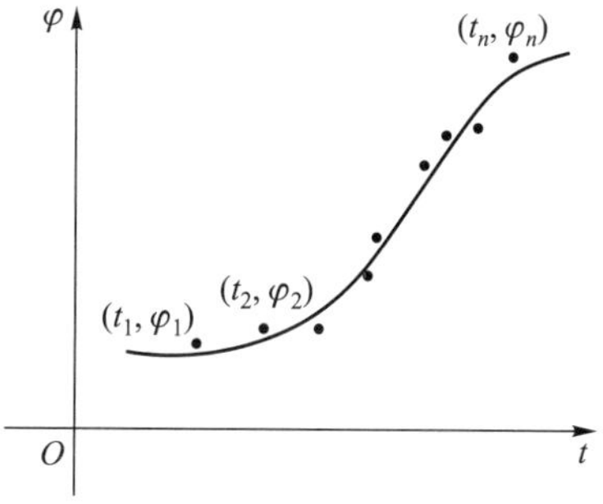

图 3.1.1

当 $t=t_i$ 时,由(3.1.1)式确定的温度 φ 的理论值与实验数值 φ_i 之间的平方偏差为

$$[\varphi_i-(c_1+c_2t_i+e^{c_3t_i})]^2$$

利用最小二乘法原理,应该选择 c_1,c_2,c_3,求以下函数的最小值:

$$\min \sum_{i=1}^{n}\left[\varphi_i-(c_1+c_2t_i+\mathrm{e}^{c_3t_i})\right]^2 \tag{3.1.2}$$

这就是关于温度曲线(3.1.1)的最优拟合问题的数学模型.一般的曲线拟合问题的数学模型可类似地导出.

例 3.1.2　构件容积问题

若要设计一个如图 3.1.2 所示的由圆锥面和圆柱面围成的构件,要求构件的表面积为 S,圆锥部分的高 h 和圆柱部分的高 x_2 之比为 a.确定构件尺寸,使其容积最大.

构件的尺寸取决于其中圆柱体的底半径 x_1 和高 x_2.此时圆锥体的高$h=ax_2$.构件的容积为顶部的圆锥体容积和下面的圆柱体容积之和,因此其容积为

$$V=\frac{a}{3}\pi x_1^2x_2+\pi x_1^2x_2$$

构件的表面积为圆锥体的侧面和圆柱体的侧面与底面之和,所以要使构件的表面积为定值应满足条件

$$\pi x_1\sqrt{x_1^2+a^2x_2^2}+2\pi x_1x_2+\pi x_1^2=S$$

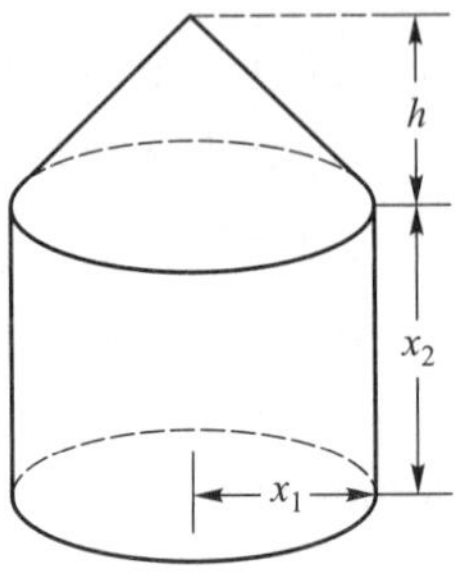

图 3.1.2

显然,还要满足 $x_1\geqslant 0,x_2\geqslant 0$ 的条件.因此该问题的数学模型为

$$\begin{cases}\max\quad V=\left(1+\dfrac{a}{3}\right)\pi x_1^2x_2\\ \text{s.t.}\quad \pi x_1\sqrt{x_1^2+a^2x_2^2}+2\pi x_1x_2+\pi x_1^2=S\\ \qquad\quad x_1\geqslant 0,\ x_2\geqslant 0\end{cases} \tag{3.1.3}$$

涉及多种应用学科的例题可以举出很多个,它们归结出来的数学模型具有某种共性:或者类似于(3.1.2),是一个无条件极值问题;或者类似于(3.1.3),是一个条件极值问题.下面我们给出这种数学模型的一般形式.

令 $\boldsymbol{x}=(x_1,\cdots,x_n)^{\mathrm{T}}$ 是 n 维欧氏空间 $\mathbf{R}^n$ 中的一个点.$f(\boldsymbol{x}),g_i(\boldsymbol{x}),i=1,\cdots,p$ 和 $h_j(\boldsymbol{x}),j=1,\cdots,q$ 是定义在 $\mathbf{R}^n$ 上的实值函数.我们称如下形式的数学模型为**数学规划**(mathematical programming,简记为 MP):

$$(\mathrm{MP})\quad\begin{cases}\min\quad f(\boldsymbol{x})\\ \text{s.t.}\quad g_i(\boldsymbol{x})\leqslant 0,\ i=1,\cdots,p\\ \qquad\quad h_j(\boldsymbol{x})=0,\quad j=1,\cdots,q\end{cases}$$

令

$$X=\left\{\boldsymbol{x}\in\mathbf{R}^n\ \middle|\ \begin{matrix}g_i(\boldsymbol{x})\leqslant 0,& i=1,\cdots,p\\ h_j(\boldsymbol{x})=0,& j=1,\cdots,q\end{matrix}\right\}$$

称 X 为(MP)的**约束集**或**可行区域**.对任意的 $\boldsymbol{x}\in X$,称 $\boldsymbol{x}$ 为(MP)的**可行解**或**可行点**.故(MP)可简记为

$$(\mathrm{MP})\quad \min_{\boldsymbol{x}\in X} f(\boldsymbol{x})$$

当目标函数 $f(\boldsymbol{x})$,约束函数 $g_i(\boldsymbol{x}),i=1,\cdots,p$ 和 $h_j(\boldsymbol{x}),j=1,\cdots,q$ 皆为 $\boldsymbol{x}$ 的线性函

数时,数学规划(MP)就是我们在第一章已熟知的线性规划;若(MP)中的目标函数和约束函数中至少有一个是 $\boldsymbol{x}$ 的非线性函数,则称(MP)为**非线性规划**.本章讨论的皆为非线性规划.特别地,当 $p=0,q=0$,即(MP)的可行区域 $X=\mathbf{R}^n$ 时,将它简记为

$$(\text{UMP})\quad \min\quad f(\boldsymbol{x})$$

称它为**无约束非线性规划**或**无约束最优化问题**.若在(MP)中 $X\neq\mathbf{R}^n$,则对应的(MP)称为**约束非线性规划**或**约束最优化问题**.例题 3.1.1 是无约束非线性规划问题,而例题 3.1.2 是约束非线性规划问题.

下面给出非线性规划(MP)的最优解和最小点的定义.

定义 3.1.1 对于非线性规划(MP),若 $\boldsymbol{x}^*\in X$,并且有

$$f(\boldsymbol{x}^*)\leqslant f(\boldsymbol{x}),\quad \forall\,\boldsymbol{x}\in X$$

则称 $\boldsymbol{x}^*$ 是(MP)的**整体最优解**或**整体最小点**,称 $f(\boldsymbol{x}^*)$ 是(MP)的**整体最优值**或**整体最小值**.若有

$$f(\boldsymbol{x}^*)<f(\boldsymbol{x}),\quad \forall\,\boldsymbol{x}\in X,\boldsymbol{x}\neq\boldsymbol{x}^*$$

则称 $\boldsymbol{x}^*$ 是(MP)的**严格整体最优解**或**严格整体最小点**,称 $f(\boldsymbol{x}^*)$ 是(MP)的**严格整体最优值**或**严格整体最小值**.

定义 3.1.2 对于非线性规划(MP),若 $\boldsymbol{x}^*\in X$,并且存在 $\boldsymbol{x}^*$ 的一个邻域 $N_\delta(\boldsymbol{x}^*)=\{\boldsymbol{x}\in\mathbf{R}^n \mid \|\boldsymbol{x}-\boldsymbol{x}^*\|<\delta\}$ ($\delta>0$ 是实数),使

$$f(\boldsymbol{x}^*)\leqslant f(\boldsymbol{x}),\quad \forall\,\boldsymbol{x}\in N_\delta(\boldsymbol{x}^*)\cap X$$

则称 $\boldsymbol{x}^*$ 是(MP)的**局部最优解**或**局部极小点**,称 $f(\boldsymbol{x}^*)$ 是(MP)的**局部最优值**或**局部极小值**.若有

$$f(\boldsymbol{x}^*)<f(\boldsymbol{x}),\quad \forall\,\boldsymbol{x}\in N_\delta(\boldsymbol{x}^*)\cap X,\quad \boldsymbol{x}\neq\boldsymbol{x}^*$$

则称 $\boldsymbol{x}^*$ 是(MP)的**严格局部最优解**或**严格局部极小点**,$f(\boldsymbol{x}^*)$ 是(MP)的**严格局部最优值**或**严格局部极小值**.

求解一个非线性规划问题就是希望求得它的整体最优解和整体最优值.但在很多情况下,我们这个愿望往往难以实现,而只能得到它的局部最优解和局部最优值,甚至只能得到它的满足某些条件的解.由于大型计算机的普遍使用,我们有可能求得多个满足某些条件的解或多个局部最优解,需要从中选择一个“好”的解,作为 MP 问题的整体最优解(值)的一种较好的近似.因此在非线性规划的计算中,使运算结束的最优解,以及最优解集的概念是广义的,依问题具体类型和采用的具体算法而定.关于这一点,看了下面几节内容后会有较深的理解.

现在我们通过一个简单的例题来说明非线性规划问题及其最优解的几何直观.

例 3.1.3 用图解法求解下面的非线性规划问题:

$$\begin{cases}\min & f(x_1,x_2)=x_1^2+x_2^2\\ \text{s.t.} & 1-x_1-x_2\leqslant 0\\ & x_1-1\leqslant 0\\ & x_2-1\leqslant 0\end{cases}\tag{3.1.4}$$

解 该问题的可行区域 X 是二维平面中的一个集合,由图 3.1.3 的阴影部分表出.

$f:X\to\mathbf{R}^1$是三维空间中的一个曲面,为使目标函数$f(x_1,x_2)$与可行区域 X 的关系更清楚,我们在二维平面 Ox_1x_2 上画出$f(x_1,x_2)=x_1^2+x_2^2$的等值线族.显然等值线族$x_1^2+x_2^2=c$(c 为常量)是一些同心圆,如图 3.1.3 的虚线所示.容易明白,与可行区域有交点的、值最小的等值线所表示的目标函数值就是该问题的整体最优值,而这个交点就是整体最优解.如图 3.1.3 所示,该问题的整体最优解是$\boldsymbol{x}^*=\left(\frac{1}{2},\frac{1}{2}\right)^{\mathrm{T}}$,整体最优值 $f(\boldsymbol{x}^*)=\frac{1}{2}$.

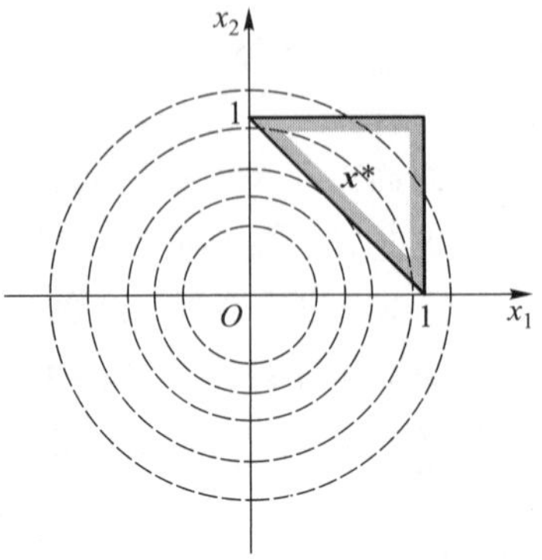

图 3.1.3

对于一般的 MP 问题,它的可行区域 X 是 n 维空间中的一个区域,目标函数$f:X\to\mathbf{R}^1$ 是 $n+1$ 维空间中的一个曲面,我们可以在 n 维空间中画出 $f(x)=c$ 的等值面,进而研究可行区域 X 与等值面族 $f(x)=c$ 之间的关系,以求得 MP 问题的最优解和最优值.

我们已经知道一个线性规划问题的最优解(若存在的话)总可以在可行区域多面凸集的一个顶点处达到,而多面凸集顶点的个数是有限的,这就是单纯形法的基本出发点.从例 3.1.3 看到,对于非线性规划问题,即使约束函数都是线性的,其最优解也不一定能在顶点处达到,它可能在可行区域边界上达到,也可能在可行区域内部达到$\Bigg($如在例 3.1.3 中将目标函数改为$f(x_1,x_2)=\left(x_1-\frac{3}{4}\right)^2+\left(x_2-\frac{3}{4}\right)^2$,其他条件不变,其最优解为 $\boldsymbol{x}^*=\left(\frac{3}{4},\frac{3}{4}\right)^{\mathrm{T}}$,是可行区域的内点$\Bigg)$,这就给我们求解非线性规划问题带来困难.

2. 非线性规划方法概述

给定一个 MP 问题,用什么方法求解呢?在微分学中给出了求无条件极值的必要条件和一些充分条件,也给出了求条件极值的经典 Lagrange 乘子法.在某些情况下,这些方法是行之有效的,但它们有很大的局限性:首先,它们要求函数是连续的、可微的,而实际问题中出现的函数很可能不具备这些条件,甚至可能没有解析表达式;其次,对无约束优化问题,根据必要条件,我们先要求目标函数$f(x_1,\cdots,x_n)$的驻点,即要求解使

$$\nabla f(\boldsymbol{x})=\left(\frac{\partial f}{\partial x_1},\cdots,\frac{\partial f}{\partial x_n}\right)^{\mathrm{T}}=\mathbf{0}$$

的点,其中$\nabla f(\boldsymbol{x})$是函数$f(\boldsymbol{x})$的梯度向量,这是 n 个变量的、由 n 个方程组成的方程组,一般是非线性的,除非在简单情况下,一般无有效算法求解这样一个方程组;第三,微分学中讨论的条件极值问题所出现的约束均为等式约束,而实际应用中存在大量带不等式约束的极值问题.把不等式约束引入最优化问题,标志着最优化“经典”时代的结束和数学规划“现代”理论的开始.不等式约束的出现使最优性条件的分析和处理复杂化,但能表达极为丰富的一类问题.另外,解条件极值的经典 Lagrange 乘子法也存在解一个高维方程组的问题.因此我们要对 MP 问题给出一种实用的解法,即数值方法.

一种数值方法,本质上都是一种特定的迭代法.下面我们介绍迭代法的基本思想和基本格式.

首先,按某种方法给出目标函数 $f(x)$ 的极小点 $\boldsymbol{x}^*$ 的一个初始估计 $\boldsymbol{x}^0\in\mathbf{R}^n$,称 $\boldsymbol{x}^0$ 为初始点.然后按照某种特定的迭代规则产生一个点列 $\{\boldsymbol{x}^k\}$,当 $\{\boldsymbol{x}^k\}$ 是有穷点列时,其最后一个点是 MP 问题在某种意义下的最优解,当 $\{\boldsymbol{x}^k\}$ 是无穷点列时,它有极限点,其极限点是 MP 问题在某种意义下的最优解(此时称该方法是收敛的).一般地,若已知 $\boldsymbol{x}^k$,我们分析如何产生下一个迭代点 $\boldsymbol{x}^{k+1}$.设 $\boldsymbol{x}^k,\boldsymbol{x}^{k+1}\in\mathbf{R}^n$,令

$$\boldsymbol{x}^{k+1}-\boldsymbol{x}^k=\Delta\boldsymbol{x}^k$$

则 $\Delta\boldsymbol{x}^k$ 是一个以 $\boldsymbol{x}^k$ 为起点,$\boldsymbol{x}^{k+1}$ 为终点的 n 维向量,故

$$\boldsymbol{x}^{k+1}=\boldsymbol{x}^k+\Delta\boldsymbol{x}^k$$

若 $\boldsymbol{p}^k\in\mathbf{R}^n$ 是向量 $\Delta\boldsymbol{x}^k$ 方向的单位向量,则存在数量 $t_k>0$,使

$$\Delta\boldsymbol{x}^k=t_k\boldsymbol{p}^k$$

因此有

$$\boldsymbol{x}^{k+1}=\boldsymbol{x}^k+t_k\boldsymbol{p}^k \tag{3.1.5}$$

(3.1.5)是求解 MP 问题迭代法的最基本的迭代格式.称 $\boldsymbol{p}^k$ 为第 k 轮**搜索方向**,称 t_k 为第 k 轮沿 $\boldsymbol{p}^k$ 方向的**步长**.由(3.1.5)式知,使用迭代法求解 MP 问题的关键在于,如何构造每一轮的搜索方向和确定步长.

根据不同的原理产生了不同的 $\boldsymbol{p}^k$ 和 t_k,就形成了各种不同的解 MP 问题的算法.而其中 $\boldsymbol{p}^k$ 的产生又是形成算法的关键.经常使用的决定 $\boldsymbol{p}^k$ 性质的有下面两个定义.

定义 3.1.3 设 $f:\mathbf{R}^n\to\mathbf{R}^1$,$\bar{\boldsymbol{x}}\in\mathbf{R}^n$,$\boldsymbol{p}\in\mathbf{R}^n$,$\boldsymbol{p}\neq\mathbf{0}$,若存在 $\delta>0$,使得

$$f(\bar{\boldsymbol{x}}+t\boldsymbol{p})<f(\bar{\boldsymbol{x}}),\quad \forall\, t\in(0,\delta)$$

则称向量 $\boldsymbol{p}$ 是函数 $f(x)$ 在点 $\bar{\boldsymbol{x}}$ 处的**下降方向**.

若 $f(\boldsymbol{x})$ 在点 $\bar{\boldsymbol{x}}$ 处可导,则 $-\nabla f(\bar{\boldsymbol{x}})$ 就是 $f(\boldsymbol{x})$ 在点 $\bar{\boldsymbol{x}}$ 处下降最快的方向.

定义 3.1.4 设 $X\subset\mathbf{R}^n$,$\bar{\boldsymbol{x}}\in X$,$\boldsymbol{p}\in\mathbf{R}^n$,$\boldsymbol{p}\neq\mathbf{0}$,若存在 $t>0$,使得

$$\bar{\boldsymbol{x}}+t\boldsymbol{p}\in X$$

则称向量 $\boldsymbol{p}$ 是点 $\bar{\boldsymbol{x}}$ 处关于 X 的**可行方向**.

由这个定义知,在一点处关于可行区域 X 的可行方向是使这个方向上存在可行点的方向,如图 3.1.4 所示.

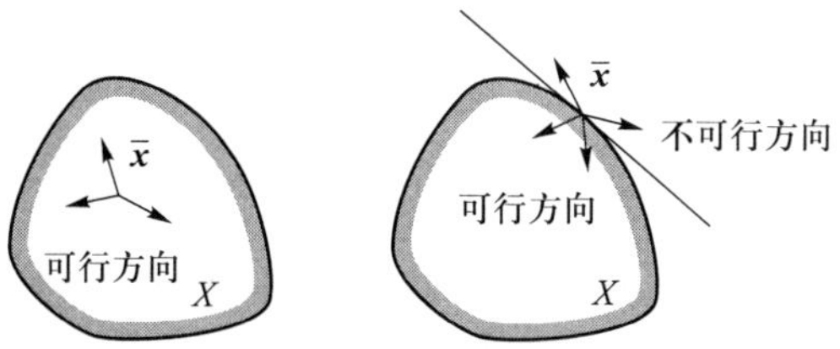

图 3.1.4

若一个向量 $\boldsymbol{p}$ 既是目标函数 f 在点 $\bar{\boldsymbol{x}}$ 处的下降方向,又是该点处关于可行区域 X 的可行方向,则称其为函数 f 在点 $\bar{\boldsymbol{x}}$ 处关于区域 X 的**可行下降方向**.

现在给出用基本迭代格式(3.1.5)求解 MP 问题的一般步骤:

第 1 步　选取初始点 $\boldsymbol{x}^0$，$k:=0$；

第 2 步　构造搜索方向 $\boldsymbol{p}^k$；

第 3 步　根据 $\boldsymbol{p}^k$，确定步长 t_k；

第 4 步　令 $\boldsymbol{x}^{k+1}=\boldsymbol{x}^k+t_k\boldsymbol{p}^k$. 若 $\boldsymbol{x}^{k+1}$ 已满足某种终止条件，停止迭代，输出近似最优解 $\boldsymbol{x}^{k+1}$. 否则令 $k:=k+1$，转回第 2 步.

上述过程不是一个算法，而是一个算法模型. 对该内容赋予具体程序，就可得到一个具体算法. 对无约束优化问题，一般要求搜索方向 $\boldsymbol{p}^k$ 是下降方向；对约束优化问题，一般要求 $\boldsymbol{p}^k$ 是可行下降方向.

在非线性规划中，对同一类 MP 问题已发展了多种算法. 评价和比较这些算法，一般我们有两方面的准则：从理论上能够证明一个算法是收敛的且具有好的收敛速度；从实际计算的数值经验上看，可靠性强且效率高. 所谓算法的可靠性，是指一个算法以合理精度求解一类问题中大多数问题的能力. 目前，有一些专门设计为鉴别算法用的各具特点的题目作为试验题，从实际求解这些世界公认的试验题的成功情况，可以得到算法可靠性的经验估计. 所谓算法的效率，可以用解题的平均工作量来度量. 工作量的计量有多种指标，如迭代次数、函数和梯度求值次数、CPU（中央处理器）时间等，一般使用多个指标综合加以评价. 当然，也可按照算法复杂性理论（在第 1 章 §1.8 中有简介）估计在最坏情况下算法所需要的基本运算次数的上界，来比较评价一些算法.

§3.2　凸函数和凸规划

求解 MP 问题的算法虽多，但一般求出的仅是 MP 问题的局部最优解，而我们的目的是求问题的整体最优解，这就产生了矛盾. 为解决这个矛盾，一般从两个方面着手：(1) 寻求整体极值的计算方法；(2) 从理论上确定在哪些情况下，求出的局部极值一定是问题的整体极值. 对前者，到目前为止工作很有限，而对后者，已经证明了对 MP 问题的一种特殊类型——凸规划问题来说，局部最优解一定是整体最优解（对求极小问题而言）.

本节我们在 §1.2 已定义了凸集的基础上，先介绍凸函数的概念及其性质，然后给出凸规划的定义及其性质.

1. 凸函数及其性质

定义 3.2.1　设 $S\subset\mathbf{R}^n$ 是非空凸集，$f:S\to\mathbf{R}^1$，如果对任意的 $\alpha\in(0,1)$ 有

$$f(\alpha\boldsymbol{x}^1+(1-\alpha)\boldsymbol{x}^2)\leqslant\alpha f(\boldsymbol{x}^1)+(1-\alpha)f(\boldsymbol{x}^2),\quad\forall\boldsymbol{x}^1,\boldsymbol{x}^2\in S$$

那么称 f 是 S 上的**凸函数**，或 f 在 S 上是**凸的**. 如果对于任意的 $\alpha\in(0,1)$，有

$$f(\alpha\boldsymbol{x}^1+(1-\alpha)\boldsymbol{x}^2)<\alpha f(\boldsymbol{x}^1)+(1-\alpha)f(\boldsymbol{x}^2),\ \forall\boldsymbol{x}^1,\boldsymbol{x}^2\in S,\ \boldsymbol{x}^1\neq\boldsymbol{x}^2$$

则称 f 是 S 上的**严格凸函数**，或 f 在 S 上是**严格凸的**. 若 $-f$ 是 S 上的（严格）凸函数，则称 f 是 S 上的（严格）**凹函数**，或 f 在 S 上是（严格）**凹的**.

当 $n=1$ 时,凸函数和凹函数的图像如图 3.2.1 所示.对凸(凹)函数来说,任意两点间的曲线段总在弦线的下(上)方.

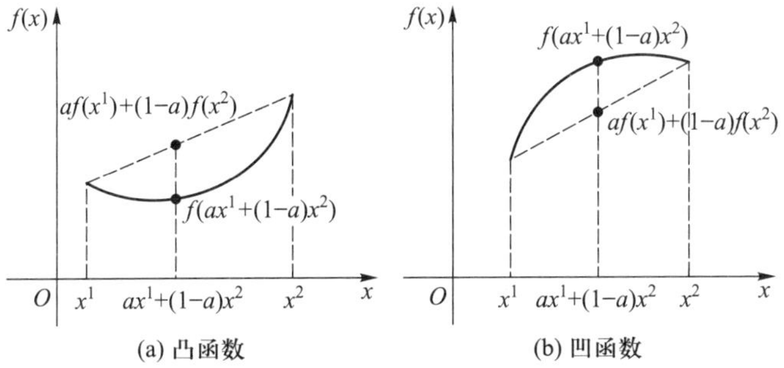

图 3.2.1

例 3.2.1　线性函数 $f(\boldsymbol{x})=\boldsymbol{\alpha}^{\mathrm{T}}\boldsymbol{x}+\beta$,其中 $\boldsymbol{\alpha},\boldsymbol{x}\in\mathbf{R}^n$,$\beta\in\mathbf{R}^1$,在 $\mathbf{R}^n$ 上既是凸函数也是凹函数.

对于 $\boldsymbol{x}\in\mathbf{R}^n$,函数 $f(\boldsymbol{x})=\|\boldsymbol{x}\|$($\|\boldsymbol{x}\|$ 表示向量 $\boldsymbol{x}$ 的模)是 $\mathbf{R}^n$ 上的凸函数.事实上,$\forall\,\boldsymbol{x}^1,\boldsymbol{x}^2\in\mathbf{R}^n$,$\forall\,\alpha\in(0,1)$,有

$$\begin{aligned}f(\alpha\boldsymbol{x}^1+(1-\alpha)\boldsymbol{x}^2)&=\|\alpha\boldsymbol{x}^1+(1-\alpha)\boldsymbol{x}^2\|\leqslant\|\alpha\boldsymbol{x}^1\|+\|(1-\alpha)\boldsymbol{x}^2\|\\&=\alpha\|\boldsymbol{x}^1\|+(1-\alpha)\|\boldsymbol{x}^2\|=\alpha f(\boldsymbol{x}^1)+(1-\alpha)f(\boldsymbol{x}^2)\end{aligned}$$

根据凸函数的定义,易证凸函数有如下的基本运算性质.

定理 3.2.1　设 $S\subset\mathbf{R}^n$ 是非空凸集.

(1) 若 $f:\mathbf{R}^n\to\mathbf{R}^1$ 是 S 上的凸函数,$\alpha\geqslant0$,则 αf 是 S 上的凸函数;

(2) 若 $f_1,f_2:\mathbf{R}^n\to\mathbf{R}^1$ 都是 S 上的凸函数,则 f_1+f_2 是 S 上的凸函数.

注意,两个凸函数的乘积不一定是凸函数.

下面的定理建立了凸集与凸函数的关系.

定理 3.2.2　设 $S\subset\mathbf{R}^n$ 是非空凸集,$f:S\to\mathbf{R}^1$ 是凸函数,$c\in\mathbf{R}^1$,则集合

$$H_S(f,c)=\{\boldsymbol{x}\in S\,|\,f(\boldsymbol{x})\leqslant c\}$$

是凸集.

证　任取 $\boldsymbol{x}^1,\boldsymbol{x}^2\in H_S(f,c)$,则有 $\boldsymbol{x}^1\in S,\boldsymbol{x}^2\in S$ 以及

$$f(\boldsymbol{x}^1)\leqslant c,\ f(\boldsymbol{x}^2)\leqslant c$$

任取 $\alpha\in(0,1)$,因为 S 是凸集,所以有

$$\alpha\boldsymbol{x}^1+(1-\alpha)\boldsymbol{x}^2\in S$$

由于 f 是 S 上的凸函数,由定义 3.2.1 知

$$f(\alpha\boldsymbol{x}^1+(1-\alpha)\boldsymbol{x}^2)\leqslant\alpha f(\boldsymbol{x}^1)+(1-\alpha)f(\boldsymbol{x}^2)\leqslant\alpha c+(1-\alpha)c=c$$

由集合 $H_S(f,c)$ 的定义知

$$\alpha\boldsymbol{x}^1+(1-\alpha)\boldsymbol{x}^2\in H_S(f,c)$$

根据凸集的定义,定理得证. ▌

一般来说,上述定理的逆定理并不成立.我们称集合 $H_S(f,c)$ 为函数 f 在集合 S 上

关于数 c 的**水平集**.

现在我们研究如何判断一个函数是凸函数.当然可以按定义直接判别,但对于可微函数,可按下述法则判别.

定理 3.2.3　设 $S\subset\mathbf{R}^n$ 是非空开凸集,$f:S\to\mathbf{R}^1$ 可微,则

(1) f 是 S 上的凸函数的充要条件是

$$(\nabla f(\boldsymbol{x}^1))^{\mathrm{T}}(\boldsymbol{x}^2-\boldsymbol{x}^1)\leqslant f(\boldsymbol{x}^2)-f(\boldsymbol{x}^1),\quad \forall\,\boldsymbol{x}^1,\boldsymbol{x}^2\in S \tag{3.2.1}$$

其中 $\nabla f(\boldsymbol{x}^1)=\left(\dfrac{\partial f(\boldsymbol{x}^1)}{\partial x_1},\cdots,\dfrac{\partial f(\boldsymbol{x}^1)}{\partial x_n}\right)^{\mathrm{T}}$ 是函数 f 在点 $\boldsymbol{x}^1$ 处的一阶导数或梯度.

(2) f 是 S 上的严格凸函数的充要条件是

$$(\nabla f(\boldsymbol{x}^1))^{\mathrm{T}}(\boldsymbol{x}^2-\boldsymbol{x}^1)<f(\boldsymbol{x}^2)-f(\boldsymbol{x}^1),\quad \forall\,\boldsymbol{x}^1,\boldsymbol{x}^2\in S,\boldsymbol{x}^1\neq\boldsymbol{x}^2 \tag{3.2.2}$$

证　(1) 必要性.设 f 是 S 上的凸函数,根据凸函数的定义,对任意的 $\alpha\in(0,1)$ 有

$$f(\alpha\boldsymbol{x}^2+(1-\alpha)\boldsymbol{x}^1)\leqslant\alpha f(\boldsymbol{x}^2)+(1-\alpha)f(\boldsymbol{x}^1),\quad \forall\,\boldsymbol{x}^1,\boldsymbol{x}^2\in S$$

故

$$\frac{f(\boldsymbol{x}^1+\alpha(\boldsymbol{x}^2-\boldsymbol{x}^1))-f(\boldsymbol{x}^1)}{\alpha}\leqslant f(\boldsymbol{x}^2)-f(\boldsymbol{x}^1) \tag{3.2.3}$$

由多元函数的 Taylor(泰勒)展开式可知

$$\begin{aligned}&f(\boldsymbol{x}^1+\alpha(\boldsymbol{x}^2-\boldsymbol{x}^1))-f(\boldsymbol{x}^1)\\&=\alpha(\nabla f(\boldsymbol{x}^1))^{\mathrm{T}}(\boldsymbol{x}^2-\boldsymbol{x}^1)+o(\|\alpha(\boldsymbol{x}^2-\boldsymbol{x}^1)\|)\end{aligned}$$

将其代入(3.2.3)式有

$$(\nabla f(\boldsymbol{x}^1))^{\mathrm{T}}(\boldsymbol{x}^2-\boldsymbol{x}^1)+\frac{o(\|\alpha(\boldsymbol{x}^2-\boldsymbol{x}^1)\|)}{\alpha}\leqslant f(\boldsymbol{x}^2)-f(\boldsymbol{x}^1)$$

令 $\alpha\to0^+$,便得到

$$(\nabla f(\boldsymbol{x}^1))^{\mathrm{T}}(\boldsymbol{x}^2-\boldsymbol{x}^1)\leqslant f(\boldsymbol{x}^2)-f(\boldsymbol{x}^1)$$

充分性.设

$$(\nabla f(\boldsymbol{x}^1))^{\mathrm{T}}(\boldsymbol{x}^2-\boldsymbol{x}^1)\leqslant f(\boldsymbol{x}^2)-f(\boldsymbol{x}^1),\quad \forall\,\boldsymbol{x}^1,\boldsymbol{x}^2\in S$$

对任意的 $\alpha\in(0,1)$,取 $\boldsymbol{x}=\alpha\boldsymbol{x}^1+(1-\alpha)\boldsymbol{x}^2$,则因 S 是凸的,故 $\boldsymbol{x}\in S$.由(3.2.1)可知,对 $\boldsymbol{x}^1,\boldsymbol{x}\in S$ 和 $\boldsymbol{x}^2,\boldsymbol{x}\in S$,分别有

$$f(\boldsymbol{x})+(\nabla f(\boldsymbol{x}))^{\mathrm{T}}(\boldsymbol{x}^1-\boldsymbol{x})\leqslant f(\boldsymbol{x}^1),\quad \forall\,\boldsymbol{x}^1\in S \tag{3.2.4}$$

和

$$f(\boldsymbol{x})+(\nabla f(\boldsymbol{x}))^{\mathrm{T}}(\boldsymbol{x}^2-\boldsymbol{x})\leqslant f(\boldsymbol{x}^2),\quad \forall\,\boldsymbol{x}^2\in S \tag{3.2.5}$$

将(3.2.4)式乘 α,(3.2.5)式乘 $(1-\alpha)$,两式相加得到

$$\begin{aligned}f(\alpha\boldsymbol{x}^1+(1-\alpha)\boldsymbol{x}^2)=f(\boldsymbol{x})&=f(\boldsymbol{x})+(\nabla f(\boldsymbol{x}))^{\mathrm{T}}(\alpha\boldsymbol{x}^1+(1-\alpha)\boldsymbol{x}^2-\boldsymbol{x})\\&\leqslant\alpha f(\boldsymbol{x}^1)+(1-\alpha)f(\boldsymbol{x}^2),\quad \forall\,\boldsymbol{x}^1,\boldsymbol{x}^2\in S\end{aligned}$$

因为上式对于任意的 $\alpha\in(0,1)$ 成立,由定义 3.2.1 知,f 是凸函数.

(2) 证明与(1)类似.　▌

当 $n=1$ 时,定理 3.2.3 的几何意义是明显的:一个可微函数为凸函数的充要条件是函数图形上任一点处的切线不在曲线的上方,如图 3.2.2 所示.

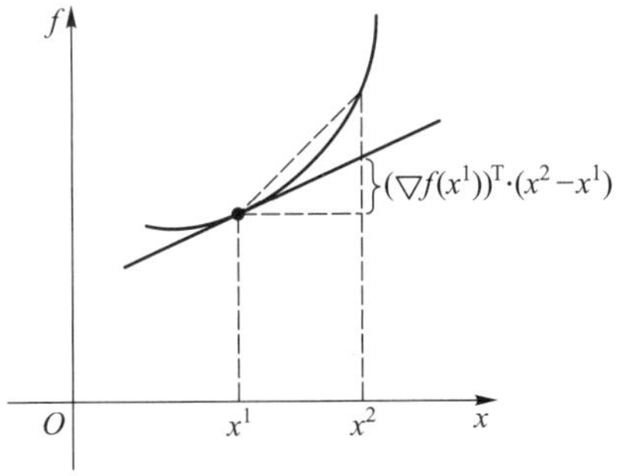

图 3.2.2

对于二阶连续可导函数,有下面的判别定理.

定理 3.2.4 设 $S\subset\mathbf{R}^n$ 是非空开凸集,$f:S\to\mathbf{R}^1$ 二阶连续可导,则 f 为 S 上的凸函数的充要条件是,f 的 Hessian 矩阵 $\nabla^2 f(\boldsymbol{x})$ 在 S 上是半正定的.

当 $\nabla^2 f(\boldsymbol{x})$ 在 S 上是正定矩阵时,f 是 S 上的严格凸函数.(注意,该命题的逆命题不成立.)

一个函数 $f:\mathbf{R}^n\to\mathbf{R}^1$ 在一点 $\bar{\boldsymbol{x}}\in\mathbf{R}^n$ 处的 Hessian **矩阵**的定义是

$$\nabla^2 f(\bar{\boldsymbol{x}})=\begin{pmatrix}\dfrac{\partial^2 f(\bar{\boldsymbol{x}})}{\partial x_1^2} & \dfrac{\partial^2 f(\bar{\boldsymbol{x}})}{\partial x_1\partial x_2} & \cdots & \dfrac{\partial^2 f(\bar{\boldsymbol{x}})}{\partial x_1\partial x_n}\\ \dfrac{\partial^2 f(\bar{\boldsymbol{x}})}{\partial x_2\partial x_1} & \dfrac{\partial^2 f(\bar{\boldsymbol{x}})}{\partial x_2^2} & \cdots & \dfrac{\partial^2 f(\bar{\boldsymbol{x}})}{\partial x_2\partial x_n}\\ \vdots & & & \vdots\\ \dfrac{\partial^2 f(\bar{\boldsymbol{x}})}{\partial x_n\partial x_1} & \dfrac{\partial^2 f(\bar{\boldsymbol{x}})}{\partial x_n\partial x_2} & \cdots & \dfrac{\partial^2 f(\bar{\boldsymbol{x}})}{\partial x_n^2}\end{pmatrix}$$

在数学分析中已知,当 f 在点 $\bar{\boldsymbol{x}}$ 处的所有二阶偏导数都连续时有

$$\frac{\partial^2 f(\bar{\boldsymbol{x}})}{\partial x_i\partial x_j}=\frac{\partial^2 f(\bar{\boldsymbol{x}})}{\partial x_j\partial x_i},\quad i,j=1,\cdots,n$$

此时 $\nabla^2 f(\bar{\boldsymbol{x}})$ 是一个 n 阶对称矩阵.$\nabla^2 f(\boldsymbol{x})$ 在 S 上半正定(正定)的含义是对任意取定的 $\boldsymbol{x}\in S$,$\nabla^2 f(\boldsymbol{x})$ 是一个半正定(正定)矩阵.

(证明略.)

例 3.2.2 设 $f(\boldsymbol{x})=\dfrac{1}{2}\boldsymbol{x}^{\mathrm T}\boldsymbol{A}\boldsymbol{x}+\boldsymbol{b}^{\mathrm T}\boldsymbol{x}+c$,其中 $\boldsymbol{x}\in\mathbf{R}^n$,$\boldsymbol{A}$ 是一个 n 阶正定矩阵,$\boldsymbol{b}\in\mathbf{R}^n$,$c\in\mathbf{R}^1$,验证 $f(\boldsymbol{x})$ 是 $\mathbf{R}^n$ 上的凸函数.称它为二次凸函数.

证 设 $\boldsymbol{A}=(a_{ij})_{n\times n}$,$\boldsymbol{b}=(b_1,\cdots,b_n)^{\mathrm T}$,此时

$$f(\boldsymbol{x})=\frac{1}{2}\sum_{i=1}^{n}\sum_{j=1}^{n}a_{ij}x_ix_j+\sum_{i=1}^{n}b_ix_i+c$$

将它对各变量 x_i 求偏导数,有

$$\frac{\partial f}{\partial x_i}=\sum_{j=1}^{n}a_{ij}x_j+b_i,\quad i=1,\cdots,n$$

它的各二阶偏导数为

$$\frac{\partial^2 f}{\partial x_i \partial x_j}=a_{ij},\ i,j=1,\cdots,n$$

因而函数 $f(\boldsymbol{x})$ 的梯度向量为

$$\begin{aligned}\nabla f(\boldsymbol{x})&=\left(\frac{\partial f}{\partial x_1},\cdots,\frac{\partial f}{\partial x_n}\right)^{\mathrm{T}}=\left(\sum_{j=1}^{n}a_{1j}x_j+b_1,\cdots,\ \sum_{j=1}^{n}a_{nj}x_j+b_n\right)^{\mathrm{T}}\\&=\left(\sum_{j=1}^{n}a_{1j}x_j,\cdots,\ \sum_{j=1}^{n}a_{nj}x_j\right)^{\mathrm{T}}+(b_1,\cdots,b_n)^{\mathrm{T}}\end{aligned}$$

或记为

$$\nabla f(\boldsymbol{x})=\boldsymbol{A}\boldsymbol{x}+\boldsymbol{b}$$

$f(\boldsymbol{x})$ 的 Hessian 矩阵为

$$\nabla^2 f(\boldsymbol{x})=\begin{pmatrix}a_{11} & a_{12} & \cdots & a_{1n}\\ a_{21} & a_{22} & \cdots & a_{2n}\\ \vdots & \vdots & & \vdots\\ a_{n1} & a_{n2} & \cdots & a_{nn}\end{pmatrix}=\boldsymbol{A}$$

由于 $\boldsymbol{A}$ 是一正定矩阵，故 $f(\boldsymbol{x})$ 在 $\mathbf{R}^n$ 上是严格凸函数.

2. 凸规划及其性质

给定一个非线性规划问题

$$(\mathrm{MP})\quad\begin{cases}\min & f(\boldsymbol{x})\\ \text{s.t.} & g_i(\boldsymbol{x})\leqslant 0,\ i=1,\cdots,p\\ & h_j(\boldsymbol{x})=0,\ j=1,\cdots,q\end{cases}$$

记(MP)的约束集为

$$X=\left\{\boldsymbol{x}\in\mathbf{R}^n\ \middle|\ \begin{array}{l}g_i(\boldsymbol{x})\leqslant 0,\ i=1,\cdots,p\\ h_j(\boldsymbol{x})=0,\ j=1,\cdots,q\end{array}\right\}$$

如果(MP)的约束集 X 是凸集，目标函数 f 是 X 上的凸函数，那么(MP)称为**非线性凸规划**，简称为**凸规划**.

下面的定理给出用目标函数和约束函数来描述凸规划的条件.

定理 3.2.5　对于非线性规划(MP)，若 $g_i(\boldsymbol{x})$ $(i=1,\cdots,p)$ 皆为 $\mathbf{R}^n$ 上的凸函数，$h_j(\boldsymbol{x})$ $(j=1,\cdots,q)$ 皆为线性函数，并且 f 是 X 上的凸函数，则(MP)是凸规划.

证　记

$$S_1=\{\boldsymbol{x}\in\mathbf{R}^n \mid g_i(\boldsymbol{x})\leqslant 0,\ i=1,\cdots,p\}$$
$$S_2=\{\boldsymbol{x}\in\mathbf{R}^n \mid h_j(\boldsymbol{x})=0,\ j=1,\cdots,q\}$$

则有 $X=S_1\cap S_2$.因为各 $g_i(\boldsymbol{x})$ 是凸函数，由定理 3.2.2 知，各水平集

$$H^i(g_i,0)=\{\boldsymbol{x}\in\mathbf{R}^n \mid g_i(x)\leqslant 0\},\ i=1,\cdots,p$$

是凸集.又由定理 1.2.2 知

$$S_1=\bigcap_{i=1}^{p}H^i(g_i,0)$$

是凸集.容易验证，S_2 也是凸集，因而 $X=S_1\cap S_2$ 是凸集.又因为 f 是 X 上的凸函数，所以(MP)是凸规划.　▌

凸规划的最优解具有以下的重要性质.

定理 3.2.6 凸规划的任一局部最优解都是它的整体最优解.

证 设 $\boldsymbol{x}^*$ 是凸规划(MP)的一个局部最优解,由定义 3.1.2 知,存在 $\boldsymbol{x}^*$ 的邻域 $N_\delta(\boldsymbol{x}^*)$,使

$$f(\boldsymbol{x}^*)\leqslant f(\boldsymbol{x}),\quad \forall \boldsymbol{x}\in X\cap N_\delta(\boldsymbol{x}^*) \tag{3.2.6}$$

若 $\boldsymbol{x}^*$ 不是(MP)的整体最优解,由定义 3.1.1 知,存在 $\bar{\boldsymbol{x}}\in X$,使

$$f(\bar{\boldsymbol{x}})<f(\boldsymbol{x}^*)$$

又因为 f 是凸函数,所以有

$$\begin{aligned} f(\alpha\bar{\boldsymbol{x}}+(1-\alpha)\boldsymbol{x}^*) &\leqslant \alpha f(\bar{\boldsymbol{x}})+(1-\alpha)f(\boldsymbol{x}^*)\\ &<\alpha f(\boldsymbol{x}^*)+(1-\alpha)f(\boldsymbol{x}^*)=f(\boldsymbol{x}^*) \end{aligned} \tag{3.2.7}$$

显然,当 $\alpha>0$ 充分小时,有

$$\alpha\bar{\boldsymbol{x}}+(1-\alpha)\boldsymbol{x}^*\in X\cap N_\delta(\boldsymbol{x}^*)$$

此时(3.2.6)式与(3.2.7)式相矛盾. ▌

由此可见,对于凸规划问题,一旦求得了它的一个局部最优解,实际上就得到了它的整体最优解.

例 3.2.3 验证下列 MP 是凸规划:

$$\begin{cases} \min & f(x_1,x_2,x_3)=2x_1^2+x_2^2+2x_3^2+x_1x_3-x_1x_2+x_1+2x_2\\ \text{s.t.} & g_1(x)=x_1^2+x_2^2-x_3\leqslant 0\\ & g_2(x)=x_1+x_2+2x_3\leqslant 16\\ & g_3(x)=-x_1-x_2+x_3\leqslant 0 \end{cases}$$

解 将二次目标函数改写为

$$f(x_1,x_2,x_3)=\frac{1}{2}(x_1,x_2,x_3)\begin{pmatrix}4&-1&1\\-1&2&0\\1&0&4\end{pmatrix}\begin{pmatrix}x_1\\x_2\\x_3\end{pmatrix}+(1,2,0)\begin{pmatrix}x_1\\x_2\\x_3\end{pmatrix}$$

由例 3.2.2 知,f 的 Hessian 矩阵为

$$\nabla^2 f(\boldsymbol{x})=\begin{pmatrix}4&-1&1\\-1&2&0\\1&0&4\end{pmatrix}$$

$\nabla^2 f(\boldsymbol{x})$ 的一、二、三阶顺序主子式分别为

$$4>0,\quad \begin{vmatrix}4&-1\\-1&2\end{vmatrix}=7>0,\quad \begin{vmatrix}4&-1&1\\-1&2&0\\1&0&4\end{vmatrix}=26>0$$

因而 $\nabla^2 f(\boldsymbol{x})$ 为一正定矩阵,f 是严格凸函数.

而 $\nabla^2 g_1(\boldsymbol{x})=\begin{pmatrix}2&0&0\\0&2&0\\0&0&0\end{pmatrix}$. 显然它是一个半正定矩阵,因而 $g_1(x)$ 是凸函数,其他的不等式约束均为线性的.由定理 3.2.5 知,该非线性规划是一个凸规划.

§3.3　一维搜索方法

一维搜索问题又称为线性搜索问题，它是指目标函数为单变量的非线性规划问题，其数学模型为

$$\min_{\substack{t\geqslant 0 \\ (0\leqslant t\leqslant t_{\max})}} \varphi(t) \tag{3.3.1}$$

其中 $t\in \mathbf{R}^1$.对 t 的取值为 $t\geqslant 0$ 的问题(3.3.1)称为**一维搜索问题**.当 t 取值为$0\leqslant t\leqslant t_{\max}$时，问题(3.3.1)称为**有效一维搜索问题**.

按照求解问题(3.3.1)的不同原则，算法分为两大类：精确一维搜索或最优一维搜索，及非精确一维搜索或可接受一维搜索.

本节介绍两种精确一维搜索方法：不用导数的 0.618 法和使用导数的 Newton 法.对于非精确一维搜索方法，可参见文献[1].

1. 0.618 法(近似黄金分割法)

本方法是寻求单谷函数极小点的一种方法，因此先给出单谷函数的定义.

如果存在一个 $t^*\in[a,b]$，使得 $\varphi(t)$在$[a,t^*]$上严格递减，且在$[t^*,b]$上严格递增，函数 $\varphi(t)$称为在$[a,b]$上是**单谷的**，区间$[a,b]$称为 $\varphi(t)$的**单谷区间**.

由单谷函数的定义知，t^*是 $\varphi(t)$在$[a,b]$上的唯一的极小点.单谷函数可以是不可微的，甚至是不连续的.

求问题(3.3.1)的大多数方法，都要先设法给出一个区间$[a,b]\subset[0,+\infty)$($[a,b]\subset[0,t_{\max}]$)，使得 $t^*\in[a,b]$，称$[a,b]$为问题(3.3.1)的**搜索区间**.然后通过迭代不断缩小该区间的长度，当区间长度充分小时，可取这个小区间中的一点作为 $\varphi(t)$的一个近似极小点；当 $\varphi(t)$可微时，也可根据这个小区间上导数的绝对值充分小终止迭代.因此，对单谷函数 $\varphi(t)$来说，它的一个单谷区间就是一个搜索区间.一般地，求搜索区间可以凭经验或用加步探索法，见文献[1].

现在给定问题

$$\min_{a\leqslant t\leqslant b} \varphi(t) \tag{3.3.2}$$

其中$[a,b]$是 $\varphi(t)$的单谷区间.我们的目的是通过不断缩小区间$[a,b]$来求 $\varphi(t)$的唯一极小点 t^*的一个近似解.

在$[a,b]$上任意取两点 t_1,t_2.设 $t_1<t_2$，由于 $\varphi(t)$是单谷函数，由其定义可知

若 $\varphi(t_1)\leqslant\varphi(t_2)$，则 $t^*\in[a,t_2]$；

若 $\varphi(t_1)\geqslant\varphi(t_2)$，则 $t^*\in[t_1,b]$.

因此，通过比较 $\varphi(t_1)$与 $\varphi(t_2)$的大小，可将搜索区间$[a,b]$缩小为$[a,t_2]$或$[t_1,b]$，继续计算函数 $\varphi(t)$在一些点(这些点称为**探索点**)上的值，可以使搜索区间的长度达到任意小.方法的有效性依赖于如何选取探索点.因为在缩小区间后总有一个已

计算过的探索点落在该区间内，它可以作为下一次迭代的探索点之一.因此，除第一次迭代要计算两个探索点的函数值外，以后各次迭代都只需计算一个函数值，故 $n-1$ 次迭代共计算 n 个探索点的函数值.

现在我们分析如何选取探索点.首先，我们事先并不知道缩小后的搜索区间是$[a,t_2]$还是$[t_1,b]$.因此使二者长度相等，即有

$$t_2-a=b-t_1$$

令

$$\omega=\frac{t_2-a}{b-a}=\frac{b-t_1}{b-a} \tag{3.3.3}$$

它表示搜索区间缩小的比，则有

$$\left.\begin{aligned} t_1&=a+(1-\omega)(b-a)\\ t_2&=a+\omega(b-a)\end{aligned}\right\} \tag{3.3.4}$$

我们希望在下一次迭代中，区间仍缩小相同的比例 ω，是否可能呢？不妨设新的搜索区间为$[a,t_2]$，并且其中已有一点 t_1 已计算过函数值.在新一轮迭代中，我们取两个探索点 $t_1'<t_2'$，要求其中的一点即是 t_1，并且满足

$$\frac{t_2'-a}{t_2-a}=\frac{t_2-t_1'}{t_2-a}=\omega$$

由(3.3.3)式，得

$$t_2'-a=\omega^2(b-a),\quad t_2-t_1'=\omega^2(b-a)$$

若令 $t_1'=t_1$，则由 $t_2-t_1=\omega^2(b-a)$ 以及(3.3.4)式推出

$$\omega^2=2\omega-1$$

或写为

$$\omega^2-2\omega+1=0$$

这个二次方程的根是 $\omega=1$，显然这是不可能的，因为由(3.3.3)式知，应有 $0<\omega<1$.现令 $t_2'=t_1$，则由 $t_1-a=\omega^2(b-a)$ 及(3.3.4)式得到

$$\omega^2=1-\omega \quad 或 \quad \omega^2+\omega-1=0 \tag{3.3.5}$$

因 $\omega>0$，故二次方程(3.3.5)的根为

$$\omega=\frac{\sqrt{5}-1}{2}\approx 0.618$$

对搜索区间为$[t_1,b]$的情况，可以同样讨论，这时应取 $t_1'=t_2$，而取 t_2'为新的探索点.

称 $\omega=\dfrac{\sqrt{5}-1}{2}$为黄金分割数，通常采用 0.618 作为 ω 的近似值，因此我们将这种方法称为 0.618 法或近似黄金分割法.

解问题(3.3.2)的 0.618 法步骤：

第 1 步　确定单谷区间$[a,b]$，给定最后区间精度 $\varepsilon>0$.

第 2 步　计算最初两个探索点

$$\left.\begin{aligned} t_1&=a+0.382(b-a)=b-0.618(b-a)\\ t_2&=a+0.618(b-a)\end{aligned}\right\} \tag{3.3.6}$$

并计算 $\varphi_1=\varphi(t_1)$，$\varphi_2=\varphi(t_2)$.

第 3 步　若 $\varphi_1\leqslant\varphi_2$，转第 4 步，否则转第 5 步.

第 4 步　若 $t_2-a\leqslant\varepsilon$，停止迭代，输出 t_1；否则令 $b:=t_2$，$t_2:=t_1$，$t_1:=b-0.618(b-a)$，$\varphi_2:=\varphi_1$，计算 $\varphi_1=\varphi(t_1)$，转第 3 步.

第 5 步　若 $b-t_1\leqslant\varepsilon$，停止迭代，输出 t_2；否则令 $a:=t_1$，$t_1:=t_2$，$t_2:=a+0.618(b-a)$，$\varphi_1:=\varphi_2$，计算 $\varphi_2=\varphi(t_2)$，转第 3 步.

例 3.3.1　用 0.618 法求解

$$\min_{t\geqslant 0}\varphi(t)=t^3-2t+1$$

$\varphi(t)$的单谷区间为$[0,3]$，$\varepsilon=0.5$.

解　第 1 轮迭代. 按(3.3.6)式有

$$t_1=0+0.382(3-0)=1.146$$

$$t_2=0+0.618(3-0)=1.854$$

求得 $\varphi_1=\varphi(t_1)=0.2131$，$\varphi_2=\varphi(t_2)=3.6648$. 因为 $\varphi_1<\varphi_2$，$t_2-a=1.854-0>0.5$，令 $b:=t_2=1.854$，$t_2:=t_1=1.146$，$t_1:=1.854-0.618(1.854-0)=0.708$，$\varphi_2:=\varphi_1=0.2131$，计算 $\varphi_1=\varphi(0.708)=-0.0611$.

第 2 轮迭代. 因为 $\varphi_1<\varphi_2$，$t_2-a=1.146>0.5$，令 $b:=t_2=1.146$，$t_2:=t_1=0.708$，$t_1:=1.146-0.618(1.146-0)=0.438$，$\varphi_2:=\varphi_1=-0.0611$，计算 $\varphi_1=\varphi(0.438)=0.2080$.

第 3 轮迭代. 因为 $\varphi_1>\varphi_2$，$b-t_1=0.708>0.5$，令 $a:=t_1=0.438$，$t_1:=t_2=0.708$，$t_2:=0.438+0.618(1.146-0.438)=0.876$，$\varphi_1:=\varphi_2=-0.0611$，计算 $\varphi_2=\varphi(0.876)=-0.0798$.

第 4 轮迭代. 因为 $\varphi_1>\varphi_2$，由于 $b-t_1=1.146-0.708=0.438<0.5$，停止迭代，输出近似最优解 $t_2=0.876$.

用求导的方法可知该问题的精确最优解为 $t^*=\sqrt{\dfrac{2}{3}}\approx 0.8165$.

以上迭代过程也可以简便地用下表给出：

	0	1	2	3	4
a	0	0	0	0.438	0.708
b	3	1.854	1.146	1.146	1.146
t_1	1.146	0.708	0.438	0.708	
t_2	1.854	1.146	0.708	0.876	
φ_1	0.2131	−0.0611	0.2080	−0.0611	
	∧	∧	∨	∨	
φ_2	3.6648	0.2131	−0.0611	−0.0798	
换 a			✓	✓	
换 b	✓	✓			

从第 4 轮迭代开始有 $b-a=1.146-0.708<0.5$,此时区间长度已小于给定的 ε.

在 0.618 法中每次迭代搜索区间按常比例 ω 缩小,所以要使给定的单谷区间减少到所要求的精度 ε,需要的迭代次数是可以预估的.另外,若每次迭代按不同比例缩小搜索区间,但仍要求每次迭代只计算一个函数值,且希望在探索点个数相同的情况下(即同样的迭代次数下),使最终的搜索区间的长度最小.按此要求设计的方法就是 Fibonacci 法(参见文献[1]).从理论上说,Fibonacci 法比0.618法好,但由于 0.618 法实现比较简单,所以在实践中更为有用.

0.618 法和 Fibonacci 法全部依靠函数单谷性的假设.在许多问题中,这一假设不成立或者难以验证.解决这一困难的方法,尤其当初始搜索区间很大的时候,是将它分成较小的几个子区间,在每个子区间上寻求极小,然后在所有子区间的极小中选取最小的一个.

无论是 0.618 法还是 Fibonacci 法,对于所计算的各个探索点上的函数值(仅仅用来比较其大小,而具体数值(这些非常有用的信息)却没有被利用,因此所得到的算法收敛都较慢.为了充分利用信息量,我们利用**插值法**或称为**多项式逼近法**(参见文献[4]),方法的基本思想是利用几个探索点的函数值或者还有一阶导数的值,产生一个二次或三次多项式来逼近 $\varphi(t)$,然后用这个多项式的极小点作为新的探索点,用来逼近 $\varphi(t)$ 的极小点.这类方法的有关公式我们安排在习题中.当目标函数 $\varphi(t)$ 有较好的解析性质(连续性、可微性)时,插值法比 0.618 法和 Fibonacci 法效果好.但因插值法不保证方法具有收敛性,对“性能差”的目标函数采用 0.618 法将是适宜的.

2. Newton 法

考虑一维搜索问题

$$\min \varphi(t) \tag{3.3.7}$$

其中 $\varphi(t)$ 是二次可微的,且 $\varphi''(t)\neq 0$.

Newton 法的基本思想是:用 $\varphi(t)$ 在探索点 t_k 处的二阶 Taylor 展开式 $g(t)$ 来近似代替 $\varphi(t)$,即有 $\varphi(t)\approx g(t)$,其中

$$g(t)=\varphi(t_k)+\varphi'(t_k)(t-t_k)+\frac{\varphi''(t_k)}{2}(t-t_k)^2$$

然后用 $g(t)$ 的最小点作为新的探索点 t_{k+1}.据此,令

$$g'(t)=\varphi'(t_k)+\varphi''(t_k)(t-t_k)=0$$

求得

$$t_{k+1}=t_k-\frac{\varphi'(t_k)}{\varphi''(t_k)} \tag{3.3.8}$$

开始时给定一个初始点 t_1,然后按公式(3.3.8)进行迭代计算,当 $|\varphi'(t_k)|<\varepsilon$ 时($\varepsilon>0$ 为计算终止误差),则迭代结束,此时 t_k 为 $\varphi(t)$ 的最小点的近似.

求解问题(3.3.7)的 Newton 法步骤:

第 1 步　给定初始点 t_1,$\varepsilon>0$,$k:=1$.

第 2 步　如果 $|\varphi'(t_k)|<\varepsilon$,停止迭代,输出 t_k;否则,当 $\varphi''(t_k)=0$ 时,停止,解题失

败；当 $\varphi''(t_k)\neq 0$ 时，转第 3 步.

第 3 步　计算 $t_{k+1}=t_k-\dfrac{\varphi'(t_k)}{\varphi''(t_k)}$，如果 $|t_{k+1}-t_k|<\varepsilon$，停止迭代，输出 t_{k+1}；否则，$k:=k+1$，转第 2 步.

例 3.3.2　用 Newton 法求函数的最优解：

$$\min\ \varphi(t)=\int_0^t \arctan x\mathrm{d}x$$

解　先求出

$$\varphi'(t)=\arctan t,\quad \varphi''(t)=\frac{1}{1+t^2}$$

取 $t_1=1$，计算结果列于下表：

k	t_k	$\varphi'(t_k)$	$1/\varphi''(t_k)$
1	1	0.785 4	2
2	−0.570 8	−0.518 7	1.325 8
3	0.116 9	0.116 4	1.013 7
4	−0.001 1		

用数学分析的方法，我们可以求得 $\varphi(t)$ 的精确最优解为 $t^*=0$.用 Newton 法迭代三次后得到的 t_4 已经非常接近最优解 t^*.

但是，如果初始点取 $t_1=2$，则有如下结果：

k	t_k	$\varphi'(t_k)$	$1/\varphi''(t_k)$
1	2	1.107 1	5
2	−3.535 7	−1.295 2	13.50
3	13.95		

所得到的点列 $\{t_k\}$ 并不收敛于 $t^*=0$.

从任意初始点开始的 Newton 法产生的点列 $\{t_k\}$，一般来说不一定收敛，即使收敛，其极限点也不一定是 $\varphi(t)$ 的极小点，而只能保证它是 $\varphi(t)$ 的驻点.但是当初始点充分接近 t^* 时，可以证明 Newton 法是收敛的，且收敛速度很快（参见文献[8]）.只有当初始点充分接近最优解时，由该方法产生的点列才收敛于最优解，称该方法具有**局部收敛性**.若对任意的初始点，由方法所产生的点列都收敛于最优解，则称该方法具有**全局收敛性**.因此解问题（3.3.7）的 Newton 法是一个具有局部收敛性的方法.

Newton 法的思想可以直接推广到求多变量函数 $f(x_1,\cdots,x_n)$ 的无约束极值问题，只是代替 $\varphi'(t_k)$ 的是 $\nabla f(\boldsymbol{x}^k)$，代替 $\dfrac{1}{\varphi''(t_k)}$ 的是 $[\nabla^2 f(\boldsymbol{x}^k)]^{-1}$，其中 $\boldsymbol{x}^k=(x_1^k,\cdots,x_n^k)^{\mathrm{T}}$.

§ 3.4 无约束最优化方法

本节我们讨论 n 元函数的**无约束非线性规划问题**

$$(\text{UMP}) \quad \min f(x)$$

的求解方法，其中 $\boldsymbol{x}=(x_1,\cdots,x_n)^{\mathrm{T}}\in\mathbf{R}^n$，$f:\mathbf{R}^n\to\mathbf{R}^1$.这些方法通常称为**无约束最优化方法**.

无约束最优化方法大体上分为两类：解析法与直接法.解析法就是在计算过程中要用到函数 $f(\boldsymbol{x})$ 的一阶导数即梯度 $\nabla f(\boldsymbol{x})$，或其二阶导数即 $f(\boldsymbol{x})$ 的 Hessian 矩阵 $\nabla^2 f(\boldsymbol{x})$ 及其性质的方法.直接法就是在计算过程中仅用函数值的方法 .

本节介绍两种解析法：最速下降法和共轭方向法.希望了解直接法的读者请参见文献[1].

1. 无约束问题的最优性条件

UMP 问题的最优解所要满足的必要条件和充分条件是我们设计算法的依据，为此有以下几个定理.

定理 3.4.1 设 $f:\mathbf{R}^n\to\mathbf{R}^1$ 在点 $\bar{\boldsymbol{x}}\in\mathbf{R}^n$ 处可微.若存在 $\boldsymbol{p}\in\mathbf{R}^n$，使

$$\nabla f(\bar{\boldsymbol{x}})^{\mathrm{T}}\boldsymbol{p}<0$$

则向量 $\boldsymbol{p}$ 是 f 在点 $\bar{\boldsymbol{x}}$ 处的下降方向.

证 因为 f 在点 $\bar{\boldsymbol{x}}$ 处可微，根据 f 在 $\bar{\boldsymbol{x}}$ 处的 Taylor 展开式，对任意的 $t>0$，有

$$f(\bar{\boldsymbol{x}}+t\boldsymbol{p})=f(\bar{\boldsymbol{x}})+t\,\nabla f(\bar{\boldsymbol{x}})^{\mathrm{T}}\boldsymbol{p}+o(\|t\boldsymbol{p}\|) \tag{3.4.1}$$

由于 $(\nabla f(\bar{\boldsymbol{x}}))^{\mathrm{T}}\boldsymbol{p}<0$，$t>0$，故 $t(\nabla f(\bar{\boldsymbol{x}}))^{\mathrm{T}}\boldsymbol{p}<0$.据此，存在 $\delta>0$，对任意的 $t\in(0,\delta)$，有

$$t(\nabla f(\bar{\boldsymbol{x}}))^{\mathrm{T}}\boldsymbol{p}+o(\|t\boldsymbol{p}\|)<0$$

由(3.4.1)式得到

$$f(\bar{\boldsymbol{x}}+t\boldsymbol{p})<f(\bar{\boldsymbol{x}}),\quad \forall\, t\in(0,\delta)$$

根据定义 3.1.3 知，$\boldsymbol{p}$ 是 f 在点 $\bar{\boldsymbol{x}}$ 处的下降方向. ▌

根据定理 3.4.1，用反证法即可得到无约束非线性规划问题的最优解所满足的必要条件.

定理 3.4.2 设 $f:\mathbf{R}^n\to\mathbf{R}^1$ 在点 $\boldsymbol{x}^*\in\mathbf{R}^n$ 处可微.若 $\boldsymbol{x}^*$ 是(UMP)的局部最优解，则

$$\nabla f(\boldsymbol{x}^*)=\mathbf{0}$$

证明留作习题.

在数学分析中我们已经知道，使 $\nabla f(\boldsymbol{x})=0$ 的点 $\boldsymbol{x}$ 为函数 f 的驻点或平稳点.函数 f 的一个驻点可以是极小点，也可以是极大点，甚至也可能既不是极小点也不是极大点，此时称它为函数 f 的鞍点.以上定理告诉我们，$\boldsymbol{x}^*$ 是(UMP)的(局部)最优解的必要条件是：$\boldsymbol{x}^*$ 是其目标函数 f 的驻点.

现给出 UMP 问题的局部最优解的充分条件.

定理 3.4.3　设 $f:\mathbf{R}^n\to\mathbf{R}^1$ 在点 $\boldsymbol{x}^*\in\mathbf{R}^n$ 处的 Hessian 矩阵 $\nabla^2 f(\boldsymbol{x}^*)$ 存在，

$$\nabla f(\boldsymbol{x}^*)=\mathbf{0},\quad 并且 \nabla^2 f(\boldsymbol{x}^*) 正定$$

则 $\boldsymbol{x}^*$ 是(UMP)的严格局部最优解.

(证明略.)

一般而言,(UMP)的目标函数的驻点不一定是(UMP)的最优解.但对于目标函数是凸函数的无约束凸规划(UMP),下面的定理证明了它的目标函数的驻点就是它的整体最优解.

定理 3.4.4　设 $f:\mathbf{R}^n\to\mathbf{R}^1$,$\boldsymbol{x}^*\in\mathbf{R}^n$,$f$ 是 $\mathbf{R}^n$ 上的可微凸函数.若有

$$\nabla f(\boldsymbol{x}^*)=\mathbf{0}$$

则 $\boldsymbol{x}^*$ 是(UMP)的整体最优解.

证　因为 f 是 $\mathbf{R}^n$ 上的可微凸函数,由定理 3.2.3 知

$$\nabla f(\boldsymbol{x}^*)^{\mathrm{T}}(\boldsymbol{x}-\boldsymbol{x}^*)\leqslant f(\boldsymbol{x})-f(\boldsymbol{x}^*),\quad \forall \boldsymbol{x}\in\mathbf{R}^n$$

由于 $\nabla f(\boldsymbol{x}^*)=\mathbf{0}$,故

$$f(\boldsymbol{x}^*)\leqslant f(\boldsymbol{x}),\quad \forall \boldsymbol{x}\in\mathbf{R}^n$$

由此 $\boldsymbol{x}^*$ 是(UMP)的整体最优解. ▎

例 3.4.1　求无约束非线性规划问题

$$\min f(x_1,x_2,x_3)=x_1^2+4x_2^2+x_3^2-2x_1$$

的最优解.

解　目标函数的梯度向量为

$$\nabla f(\boldsymbol{x})=(2x_1-2,8x_2,2x_3)^{\mathrm{T}}$$

令 $\nabla f(\boldsymbol{x})=\mathbf{0}$,求得 f 的驻点是 $\boldsymbol{x}^*=(1,0,0)^{\mathrm{T}}$.目标函数 f 的 Hessian 矩阵为

$$\nabla^2 f(\boldsymbol{x})=\begin{pmatrix}2&0&0\\0&8&0\\0&0&2\end{pmatrix}$$

对任意的 $\boldsymbol{x}\in\mathbf{R}^n$,$\nabla^2 f(\boldsymbol{x})$ 为一正定矩阵,因此 f 是 $\mathbf{R}^n$ 上的凸函数,由定理 3.4.4 知,$\boldsymbol{x}^*=(1,0,0)^{\mathrm{T}}$ 为问题的整体最优解.

2. 最速下降法

最速下降法又称为梯度法,是 1847 年由著名数学家 Cauchy 给出的.它是解析法中最古老的一种,其他解析法或是它的变形,或是受它的启发而得到的,因此它是最优化方法的基础.

设 UMP 问题中的目标函数 $f:\mathbf{R}^n\to\mathbf{R}^1$ 一阶连续可微.

最速下降法的基本思想是:从当前点 $\boldsymbol{x}^k$ 出发,取函数 $f(\boldsymbol{x})$ 在点 $\boldsymbol{x}^k$ 处下降最快的方向作为搜索方向 $\boldsymbol{p}^k$.什么方向是使 $f(\boldsymbol{x})$ 下降最快的呢? 回答是容易的.因为由 $f(\boldsymbol{x})$ 的 Taylor 展开式知

$$f(\boldsymbol{x}^k)-f(\boldsymbol{x}^k+t\boldsymbol{p}^k)=-t(\nabla f(\boldsymbol{x}^k))^{\mathrm{T}}\boldsymbol{p}^k+o(\|t\boldsymbol{p}^k\|)$$

略去 t 的高阶无穷小项不计,可见取 $\boldsymbol{p}^k=-\nabla f(\boldsymbol{x}^k)$ 时,函数值下降得最多.于是,我们可

以构造出最速下降法的迭代步骤.

求解 UMP 问题的最速下降法步骤:

第 1 步　选取初始点 $\boldsymbol{x}^0$,给定终止误差 $\varepsilon>0$,令 $k:=0$;

第 2 步　计算 $\nabla f(\boldsymbol{x}^k)$,若 $\|\nabla f(\boldsymbol{x}^k)\|\leqslant\varepsilon$,停止迭代,输出 $\boldsymbol{x}^k$;否则进行第 3 步;

第 3 步　取 $\boldsymbol{p}^k=-\nabla f(\boldsymbol{x}^k)$;

第 4 步　进行一维搜索,求 t_k,使得

$$f(\boldsymbol{x}^k+t_k\boldsymbol{p}^k)=\min_{t\geqslant 0}f(\boldsymbol{x}^k+t\boldsymbol{p}^k)$$

令 $\boldsymbol{x}^{k+1}=\boldsymbol{x}^k+t_k\boldsymbol{p}^k$,$k:=k+1$,转第 2 步.

由以上计算步骤可知,最速下降法迭代终止时,求得的是目标函数驻点的一个近似点.

例 3.4.2　用最速下降法求解如下 UMP 问题:

$$\min f(x_1,x_2)=x_1^2+25x_2^2$$

取初始点 $\boldsymbol{x}^0=(2,2)^{\mathrm{T}}$,终止误差 $\varepsilon=10^{-6}$.

解　显然,该问题的整体最优解为 $\boldsymbol{x}^*=(0,0)^{\mathrm{T}}$.

下面我们用最速下降法求解.因为

$$\nabla f(\boldsymbol{x})=\left(\frac{\partial f}{\partial x_1},\frac{\partial f}{\partial x_2}\right)^{\mathrm{T}}=(2x_1,50x_2)^{\mathrm{T}}$$

因此,$\nabla f(\boldsymbol{x}^0)=(4,100)^{\mathrm{T}}$,构造负梯度方向

$$\boldsymbol{p}^0=-\nabla f(\boldsymbol{x}^0)=-(4,100)^{\mathrm{T}}$$

由于

$$\boldsymbol{x}^0+t\boldsymbol{p}^0=\begin{pmatrix}2\\2\end{pmatrix}+t\begin{pmatrix}-4\\-100\end{pmatrix}=\begin{pmatrix}2-4t\\2-100t\end{pmatrix}$$

故

$$f(\boldsymbol{x}^0+t\boldsymbol{p}^0)=(2-4t)^2+25(2-100t)^2$$

令

$$\frac{\mathrm{d}}{\mathrm{d}t}f(\boldsymbol{x}^0+t\boldsymbol{p}^0)=-8(2-4t)-5\,000(2-100t)=0$$

解得

$$t_0=\frac{10\,016}{500\,032}=0.020\,031$$

所以

$$\boldsymbol{x}^1=\boldsymbol{x}^0+t_0\boldsymbol{p}^0=\begin{pmatrix}2\\2\end{pmatrix}+0.020\,031\begin{pmatrix}-4\\-100\end{pmatrix}=\begin{pmatrix}1.919\,876\\-0.003\,100\end{pmatrix}$$

重复上述过程,经 10 轮迭代可得到满足误差 $\varepsilon=10^{-6}$ 要求的解.这 10 轮迭代的全部计算数据见文献[11],其中 $\boldsymbol{x}^2=(0.078\,869,0.070\,887)^{\mathrm{T}}$,$f(\boldsymbol{x}^0)=104$,$f(\boldsymbol{x}^1)=3.686\,144$,

$f(\boldsymbol{x}^2)=0.131\ 844$.其迭代过程如图 3.4.1 所示,图中虚线为目标函数的等值线.

从图 3.4.1 中可知,$\{\boldsymbol{x}^k\}$ 随着迭代次数的增加,越来越接近最优解 $(0,0)^{\mathrm{T}}$.同时也看到,随着迭代次数的增加,收敛速度越来越慢,在极小点附近沿着一种锯齿形状前进,即产生所谓"拉锯"现象:$\{\boldsymbol{x}^k\}$ 沿相互正交的方向小步拐进,趋于解的过程十分缓慢.事实上,这种情况的出现不是偶然的.因为 t_k 是 $\varphi(t)=f(\boldsymbol{x}^k+t\boldsymbol{p}^k)$ 的极小点,所以有

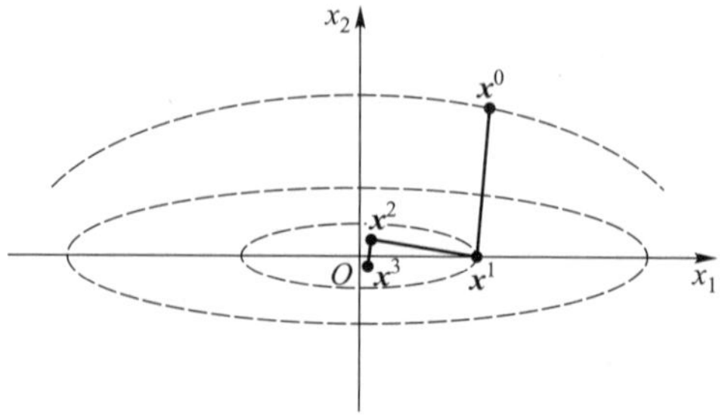

图 3.4.1

$$\varphi'(t_k)=(\nabla f(\boldsymbol{x}^k+t_k\boldsymbol{p}^k))^{\mathrm{T}}\boldsymbol{p}^k=0$$

由于 $\boldsymbol{p}^k=-\nabla f(\boldsymbol{x}^k)$,故

$$(\nabla f(\boldsymbol{x}^{k+1}))^{\mathrm{T}}\nabla f(\boldsymbol{x}^k)=0$$

即最速下降法的相邻两个搜索方向是彼此正交的.

以上的分析似乎与"最速下降"的名称相矛盾,其实不然.因为梯度是刻画函数变化的一种局部性质,从一点的邻域来说函数值下降最快,但从求解极小点的整体过程来看未必最快.

最速下降法虽有以上分析的缺点,但因方法简便,计算量、存储量少,无论从任何初始点 $\boldsymbol{x}^0\in\mathbf{R}^n$ 开始,所产生的点列 $\{\boldsymbol{x}^k\}$ 均收敛,即该方法具有全局收敛性.因此它仍具有巨大的活力.如果将最速下降法与其他方法结合使用,在开始几步使用最速下降法,在接近极小点时使用其他收敛较快的方法,效果较好.此外,若确定步长 t_k 时采用非精确一维搜索方法,如在文献[3]中介绍的 Armijo 法,避免了相邻两个迭代点的梯度向量的正交性,计算效果较好,且可以证明采用 Armijo 步长的最速下降法仍具有全局收敛性(参见文献[3]).

3. 共轭方向法

共轭方向法是一类方法的总称.它原是为求解目标函数为二次函数的问题而设计的.这类方法的特点是:方法中的搜索方向是与二次函数的系数矩阵有关的所谓共轭方向;用这类方法求解 n 元二次函数的极小问题,最多进行 n 次一维搜索便可求得极小点.因为可微的非二次函数在极小点附近的性态近似于二次函数,所以这类方法也能用于求可微的非二次函数的无约束极小问题.

我们先给出共轭方向的概念.

定义 3.4.1　设 $\boldsymbol{A}$ 为 n 阶实对称矩阵,对于非零向量 $\boldsymbol{p},\boldsymbol{q}\in\mathbf{R}^n$,若有

$$\boldsymbol{p}^{\mathrm{T}}\boldsymbol{A}\boldsymbol{q}=0 \tag{3.4.2}$$

则称 $\boldsymbol{p}$ 和 $\boldsymbol{q}$ 是**相互 $\boldsymbol{A}$ 共轭的**.对于非零向量组 $\boldsymbol{p}^i\in\mathbf{R}^n,i=0,1,\cdots,n-1$,若有

$$(\boldsymbol{p}^i)^{\mathrm{T}}\boldsymbol{A}\boldsymbol{p}^j=0,\ i,j=0,1,\cdots,n-1,\ i\neq j \tag{3.4.3}$$

则称 $\boldsymbol{p}^0,\boldsymbol{p}^1,\cdots,\boldsymbol{p}^{n-1}$ 是 **$\boldsymbol{A}$ 共轭方向组**,也称它们为一组 **$\boldsymbol{A}$ 共轭方向**.

显然,当 $\boldsymbol{A}$ 是 n 阶单位矩阵 $\boldsymbol{I}_n$ 时,(3.4.2)式为 $\boldsymbol{p}^{\mathrm{T}}\boldsymbol{q}=0$,即 $\boldsymbol{p},\boldsymbol{q}$ 是正交向量.因而共

轭概念是正交概念的推广.同理,由(3.4.3)式知,共轭方向组是正交方向组的推广.以后所用到的定义3.4.1中的矩阵 $\boldsymbol{A}$ 通常是正定矩阵.

例 3.4.3　设 $\boldsymbol{A}=\begin{pmatrix}2 & 1\\1 & 2\end{pmatrix}$,则向量 $\begin{pmatrix}1\\0\end{pmatrix}$ 和 $\begin{pmatrix}1\\-2\end{pmatrix}$ 是 $\boldsymbol{A}$ 共轭的,因为有

$$(1\quad 0)\begin{pmatrix}2 & 1\\1 & 2\end{pmatrix}\begin{pmatrix}1\\-2\end{pmatrix}=0$$

但它们是不正交的,$(1\quad 0)\begin{pmatrix}1\\-2\end{pmatrix}\neq 0$.而向量 $\begin{pmatrix}1\\0\end{pmatrix}$ 和 $\begin{pmatrix}0\\1\end{pmatrix}$ 显然是正交的,易证它们不是 $\boldsymbol{A}$ 共轭的.向量 $\begin{pmatrix}1\\1\end{pmatrix}$ 和 $\begin{pmatrix}1\\-1\end{pmatrix}$ 既是正交的,又是 $\boldsymbol{A}$ 共轭的.

关于共轭方向组,有如下的重要性质.

定理 3.4.5　设 $\boldsymbol{A}$ 是 n 阶实对称正定矩阵,$\boldsymbol{p}^i\in\mathbf{R}^n(i=0,1,\cdots,n-1)$ 是非零向量.若 $\boldsymbol{p}^0,\boldsymbol{p}^1,\cdots,\boldsymbol{p}^{n-1}$ 是一组 $\boldsymbol{A}$ 共轭方向,则它们一定是线性无关的.

证　若存在一组实数 $\alpha_0,\alpha_1,\cdots,\alpha_{n-1}$,使得

$$\sum_{j=0}^{n-1}\alpha_j\boldsymbol{p}^j=\boldsymbol{0}$$

依次以 $(\boldsymbol{p}^i)^{\mathrm{T}}\boldsymbol{A}(i=0,1,\cdots,n-1)$ 左乘上式得到

$$\sum_{j=0}^{n-1}\alpha_j(\boldsymbol{p}^i)^{\mathrm{T}}\boldsymbol{A}\boldsymbol{p}^j=0,\quad i=0,1,\cdots,n-1 \tag{3.4.4}$$

因为 $\boldsymbol{p}^0,\boldsymbol{p}^1,\cdots,\boldsymbol{p}^{n-1}$ 是一组 $\boldsymbol{A}$ 共轭方向,所以有

$$(\boldsymbol{p}^i)^{\mathrm{T}}\boldsymbol{A}\boldsymbol{p}^j=0,\quad i,j=0,1,\cdots,n-1,\quad i\neq j$$

又因为 $\boldsymbol{A}$ 是正定矩阵,而 $\boldsymbol{p}^i\neq\boldsymbol{0},i=0,1,\cdots,n-1$,所以有

$$(\boldsymbol{p}^i)^{\mathrm{T}}\boldsymbol{A}\boldsymbol{p}^i>0,\quad i=0,1,\cdots,n-1$$

把以上两式用于(3.4.4)式,便可推知

$$\alpha_i=0,\quad i=0,1,\cdots,n-1$$

因此 $p^0,p^1,\cdots,p^{n-1}$ 是线性无关的. ▌

由定理3.4.5即知,$\boldsymbol{A}$ 共轭方向组中最多包含 n 个向量,n 是向量的维数.反之,可以证明,由 n 维空间的一组基出发可以构造出一组 $\boldsymbol{A}$ 共轭方向 $\boldsymbol{p}^0,\boldsymbol{p}^1,\cdots,\boldsymbol{p}^{n-1}$(见习题).当我们在 $\mathbf{R}^n$ 中取 $\boldsymbol{A}$ 共轭方向组 $\boldsymbol{p}^0,\boldsymbol{p}^1,\cdots,\boldsymbol{p}^{n-1}$ 为基时,对求无约束极小问题带来什么好处呢？下面的分析就是共轭方向法的基本思想.

考虑二次严格凸函数的无约束最优化问题

$$(\mathrm{AP})\quad \min f(x)=\frac{1}{2}\boldsymbol{x}^{\mathrm{T}}\boldsymbol{A}\boldsymbol{x}+\boldsymbol{b}^{\mathrm{T}}\boldsymbol{x}+c$$

其中 $\boldsymbol{A}$ 是 n 阶实对称正定矩阵,$\boldsymbol{b}\in\mathbf{R}^n,c\in\mathbf{R}^1$.

定理 3.4.6　对于问题(AP),若 $\boldsymbol{p}^0,\boldsymbol{p}^1,\cdots,\boldsymbol{p}^{n-1}$ 为任意一组 $\boldsymbol{A}$ 共轭方向,则由任意初始点 $\boldsymbol{x}^0\in\mathbf{R}^n$ 出发,依次沿 $\boldsymbol{p}^0,\boldsymbol{p}^1,\cdots,\boldsymbol{p}^{n-1}$ 进行精确一维搜索,则最多经 n 轮迭代可达

(AP)的整体最优解.

(证明略.)

通常,我们把从任意点 $\boldsymbol{x}^0\in\mathbf{R}^n$ 出发,依次沿某组共轭方向进行一维搜索求解 UMP 问题的方法,叫做**共轭方向法**.若用某种方法求解问题(AP),经过有限轮迭代可以达到最优解,称它为**具有二次终止性的方法**.由定理 3.4.6 知,共轭方向法是具有二次终止性的方法.

由于 $\boldsymbol{A}$ 共轭方向组 $\boldsymbol{p}^0,\boldsymbol{p}^1,\cdots,\boldsymbol{p}^{n-1}$ 的取法有很大的随意性,用不同方式产生一组共轭方向就得到不同的共轭方向法.如果利用迭代点处的负梯度向量为基础产生一组共轭方向,这样的方法就称为**共轭梯度法**.对于问题(AP),我们讨论形成 $\boldsymbol{A}$ 共轭梯度方向的一般方法.

任意取定初始点 $\boldsymbol{x}^0\in\mathbf{R}^n$,若 $\nabla f(\boldsymbol{x}^0)\neq\boldsymbol{0}$,第一个搜索方向取

$$\boldsymbol{p}^0=-\nabla f(\boldsymbol{x}^0) \tag{3.4.5}$$

从 $\boldsymbol{x}^0$ 点沿方向 $\boldsymbol{p}^0$ 进行精确一维搜索求得 t_0,则

$$\boldsymbol{x}^1=\boldsymbol{x}^0+t_0\boldsymbol{p}^0$$

若 $\nabla f(\boldsymbol{x}^1)=\boldsymbol{0}$,则已获得(AP)的最优解 $\boldsymbol{x}^*=\boldsymbol{x}^1$;否则,第二个搜索方向采用如下形式:

$$\boldsymbol{p}^1=-\nabla f(\boldsymbol{x}^1)+\lambda_0\boldsymbol{p}^0 \tag{3.4.6}$$

其中 λ_0 的选择要使方向 $\boldsymbol{p}^1$ 与 $\boldsymbol{p}^0$ 是 $\boldsymbol{A}$ 共轭的.利用 $(\boldsymbol{p}^1)^{\mathrm{T}}\boldsymbol{A}\boldsymbol{p}^0=0$,由(3.4.6)式得到

$$\lambda_0=\frac{(\boldsymbol{p}^0)^{\mathrm{T}}\boldsymbol{A}\,\nabla f(\boldsymbol{x}^1)}{(\boldsymbol{p}^0)^{\mathrm{T}}\boldsymbol{A}\boldsymbol{p}^0}$$

一般地,若已获得 $\boldsymbol{A}$ 共轭方向 $\boldsymbol{p}^0,\boldsymbol{p}^1,\cdots,\boldsymbol{p}^k$ 和依次沿它们进行一维搜索所得到的迭代点 $\boldsymbol{x}^1,\cdots,\boldsymbol{x}^{k+1}$.若 $\nabla f(\boldsymbol{x}^{k+1})=\boldsymbol{0}$,则(AP)的最优解 $\boldsymbol{x}^*=\boldsymbol{x}^{k+1}$;否则下一个搜索方向为

$$\boldsymbol{p}^{k+1}=-\nabla f(\boldsymbol{x}^{k+1})+\sum_{i=0}^{k}\alpha_i\boldsymbol{p}^i$$

为使 $\boldsymbol{p}^{k+1}$ 与 $\boldsymbol{p}^0,\boldsymbol{p}^1,\cdots,\boldsymbol{p}^{k-1}$ 是 $\boldsymbol{A}$ 共轭的,可以证明(见文献[3])必有 $\alpha_0=\alpha_1=\cdots=\alpha_{k-1}=0$,从而有

$$\boldsymbol{p}^{k+1}=-\nabla f(\boldsymbol{x}^{k+1})+\lambda_k\boldsymbol{p}^k$$

为使 $\boldsymbol{p}^{k+1}$ 与 $\boldsymbol{p}^k$ 是 $\boldsymbol{A}$ 共轭的,由 $(\boldsymbol{p}^{k+1})^{\mathrm{T}}\boldsymbol{A}\boldsymbol{p}^k=0$ 可求得

$$\lambda_k=\frac{(\boldsymbol{p}^k)^{\mathrm{T}}\boldsymbol{A}\,\nabla f(\boldsymbol{x}^{k+1})}{(\boldsymbol{p}^k)^{\mathrm{T}}\boldsymbol{A}\boldsymbol{p}^k},\quad k=0,1,\cdots,n-2$$

综合起来,我们得到的一组 $\boldsymbol{A}$ 共轭方向如下:

$$\begin{cases}\boldsymbol{p}^0=-\nabla f(\boldsymbol{x}^0)\\ \boldsymbol{p}^{k+1}=-\nabla f(\boldsymbol{x}^{k+1})+\lambda_k\boldsymbol{p}^k \qquad (k=0,1,\cdots,n-2)\\ \text{其中 }\lambda_k=\dfrac{(\boldsymbol{p}^k)^{\mathrm{T}}\boldsymbol{A}\,\nabla f(\boldsymbol{x}^{k+1})}{(\boldsymbol{p}^k)^{\mathrm{T}}\boldsymbol{A}\boldsymbol{p}^k}\end{cases} \tag{3.4.7}$$

对于二次严格凸函数的极小化问题(AP),利用(3.4.7)式确定 $\boldsymbol{A}$ 共轭的线性搜索

方向的方法就是共轭梯度法.但在(3.4.7)的第三个式子中含有目标函数的系数矩阵 $\boldsymbol{A}$,$\boldsymbol{A}$ 的出现一方面不利于在计算机中的存储,另一方面不便于推广到非二次函数的极小化问题.为此,我们希望仅用梯度向量来简化第三个式子:

$$\lambda_k=\frac{\nabla f(\boldsymbol{x}^{k+1})^{\mathrm{T}}\boldsymbol{A}\boldsymbol{p}^k}{(\boldsymbol{p}^k)^{\mathrm{T}}\boldsymbol{A}\boldsymbol{p}^k},\quad k=0,1,\cdots,n-2 \tag{3.4.8}$$

利用二次凸函数 $f(\boldsymbol{x})=\frac{1}{2}\boldsymbol{x}^{\mathrm{T}}\boldsymbol{A}\boldsymbol{x}+\boldsymbol{b}^{\mathrm{T}}\boldsymbol{x}+c$ 的结构及精确一维搜索的性质,可以证明(见文献[1])(3.4.8)式可简化为便于记忆的公式:

$$\text{当 } k=0 \text{ 时,}\qquad \lambda_0=\frac{\|\nabla f(\boldsymbol{x}^1)\|^2}{\|\nabla f(\boldsymbol{x}^0)\|^2}$$

$$\text{当 } 1\leqslant k\leqslant n-2 \text{ 时,}\quad \lambda_k=\frac{\|\nabla f(\boldsymbol{x}^{k+1})\|^2}{\|\nabla f(\boldsymbol{x}^k)\|^2}$$

从而将公式(3.4.7)简化为

$$\begin{cases}\boldsymbol{p}^0=-\nabla f(\boldsymbol{x}^0)\\ \boldsymbol{p}^{k+1}=-\nabla f(\boldsymbol{x}^{k+1})+\lambda_k\boldsymbol{p}^k\quad(k=0,1,\cdots,n-2)\\ \text{其中 }\lambda_k=\dfrac{\|\nabla f(\boldsymbol{x}^{k+1})\|^2}{\|\nabla f(\boldsymbol{x}^k)\|^2}\end{cases} \tag{3.4.9}$$

(3.4.9)式仅用到梯度信息产生了 n 个搜索方向,将此式称为 Fletcher-Reeves 公式,简称 F-R **公式**.当 f 是以对称正定矩阵 $\boldsymbol{A}$ 为系数矩阵的二次函数时,利用 F-R 公式可以产生一组 $\boldsymbol{A}$ 共轭方向.以(3.4.9)式确定搜索方向,然后依次进行线性搜索来求解无约束非线性规划(UMP)问题的方法,是由 Fletcher 和 Reeves(1964 年)提出的,通常称为 Fletcher-Reeves **共轭梯度法**,简称 F-R **法**.

由定理 3.4.6 知,用 F-R 法求解问题(AP)时,它具有二次终止性质.但用F-R法来求解非二次函数的 UMP 问题时,在 n 轮迭代后,一般不能得到目标函数的驻点,要采用重新开始的技巧.带有再开始技巧的 F-R 法如下.

F-R 法步骤:

第 1 步　选取初始点 $\boldsymbol{x}^0$,给定终止误差 $\varepsilon>0$;

第 2 步　计算 $\nabla f(\boldsymbol{x}^0)$,若 $\|\nabla f(\boldsymbol{x}^0)\|\leqslant\varepsilon$,停止迭代,输出 $\boldsymbol{x}^0$;否则,进行第 3 步;

第 3 步　取 $\boldsymbol{p}^0=-\nabla f(\boldsymbol{x}^0)$,令 $k:=0$;

第 4 步　进行一维搜索求 t_k,使得

$$f(\boldsymbol{x}^k+t_k\boldsymbol{p}^k)=\min_{t\geqslant 0}f(\boldsymbol{x}^k+t\boldsymbol{p}^k)$$

令 $\boldsymbol{x}^{k+1}=\boldsymbol{x}^k+t_k\boldsymbol{p}^k$;

第 5 步　计算 $\nabla f(\boldsymbol{x}^{k+1})$,若 $\|\nabla f(\boldsymbol{x}^{k+1})\|\leqslant\varepsilon$,停止迭代,输出 $\boldsymbol{x}^{k+1}$;否则进行第 6 步;

第 6 步　若 $k+1=n$,令 $\boldsymbol{x}^0:=\boldsymbol{x}^n$,转第 3 步;否则进行第 7 步;

第 7 步　由 F-R 公式取

$$\boldsymbol{p}^{k+1}=-\nabla f(\boldsymbol{x}^{k+1})+\lambda_k\boldsymbol{p}^k$$

其中 $\lambda_k=\dfrac{\|\nabla f(\boldsymbol{x}^{k+1})\|^2}{\|\nabla f(\boldsymbol{x}^k)\|^2}$.令 $k:=k+1$,转第 4 步.

例 3.4.4 用 F-R 法求解例 3.4.2:

$$\min f(x_1,x_2)=x_1^2+25x_2^2$$

取初始点 $\boldsymbol{x}^0=(2,2)^{\mathrm{T}}$,终止误差 $\varepsilon=10^{-6}$.

解 F-R 法的第一轮迭代与最速下降法的第一轮迭代相同,由例 3.4.2,我们已有

$$\boldsymbol{p}^0=-\nabla f(\boldsymbol{x}^0)=-(4,100)^{\mathrm{T}}$$

$$\boldsymbol{x}^1=(1.919\ 876,-0.003\ 100)^{\mathrm{T}}$$

$$\nabla f(\boldsymbol{x}^1)=(3.839\ 752,-0.155\ 000)^{\mathrm{T}}$$

下面利用 F-R 公式(3.4.9)来构造新的共轭方向,其中

$$\lambda_0=\frac{\|\nabla f(\boldsymbol{x}^1)\|^2}{\|\nabla f(\boldsymbol{x}^0)\|^2}=\frac{14.767\ 32}{10\ 016}=0.001\ 474$$

所以有

$$\begin{aligned}\boldsymbol{p}^1&=-\nabla f(\boldsymbol{x}^1)+\lambda_0\boldsymbol{p}^0\\&=\begin{pmatrix}-3.839\ 752\\0.155\ 000\end{pmatrix}+0.001\ 474\begin{pmatrix}-4\\-100\end{pmatrix}=\begin{pmatrix}-3.845\ 648\\0.007\ 60\end{pmatrix}\end{aligned}$$

由此有

$$\boldsymbol{x}^1+t\boldsymbol{p}^1=\begin{pmatrix}1.919\ 876-3.845\ 68t\\-0.003\ 100+0.007\ 60t\end{pmatrix}$$

并且由

$$\frac{\mathrm{d}}{\mathrm{d}t}f(\boldsymbol{x}^1+t\boldsymbol{p}^1)=29.579\ 97t-14.767\ 30$$

令上式为零,我们求得

$$t_1=\frac{14.767\ 30}{29.579\ 97}=0.499\ 233$$

因而得到下一个迭代点

$$\boldsymbol{x}^2=\boldsymbol{x}^1+t_1\boldsymbol{p}^1=\begin{pmatrix}1.919\ 876\\-0.003\ 100\end{pmatrix}+0.499\ 233\begin{pmatrix}-3.845\ 648\\0.007\ 60\end{pmatrix}\approx\begin{pmatrix}0\\0\end{pmatrix}$$

由于 $\|\nabla f(\boldsymbol{x}^2)\|=0<\varepsilon$,停止迭代,输出问题的整体最优解 $\boldsymbol{x}^2=(0,0)^{\mathrm{T}}$.

F-R 法具有二次终止性.对一般可微函数 $f(\boldsymbol{x})$ 的无约束非线性规划问题,当 $f(x)$ 满足一定条件时,可以证明 F-R 法具有全局收敛性,其收敛速度比最速下降法快.因为 F-R 法简单、存储量少,因而是求解 UMP 问题的行之有效的方法之一,但 F-R 法强烈地依赖于一维搜索的精确性.当一维搜索不保证有精确性时,我们可用 Polak-Ribiere-Polyak 共轭梯度法,简称为 **P-R-P 法**.P-R-P 公式与公式(3.4.9)相比,不同处仅是 λ_k 由下式给出:

$$\lambda_k=\frac{\nabla f(\boldsymbol{x}^{k+1})^{\mathrm{T}}[\nabla f(\boldsymbol{x}^{k+1})-\nabla f(\boldsymbol{x}^k)]}{\|\nabla f(\boldsymbol{x}^k)\|^2},\quad k=0,1,\cdots,n-2$$

其他公式皆不变,迭代步骤也与 F-R 法相同.由于 F-R 公式和 P-R-P 公式推导原理相同,故对目标函数是二次严格凸函数的问题(AP)来说,当初始点 $\boldsymbol{x}^0$ 相同时,得到的

迭代点列$\{\boldsymbol{x}^k\}$也相同.然而,对非二次函数的极小化来说,由于不同的共轭梯度法计算λ_k的公式不同,故产生的迭代点列并不相同.在有些情况下 P-R-P 法比 F-R 法有效.但参考文献[9]中给出的反例则说明:即使目标函数$f(\boldsymbol{x})$二阶连续可微,水平集$\{\boldsymbol{x}\in\mathbf{R}^n \mid f(\boldsymbol{x})\leqslant f(\boldsymbol{x}^0)\}$有界,并且采用精确线性搜索,P-R-P 法也可能不收敛.而对 F-R 法,在同样条件下,可证明它具有全局收敛性.因此,应当继续研究共轭梯度法中关于参数$\boldsymbol{\lambda}_k$的选择策略.

在实践中证明十分有效的无约束最优化方法,除共轭梯度法以外,还有变尺度法.它们的结构原理都是基于二次函数模型产生下降方向,然后由线性搜索选择在该方向上的步长.变尺度法也是一类方法的总称,使用比较普遍的有 DFP 法及 BFGS 法.这些方法相当于迭代的每一轮的度量是变化的最速下降法,因而得此名.数值实验指出,BFGS 法是最好的变尺度法.当变量个数n不超过 100 时,通常 BFGS 法比共轭梯度法效果好.但对变量个数超过 100 的大规模无约束最优化问题,共轭梯度法因其不要太大的存储量而更具优势.

信赖区域法是目前正在发展中的一种无约束最优化方法.它是针对共轭梯度法和变尺度法的缺点设计的.前面介绍的两种方法所基于的二次函数模型有时并不充分近似于原来的目标函数,因而在根据该二次函数模型所确定的搜索方向上,常常无法找到一个有满意下降值的迭代点.信赖区域法的基本步骤是首先指定一个步长界,然后用带约束的二次函数模型来确定搜索方向和步长.这个步长界提供了一个使该二次函数模型成为$f(\boldsymbol{x})$的可信赖近似模型的区域,信赖区域法因此得名.近来很多人都认为,这种方法将提供非常有效、并具有十分良好的全局收敛性质的最优化算法(参见文献[2]、[12]).

§ 3.5 约束最优化方法

本节我们讨论约束非线性规划问题

$$(\mathrm{MP})\quad \begin{cases} \min & f(\boldsymbol{x}) \\ \text{s.t.} & g_i(\boldsymbol{x})\leqslant 0,\ i=1,\cdots,p \\ & h_j(\boldsymbol{x})=0,\ j=1,\cdots,q \end{cases}$$

的求解方法.其中$\boldsymbol{x}\in\mathbf{R}^n$,$f:\mathbf{R}^n\to\mathbf{R}^1$,$g_i:\mathbf{R}^n\to\mathbf{R}^1$,$i=1,\cdots,p$,$h_j:\mathbf{R}^n\to\mathbf{R}^1$,$j=1,\cdots,q$.这些方法通常称为**约束最优化方法**.

约束最优化问题的求解要比无约束问题的求解复杂得多,也困难得多,因而求解方法也更多种多样,内容更为丰富.我们仅介绍可行方向法中的简约梯度法,增广目标函数法中的惩罚函数法.

1. 约束最优化问题的最优性条件

设 MP 问题的可行区域为

$$X=\left\{\boldsymbol{x}\in\mathbf{R}^n\left|\begin{matrix}g_i(\boldsymbol{x})\leqslant 0, & i=1,\cdots,p\\ h_j(\boldsymbol{x})=0, & j=1,\cdots,q\end{matrix}\right.\right\}$$

对 MP 问题的一个可行点 $\boldsymbol{x}^*\in X$,它应满足所有的等式约束,若令 $J=\{1,\cdots,q\}$,即有

$$h_j(\boldsymbol{x}^*)=0,\ j\in J$$

但它所满足的全部不等式约束则可能有两种情况:对某些不等式约束有 $g_i(\boldsymbol{x}^*)=0$,而对其余的不等式约束有 $g_i(\boldsymbol{x}^*)<0$.这两种约束起的作用是不同的.对前者,$\boldsymbol{x}$ 在 $\boldsymbol{x}^*$ 处的微小变动都可能导致约束条件被破坏;而对后者,$\boldsymbol{x}$ 在 $\boldsymbol{x}^*$ 处的微小变动不会破坏约束.因此我们称使 $g_i(\boldsymbol{x}^*)=0$ 的约束 $g_i(\boldsymbol{x})\leqslant 0$ 为点 $\boldsymbol{x}^*$ 的一个**积极约束**.令 $I=\{1,\cdots,p\}$,关于点 $\boldsymbol{x}^*$ 的所有积极约束的下标集记为

$$I(\boldsymbol{x}^*)=\{i\mid g_i(\boldsymbol{x}^*)=0,\ i\in I\}$$

下面我们介绍由 Kuhn 和 Tucker 在 1951 年提出的关于约束非线性规划问题(MP)最优解的著名必要条件.而且对于一些具有凸性要求的凸规划问题,Kuhn 和 Tucker 的条件也是它的最优解的充分条件.

定理 3.5.1 设 $f:\mathbf{R}^n\to\mathbf{R}^1$ 和 $g_i:\mathbf{R}^n\to\mathbf{R}^1$,$i\in I(\boldsymbol{x}^*)$,在点 $\boldsymbol{x}^*$ 处可微,g_i,$i\in I\backslash I(\boldsymbol{x}^*)$,在点 $\boldsymbol{x}^*$ 处连续,$h_j:\mathbf{R}^n\to\mathbf{R}^1$,$j\in J$,在点 $\boldsymbol{x}^*$ 处连续可微,并且各 $\nabla g_i(\boldsymbol{x}^*)$,$i\in I(\boldsymbol{x}^*)$,$\nabla h_j(\boldsymbol{x}^*)$,$j\in J$,线性无关.若 $\boldsymbol{x}^*$ 是(MP)的局部最优解,则存在两组实数 λ_i^*,$i\in I(\boldsymbol{x}^*)$ 和 μ_j^*,$j\in J$,使得

$$\begin{cases}\nabla f(\boldsymbol{x}^*)+\sum\limits_{i\in I(\boldsymbol{x}^*)}\lambda_i^*\nabla g_i(\boldsymbol{x}^*)+\sum\limits_{j\in J}\mu_j^*\nabla h_j(\boldsymbol{x}^*)=\mathbf{0}\\ \lambda_i^*\geqslant 0,\ i\in I(\boldsymbol{x}^*)\end{cases}\tag{3.5.1}$$

定理证明从略.

向量组 $\nabla g_i(\boldsymbol{x}^*)$,$i\in I(\boldsymbol{x}^*)$,$\nabla h_j(\boldsymbol{x}^*)$,$j\in J$ 线性无关这个条件,称为一个**约束规范条件**.有各种不同的约束规范条件,这里所述的条件是较为简单的一种.

(3.5.1)称为(MP)的 Kuhn-Tucker **条件**,简称 K-T **条件**.凡是满足 K-T 条件(3.5.1)的点称为(MP)的 K-T **点**.定理 3.5.1 说明(MP)的局部最优解一定是(MP)的 K-T 点.所设计的很多约束最优化方法寻找的均是(MP)的K-T点.

特别地,对于仅带不等式约束的非线性规划问题

$$\begin{cases}\min & f(\boldsymbol{x})\\ \text{s.t.} & g_i(\boldsymbol{x})\leqslant 0,\ i=1,\cdots,p\end{cases}\tag{3.5.2}$$

若 $\boldsymbol{x}^*$ 是(3.5.2)的局部最优解,则存在 λ_i^*,$i\in I(\boldsymbol{x}^*)$,使得

$$\begin{cases}\nabla f(\boldsymbol{x}^*)+\sum\limits_{i\in I(\boldsymbol{x}^*)}\lambda_i^*\nabla g_i(\boldsymbol{x}^*)=\mathbf{0}\\ \lambda_i^*\geqslant 0,\ i\in I(\boldsymbol{x}^*)\end{cases}\tag{3.5.3}$$

我们来看问题(3.5.2)的 K-T 条件(3.5.3)的几何意义.由(3.5.3)的第一个式子,有

$$-\nabla f(\boldsymbol{x}^*)=\sum_{i\in I(\boldsymbol{x}^*)}\lambda_i^*\nabla g_i(\boldsymbol{x}^*)\tag{3.5.4}$$

而 $\lambda_i^*\geqslant 0$,$i\in I(\boldsymbol{x}^*)$.由此可见,若 $\boldsymbol{x}^*$ 是问题(3.5.2)的 K-T 点,则目标函数在点 $\boldsymbol{x}^*$ 处的负梯度向量 $-\nabla f(\boldsymbol{x}^*)$ 落在由向量 $\nabla g_i(\boldsymbol{x}^*)$,$i\in I(\boldsymbol{x}^*)$ 的非负线性组合所构成的集

合中.称集合

$$C=\left\{ \boldsymbol{y}\in \mathbf{R}^n \,\middle|\, \boldsymbol{y}=\sum_{i\in I(\boldsymbol{x}^*)} \alpha_i \nabla g_i(\boldsymbol{x}^*),\ \alpha_i\geqslant 0,\ i\in I(\boldsymbol{x}^*) \right\}$$

为由向量$\nabla g_i(\boldsymbol{x}^*)$,$i\in I(\boldsymbol{x}^*)$所张成的**锥**. K-T 条件(3.5.3)意味着$-\nabla f(\boldsymbol{x}^*)\in C$. 图 3.5.1 画出了两个点$\boldsymbol{x}^*$和$\boldsymbol{x}'$.注意$-\nabla f(\boldsymbol{x}^*)$位于由点$\boldsymbol{x}^*$的积极约束($I(\boldsymbol{x}^*)=\{1,2\}$)的梯度向量所张成的锥中,因而$\boldsymbol{x}^*$是 K-T 点;而$-\nabla f(\boldsymbol{x}')$位于由$\boldsymbol{x}'$的积极约束 ($I(\boldsymbol{x}')=\{2,3\}$)的梯度向量所张成的锥之外,于是$\boldsymbol{x}'$不是 K-T 点,图中虚线为目标函数的等值线.

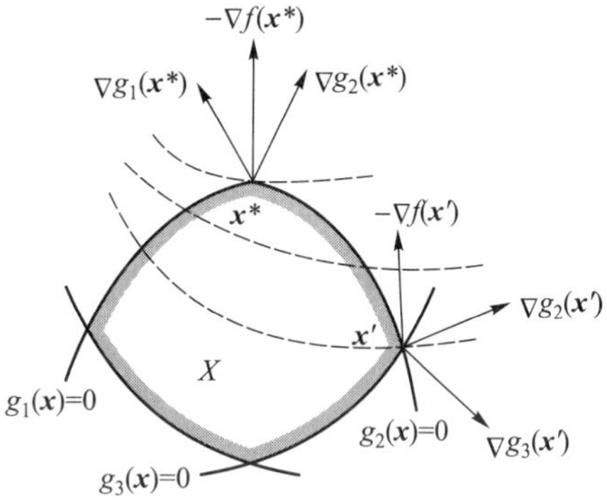

图 3.5.1

对于仅带等式约束的非线性规划问题

$$\begin{cases}\min & f(\boldsymbol{x})\\ \text{s.t.} & h_j(\boldsymbol{x})=0,\ j=1,\cdots,q\end{cases} \tag{3.5.5}$$

若$\boldsymbol{x}^*$是问题(3.5.5)的局部最优解,则存在μ_j^*, $j\in J$,使得

$$\nabla f(\boldsymbol{x}^*)+\sum_{j=1}^{q}\mu_j^*\nabla h_j(\boldsymbol{x}^*)=\mathbf{0} \tag{3.5.6}$$

(3.5.6)是问题(3.5.5)的 K-T 条件.这与我们在数学分析中已学过的求解条件极值问题的 Lagrange 乘子法是一致的.由(3.5.6)式,有

$$-\nabla f(\boldsymbol{x}^*)=\sum_{j=1}^{q}\mu_j^*\nabla h_j(\boldsymbol{x}^*) \tag{3.5.7}$$

它说明,若$\boldsymbol{x}^*$是问题(3.5.5)的局部最优解,目标函数在点$\boldsymbol{x}^*$处的负梯度向量落在由向量$\nabla h_1(\boldsymbol{x}^*),\cdots,\nabla h_q(\boldsymbol{x}^*)$所生成的子空间中.这与(3.5.4)的含义是截然不同的.

若在定理 3.5.1 中,进一步要求各个$g_i(\boldsymbol{x})$,$i\in I$在点$\boldsymbol{x}^*$处均可微,则(MP)的K-T条件可写为更方便的形式:

$$\begin{cases}\nabla f(\boldsymbol{x}^*)+\sum\limits_{i=1}^{p}\lambda_i^*\nabla g_i(\boldsymbol{x}^*)+\sum\limits_{j=1}^{q}\mu_j^*\nabla h_j(\boldsymbol{x}^*)=\mathbf{0}\\ \lambda_i^* g_i(\boldsymbol{x}^*)=\mathbf{0},\ i=1,\cdots,p\\ \lambda_i^*\geqslant 0,\ i=1,\cdots,p\end{cases} \tag{3.5.8}$$

其中$\lambda_i^* g_i(\boldsymbol{x}^*)=\mathbf{0}$,$i\in I$称为**互补松紧性条件**.

我们可以对带一般约束的非线性规划问题(MP),引进(MP)的 Lagrange 函数如下:

$$L(\boldsymbol{x},\boldsymbol{\lambda},\boldsymbol{\mu})=f(\boldsymbol{x})+\sum_{i=1}^{p}\lambda_i g_i(\boldsymbol{x})+\sum_{j=1}^{q}\mu_j h_j(\boldsymbol{x}) \tag{3.5.9}$$

其中$\boldsymbol{\lambda}=(\lambda_1,\cdots,\lambda_p)^{\mathrm{T}}$,$\boldsymbol{\mu}=(\mu_1,\cdots,\mu_q)^{\mathrm{T}}$称为 Lagrange 乘子.

利用(MP)的 Lagrange 函数,K-T 条件(3.5.8)可写为

$$\begin{cases}\nabla_x L(\boldsymbol{x}^*,\boldsymbol{\lambda}^*,\boldsymbol{\mu}^*)=\mathbf{0}\\ \lambda_i^* g_i(\boldsymbol{x}^*)=\mathbf{0},\ i=1,\cdots,p\\ \lambda_i^*\geqslant 0,\ i=1,\cdots,p\end{cases}\tag{3.5.10}$$

$\nabla_x L(\boldsymbol{x},\boldsymbol{\lambda},\boldsymbol{\mu})$表示函数 $L(\boldsymbol{x},\boldsymbol{\lambda},\boldsymbol{\mu})$对变量 $\boldsymbol{x}$ 的梯度向量.

在一定的凸性条件下,上述 K-T 条件亦是 MP 问题的最优解的充分条件.

定理 3.5.2　对于 MP 问题,若 $f,g_i(i\in I),h_j(j\in J)$在点 $\boldsymbol{x}^*$ 处连续可微,(MP)的可行点 $\boldsymbol{x}^*$ 满足(MP)的 K-T 条件,且 $f,g_i,i\in I(\boldsymbol{x}^*)$是凸函数,$h_j,j\in J$ 是线性函数,则 $\boldsymbol{x}^*$ 是(MP)的整体最优解.

定理证明从略.

例 3.5.1　用 K-T 条件解下列问题:

$$\begin{cases}\min & f(x_1,x_2)=(x_1-1)^2+(x_2-2)^2\\ \text{s.t.} & g_1(x)=x_1+x_2-2\leqslant 0\\ & g_2(x)=-x_1\leqslant 0\\ & g_3(x)=-x_2\leqslant 0\\ & h_1(x)=-x_1+x_2-1=0\end{cases}\tag{3.5.11}$$

解　问题(3.5.11)的 Lagrange 函数是

$$L(\boldsymbol{x},\boldsymbol{\lambda},\boldsymbol{\mu})=(x_1-1)^2+(x_2-2)^2+\lambda_1(x_1+x_2-2)+\lambda_2(-x_1)+\lambda_3(-x_2)+\mu(-x_1+x_2-1)$$

因为

$$\frac{\partial L}{\partial x_1}=2(x_1-1)+\lambda_1-\lambda_2-\mu$$

$$\frac{\partial L}{\partial x_2}=2(x_2-2)+\lambda_1-\lambda_3+\mu$$

故问题(3.5.11)的 K-T 条件是

$$\begin{cases}2(x_1-1)+\lambda_1-\lambda_2-\mu=0\\ 2(x_2-2)+\lambda_1-\lambda_3+\mu=0\\ \lambda_1(x_1+x_2-2)=0\\ \lambda_2x_1=0\\ \lambda_3x_2=0\\ \lambda_1,\lambda_2,\lambda_3\geqslant 0\end{cases}$$

作为 K-T 点,除满足以上条件外,当然还应当满足可行性条件

$$\begin{cases}x_1+x_2-2\leqslant 0\\ -x_1+x_2-1=0\\ x_1\geqslant 0,\ x_2\geqslant 0\end{cases}$$

要求满足所有这些限制条件的 K-T 点一般是不容易的.为使求解易于进行,我们

从互补松紧性条件入手进行讨论.

(1) 设 $x_1\neq 0, x_2\neq 0, \lambda_1=0$.

由互补松紧性条件知 $\lambda_2=\lambda_3=0$,由 K-T 条件得

$$2(x_1-1)-\mu=0$$
$$2(x_2-2)+\mu=0$$

再考虑其中的一个可行性条件

$$-x_1+x_2-1=0$$

解以上三个方程,求得 $x_1=1, x_2=2, \mu=0$,但此解不满足可行性条件中的不等式约束

$$x_1+x_2-2\leqslant 0$$

故此解被舍弃.

(2) 设 $\lambda_1\neq 0$.

由互补松紧性条件知,必有

$$x_1+x_2-2=0$$

再加上可行性条件中的一个方程

$$-x_1+x_2-1=0$$

解以上两个方程,求得 $x_1=\frac{1}{2}, x_2=\frac{3}{2}$.对于这个解,由互补松紧性条件知 $\lambda_2=\lambda_3=0$.将这些值代入 K-T 条件的前两个方程,有

$$2\left(\frac{1}{2}-1\right)+\lambda_1-\mu=0$$

$$2\left(\frac{3}{2}-2\right)+\lambda_1+\mu=0$$

解得 $\lambda_1=1, \mu=0$.检验 $\boldsymbol{x}^*=\left(\frac{1}{2},\frac{3}{2}\right)^{\mathrm{T}}, \boldsymbol{\lambda}^*=(1,0,0)^{\mathrm{T}}, \mu^*=0$ 均满足 K-T 条件和可行性条件,因而 $\boldsymbol{x}^*=\left(\frac{1}{2},\frac{3}{2}\right)^{\mathrm{T}}$ 为其 K-T 点.

易验证 $f, g_i, i=1,2,3$ 均为凸函数,而 h_1 为线性函数,由定理 3.5.2 知,$\boldsymbol{x}^*=\left(\frac{1}{2},\frac{3}{2}\right)^{\mathrm{T}}$ 为其整体最优解.

2. 简约梯度法

可行方向法是一类处理带线性约束的非线性规划问题的非常有效的方法.这种方法是将无约束优化方法推广应用于约束问题,即产生一个可行点列 $\{\boldsymbol{x}^k\}$,满足

$$f(\boldsymbol{x}^{k+1})<f(\boldsymbol{x}^k)$$

使得 $\{\boldsymbol{x}^k\}$ 收敛于约束问题的极小点或 K-T 点.为了使 $\boldsymbol{x}^k$ 点保持可行,且满足目标函数不断下降的要求,在点 $\boldsymbol{x}^k$ 的搜索方向不仅像无约束方法那样是一个下降方向,而且还要是一个可行方向.所以,这类算法总称为**可行方向法**.根据不同的原理构造了不同的可行下降搜索方向,也就形成了各种不同的算法.

简约梯度法的每一次迭代都通过积极约束消去一部分变量，从而降低最优化问题的维数，而且每次迭代都产生一个可行下降方向，因此简约梯度法是属于可行方向法这一类的算法.有各种不同的简约梯度法，它们的差别在于为达到简约问题和保持可行性这两个目的，使用了不同的具体途径.大量的数值试验证明，简约梯度法对于大规模线性约束的非线性规划问题是最好的，并且在大规模带非线性约束的最优化问题的数值实验中也取得了相当的成功，是当前世界上很流行的约束最优化算法之一.

简约梯度法的基本思想是 Wolfe 在 1962 年作为线性规划单纯形法的推广而提出来的.为了说明这个方法的基本原理，我们考虑如下的问题：

$$\begin{cases}\min & f(\boldsymbol{x})\\ \text{s.t.} & \boldsymbol{A}\boldsymbol{x}=\boldsymbol{b}\\ & \boldsymbol{x}\geqslant\boldsymbol{0}\end{cases}\tag{3.5.12}$$

这里 $\boldsymbol{x}\in\mathbf{R}^n$，$f:\mathbf{R}^n\to\mathbf{R}^1$，$\boldsymbol{A}$ 是一个秩为 m 的 $m\times n$ 矩阵，$\boldsymbol{b}\in\mathbf{R}^m$.

问题(3.5.12)的可行区域为

$$X_l=\{\boldsymbol{x}\in\mathbf{R}^n\mid\boldsymbol{A}\boldsymbol{x}=\boldsymbol{b},\ \ \boldsymbol{x}\geqslant\boldsymbol{0}\}$$

对 X_l 作如下约束非退化假设：

(1) 每一个可行点至少有 m 个大于零的分量；

(2) $\boldsymbol{A}$ 的任意 m 列线性无关.

仿照线性规划中的单纯形法，在每一轮迭代的当前点 $\boldsymbol{x}^k$ 处，将 $\boldsymbol{x}^k$ 的 m 个最大的正分量确定为**基变量**，余下的 $n-m$ 个分量作为**非基变量**，那么目标函数 f 可作为非基变量的函数求负梯度方向，并依据这一方向构造从 $\boldsymbol{x}^k$ 到 $\boldsymbol{x}^{k+1}$ 迭代用到的可行下降搜索方向，这就是简约梯度法的基本思想.

首先，考察目标函数 f 如何作为非基变量的函数求梯度.设 $\boldsymbol{x}$ 分解为两部分：

$$\boldsymbol{x}=\begin{pmatrix}\boldsymbol{x}_B\\ \boldsymbol{x}_N\end{pmatrix}$$

其中 $\boldsymbol{x}_B\in\mathbf{R}^m$，$\boldsymbol{x}_B>\boldsymbol{0}$，称其为**基向量**，其分量称为**基变量**；$\boldsymbol{x}_N\in\mathbf{R}^{n-m}$ 称为**非基向量**，其分量称为**非基变量**.不失一般性，假设矩阵 $\boldsymbol{A}$ 的前 m 列对应于基变量，则可把 $\boldsymbol{A}$ 分解为

$$\boldsymbol{A}=(\boldsymbol{B},\boldsymbol{N})$$

其中 $\boldsymbol{B}$ 是一个满秩方阵，$\boldsymbol{N}$ 是对应于非基变量的一个 $m\times(n-m)$ 矩阵.由 $\boldsymbol{A}\boldsymbol{x}=\boldsymbol{b}$ 可得

$$\boldsymbol{B}\boldsymbol{x}_B+\boldsymbol{N}\boldsymbol{x}_N=\boldsymbol{b}$$

因为 $\boldsymbol{B}^{-1}$ 存在，所以基向量 $\boldsymbol{x}_B$ 可用非基向量 $\boldsymbol{x}_N$ 表示为

$$\boldsymbol{x}_B=\boldsymbol{B}^{-1}\boldsymbol{b}-\boldsymbol{B}^{-1}\boldsymbol{N}\boldsymbol{x}_N$$

这样，目标函数 $f(\boldsymbol{x})=f(\boldsymbol{x}_B,\boldsymbol{x}_N)$ 可表示为 $\boldsymbol{x}_N$ 的函数，记为

$$F(\boldsymbol{x}_N)=f(\boldsymbol{B}^{-1}\boldsymbol{b}-\boldsymbol{B}^{-1}\boldsymbol{N}\boldsymbol{x}_N,\boldsymbol{x}_N)$$

利用复合函数求导法则求 $\nabla F(\boldsymbol{x}_N)$，有

$$\boldsymbol{r}_N=\nabla F(\boldsymbol{x}_N)=-(\boldsymbol{B}^{-1}\boldsymbol{N})^{\mathrm{T}}\nabla_B f(\boldsymbol{x})+\nabla_N f(\boldsymbol{x})\tag{3.5.13}$$

称 $\boldsymbol{r}_N$ 为函数 f 在点 $\boldsymbol{x}$ 处对应于基矩阵 $\boldsymbol{B}$ 的**简约梯度**.其中 $\nabla_B f(\boldsymbol{x})$ 是 f 对基变量的偏导数组成的向量，$\nabla_N f(\boldsymbol{x})$ 是 f 对非基变量的偏导数组成的向量，即有

$$\nabla f(\boldsymbol{x})=\begin{pmatrix}\nabla_B f(\boldsymbol{x})\\ \nabla_N f(\boldsymbol{x})\end{pmatrix} \tag{3.5.14}$$

其次，考察在每个迭代点 $\boldsymbol{x}^k\in X_l$ 处如何依据它的简约梯度 $\boldsymbol{r}_N^k$ 构造搜索方向 $\boldsymbol{p}^k$，使 $\boldsymbol{x}^{k+1}=\boldsymbol{x}^k+t_k\boldsymbol{p}^k\in X_l$，且 $f(\boldsymbol{x}^{k+1})<f(\boldsymbol{x}^k)$.

设 $\boldsymbol{x}^k$ 的 m 个最大的分量组成的向量为 $\boldsymbol{x}_B^k>\boldsymbol{0}$，并记这些分量的下标集为 $\boldsymbol{I}_B^k$. 相应地，矩阵 $\boldsymbol{A}$ 分解为

$$\boldsymbol{A}=(\boldsymbol{B}_k,\boldsymbol{N}_k) \tag{3.5.15}$$

由(3.5.15)知，f 在点 $\boldsymbol{x}^k$ 处对应于 $\boldsymbol{B}_k$ 的简约梯度为

$$\boldsymbol{r}_N^k=-(\boldsymbol{B}_k^{-1}\boldsymbol{N}_k)^{\mathrm{T}}\nabla_B f(\boldsymbol{x}^k)+\nabla_N f(\boldsymbol{x}^k) \tag{3.5.16}$$

搜索方向 $\boldsymbol{p}^k$ 对应于(3.5.15)的分解为

$$\boldsymbol{p}^k=\begin{pmatrix}\boldsymbol{p}_B^k\\ \boldsymbol{p}_N^k\end{pmatrix} \tag{3.5.17}$$

容易想到，取 $\boldsymbol{p}_N^k=-\boldsymbol{r}_N^K$ 能保持方向的下降性，但并不确保方向的可行性. 这是因为若 $\boldsymbol{r}_N^k$ 的第 $i(i\notin \boldsymbol{I}_B^k)$ 个分量 $r_i^k>0$，而此时 $\boldsymbol{x}^k$ 的第 i 个分量(非基变量)$x_i^k=0$，对$t_k>0$有

$$x_i^{k+1}=x_i^k-t_k r_i^k=-t_k r_i^k<0$$

不满足问题(3.5.12)变量非负的要求. 因此对 $\boldsymbol{p}_N^k$，我们选取它的分量 $p_i^k(i\notin \boldsymbol{I}_B^k)$ 如下：

$$p_i^k=\begin{cases}-r_i^k, & r_i^k\leqslant 0\\ -x_i^k r_i^k, & r_i^k>0\end{cases} \tag{3.5.18}$$

现在来看如何确定 $\boldsymbol{p}_B^k$. 为使 $\boldsymbol{p}^k$ 是一个可行方向，它应满足

$$\boldsymbol{A}\boldsymbol{x}^{k+1}=\boldsymbol{A}(\boldsymbol{x}^k+t_k\boldsymbol{p}^k)=\boldsymbol{A}\boldsymbol{x}^k+t_k\boldsymbol{A}\boldsymbol{p}^k=\boldsymbol{b}$$

已知 $\boldsymbol{x}^k$ 为可行点，因此有 $\boldsymbol{A}\boldsymbol{x}^k=\boldsymbol{b}$. 又因 $t_k>0$，故必有

$$\boldsymbol{A}\boldsymbol{p}^k=\boldsymbol{0}$$

由(3.5.15)式和(3.5.17)式知

$$\boldsymbol{B}_k\boldsymbol{p}_B^k+\boldsymbol{N}_k\boldsymbol{p}_N^k=\boldsymbol{0}$$

因而应取

$$\boldsymbol{p}_B^k=-\boldsymbol{B}_k^{-1}\boldsymbol{N}_k\boldsymbol{p}_N^k \tag{3.5.19}$$

总之，利用简约梯度 $\boldsymbol{r}_N^k$ 构造出的搜索方向 $\boldsymbol{p}^k=\begin{pmatrix}\boldsymbol{p}_B^k\\ \boldsymbol{p}_N^k\end{pmatrix}$ 如下：

$$\begin{cases}\boldsymbol{p}_N^k: p_i^k=\begin{cases}-r_i^k, & r_i^k\leqslant 0\\ -x_i^k r_i^k, & r_i^k>0\end{cases} \quad (i\notin \boldsymbol{I}_B^k)\\ \boldsymbol{p}_B^k=-\boldsymbol{B}_k^{-1}\boldsymbol{N}_k\boldsymbol{p}_N^k\end{cases} \tag{3.5.20}$$

所得搜索方向 $\boldsymbol{p}^k$ 具有如下定理所述性质.

定理 3.5.3 对于非线性规划问题(3.5.12)，设 f 是可微函数，$\boldsymbol{x}^k\in X_l$，并且有分

解 $\boldsymbol{x}^k=\begin{pmatrix}\boldsymbol{x}_B^k\\ \boldsymbol{x}_N^k\end{pmatrix}$，$\boldsymbol{x}_B^k>\boldsymbol{0}$. 若 $\boldsymbol{p}^k$ 是由(3.5.20)式所确定的向量，则

(1) 当 $\boldsymbol{p}^k\neq\boldsymbol{0}$ 时，$\boldsymbol{p}^k$ 是 f 在点 $\boldsymbol{x}^k$ 处关于 X_l 的可行下降方向；

(2) $\boldsymbol{p}^k=\boldsymbol{0}$ 的充要条件是 $\boldsymbol{x}^k$ 是问题(3.5.12)的 K-T 点.

证 (1) 对于 $t>0$，由于 $\boldsymbol{x}^k\in X_l$，由(3.5.15)，(3.5.17)及 $\boldsymbol{p}^k$ 的构造(3.5.20)可得

$$\begin{aligned}\boldsymbol{A}(\boldsymbol{x}^k+t\boldsymbol{p}^k)&=\boldsymbol{A}\boldsymbol{x}^k+t\boldsymbol{A}\boldsymbol{p}^k=\boldsymbol{b}+t(\boldsymbol{B}_k\boldsymbol{p}_B^k+\boldsymbol{N}_k\boldsymbol{p}_N^k)\\&=\boldsymbol{b}+t[\boldsymbol{B}_k(-\boldsymbol{B}_k^{-1}\boldsymbol{N}_k\boldsymbol{p}_N^k)+\boldsymbol{N}_k\boldsymbol{p}_N^k]=\boldsymbol{b}\end{aligned}$$

另外，从 $\boldsymbol{x}_B^k>\boldsymbol{0}$ 知 $x_i^k>0, i\in I_B^k$. 并且对于 $i\notin I_B^k$，由(3.5.20)式知 p_i^k 仅当 $x_i^k>0$ 时才可能是负值，因而若 $x_i^k=0$，则有 $p_i^k\geqslant 0$. 据此，当 $t>0$ 取得适当小时，有 $\boldsymbol{x}^k+t\boldsymbol{p}^k\geqslant\boldsymbol{0}$. 因而 $\boldsymbol{p}^k$ 是点 $\boldsymbol{x}^k$ 处关于 X_l 的可行方向.

为了证明 $\boldsymbol{p}^k$ 是下降方向，由(3.5.14)，(3.5.17)，(3.5.16)和(3.5.20)有

$$\begin{aligned}(\nabla f(\boldsymbol{x}^k))^{\mathrm T}\boldsymbol{p}^k&=(\nabla_B f(\boldsymbol{x}^k))^{\mathrm T}\boldsymbol{p}_B^k+(\nabla_N f(\boldsymbol{x}^k))^{\mathrm T}\boldsymbol{p}_N^k\\&=[-(\nabla_B f(\boldsymbol{x}^k))^{\mathrm T}\boldsymbol{B}_k^{-1}\boldsymbol{N}_k+(\nabla_N f(\boldsymbol{x}^k))^{\mathrm T}]\boldsymbol{p}_N^k\\&=(\boldsymbol{r}_N^k)^{\mathrm T}\boldsymbol{p}_N^k=\sum_{i\notin I_B^k}r_i^kp_i^k\leqslant 0\end{aligned}$$

又因为 $\boldsymbol{p}^k\neq\boldsymbol{0}$，所以 $\boldsymbol{p}_N^k\neq\boldsymbol{0}$，故推知 $(\nabla f(\boldsymbol{x}^k))^{\mathrm T}\boldsymbol{p}^k<0$. 由定理 3.4.1 知，$\boldsymbol{p}^k$ 是 f 在点 $\boldsymbol{x}^k$ 处的下降方向.

(2) 先证明充分性. 由(3.5.10)式，$\boldsymbol{x}^k$ 是问题(3.5.12)的 K-T 点意味着存在 $\boldsymbol{\lambda}^*\in\mathbf{R}^n$ 和 $\boldsymbol{\mu}^*\in\mathbf{R}^m$，使得

$$\begin{cases}\nabla f(\boldsymbol{x}^k)-\boldsymbol{\lambda}^*+\boldsymbol{A}^{\mathrm T}\boldsymbol{\mu}^*=\boldsymbol{0}\\ \boldsymbol{\lambda}^{*\mathrm T}\boldsymbol{x}^k=0\\ \boldsymbol{\lambda}^*\geqslant\boldsymbol{0}\end{cases}$$

按(3.5.15)，设 $\boldsymbol{\lambda}^*$ 相应的分解为 $\boldsymbol{\lambda}^*=\begin{pmatrix}\boldsymbol{\lambda}_B^*\\ \boldsymbol{\lambda}_N^*\end{pmatrix}$，则上式可写为

$$\begin{cases}\nabla_B f(\boldsymbol{x}^k)-\boldsymbol{\lambda}_B^*+\boldsymbol{B}_k^{\mathrm T}\boldsymbol{\mu}^*=\boldsymbol{0}\\ \nabla_N f(\boldsymbol{x}^k)-\boldsymbol{\lambda}_N^*+\boldsymbol{N}_k^{\mathrm T}\boldsymbol{\mu}^*=\boldsymbol{0}\\ \boldsymbol{\lambda}_B^{*\mathrm T}\boldsymbol{x}_B^k=0,\quad \boldsymbol{\lambda}_N^{*\mathrm T}\boldsymbol{x}_N^k=0\\ \boldsymbol{\lambda}_B^*\geqslant\boldsymbol{0},\quad \boldsymbol{\lambda}_N^*\geqslant\boldsymbol{0}\end{cases}\tag{3.5.21}$$

因为 $\boldsymbol{x}_B^k>\boldsymbol{0}$，由上式的互补松紧性条件知 $\boldsymbol{\lambda}_B^*=\boldsymbol{0}$，代入(3.5.21)中的第一个式子，有

$$\boldsymbol{\mu}^*=-(\boldsymbol{B}_k^{-1})^{\mathrm T}\nabla_B f(\boldsymbol{x}^k)$$

将上式代入(3.5.21)中的第二个式子，由(3.5.16)式得到

$$\boldsymbol{\lambda}_N^*=-\boldsymbol{N}_k^{\mathrm T}(\boldsymbol{B}_k^{-1})^{\mathrm T}\nabla_B f(\boldsymbol{x}^k)+\nabla_N f(\boldsymbol{x}^k)=\boldsymbol{r}_N^k$$

于是，由(3.5.21)的第三行第二式和第四行第二式，可知

$$\begin{cases}(\boldsymbol{r}_N^k)^{\mathrm T}\boldsymbol{x}_N^k=0\\ \boldsymbol{r}_N^k\geqslant 0\end{cases}\tag{3.5.22}$$

由于 $\boldsymbol{x}_N^k\geqslant\boldsymbol{0}$，由上式可推知 $r_i^kx_i^k=0, i\notin I_B^k$，据此，再由 $r_N^k\geqslant\boldsymbol{0}$，从(3.5.20)知 $\boldsymbol{p}_N^k=\boldsymbol{0}$，因而

$\boldsymbol{p}_B^k=\mathbf{0}$.由(3.5.17)知 $\boldsymbol{p}^k=\mathbf{0}$.

为了证明必要性,设 $\boldsymbol{p}^k=\mathbf{0}$,由(3.5.20)可知(3.5.22)式成立.由此,取 $\boldsymbol{\lambda}_B^*=\mathbf{0}$,$\boldsymbol{\lambda}_N^*=\boldsymbol{r}_N^k$,$\boldsymbol{\mu}^*=-(\boldsymbol{B}_k^{-1})^{\mathrm{T}}\nabla_B f(\boldsymbol{x}^k)$,则(3.5.21)式成立.于是,$\boldsymbol{x}^k$ 是问题(3.5.12)的K-T点. ▌

最后,我们考察如何从点 $\boldsymbol{x}^k\in X_l$ 出发沿由(3.5.20)式所确定的可行下降搜索方向 $\boldsymbol{p}^k$ 进行有效一维搜索.

由上面的分析,我们已知 $\boldsymbol{A}\boldsymbol{p}^k=\mathbf{0}$,因此对任意的 $t_k>0$,均有 $\boldsymbol{A}\boldsymbol{x}^{k+1}=\boldsymbol{A}(\boldsymbol{x}^k+t_k\boldsymbol{p}^k)=\boldsymbol{b}$.为使

$$x_i^{k+1}=x_i^k+t_kp_i^k\geqslant 0,\quad i=1,\cdots,n$$

因为总有 $x_i^k\geqslant 0,i=1,\cdots,n$,故当 $p_i^k\geqslant 0$ 时,上式总成立;但当 $p_i^k<0$ 时,为使 $x_i^{k+1}\geqslant 0$,应要求

$$t_k\leqslant -\frac{x_i^k}{p_i^k}$$

因而可取

$$t_{\max}^k=\begin{cases}+\infty, & \boldsymbol{p}^k\geqslant\mathbf{0}\\ \min\limits_{1\leqslant i\leqslant n}\left\{-\dfrac{x_i^k}{p_i^k}\,\middle|\,p_i^k<0\right\}, & \boldsymbol{p}^k<\mathbf{0}\end{cases}\tag{3.5.23}$$

作为有效一维搜索时变量 t 的上界.

我们把按(3.5.17)式和(3.5.20)式构造搜索方向 $\boldsymbol{p}^k$,而按(3.5.23)式确定有效一维搜索变量上界的简约梯度法称为 Wolfe **简约梯度法**,简称 Wolfe **法**.在一般假设条件下,可以证明 Wolfe 法是收敛的.

解问题(3.5.12)的 Wolfe 法计算步骤:

第 1 步　选取初始可行点 $\boldsymbol{x}^0\in X_l$,给定终止误差 $\varepsilon>0$,令 $k:=0$;

第 2 步　设 I_B^k 是 $\boldsymbol{x}^k$ 的 m 个最大分量的下标集,对矩阵 $\boldsymbol{A}$ 进行相应分解

$$\boldsymbol{A}=(\boldsymbol{B}_k,\boldsymbol{N}_k)$$

第 3 步　计算 $\nabla f(\boldsymbol{x}^k)=\begin{pmatrix}\nabla_B f(\boldsymbol{x}^k)\\ \nabla_N f(\boldsymbol{x}^k)\end{pmatrix}$,然后计算简约梯度

$$\boldsymbol{r}_N^k=-(\boldsymbol{B}_k^{-1}\boldsymbol{N}_k)^{\mathrm{T}}\nabla_B f(\boldsymbol{x}^k)+\nabla_N f(\boldsymbol{x}^k)$$

记 $\boldsymbol{r}_N^k$ 的第 $i(i\notin I_B^k)$ 个分量为 r_i^k;

第 4 步　按(3.5.20)式构造可行下降方向 $\boldsymbol{p}^k$.若 $\|\boldsymbol{p}^k\|\leqslant\varepsilon$,停止迭代,输出 $\boldsymbol{x}^k$,否则进行第 5 步;

第 5 步　进行有效一维搜索,求解

$$\min_{0\leqslant t\leqslant t_{\max}^k} f(\boldsymbol{x}^k+t\boldsymbol{p}^k)$$

得到最优解 t_k,其中 $t_{\max}^k$ 由(3.5.23)式确定,令 $\boldsymbol{x}^{k+1}=\boldsymbol{x}^k+t_k\boldsymbol{p}^k$,$k:=k+1$,转第 2 步.

例 3.5.2　用 Wolfe 法求解约束极小化问题

$$\begin{cases} \min & x_1^2+x_2^2+2x_1x_2+2x_1+6x_2 \\ \text{s.t.} & x_1+x_2 \leqslant 4 \\ & -x_1+x_2 \leqslant 2 \\ & x_1, x_2 \geqslant 0 \end{cases} \tag{3.5.24}$$

取 $\boldsymbol{x}^0=(1,1)^{\mathrm{T}}, \varepsilon=10^{-6}$.

解　首先将问题(3.5.24)化为形如(3.5.12)的问题

$$\begin{cases} \min & x_1^2+x_2^2+2x_1x_2+2x_1+6x_2 \\ \text{s.t.} & x_1+x_2+x_3 \qquad = 4 \\ & -x_1+x_2 \qquad +x_4 = 2 \\ & x_j \geqslant 0, \; j=1,2,3,4 \end{cases} \tag{3.5.25}$$

取 $\boldsymbol{x}^0=(1,1,2,2)^{\mathrm{T}}, \varepsilon=10^{-6}$.

第 1 轮迭代.对于 $\boldsymbol{x}^0=(1,1,2,2)^{\mathrm{T}}$,有 $I_{\boldsymbol{B}}^0=\{3,4\}$,故矩阵

$$\boldsymbol{A}=\begin{pmatrix} 1 & 1 & 1 & 0 \\ -1 & 1 & 0 & 1 \end{pmatrix}$$

相应分解为

$$\boldsymbol{B}_0=\begin{pmatrix} 1 & 0 \\ 0 & 1 \end{pmatrix}, \quad \boldsymbol{N}_0=\begin{pmatrix} 1 & 1 \\ -1 & 1 \end{pmatrix}$$

因为

$$\nabla f(\boldsymbol{x})=(2x_1+2x_2+2, 2x_2+2x_1+6, 0, 0)^{\mathrm{T}}$$

所以 $\nabla f(\boldsymbol{x}^0)=(6,10,0,0)^{\mathrm{T}}$.由(3.5.16)式可求得 $\boldsymbol{x}^0$ 点的简约梯度

$$\begin{aligned} \boldsymbol{r}_{\boldsymbol{N}}^0 &= -(\boldsymbol{B}_0^{-1}\boldsymbol{N}_0)^{\mathrm{T}} \nabla_{\boldsymbol{B}} f(\boldsymbol{x}^0)+\nabla_{\boldsymbol{N}} f(\boldsymbol{x}^0) \\ &= -\left[\begin{pmatrix} 1 & 0 \\ 0 & 1 \end{pmatrix}^{-1}\begin{pmatrix} 1 & 1 \\ -1 & 1 \end{pmatrix}\right]^{\mathrm{T}}\begin{pmatrix} 0 \\ 0 \end{pmatrix}+\begin{pmatrix} 6 \\ 10 \end{pmatrix}=\begin{pmatrix} 6 \\ 10 \end{pmatrix} \end{aligned}$$

由公式(3.5.20)有

$$\boldsymbol{p}_{\boldsymbol{N}}^0=\begin{pmatrix} -6 \\ -10 \end{pmatrix}, \quad \boldsymbol{p}_{\boldsymbol{B}}^0=-\boldsymbol{B}_0^{-1}\boldsymbol{N}_0\boldsymbol{p}_{\boldsymbol{N}}^0=-\begin{pmatrix} 1 & 0 \\ 0 & 1 \end{pmatrix}^{-1}\begin{pmatrix} 1 & 1 \\ -1 & 1 \end{pmatrix}\begin{pmatrix} -6 \\ -10 \end{pmatrix}=\begin{pmatrix} 16 \\ 4 \end{pmatrix}$$

因此得到可行下降方向

$$\boldsymbol{p}^0=(-6,-10,16,4)^{\mathrm{T}}$$

由于 $\|\boldsymbol{p}^0\|>10^{-6}$,要沿 $\boldsymbol{p}^0$ 进行有效一维搜索.先根据(3.5.23)式确定

$$t_{\max}^0=\min\left\{\frac{1}{6},\frac{1}{10}\right\}=\frac{1}{10}$$

求解

$$\min_{0 \leqslant t \leqslant \frac{1}{10}} f(\boldsymbol{x}^0+t\boldsymbol{p}^0)=256t^2-136t+12$$

得最优解 $t_0=\dfrac{1}{10}$,于是得到下一个迭代点

$$\boldsymbol{x}^1=\boldsymbol{x}^0+t_0\boldsymbol{p}^0=(1,1,2,2)^{\mathrm{T}}+\frac{1}{10}(-6,-10,16,4)^{\mathrm{T}}$$

$$=\left(\frac{2}{5},0,\frac{18}{5},\frac{12}{5}\right)^{\mathrm{T}}$$

第 2 轮迭代.对于 $\boldsymbol{x}^1$，有 $I_B^1=\{3,4\}$，故对矩阵 $\boldsymbol{A}$ 的分解仍有

$$\boldsymbol{B}_1=\begin{pmatrix}1&0\\0&1\end{pmatrix},\quad \boldsymbol{N}_1=\begin{pmatrix}1&1\\-1&1\end{pmatrix}$$

经计算，$\nabla f(\boldsymbol{x}^1)=\left(\frac{14}{5},\frac{34}{5},0,0\right)^{\mathrm{T}}$，由(3.5.16)式得到简约梯度

$$\boldsymbol{r}_N^1=-(\boldsymbol{B}_1^{-1}\boldsymbol{N}_1)^{\mathrm{T}}\ \nabla_B f(\boldsymbol{x}^1)+\nabla_N f(\boldsymbol{x}^1)$$

$$=-\left[\begin{pmatrix}1&0\\0&1\end{pmatrix}^{-1}\begin{pmatrix}1&1\\-1&1\end{pmatrix}\right]^{\mathrm{T}}\begin{pmatrix}0\\0\end{pmatrix}+\begin{pmatrix}\frac{14}{5}\\\frac{34}{5}\end{pmatrix}=\begin{pmatrix}\frac{14}{5}\\\frac{34}{5}\end{pmatrix}$$

由公式(3.5.20)有

$$\boldsymbol{p}_N^1=\begin{pmatrix}-\frac{28}{25}\\0\end{pmatrix},\quad \boldsymbol{p}_B^1=-\boldsymbol{B}_1^{-1}\boldsymbol{N}_1\boldsymbol{p}_N^1=\begin{pmatrix}\frac{28}{25}\\-\frac{28}{25}\end{pmatrix}$$

所以可行下降方向为

$$\boldsymbol{p}^1=\left(-\frac{28}{25},0,\frac{28}{25},-\frac{28}{25}\right)^{\mathrm{T}}$$

由于 $\|\boldsymbol{p}^1\|>10^{-6}$，为计算简便计，不妨重取 $\boldsymbol{p}^1$ 为

$$\boldsymbol{p}^1=(-1,0,1,-1)^{\mathrm{T}}$$

根据(3.5.23)式确定

$$t_{\max}^1=\min\left\{\frac{\frac{2}{5}}{1},\frac{\frac{12}{5}}{1}\right\}=\frac{2}{5}$$

求解

$$\min_{0\leqslant t\leqslant\frac{2}{5}} f(\boldsymbol{x}^1+t\boldsymbol{p}^1)=\left(\frac{2}{5}-t\right)^2+2\left(\frac{2}{5}-t\right)$$

得 $t_1=\frac{2}{5}$，所以

$$\boldsymbol{x}^2=\boldsymbol{x}^1+t_1\boldsymbol{p}^1=\left(\frac{2}{5},0,\frac{18}{5},\frac{12}{5}\right)^{\mathrm{T}}+\frac{2}{5}(-1,0,1,-1)^{\mathrm{T}}$$

$$=(0,0,4,2)^{\mathrm{T}}$$

第 3 轮迭代.对于 $\boldsymbol{x}^2$ 仍有 $I_B^2=\{3,4\}$，故 $\boldsymbol{A}$ 的分解仍为

$$\boldsymbol{B}_2=\begin{pmatrix}1&0\\0&1\end{pmatrix},\quad \boldsymbol{N}_2=\begin{pmatrix}1&1\\-1&1\end{pmatrix}$$

因为 $\nabla f(\boldsymbol{x}^2)=(2,6,0,0)^{\mathrm{T}}$，由(3.5.16)式求得 $\boldsymbol{r}_N^2=\begin{pmatrix}2\\6\end{pmatrix}$，按(3.5.20)式求得 $\boldsymbol{p}_N^2=\begin{pmatrix}0\\0\end{pmatrix}$，

$p_B^2=\begin{pmatrix}0\\0\end{pmatrix}$.因而有

$$p^2=(0,0,0,0)^{\mathrm{T}}$$

$\|p^2\|=0<10^{-6}$.由定理3.5.3知$x^2=(0,0,4,2)^{\mathrm{T}}$为问题(3.5.25)的K-T点.显然(3.5.25)是一个凸规划,因此所求得的x^2为其整体最优解.原问题(3.5.24)的整体最优解为$x^*=(0,0)^{\mathrm{T}}$.

求解带线性约束的非线性规划问题的其他形式的简约梯度法见文献[2].特别要指出的是,Abadie和Carpentier在1969年成功地把Wolfe的简约梯度法推广到求解带非线性等式约束的非线性规划问题,提出了著名的广义简约梯度法(generalized reduced gradient method),简记为GRG法.它的基本思想与Wolfe法类似,取代Wolfe法中的等式线性约束的系数矩阵,在GRG法中用等式向量约束函数的Jacobi矩阵来计算简约梯度.但是,由于这时的约束函数是非线性的,故用非基变量来表示基变量一般需要求解非线性方程组,这使求解变得不那么简单.GRG法经后人不断的改进,目前已是求解MP问题的最有效方法之一.

作为可行方向法的代表,我们介绍了简约梯度法.还有其他的一些行之有效的可行方向法,如近似线性化法、Zoutendijk可行方向法、Topkis-Veinott可行方向法、投影梯度法等,见文献[1],[4].但一般的可行方向法,对于带非线性约束的MP问题求解效果不理想.原因是当迭代点进入可行区域的边界之后,如何让它在"非线性"的边界上继续进行有效的移动会遇到困难.回避这种困难的另一类求解MP问题的途径,就是增广目标函数法.这类方法的特点是,利用问题的目标函数和约束函数的某种组合构造出所谓增广目标函数,把约束优化问题的求解转换为相应的增广目标函数的无约束优化问题的求解.限于篇幅,下面我们仅介绍利用所谓惩罚函数来构造增广目标函数的惩罚函数法.

3. 惩罚函数法

惩罚函数法求解MP问题的思想是,利用问题中的约束函数作出适当的带有参数的惩罚函数,然后在原来的目标函数上加上惩罚函数构造出带参数的增广目标函数,把MP问题的求解转换为求解一系列无约束非线性规划问题.这种把一个MP问题的求解归结为一系列无约束优化问题求解的方法,也称为**序列无约束极小化方法**.

惩罚函数法有许多类型,这里将介绍最基本的两种:一种是罚函数法,也称为外部惩罚法;另一种是障碍函数法,也称为内部惩罚法.

(1) 罚函数法

考虑MP问题

$$(\mathrm{MP})\quad\begin{cases}\min & f(x)\\ \text{s.t.} & g_i(x)\leqslant 0,\ i=1,\cdots,p\\ & h_j(x)=0,\ j=1,\cdots,q\end{cases}$$

这里$x\in\mathbf{R}^n$,并假设出现的所有函数都是连续的.MP问题的可行区域是

$$X=\left\{\boldsymbol{x}\in\mathbf{R}^n\left|\begin{array}{l}g_i(\boldsymbol{x})\leqslant 0,\quad i=1,\cdots,p\\ h_j(\boldsymbol{x})=0,\quad j=1,\cdots,q\end{array}\right.\right\}$$

将带约束的 MP 问题转换为无约束极小化问题求解的原始想法是,设法适当地加大不可行点处对应的目标函数值,使不可行点不能成为相应无约束极小化问题的最优解.具体地说,是预先选定一个很大的正数 c,构造一个罚函数

$$p(\boldsymbol{x})=\begin{cases}0, & \boldsymbol{x}\in X\\ c, & \boldsymbol{x}\notin X\end{cases}\tag{3.5.26}$$

然后利用 $p(\boldsymbol{x})$ 构造一个(MP)的增广目标函数

$$F(\boldsymbol{x})=f(\boldsymbol{x})+p(\boldsymbol{x})\tag{3.5.27}$$

由于在可行点处 F 的值与 f 的值相同,而在不可行点处对应的 F 值很大,所以相应的以增广目标函数 F 为目标函数的无约束极小化问题

$$\min F(\boldsymbol{x})=f(\boldsymbol{x})+p(\boldsymbol{x})\tag{3.5.28}$$

的最优解,必定也是 MP 问题的最优解.

上述原始想法虽然可以将带约束的 MP 问题转换为无约束问题(3.5.28)求解,但构造的罚函数(3.5.26)未必能保持各约束函数 $g_i,i=1,\cdots,p,h_j,j=1,\cdots,q$ 所具有的连续性或者光滑性等良好性态,致使转换后的问题(3.5.28)一般无法采用各种无约束最优化方法来求解.

要使构造的增广目标函数 $F(\boldsymbol{x})$ 保持原来的目标函数 $f(\boldsymbol{x})$ 及各约束函数所具有的良好性态,关键在于罚函数不能在可行区域的边界处发生跳跃.为此,对于 MP 问题可选取罚函数如下:

$$p_c(\boldsymbol{x})=c\sum_{i=1}^{p}[\max(g_i(\boldsymbol{x}),0)]^2+\frac{c}{2}\sum_{j=1}^{q}[h_j(\boldsymbol{x})]^2$$

其中 c 称为**罚参数**或**罚因子**,相应地构造增广目标函数为

$$F_c(\boldsymbol{x})=f(\boldsymbol{x})+p_c(\boldsymbol{x})$$

可以证明,当目标函数 $f(x)$ 及各约束函数均连续可微时,$F_c(\boldsymbol{x})$ 也是连续可微的.当 c 充分大时,总可使 MP 问题转换为无约束的极小化问题

$$\min F_c(\boldsymbol{x})$$

在实际计算中,选取大小合适的 c 并不简单.为此,人们做了效果相同的一点改变:先选取一递增且趋于无穷的正罚参数列 $\{c_k\}$,此时,随着 k 的增大,罚函数 $p_{c_k}(\boldsymbol{x})$ 对每个不可行点 $\boldsymbol{x}$ 施加的惩罚也逐步增大,且在每个不可行点 $\boldsymbol{x}$ 处,当 k 趋于无穷时惩罚也趋于无穷.这样,求解 MP 问题就转换为求一系列无约束极小化问题

$$\min F_{c_k}(\boldsymbol{x})=f(\boldsymbol{x})+p_{c_k}(\boldsymbol{x}),\quad k=1,2,\cdots\tag{3.5.29}$$

的解,其中

$$p_{c_k}(\boldsymbol{x})=c_k\sum_{i=1}^{p}[\max(g_i(\boldsymbol{x}),0)]^2+\frac{c_k}{2}\sum_{j=1}^{q}[h_j(\boldsymbol{x})]^2\tag{3.5.30}$$

设当 k 取定时,(3.5.29)的最优解为 $\boldsymbol{x}^k$,我们自然期望点列 $\{\boldsymbol{x}^k\}$ 会逼近(MP)的最优解.这就是罚函数法求解 MP 问题的过程.

罚函数法在企业管理中可作如下解释.

我们把目标函数 $f(\boldsymbol{x})$ 视为产品的成本，把约束条件视为对产品质量的某些规定，企业管理人员可在质量规定的范围内通过各种办法降低成本.对违反产品质量规定的工作人员制定了一系列惩罚办法：如果符合规定，免于惩罚，反之，就给予惩罚.这时工作人员所追求的总目标应是产品成本和所受惩罚的总和为最小，这就是上面所说的无约束极小化问题.当惩罚条件规定得很苛刻时，违反产品质量规定所付出的代价也就很高，这就迫使工作人员尽可能不违反规定.在数学上就表现为当罚参数 c_k 充分大时，上述无约束问题的最优解应满足约束条件，而成为约束问题的最优解.

罚函数法计算步骤：

第 1 步　选取初始点 $\boldsymbol{x}^0$，罚参数列 $\{c_k\}(k=1,2,\cdots)$，给出检验终止条件的误差 $\varepsilon>0$，令 $k:=1$；

第 2 步　按(3.5.30)构造罚函数 $p_{c_k}(\boldsymbol{x})$，再按(3.5.29)构造(MP)的增广目标函数，即

$$F_{c_k}(\boldsymbol{x})=f(\boldsymbol{x})+p_{c_k}(\boldsymbol{x})$$

第 3 步　选用某种无约束最优化方法，以 $\boldsymbol{x}^{k-1}$ 为初始点，求解

$$\min F_{c_k}(\boldsymbol{x})$$

设得到最优解 $\boldsymbol{x}^k$，若 $\boldsymbol{x}^k$ 已满足某种终止条件，停止迭代，输出 $\boldsymbol{x}^k$；否则令 $k:=k+1$，转第 2 步.

在罚函数法中，对递增且趋于无穷的正罚参数列 $\{c_k\}$ 的选取，常常采用先取定一个初始罚参数 $c_1>0$ 和一个增大系数 $\alpha\geqslant 2$，而令

$$c_{k+1}=\alpha c_k,\quad k=1,2,\cdots$$

递推产生.令

$$S(\boldsymbol{x})=\frac{1}{c_k}p_{c_k}(\boldsymbol{x})=\sum_{i=1}^{p}[\max(g_i(\boldsymbol{x}),0)]^2+\frac{1}{2}\sum_{j=1}^{q}[h_j(\boldsymbol{x})]^2$$

终止条件可采用 $S(\boldsymbol{x}^k)\leqslant\varepsilon$，也可令

$$g_{\max}^k=\max_{1\leqslant i\leqslant p}\{g_i(\boldsymbol{x}^k)\},\quad h_{\max}^k=\max_{1\leqslant j\leqslant q}\{|h_j(\boldsymbol{x}^k)|\}$$

终止条件采用 $\max\{g_{\max}^k,h_{\max}^k\}\leqslant\varepsilon$.

例 3.5.3　用罚函数法求解

$$\begin{cases}\min & x^2\\ \text{s.t.} & 1-x\leqslant 0\end{cases}\tag{3.5.31}$$

取 $c_k=k,k=1,2,\cdots$.

解　罚函数为

$$p_{c_k}(x)=c_k[\max(1-x,0)]^2=k[\max(1-x,0)]^2$$

相应的增广目标函数为

$$\begin{aligned}F_{c_k}(x)&=x^2+k[\max(1-x,0)]^2\\&=\begin{cases}x^2+k(1-x)^2, & x<1\\ x^2, & x\geqslant 1\end{cases}\end{aligned}$$

原问题转换为求解一系列无约束最优化问题

$$\min F_{c_k}(x),\quad k=1,2,\cdots$$

如图 3.5.2 所示.用解析法求解上述问题:

$$\frac{\mathrm{d}F_{c_k}(x)}{\mathrm{d}x}=\begin{cases}2x-2k(1-x), & x<1\\ 2x, & x\geqslant 1\end{cases}$$

令$\dfrac{\mathrm{d}F_{c_k}(x)}{\mathrm{d}x}=0$,求得

$$x^k=\frac{k}{1+k},\quad k=1,2,\cdots$$

可以看到,当 k 无限增大时,x^k 从问题(3.5.31)的可行区域外部趋于它的最优解 $x^*=1$.

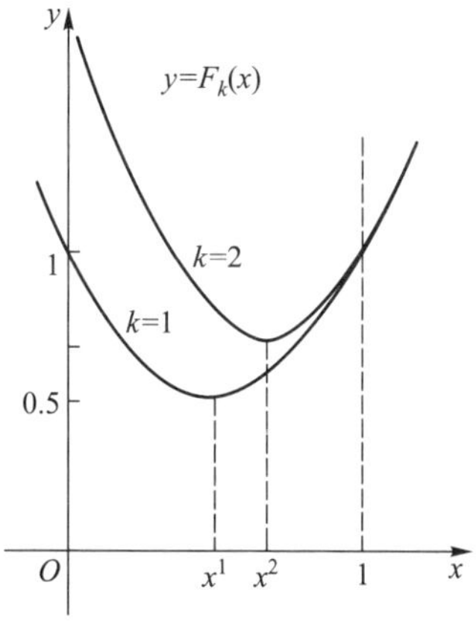

图 3.5.2

对于约束最优化问题(MP),除非它的最优解 $\boldsymbol{x}^*$ 也是 $f(\boldsymbol{x})$ 的无约束最优解,一般 $\boldsymbol{x}^*$ 总位于(MP)的可行区域边界上,采用罚函数法,所得点列 $\{\boldsymbol{x}^k\}$ 总是从可行区域外部趋于(MP)的最优解 $\boldsymbol{x}^*$.正因为如此,也称罚函数法为**外部惩罚法**或**外点法**.这一方法通过对不可行点施加惩罚构造增广目标函数,并使增广目标函数的最优解随惩罚的无限增大而趋于原 MP 问题的最优解.

(2) 障碍函数法

罚函数法产生的点列 $\{\boldsymbol{x}^k\}$ 从可行区域外部逐步逼近 MP 问题的最优解.当我们在某个充分大的 c_k 处终止迭代时,所得到的点 $\boldsymbol{x}^k$ 一般只能近似满足约束条件.对某些实际问题来说,这样的近似最优解是不能被接受的.为了使迭代点总是可行点,可以采用**障碍函数法**,或称为**内部惩罚法**.它的基本思想是,在可行区域的边界上筑起一道"墙"来,当迭代点靠近边界时,所构造的增广目标函数值陡然增大,于是最优点就被"挡"在可行区域内部了.

为使可行区域的内点与边界能一目了然,使我们易于构造障碍函数,考虑仅带不等式约束的 MP 问题

$$\begin{cases}\min & f(\boldsymbol{x})\\ \text{s.t.} & g_i(\boldsymbol{x})\leqslant 0,\quad i=1,\cdots,p\end{cases}\tag{3.5.32}$$

令

$$\boldsymbol{g}(\boldsymbol{x})=(g_1(\boldsymbol{x}),\cdots,g_p(\boldsymbol{x}))^{\mathrm{T}}$$

问题(3.5.32)的可行区域 X 的内部可记为

$$X^{\circ}=\{\boldsymbol{x}\in\mathbf{R}^n\mid \boldsymbol{g}(\boldsymbol{x})<0\}$$

当点 x 从可行区域内部趋于可行区域的边界时,至少有一个 $g_i(\boldsymbol{x})$ 趋于零.因此函数

$$B(\boldsymbol{x})=-\sum_{i=1}^{p}\frac{1}{g_i(\boldsymbol{x})}\quad 或\quad B(\boldsymbol{x})=-\sum_{i=1}^{p}\ln[-g_i(\boldsymbol{x})]$$

就会无限增大.于是,若在原目标函数 $f(\boldsymbol{x})$ 上加上 $B(\boldsymbol{x})$,就会使极小点落在可行区域内部.因此函数 $B(\boldsymbol{x})$ 的作用是对企图脱离可行区域的点给予惩罚.然而,最终目的是逐

步逼近 $f(\boldsymbol{x})$ 的带约束条件的极小点，且这种极小点通常位于可行区域的边界上，因此要在迭代过程中逐步减弱 $B(\boldsymbol{x})$ 的影响.

为此，构造障碍函数：当 $\boldsymbol{x}\in X^{\circ}$ 时，有

$$B_{d_k}(\boldsymbol{x})=-d_k\sum_{i=1}^{p}\frac{1}{g_i(\boldsymbol{x})}\ \text{或}\ B_{d_k}(\boldsymbol{x})=-d_k\sum_{i=1}^{p}\ln[-g_i(\boldsymbol{x})] \tag{3.5.33}$$

其中称 d_k 为**罚参数**或**罚因子**，$d_k>0$. 当 $g_i(\boldsymbol{x}),i=1,\cdots,p$ 均为连续函数时，$B_{d_k}(\boldsymbol{x})$ 在 X° 上是非负连续函数.

选取一递减且趋于零的正罚参数列 $\{d_k\}(k=1,2,\cdots)$，对每一个 d_k 可作一对应的障碍函数 $B_{d_k}(\boldsymbol{x})$. 利用 $B_{d_k}(\boldsymbol{x})$ 构造出定义在 X° 上的(3.5.32)的增广目标函数

$$F_{d_k}(\boldsymbol{x})=f(\boldsymbol{x})+B_{d_k}(\boldsymbol{x}) \tag{3.5.34}$$

由 $B_{d_k}(\boldsymbol{x})$ 的结构可知，当一个点从 X° 中向 X 的边界趋近时，$F_{d_k}(\boldsymbol{x})$ 的值将无限变大，由此，无约束最优化问题

$$\min F_{d_k}(\boldsymbol{x}) \tag{3.5.35}$$

的最优解必落在可行区域的内部. 这样，我们把约束优化问题(3.5.32)的求解转换为一系列无约束优化问题

$$\min F_{d_k}(\boldsymbol{x}),\quad k=1,2,\cdots$$

的求解. 如果(3.5.32)的最优解在 X 内部，那么当 d_k 取到某一适当的值时，(3.5.35)的最优解可以达到它. 如果(3.5.32)的最优解在 X 的边界上，那么随着罚参数 d_k 的减小，障碍函数 $B_{d_k}(\boldsymbol{x})$ 影响的减弱，相应的(3.5.35)的最优解点列将向 X 的边界上的最优解逐渐逼近. 据此，我们给出求解(3.5.32)问题的障碍函数法如下.

障碍函数法计算步骤：

第 1 步　选取初始点 $\boldsymbol{x}^0\in X^{\circ}$，罚参数列 $\{d_k\}(k=1,2,\cdots)$，给出检验终止条件的误差 $\varepsilon>0$，令 $k:=1$；

第 2 步　按(3.5.33)作障碍函数 $B_{d_k}(\boldsymbol{x})$，再按(3.5.34)构造问题(3.5.32)的增广目标函数，即

$$F_{d_k}(\boldsymbol{x})=f(\boldsymbol{x})+B_{d_k}(\boldsymbol{x})$$

第 3 步　选用某种无约束最优化方法，以 $\boldsymbol{x}^{k-1}$ 为初始点求解

$$\min F_{d_k}(\boldsymbol{x}),\quad \boldsymbol{x}\in X^{\circ}$$

得到最优解 $\boldsymbol{x}^k$，若 $\boldsymbol{x}^k$ 已满足某种终止条件，停止迭代，输出 $\boldsymbol{x}^k$；否则，令 $k:=k+1$，转第 2 步.

在上述障碍函数法中，初始点必须选取可行区域的内点. 罚参数列 $\{d_k\}$ 常由如下形式产生：先取定一初始罚参数 $d_1>0$ 和一个减小系数 $\beta\geqslant 2$，令 $d_{k+1}=\dfrac{d_k}{\beta}$，通常取 $\beta\in[4,10]$. 终止条件可采用 $B_{d_k}(\boldsymbol{x}^k)\leqslant\varepsilon$ 或 $\min\limits_{1\leqslant i\leqslant p}|g_i(\boldsymbol{x}^k)|\leqslant\varepsilon$. 当然，也可选取与函数(3.5.33)能起到相同作用的其他形式的障碍函数.

例 3.5.4　用障碍函数法求解例 3.5.3.

取 $d_k=\dfrac{1}{k},k=1,2,\cdots$，采用对数形式的障碍函数.

解　取

$$B_{d_k}=-d_k\ln(x-1)=-\frac{1}{k}\ln(x-1),\quad x>1$$

相应的增广目标函数为

$$F_{d_k}(x)=x^2-\frac{1}{k}\ln(x-1),\quad x>1$$

用解析法求$\nabla F_{d_k}(x)=0$得到无约束优化问题

$$\min F_{d_k}(x)$$

的最优解为

$$x^k=\frac{k+\sqrt{k^2+2k}}{2k},\quad k=1,2,\cdots$$

由上式可见,当k无限增大,即d_k无限减小时,x^k从问题(3.5.31)的可行区域内部趋于最优解$x^*=1$.

问题(3.5.31)是个非常简单的一元函数求带不等式约束的极值问题.但从中我们可以体会到用惩罚函数法求解MP问题的思想和一般过程.因为问题简单,所以我们得到的是无约束问题

$$\min F_{c_k}(x)(\text{或}\min F_{d_k}(x))$$

的解析解.在给定精度$\varepsilon>0$后,只要取$c_k(d_k)$足够大(小),由解的解析表达式,仅计算一次就可以求得满足精度要求的近似最优解.但当无法得到无约束优化问题的解析解时,就必须用迭代法.此外,罚函数法适用于一般的MP问题.上面介绍的障碍函数法仅适用于带不等式约束的非线性规划问题.对一般的MP问题,还有将罚函数法与障碍函数法相结合的混合惩罚函数法.它们都是将一个带约束的优化问题转化为一系列无约束优化问题的方法.

罚函数法的优点是方法结构简单,对初始点的选取比较自由;障碍函数法同样有结构简单的优点,但初始点必须是可行内点,因而随之产生的每个迭代点也均为可行点.这两个方法的缺点:一是收敛速度慢,例如对问题(3.5.31),若要求第k轮迭代得到的近似最优解x^k与最优解$x^*=1$之间的误差达到$|x^k-x^*|\leqslant 10^{-3}$,用罚函数法从$\left|\frac{k}{k+1}-1\right|\leqslant 10^{-3}$可推知迭代要进行1 000轮,用障碍函数法从$\left|\frac{k+\sqrt{k^2+2k}}{2k}-1\right|\leqslant 10^{-3}$推知迭代也要进行500轮;二是工作量大,每轮迭代都要求解一个无约束优化问题;三是方法本身造成了数值困难,这是因为在求解过程中,要求罚参数无限增大或无限减小,这会导致相应的增广目标函数的Hessian矩阵变得越来越病态,因而往往使求解在实际应用中失败.

为了利用惩罚函数法的思想并克服它的缺点,我们考虑把问题的惩罚函数和Lagrange函数结合起来,构造出更适当的增广目标函数的方法.由于这种方法要借助Lagrange乘子的迭代进行求解,故统称为**乘子法**.有多种乘子法,一般这些方法也是将问题转换为一系列无约束优化问题求解,但乘子法产生的迭代点列比惩罚函数法产生的迭代点列更快地接近原问题的最优解$\boldsymbol{x}^*$,因而乘子法不需要过分地增大罚参数,一般可避免因罚参数过大造成的数值困难.数值试验表明,它远比惩罚函数法优越,至今仍是解约束最优化问题的最好算法之一.然而,用一般的乘子法无法预先知道最优Lagrange乘子,因而仍是将问题转换为一系列无约束优化问题来逼近最优乘子和最优解.自然我们希望通过其他途径构造出一个函数,它不需要依赖某些确定而又未知的参数,但它的无约束极小点恰好就是原来约束问题的解.由于这样的函数往往也是在目标

函数上加上一些惩罚项而构造的，所以称为**精确罚函数**.目前人们的研究兴趣主要集中于两类性质不同的精确罚函数：可微精确罚函数和不可微精确罚函数.这些方法避免了将问题转换为一系列无约束优化问题，而直接使约束最优化问题转换为单个无约束最优化问题（见文献[2]，[4]，[12]）.

0.618 法的中国故事——华罗庚与优选法

序列无约束极小化方法的效率和可靠性等方面在很大程度上依赖于所采用的无约束最优化算法.近年来，随着对带线性约束的非线性规划算法的研究，特别是对带线性约束的目标函数是二次函数的二次规划算法的研究，发展了序列线性约束极小化方法，以及序列二次规划方法.这些方法是将一个 MP 问题的求解转换为一系列带线性约束的非线性规划问题求解.这方面的研究是近年来非线性规划研究领域最突出的进展.这些不同层次的序列约束最优化方法的有效性高，可靠性强，已成为当前世界上很流行的约束最优化数值方法之一.

非线性规划程序

目前，先进的大型通用数学软件的普及和使用，使我们求解大规模最优化问题变得更为方便和可行.随着新的、更好的优化软件的不断开发，随着最优化问题在解题环境上的不断改善，最优化的应用前景是非常广阔的.

第 3 章习题

(A)

1. 设有半径为 R 的圆，试列出使圆内接三角形面积最大的极大化数学模型.

2. 写出下述问题的数学规划模型.

若将机床用来加工产品 A，6 小时可加工 100 箱；若用机床加工产品 B，5 小时可加工 100 箱.设产品 A 和产品 B 每箱占用生产场地分别是 10 和 20 体积单位，而生产场地（包括仓库）允许 15 000 体积单位的存储量.若机床每周加工时数不超过 60 小时，产品 A 生产 x_1（百箱）的收益为 $(60-5x_1)x_1$ 元，产品 B 生产 x_2（百箱）的收益为 $(80-4x_2)x_2$ 元，又由于收购部门的限制，产品 A 的生产量每周不能超过 800 箱.试制定最优的周生产计划，使机床生产获最大收益.

3. 试在同一平面直角坐标系中画出下列 MP 问题的可行区域及目标函数的等值线，并在图中标出其局部最优解或整体最优解：

(1) $\min\left(\frac{1}{4}x_1^2+x_2^2-\frac{1}{2}x_1-4x_2+\frac{15}{4}\right)$

(2) $\begin{cases}\min & x_1^2-x_2\\ \text{s.t.} & x_1^2+x_2^2\leqslant 4\\ & x_1\leqslant 0\\ & x_2\geqslant\frac{1}{2}\end{cases}$

(3) $\begin{cases}\min & x_1^2+(x_2-1)^2+1\\ \text{s.t.} & x_1-x_2^2+2\geqslant 0\\ & x_2\leqslant x_1\\ & x_1,\ x_2\geqslant 0\end{cases}$

4. 试证二次函数 $f(x)=\frac{1}{2}\boldsymbol{x}^{\mathrm{T}}\boldsymbol{A}\boldsymbol{x}+\boldsymbol{b}^{\mathrm{T}}\boldsymbol{x}+c$（$\boldsymbol{A}$ 为对称矩阵）是严格凸函数的充要条件为 $\boldsymbol{A}$ 是正定矩阵.

5. 判别以下函数哪些是凸的，哪些是凹的，哪些是非凸非凹的：

(1) $f(x_1,x_2)=60-10x_1-4x_2+x_1^2+x_2^2-x_1x_2$；

(2) $f(x_1,x_2)=-x_1^2-5x_2^2+2x_1x_2+10x_1-10x_2$；

(3) $f(x_1,x_2,x_3)=x_1^2+3x_2^2+9x_3^2-2x_1x_2+6x_2x_3+2x_1x_3$.

6. 考虑规划问题

$$(\mathrm{MP})\quad\begin{cases}\min & \boldsymbol{c}^{\mathrm{T}}\boldsymbol{x}\\ \text{s.t.} & g_i(\boldsymbol{x})\geqslant 0,i=1,\cdots,m\\ & \boldsymbol{A}\boldsymbol{x}\geqslant\boldsymbol{b}\end{cases}$$

其中 $g_i(\boldsymbol{x})$ 为可微凸函数，$i=1,\cdots,m$；若 $\boldsymbol{x}^0$ 是（MP）的一个可行解，且存在向量 $\boldsymbol{z}^0$ 满足

$$\begin{cases}\nabla g_i(\boldsymbol{x}^0)^{\mathrm{T}}\boldsymbol{z}^0\geqslant 0,\ \ i=1,\cdots,m\\ \boldsymbol{A}\boldsymbol{z}^0\geqslant\boldsymbol{0},\ \ \boldsymbol{c}^{\mathrm{T}}\boldsymbol{z}^0<0\end{cases}$$

证明（MP）的目标函数无下界.

7. 证明下列规划为凸规划：

$$(1)\quad\begin{cases}\min & x_1^3+2x_1x_2+2x_2^2\\ \text{s.t.} & x_1\geqslant 1\end{cases}$$

问：该问题是否存在最优解？

$$(2)\quad\begin{cases}\min & \|\boldsymbol{A}\boldsymbol{x}-\boldsymbol{b}\|^2\\ \text{s.t.} & \boldsymbol{x}\geqslant\boldsymbol{0}\end{cases}$$

其中 $\boldsymbol{A}$ 是一个 $m\times n$ 矩阵，秩$(\boldsymbol{A})=n$，符号 $\|\boldsymbol{x}\|^2$ 表示向量 $\boldsymbol{x}$ 的模的平方，即 $\|\boldsymbol{x}\|^2=\boldsymbol{x}^{\mathrm{T}}\boldsymbol{x}$.

8. 设 $f(x_1,x_2)=4x_1^2+x_2^2$，已知 $\boldsymbol{x}^k=\begin{pmatrix}1\\1\end{pmatrix}$，$\boldsymbol{p}^k=\begin{pmatrix}-6\\1\end{pmatrix}$，试用解析法求 $\min\limits_{t\geqslant 0}f(\boldsymbol{x}^k+t\boldsymbol{p}^k)$ 的极小点.

9. 用 0.618 法求以下问题的近似解：

$$\min_{t\geqslant 0}\varphi(t)=-2t^3+21t^2-60t+50$$

已知函数的单谷区间[0.5,3.5]，要求最后区间的精度 $\varepsilon=0.8$.

10. 用 Newton 法求以下问题的近似最优解：

$$\min\ \varphi(t)=t^4-4t^3-6t^2-16t+4$$

给定 $t_1=6,\varepsilon=10^{-3}$，并用解析法求出该问题的精确最优解，然后比较二者结果.

11. 设 $\varphi:\mathbf{R}^1\to\mathbf{R}^1$ 连续，$[a_k,b_k]$ 是问题

$$\min_{t\geqslant 0}\varphi(t)\qquad(*)$$

的搜索区间，已知 $t_k\in(a_k,b_k)$，在 $[a_k,b_k]$ 上取二次插值多项式

$$p(t)=\alpha t^2+\beta t+\gamma$$

要求 $p(a_k)=\varphi(a_k),p(b_k)=\varphi(b_k),p(t_k)=\varphi(t_k)$.

(1) 求证一维极小化问题

$$\min_{a_k\leqslant t\leqslant b_k}p(t)$$

的最优解为

$$t_{k+1}=\frac{1}{2}\frac{\varphi(a_k)(b_k^2-t_k^2)+\varphi(b_k)(t_k^2-a_k^2)+\varphi(t_k)(a_k^2-b_k^2)}{\varphi(a_k)(b_k-t_k)+\varphi(b_k)(t_k-a_k)+\varphi(t_k)(a_k-b_k)}$$

(2) 用二次插值多项式的极小点 t_{k+1} 来缩短搜索区间，建立一个求解问题（$*$）的近似最优解的一维搜索方法（三点二次插值法），写出其计算步骤.

12. 证明定理 3.4.2.

13. 求以下无约束非线性规划问题的最优解：

（1）$\min f(x_1,x_2)=2x_1^2+x_2^2+(x_1+x_2)^2-20x_1-16x_2$；

（2）$\min f(x_1,x_2)=x_1^2+x_2^2-12x_1^4$.

14. 当参数 α 取何值时，$\boldsymbol{x}^*=(0,0,0)^{\mathrm{T}}$ 是问题

$$\min f(x_1,x_2,x_3)=\alpha x_1^2\mathrm{e}^{x_2}+x_2^2\mathrm{e}^{x_3}+x_3^2\mathrm{e}^{x_1}$$

的局部最优解？

15. 用最速下降法求解以下问题，要求迭代进行三轮：

（1）$\min\left(\dfrac{1}{3}x_1^2+\dfrac{1}{2}x_2^2\right)$，取初始点 $\boldsymbol{x}^0=(3,2)^{\mathrm{T}}$；

（2）$\max(4x_1+6x_2-2x_1^2-2x_1x_2-2x_2^2)$，取初始点 $\boldsymbol{x}^0=(1,1)^{\mathrm{T}}$.

16. 对例 3.4.2 中的变量 $\boldsymbol{x}=(x_1,x_2)^{\mathrm{T}}$ 作线性变换：$y_1=x_1$，$y_2=5x_2$，则原来的无约束优化问题变为

$$\min F(y_1,y_2)=y_1^2+y_2^2 \qquad (**)$$

证明：从任意初始点 $\boldsymbol{y}^0$ 出发，用最速下降法对问题（$**$）迭代一轮即可求得最优解.从中你可以得到什么启示？

17. 设 $\boldsymbol{A}$ 是 $n\times n$ 对称正定矩阵，并设 $\boldsymbol{v}^{(i)}(i=0,1,\cdots,n-1)$ 为线性无关的一组向量.令 $\boldsymbol{p}^{(k)}(k=0,1,\cdots,n-1)$ 按如下方式生成：

$$\boldsymbol{p}^{(0)}=\boldsymbol{v}^{(0)}$$

$$\boldsymbol{p}^{(k+1)}=\boldsymbol{v}^{(k+1)}-\sum_{i=0}^{k}\frac{(\boldsymbol{v}^{(k+1)})^{\mathrm{T}}\boldsymbol{A}\boldsymbol{p}^{(i)}}{(\boldsymbol{p}^{(i)})^{\mathrm{T}}\boldsymbol{A}\boldsymbol{p}^{(i)}}\boldsymbol{p}^{(i)},\quad k=0,1,\cdots,n-2$$

证明方向 $\boldsymbol{p}^{(k)}(k=0,1,\cdots,n-1)$ 是 $\boldsymbol{A}$ 共轭的.

上述过程称为**共轭化**，它从一组线性无关方向出发，产生一组 $\boldsymbol{A}$ 共轭方向.

18. 对于

$$\min f(x_1,x_2)=1-2x_1+3x_2+x_1^2-4x_1x_2+5x_2^2$$

若从某个初始点 $\boldsymbol{x}^0$ 出发，第一次沿方向 $\boldsymbol{p}^0=(1,1)^{\mathrm{T}}$ 作 f 的精确线性搜索得迭代点 $\boldsymbol{x}^1$，试问下一次从 $\boldsymbol{x}^1$ 出发，应沿什么方向作 f 的精确线性搜索可得最优解.

19. 用 F-R 法求解

$$\min(1-x_1)^2+2(x_2-x_1^2)^2$$

取初始点 $\boldsymbol{x}^0=(0,0)^{\mathrm{T}}$，$\varepsilon=10^{-6}$.

20. 设 $\boldsymbol{c},\boldsymbol{x}\in\mathbf{R}^n$，$\boldsymbol{A}$ 是 $m\times n$ 矩阵，$\boldsymbol{b}\in\mathbf{R}^m$，试写出线性规划问题

$$\begin{cases}\min & \boldsymbol{c}^{\mathrm{T}}\boldsymbol{x}\\ \text{s.t.} & \boldsymbol{A}\boldsymbol{x}\geqslant\boldsymbol{b}\\ & \boldsymbol{x}\geqslant\boldsymbol{0}\end{cases}$$

的 K-T 条件.

21. 用 K-T 条件求下列问题的最优解及相应的 Lagrange 乘子：

$$\begin{cases}\min & f(x_1,x_2)=-x_1x_2\\ \text{s.t.} & x_1+4x_2\leqslant 4\\ & 4x_1+x_2\leqslant 4\end{cases}$$

22. 写出下列问题的 K-T 条件，并求出它们的 K-T 点：

（1）$\begin{cases}\min & (x_1-3)^2+(x_2-2)^2\\ \text{s.t.} & x_1^2+x_2^2-5\leqslant 0\\ & x_1+2x_2-4=0\\ & x_1\geqslant 0,\ x_2\geqslant 0\end{cases}$

(2) $\begin{cases} \min & -(x_1+1)^2-(x_2+1)^2 \\ \text{s.t.} & x_1^2+x_2^2-2\leqslant 0 \\ & x_2-1\leqslant 0 \end{cases}$

23. 设 X_l 由下列式子确定，点 $\bar{x}\in X_l$，试写出向量 $\boldsymbol{p}\in\mathbf{R}^n,\boldsymbol{p}\neq\mathbf{0}$ 是点 $\bar{x}$ 处关于 X_l 的可行方向的充要条件：

(1) $X_l=\{\boldsymbol{x}\in\mathbf{R}^n\mid \boldsymbol{Ax}=\boldsymbol{b},\boldsymbol{x}\geqslant\mathbf{0}\}$，其中 $\boldsymbol{A}$ 为 $m\times n$ 矩阵，$\boldsymbol{b}\in\mathbf{R}^m$；

(2) $X_l=\{\boldsymbol{x}\in\mathbf{R}^n\mid \boldsymbol{Ax}\geqslant\boldsymbol{b},\boldsymbol{x}\geqslant\mathbf{0}\}$，其中 $\boldsymbol{A}$ 为 $m\times n$ 矩阵，$\boldsymbol{b}\in\mathbf{R}^m$；

(3) $X_l=\{\boldsymbol{x}\in\mathbf{R}^n\mid \boldsymbol{Ax}\leqslant\boldsymbol{b},\boldsymbol{Cx}=\boldsymbol{d},\boldsymbol{x}\geqslant\mathbf{0}\}$，其中 $\boldsymbol{A}$ 为 $m\times n$ 矩阵，$\boldsymbol{b}\in\mathbf{R}^m$，$\boldsymbol{C}$ 是 $l\times n$ 矩阵，$\boldsymbol{d}\in\mathbf{R}^l$.

24. 用 Wolfe 法求解以下问题：

$$\begin{cases} \min & f(x_1,x_2)=2x_1^2+2x_2^2-2x_1x_2-4x_1-6x_2 \\ \text{s.t.} & x_1+\ x_2\leqslant 2 \\ & x_1+5x_2\leqslant 5 \\ & x_j\geqslant 0,\ j=1,2 \end{cases}$$

取初始可行点 $\boldsymbol{x}^0=(0,0)^{\mathrm{T}}$，$\varepsilon=10^{-6}$.

25. 用罚函数法求解问题

$$\begin{cases} \min & (x-1)^2 \\ \text{s.t.} & 2-x\leqslant 0 \end{cases}$$

(1) 写出 $c_k=0,1,10$ 时相应的增广目标函数，并画出它们对应的图形；

(2) 取 $c_k=k-1(k=1,2,\cdots)$，求出近似最优解的迭代点列；

(3) 利用(2)求问题的最优解.

26. 用对数形式的障碍函数法求解问题

$$\begin{cases} \min & x_1+2x_2 \\ \text{s.t.} & x_1^2-x_2\leqslant 0 \\ & x_1\geqslant 0 \end{cases}$$

(B)

1. 证明不等式

$$n\sum_{i=1}^{n}x_i^2\geqslant\left(\sum_{i=1}^{n}x_i\right)^2,$$

并证明当且仅当 $x_1=x_2=\cdots=x_n$ 时等号成立.

(提示：利用 K-T 条件，解如下凸规划：

$$\begin{cases} \min & f(x_1,\cdots,x_n)=\sum_{i=1}^{n}x_i^2 \\ \text{s.t.} & \sum_{i=1}^{n}x_i=c \end{cases}$$
)

2. 一个投资股票决策问题的数学模型(见文献[13]，p659)如下，利用本书所提供的软件解之：

$$\begin{cases} \min & f(x_1,x_2,x_3)=0.20x_1^2+0.08x_2^2+0.18x_3^2+0.10x_1x_2+0.04x_1x_3+0.06x_2x_3 \\ \text{s.t.} & 0.14x_1+0.11x_2+0.10x_3\geqslant 120 \\ & x_1+\quad x_2+\quad x_3=1\ 000 \\ & x_1,x_2,x_3\geqslant 0 \end{cases}$$

3. 求曲面 $4z=3x^2-2xy+3y^2$ 到平面 $x+y-4z=1$ 的最短距离.

(提示：设 $A(x_1,y_1,z_1)$，$B(x_2,y_2,z_2)$ 分别为曲面和平面上的任意一点，求解问题

$$\begin{cases} \min f(x_1,y_1,z_1,x_2,y_2,z_2)=(x_1-x_2)^2+(y_1-y_2)^2+(z_1-z_2)^2 \\ \text{s.t.}\quad 3x_1^2-2x_1y_1+3y_1^2-4z_1=0 \\ \qquad x_2+y_2-4z_2-1=0 \end{cases}$$

)

参 考 文 献

[1] 胡毓达.非线性规划[M].北京：高等教育出版社，1990.

[2] 赵瑞安，吴方.非线性最优化理论和方法[M].杭州：浙江科学技术出版社，1992.

[3] 陈开明.非线性规划[M].上海：复旦大学出版社，1991.

[4] 席少霖.非线性最优化方法[M].北京：高等教育出版社，1992.

[5] 徐光辉，刘彦佩，程侃.运筹学基础手册[M].北京：科学出版社，1999.

[6] 阿佛里耳.非线性规划：分析与方法[M].李元熹，等，译.上海：上海科学技术出版社，1979.

[7]《运筹学》教材编写组.运筹学[M].5 版.北京：清华大学出版社，2022.

[8] 鲁恩伯杰.线性与非线性规划引论[M].夏尊铨，等，译.北京：科学出版社，1980.

[9] POWELL M J D.Nonconvex minimization calculations and the conjugate gradient method[J].Numerical Analysis.Berlin：Springer-Verlag，1984，1066(3)：122-141.

[10] MURTAGH B A，SAUNDERS M A.MINOS 5.0 user's guide.Technical Report SOL-83-20[R].California：Stanford University，1983.

[11] 席少霖，赵凤治.最优化计算方法[M].上海：上海科学技术出版社，1983.

[12] 袁亚湘，孙文瑜.最优化理论与方法[M].北京：科学出版社，1997.

[13] WINSTON W L.Operations research：applications and algorithms[M].2nd ed.Boston：PWS-Kent Publishing Company，1991.

[14] 周小川.数学规划与经济分析[M].北京：中国金融出版社，2019.

[15] 孟庆春，戎晓霞，包春兵.优选法与统筹法及其创新性应用[M].济南：山东大学出版社，2020.

[16] SUN D.GUAN X，MORAN A E，et al.Identifying phenotype-associated subpopulations by integrating bulk and single-cell sequencing data[J].Nature Biotechnology，2022，40：527-538.

第 4 章
动态规划

在实践中有许多决策问题与时间有关系，决策过程分成若干阶段，各阶段的决策相互关联，共同决定最终的目标，我们称之为多阶段决策问题.针对多阶段决策问题的特点，人们提出了解决该类问题的动态规划模型和求解方法.

本章首先介绍多阶段决策问题，然后给出最优化原理和动态规划模型，最后介绍动态规划方法在实践中的一些应用.

§4.1　多阶段决策问题

本节将通过各种不同类型的实例引出多阶段决策问题，并给出该类问题的一般描述和概念.

1. 最短路问题

最短路问题就是从某地出发，途经若干中间点最后到达目的地，要求找出路程最短或费用最小的路线，根据途经中间点的情况，最短路问题可分成两类：

(1) 每个路线包含的边数相等；

(2) 不同路线包含的边数不一定相等.

下面首先介绍一个边数相等的例子，在 §4.4 将重点解决第二类最短路问题.

例 4.1.1　管道设计

如图 4.1.1 给出一个网络，从 A 点铺设一条煤气管道到 E 点，必须经过三个中间站，第一站可以在 B_1, B_2, B_3 中选择.类似地，第二站、第三站分别可以在 C_1, C_2, C_3 和 D_1, D_2, D_3 中选择.能用管道相连的两站之间的距离已经给定，两点之间没有连线的表示这两点之间不能铺设管道.要求选择一条由 A 到 E 的铺管路线，使总距离最短.

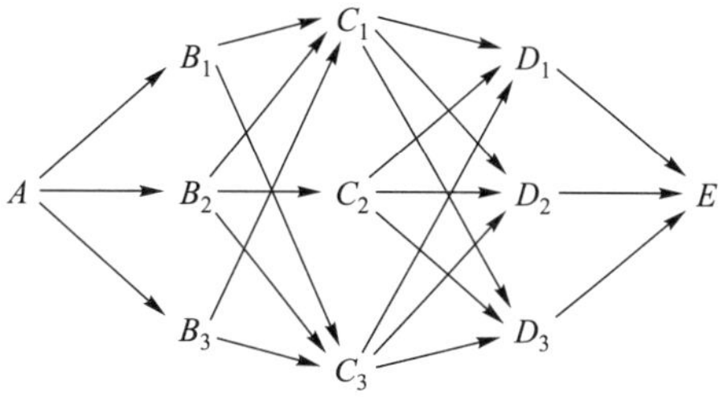

图 4.1.1

找一条从 A 到 E 的管道路线问题与确定三个中间站的位置本质上是一样的，如果三个中间站的位置都确定了，一条从 A 到 E 的路线也就确定了，整个决策可以看成三个阶段，每个阶段确定一个中间站的位置，最终选择的路线由三个阶段的决策共同决定.

2. 资源分配问题

资源分配问题主要是考虑把有限的资源在不同生产活动和不同时段上分配，以在特定的时期内获得最大的收益.

多阶段资源分配问题的一般提法：

设有数量为 x 的某种资源，将它投入两种生产方式 A 和 B 中，以数量 y 投入生产方式 A，剩下的量投入生产方式 B，则可得到收益 $g(y)+h(x-y)$，其中$g(y)$和$h(y)$是已知函数，并且 $g(0)=h(0)=0$.再假设以 y 与 $x-y$ 分别投入两种生产方式 A，B 后可以回收再生产，回收率分别为 a 与 $b(0\leqslant a\leqslant 1,0\leqslant b\leqslant 1)$.试描述几个阶段总收益最大的资源分配计划.

例 4.1.2　今有 1 000 台机床，要投放到 A，B 两个生产部门，计划连续使用 5 年，已知对 A 部门投入 μ_A 台机器的年收益为 $g(\mu_A)=\mu_A^2$，机器完好率 $a=0.8$；相应地，B 部门的年收益与机器完好率分别为 $h(\mu_B)=2\mu_B^2$，$b=0.4$.

试建立 5 年间总收益最大的年度机器分配方案.

对于多阶段资源分配问题，由于当期投入两个生产活动若干资源后，当期会有部分收益，同时当期结束时资源可部分回收或可再利用，因而下期可利用这些资源继续生产.每期可利用资源量由上期可利用资源量、资源在两种生产的分配情况共同决定，每期都有当期的收入，而总收益是多期收益之和.

3. 生产−库存问题

一般生产−库存问题的提法为：设有一生产部门，生产计划周期为几个阶段，已知最初库存量为 X_1，第 i 个阶段产品需求量为 d_i，$i=1,\cdots,n$.生产的固定成本为 C，单位可变成本为 L，单位产品的阶段库存费用为 h，库存容量为 M，阶段生产能力为 B，问应如何安排各阶段的生产量，在满足需求的条件下使计划期内的总费用最小.

例 4.1.3　某工厂生产某种季节性商品，需要做下一年度的生产计划，假定这种商品的生产周期需要两个月，全年共有 6 个生产周期，需要作出各个周期中的生产计划.设已知各周期对该商品的需求量如下表所示：

周期	1	2	3	4	5	6
需求量	5	5	10	30	50	8

假设这个工厂根据需要可以日夜两班生产或只是日班生产，当开足日班时，每一个生产周期能生产商品 15 单位，每生产一单位商品的成本为 100 元.当开足夜班时，每一个生产周期能生产的商品也是 15 单位，但是由于增加了辅助性生产设备和生产辅助费用，每生产一单位商品的成本为 120 元.由于生产能力的限制，可以在需求淡季多生产一些商品存储起来以备需求旺季使用，但存储商品还需要存储费用.假设一单位产品存储一个周期需要 16 元，已知开始时库存量为 0，问应如何安排生产和库存计划使总费用最小？

对于生产-库存问题,每期的产品供给量由当期初的库存量和当期的生产量决定,每期初的库存水平影响着当期的生产决策和期末的库存水平,而每期末的库存水平就是下期初的库存水平,各期通过这种关系产生联系,同时每期都有生产成本和库存成本,而目标是使各期生产成本和库存成本之和最小.

4. 一般多阶段决策问题

与上述问题类似的还有许多,诸如设备更新问题,系统可靠性问题,背包问题……这些问题可以统一描述如下:

有一个系统,可以分成若干个阶段,任意一个阶段 k 的系统状态可以用 x_k 表示(x_k 可以是数量、向量、集合等).在每一阶段 k 的每一状态 x_k 都有一个决策集 $Q_k(x_k)$,在 $Q_k(x_k)$ 中选定一个决策 $q_k \in Q_k(x_k)$,状态 x_k 就转移到新的状态 $x_{k+1}=T_k(x_k,q_k)$,并且得到效益 $R_k(x_k,q_k)$.我们的目的就是在每一个阶段都在它的决策集中选择一个决策,使所有阶段的总效益 $\sum\limits_k R_k(x_k,q_k)$ 达到最优.我们称之为**多阶段决策问题**.

一个多阶段决策问题包括阶段数、状态变量、决策变量、状态转移方程和目标函数等基本要素,描述一个多阶段决策问题就要从以上基本要素入手,只要这些基本要素刻画清楚了,整个决策问题就明了了.下面以多阶段资源分配问题为例说明如何确定一个多阶段决策问题.

对于多阶段资源分配问题,其阶段数就是其投资进行的阶段个数,具体在例 4.1.2 中就是 5.在每个阶段开始就必须已知,且直接影响本阶段决策的因素就是每个阶段开始时所有的资源量,所以每阶段的状态变量就是对应的开始时的资源量,记为 x_k,$k=1,\cdots,n$.

对于例 4.1.2 就是每年开始时可利用的机器台数 x_k,$k=1,\cdots,5$.而每期的决策变量就是资源在两种生产方式上的使用量.由于两种生产方式使用资源量之和等于可利用资源总量,因而只需确定第一种生产方式使用的资源量即可,所以每阶段的决策变量就是每阶段安排第一种生产方式使用的资源量,对于例 4.1.2就是每年开始时安排 A 部门使用的机器台数,设为 y_k,$k=1,\cdots,5$.

当确定了每期开始时可利用资源量及 A 部门使用的资源量后,就可以计算出期末回收(或可利用)的资源量,例 4.1.2 中每年期末保持完好的机器数为

$$(x_k-y_k)\times 0.4+y_k\times 0.8,\quad k=1,\cdots,5$$

显然,第 k 期末保持完好的机器数就是第 $k+1$ 期可利用的机器数,即

$$x_{k+1}=(x_k-y_k)\times 0.4+y_k\times 0.8,\quad k=1,2,\cdots,4$$

这就是该问题的状态转移方程.

同时每阶段的收益是两种生产方式收益之和,总收益是每阶段收益之和,在例 4.1.2 中总收益为

$$\sum_{k=1}^{5}\left[y_k^2+2(x_k-y_k)^2\right]$$

这就是总的目标函数.

不同问题的要素不尽相同，根据要素的差异，多阶段决策问题可以分成不同类型：

(1) 根据阶段数可分为

有限阶段决策问题，其阶段数为有限值；

无限阶段决策问题，其阶段数为无穷大，决策过程可无限持续下去.

(2) 根据变量取值情况可分为

连续多阶段决策问题，决策变量和状态变量取连续变化的实数；

离散多阶段决策问题，决策变量和状态变量取有限的数值.

(3) 根据阶段个数是否明确可分为

定期多阶段决策问题，其阶段数是明确的，不受决策的影响；

不定期多阶段决策问题，其阶段数是不确定的，不同的决策下阶段数不同.

(4) 根据参数取值情况可分为

确定多阶段决策问题，其参数是给定的常数；

不确定多阶段决策问题，其参数中包含不确定因素，如随机参数、区间取值参数等.

本章下面着重介绍确定有限多阶段决策问题.

§4.2　最优化原理

许多优化问题既可以写成一般线性(或非线性)规划模型，又可以看成多阶段决策问题，这类问题的线性(或非线性)规划模型往往变量或约束很多，用前几章讲过的方法求解很麻烦.例如第 2 章介绍的旅行售货员问题，虽然可以写成整数线性规划，但用整数规划方法求解并不合适.因而必须针对多阶段决策问题的特点，考虑好的求解方法.本节首先以最短路问题为例介绍递推方法，然后给出动态规划的最优化原理.

1. 用递推法解最短路问题

现在我们来讨论图 4.2.1 所表示的网络.联结各点的线段上的数字表示它们之间的弧长.我们从 A_0 出发要走到目的地 A_6，问经过哪些点，走什么路线使总路程最短.

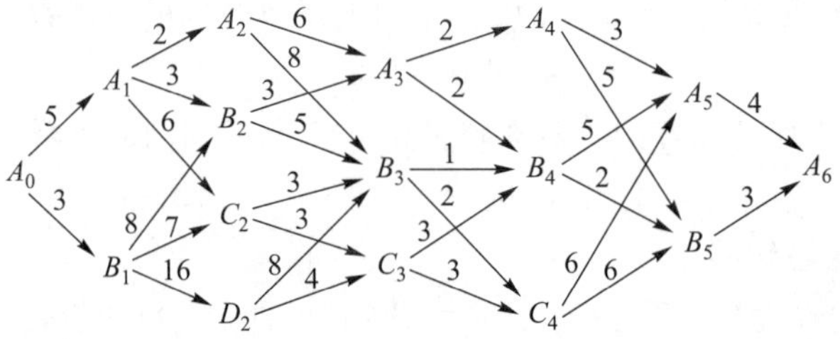

图 4.2.1

由上图可知从 A_0 到 A_6 的最短路线第一步要么到 A_1，要么到 B_1，然后由 A_1(或 B_1)到 A_6，而且必然沿着 A_1(或 B_1)到 A_6 的最短路线走，因而如果知道 A_1 和 B_1 到 A_6 的最短路线,然后分别加上 A_0A_1 和 A_0B_1 就得到两条从 A_0 到 A_6 的路,其中长度小的就是从 A_0 到 A_6 的最短路线,由于 A_0 到 A_6 的每条路线含 6 条边,A_1 和 B_1 到 A_6 的路线有 5 条边,分别说它们到 A_6 的最短路线长度为 $f_6(A_0)$,$f_5(A_1)$ 和 $f_5(B_1)$,则显然有

$$f_6(A_0)=\min\{d(A_0,A_1)+f_5(A_1),d(A_0,B_1)+f_5(B_1)\}$$

所以要求 $f_6(A_0)$ 的关键是求 $f_5(A_1)$ 和 $f_5(B_1)$,即找出 A_1 和 B_1 到 A_6 的最短路线.

从 A_1 到 A_6 的最短路线要么先到 A_2,要么先到 B_2 或先到 C_2,然后再由 A_2(或 B_2 或 C_2)沿最短路线到 A_6.由于 A_2,B_2 和 C_2 到 A_6 的路线有 4 条边,记它们到 A_6 的最短路线长度分别为 $f_4(A_2)$,$f_4(B_2)$,$f_4(C_2)$,则有

$$f_5(A_1)=\min\{d(A_1,A_2)+f_4(A_2),d(A_1,B_2)+f_4(B_2),d(A_1,C_2)+f_4(C_2)\}$$

同理,

$$f_5(B_1)=\min\{d(B_1,B_2)+f_4(B_2),d(B_1,C_2)+f_4(C_2),d(B_1,D_2)+f_4(D_2)\}$$

以此类推,

$$f_4(A_2)=\min\{d(A_2,A_3)+f_3(A_3),d(A_2,B_3)+f_3(B_3)\}$$

$$f_4(B_2)=\min\{d(B_2,A_3)+f_3(A_3),d(B_2,B_3)+f_3(B_3)\}$$

$$f_4(C_2)=\min\{d(C_2,B_3)+f_3(B_3),d(C_2,C_3)+f_3(C_3)\}$$

$$f_4(D_2)=\min\{d(D_2,B_3)+f_3(B_3),d(D_2,C_3)+f_3(C_3)\}$$

$$f_3(A_3)=\min\{d(A_3,A_4)+f_2(A_4),d(A_3,B_4)+f_2(B_4)\}$$

$$f_3(B_3)=\min\{d(B_3,B_4)+f_2(B_4),d(B_3,C_4)+f_2(C_4)\}$$

$$f_3(C_3)=\min\{d(C_3,B_4)+f_2(B_4),d(C_3,C_4)+f_2(C_4)\}$$

$$f_2(A_4)=\min\{d(A_4,A_5)+f_1(A_5),d(A_4,B_5)+f_1(B_5)\}$$

$$f_2(B_4)=\min\{d(B_4,A_5)+f_1(A_5),d(B_4,B_5)+f_1(B_5)\}$$

$$f_2(C_4)=\min\{d(C_4,A_5)+f_1(A_5),d(C_4,B_5)+f_1(B_5)\}$$

显然从 A_5 到 A_6 的最短路线就是弧 $\overset{\frown}{A_5A_6}$,所以

$$f_1(A_5)=d(A_5,A_6)=4$$

同理 $f_1(B_5)=d(B_5,A_6)=3$.

其中 $f_k(i)$ 表示从 i 点经过 k 条边到 A_6 的最短路线长度.

由于 $f_1(A_5)$ 和 $f_1(B_5)$ 已知,所以

$$\begin{aligned}f_2(A_4)&=\min\{d(A_4,A_5)+f_1(A_5),d(A_4,B_5)+f_1(B_5)\}\\&=\min\{3+4,5+3\}=7\end{aligned}$$

这说明由 A_4 至终点 A_6 的最短路程是 7,其最短路线是 $A_4\to A_5\to A_6$,$x_2(A_4)=A_5$.

如果从 B_4 出发,那么

$$\begin{aligned}f_2(B_4)&=\min\{d(B_4,A_5)+f_1(A_5),d(B_4,B_5)+f_1(B_5)\}\\&=\min\{5+4,2+3\}=5\end{aligned}$$

$x_2(B_4)=B_5$,最短路线是 $B_4\to B_5\to A_6$,最短路程是 5.同理可得

$$\begin{aligned}f_2(C_4)&=\min\{d(C_4,A_5)+f_1(A_5),d(C_4,B_5)+f_1(B_5)\}\\&=\min\{6+4,6+3\}=9\end{aligned}$$

$x_2(C_4)=B_5$,最短路线是 $C_4 \to B_5 \to A_6$,最短路程是 9.

现在讨论 $n=3$ 的情况,我们分别以 A_3,B_3,C_3 为出发点来计算:

$$f_3(A_3)=\min\{d(A_3,A_4)+f_2(A_4),d(A_3,B_4)+f_2(B_4)\}$$
$$=\min\{2+7,2+5\}=7$$

$x_3(A_3)=B_4$,最短路线是 $A_3 \to B_4 \to B_5 \to A_6$,最短路程是 7.

上式表示由 A_3 出发有两种选择:到 A_4 或 B_4,如果选 A_4,那么到达 A_4 以后,一定要走 A_4 到 A_6 的最短路线;如果这一步选 B_4,那么到达 B_4 以后,一定走 B_4 到 A_6 的最短路线.所以 $A_3 \to A_6$ 的最短路线就是这两条中较短的一条.同理

$$f_3(B_3)=\min\{d(B_3,B_4)+f_2(B_4),d(B_3,C_4)+f_2(C_4)\}$$
$$=\min\{1+5,2+9\}=6$$

$x_3(B_3)=B_4$,最短路线是 $B_3 \to B_4 \to B_5 \to A_6$,最短路程是 6.

$$f_3(C_3)=\min\{d(C_3,B_4)+f_2(B_4),d(C_3,C_4)+f_2(C_4)\}$$
$$=\min\{3+5,3+9\}=8$$

$x_3(C_3)=B_4$,最短路线是 $C_3 \to B_4 \to B_5 \to A_6$,最短路程是 8.

$n=4$ 的情况完全类似,我们可以得到

$$f_4(A_2)=\min\{d(A_2,A_3)+f_3(A_3),d(A_2,B_3)+f_3(B_3)\}$$
$$=\min\{6+7,8+6\}=13$$

$x_4(A_2)=A_3$,同理

$$f_4(B_2)=10,\quad x_4(B_2)=A_3$$
$$f_4(C_2)=9,\quad x_4(C_2)=B_3$$
$$f_4(D_2)=12,\quad x_4(D_2)=C_3$$

当 $n=5$ 时,有 A_1,B_1 两点,在 A_1 处有 3 个决策 A_2,B_2,C_2 供选择,如果选择 A_2,那么从 A_2 出发一定是走由 A_2 到 A_6 的最短路线;同样,如果选 B_2,那么从 B_2 出发一定是走由 B_2 到 A_6 的最短路线;选 C_2 点也是如此,所以只要在这三条路线中选一条最短路线,就是 A_1 到 A_6 的最短路线.

$$f_5(A_1)=\min\{d(A_1,A_2)+f_4(A_2),d(A_1,B_2)+f_4(B_2),d(A_1,C_2)+f_4(C_2)\}$$
$$=\min\{2+13,3+10,6+9\}=13$$

$x_5(A_1)=B_2$,最短路线是 $A_1 \to B_2 \to A_3 \to B_4 \to B_5 \to A_6$.同样

$$f_5(B_1)=\min\{d(B_1,B_2)+f_4(B_2),d(B_1,C_2)+f_4(C_2),d(B_1,D_2)+f_4(D_2)\}$$
$$=\min\{8+10,7+9,16+12\}=16$$

$x_5(B_1)=C_2$,最短路线是 $B_1 \to C_2 \to B_3 \to B_4 \to B_5 \to A_6$.

当 $n=6$ 时,出发点只有一个 A_0 点,有两种选择,因此

$$f_6(A_0)=\min\{d(A_0,A_1)+f_5(A_1),d(A_0,B_1)+f_5(B_1)\}$$
$$=\min\{5+13,3+16\}=18$$

$x_6(A_0)=A_1$.

至此,图 4.2.1 的最短路线已经求得,为 $A_0 \to A_1 \to B_2 \to A_3 \to B_4 \to B_5 \to A_6$.

从上面的计算过程中可以看出,在求解的各个阶段,我们利用了 n 个阶段的最优

值与 $n-1$ 个阶段的最优值之间的如下关系：

$$f_n(s)=\min_{x_n(s)}\{d(s,x_n(s))+f_{n-1}(x_n(s))\},\quad n=2,\cdots,6$$

$$f_1(s)=d(s,A_6)$$

对于一般的多阶段决策问题,同样可以得到这种递推关系式.

设 $f_{n-k+1}(x_k)$ 表示第 k 个阶段的状态为 x_k,经过 $n-k+1$ 个阶段的最优目标函数值,则有

$$f_{n-k+1}(x_k)=\min_{q_k\in Q_k(x_k)}\{R_k(x_k,q_k)+f_{n-k}(T_k(x_k,q_k))\}$$

$$\vdots$$

$$f_1(x_n)=\min_{q_n\in Q_n(x_n)}\{R_n(x_n,q_n)\}$$

根据该递推关系,从后面开始分别求出 $f_1(x_n)$,$f_2(x_{n-1})$,…,$f_n(x_1)$,其中 $f_n(x_1)$ 就是该多阶段决策问题的最优目标函数值.

利用这种递推关系式求解多阶段决策问题的方法称为**动态规划方法**,这种递推关系是根据动态规划的最优化原理推导出来的,下面我们来叙述什么是最优化原理.

2. 最优化原理

从多阶段决策问题的数学模型可以看到,一个多阶段决策过程的极值函数可以看成过程的初始状态与阶段数的函数.任意给定一个决策序列(或称为策略),如果是最优的,那么从任何最后 k 个阶段开始,对由这个策略形成的后面 k 个阶段的初始状态组成的 k 阶段问题而言,这个策略的后面 k 个决策一定是这个 k 阶段问题的最优策略,与这 k 个阶段以前的决策无关.这个必要条件是很显然的.这样,动态规划的最优化原理可叙述如下.

动态规划最优化原理　一个过程的最优策略具有这样的性质,即无论其初始状态及其初始决策如何,其以后诸决策对以第一个决策所形成的状态作为初始状态而言,必须构成最优策略.

现在,我们来讨论多阶段资源分配问题的递推关系式.系统的状态用拥有资源的数量 x_k 表示,在每个阶段 k 的每个状态 x_k,都有一个决策集 $[0,x_k]$,选定一个决策 $y_k\in[0,x_k]$,就是取 y_k 从事 A 生产,x_k-y_k 从事 B 生产,这样就转移到新的状态 $x_{k+1}=ay_k+b(x_k-y_k)$,x_{k+1} 是下一阶段的资源量,效益为 $g(y_k)+h(x_k-y_k)$,我们的目的是选择一系列决策 $y_1,\cdots,y_{n-1}$,使每一个阶段的效益合起来达到最大.利用最优化原理来列出递推公式.

令 $f_k(x)$ 表示开始有资源 x,再进行 k 个阶段生产并采取最优分配策略后得到的最大总收入.当 $k=1$ 时,$f_1(x)=\max\limits_{0\leqslant y\leqslant x}\{g(y)+h(x-y)\}$,当 $k=2$ 时,由于前一个阶段分别以 y,$x-y$ 投入 A、B,生产以后可以回收 $x_1=ay+b(x-y)$ 作为下一阶段开始时可以投入生产的资源数量.若采取最优方式投入生产,由最优化原理,后一个阶段的收入是 $f_1(x_1)$,所以

$$f_2(x)=\max_{0\leqslant y\leqslant x}\{g(y)+h(x-y)+f_1(ay+b(x-y))\}$$

对任意的 k,$2\leqslant k\leqslant n$,同样的分析可得

$$f_k(x)=\max_{0\leqslant y\leqslant x}\{g(y)+h(x-y)+f_{k-1}(ay+b(x-y))\}$$

因此,我们得到递推关系式如下:

$$f_1(x)=\max_{0\leqslant y\leqslant x}\{g(y)+h(x-y)\}$$

$$f_k(x)=\max_{0\leqslant y\leqslant x}\{g(y)+h(x-y)+f_{k-1}(ay+b(x-y))\},\quad k\geqslant 2$$

上面所述的递推关系是用动态规划的最优化原理得到的,对最优化原理可以作这样的直观解释:

在图 4.2.2 中,如果路线Ⅰ-Ⅱ是从 A 到 C 的最优路线,那么路线Ⅱ一定是从 B 到 C 的最优路线,这是很容易用反证法来证明的.如果Ⅱ不是从 B 到 C 的最优路线,Ⅱ′是比Ⅱ好的从 B 到 C 的路线,那么Ⅰ-Ⅱ′就是比Ⅰ-Ⅱ更好的从 A 到 C 的路线,这与Ⅰ-Ⅱ是最优路线矛盾.

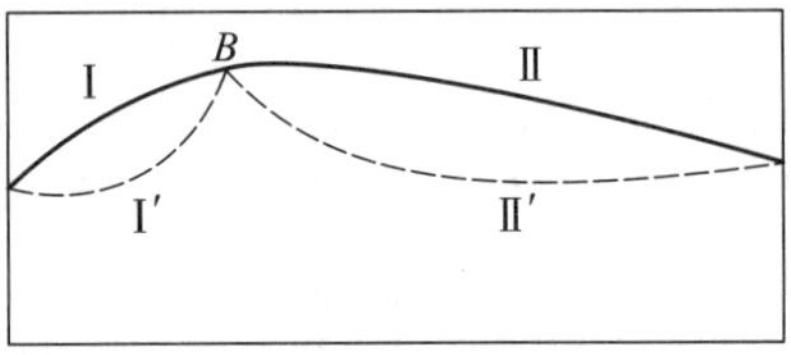

图 4.2.2

很容易想到,如果Ⅰ-Ⅱ是从 A 到 C 的最优路线,那么Ⅰ就是从 A 到 B 的最优路线.如果存在从 A 到 B 的更好的路线Ⅰ′,显然Ⅰ′-Ⅱ将是比Ⅰ-Ⅱ更好的从 A 到 C 的路线,这与假设矛盾.

所以最优化原理也应该包括下述性质:

对于多阶段决策问题的最优策略,如果用它的前 i 步策略产生的情况(加上原有的约束条件)来形成一个前 i 步问题,那么所给最优策略的前 i 阶段的策略构成这前 i 步问题的一个最优策略.

有的书上称上述性质为**前向最优化原理**,而称前面所述的性质为**后向最优化原理**,统称为**最优化原理**.现在我们利用前向最优化原理来找例 4.1.3 生产-库存问题的递推公式.

如果一开始的库存量 u_0 已经给定,要求最后一个周期结束时有库存量 u_n,那么最优生产和库存费用就完全由 u_0,u_n 决定了.对某一个周期 k,如果这个周期开始时有库存量 u_{k-1},要求结束时有库存量 u_k,那么它的生产量 $x_k=s_k+u_k-u_{k-1}$,s_k 是这个周期的商品需求量,所以它的生产和库存费用为 $f(x_k)+16u_{k-1}$,其中

$$f(x)=\begin{cases}100x, & 0\leqslant x\leqslant 15\\ 120x-300, & 15<x\leqslant 30\end{cases}$$

用 $F_k(u_0,u_k)$ 表示开始的库存量为 u_0,第 k 个周期结束时库存量为 u_k 的满足前 k 个周期需要的前 k 个周期的最优生产和库存费用,由最优化原理,

$$F_k(u_0,u_k)=\min_{u_{k-1}\geqslant 0}\{F_{k-1}(u_0,u_{k-1})+f(x_k)+16u_{k-1}\}$$

$$x_k=s_k+u_k-u_{k-1},\quad k=2,\cdots,6$$

$$F_1(u_0,u_1)=f(x_1)+16u_0$$

$$x_1=s_1+u_1-u_0$$

令 $k=2,\cdots,6$，求出 $F_6(u_0,u_6)$，就得到问题的解.

由上面的分析可知用动态规划方法求解多阶段决策问题的一般步骤为

第 1 步　明确问题，找出阶段数；

第 2 步　确定变量，找出状态变量和决策变量；

第 3 步　找出状态转移方程；

第 4 步　写出递推关系式；

第 5 步　求解递推关系式.

在这些步骤中关键是写出递推关系式，而难点则是求解递推关系式，不同的问题递推关系式不同，求解递推关系式的方法也不同.所以动态规划不像线性规划或整数规划那样有固定的算法，动态规划只是提供了求解多阶段决策问题的思路，具体的算法要根据问题的特点去设计，下面将分别介绍运用动态规划求解几类问题的方法.

§ 4.3　确定性的定期多阶段决策问题

这一节将讨论几类确定性的阶段数给定的多阶段决策问题，包括决策集是有限的或者无限的，利用最优化原理找出它们的递推公式，并且给出解法.

1. 旅行售货员问题

旅行售货员问题是图论中的一个著名问题，就是在网络 N 上找一条从 v_0 点出发，经过 $v_1,v_2,\cdots,v_n$ 各一次最后返回 v_0 的最短路线和最短路程.现把它看成一个多阶段决策问题.从 v_0 出发，经过 n 个阶段，每个阶段的决策是选择下一个点.如果用所在的位置来表示状态，那么状态与阶段数就不能完全决定决策集了，因为走过的点不需要再走，所以决策集与以前选的决策有关.用 (v_i,V) 表示状态，v_i 是所处的点，V 是还没有经过的点的集合.在状态 (v_i,V) 的决策集 V 中，取决策 $v_j\in V$，获得的效益是 v_i 到 v_j 的距离 d_{ij}，转入下一个状态 $(v_j,V\setminus\{v_j\})$，现在用最优化原理来找递推公式.

用 $f_k(v_i,V)$ 表示从 v_i 点出发，经过 V 中的点各一次，最后回到 v_0 点的最短路程，V 是一个顶点集，$|V|=k$，d_{ij} 是 v_i 到 v_j 的弧长，则

$$\begin{cases} f_k(v_i,V)=\min\limits_{v_j\in V}\{d_{ij}+f_{k-1}(v_j,V\setminus\{v_j\})\}, & k=1,\cdots,n \\ f_0(v_i,\varnothing)=d_{i0} \end{cases} \tag{4.3.1}$$

例 4.3.1　对图 4.3.1，求出从 v_1 出发，经过 v_2,v_3,v_4 各一次，又返回到 v_1 的最短路线和最短路程.也可以用一个矩阵表示 v_i 到 v_j 的距离，矩阵 $\boldsymbol{D}$ 的每一个元素为 d_{ij}，

$$\boldsymbol{D}=\begin{pmatrix} 0 & 8 & 5 & 6 \\ 6 & 0 & 8 & 5 \\ 7 & 9 & 0 & 5 \\ 9 & 7 & 8 & 0 \end{pmatrix}$$

$f_3(v_1,\{v_2,v_3,v_4\})$ 表示从 v_1 出发，经过 v_2，v_3，v_4 各一次，最后回到 v_1 的最短路程，则利用(4.3.1)式，得到

$$f_3(v_1,\{v_2,v_3,v_4\})$$
$$=\min\{d_{12}+f_2(v_2,\{v_3,v_4\}),d_{13}+f_2(v_3,\{v_2,v_4\}),$$
$$d_{14}+f_2(v_4,\{v_2,v_3\})\}$$

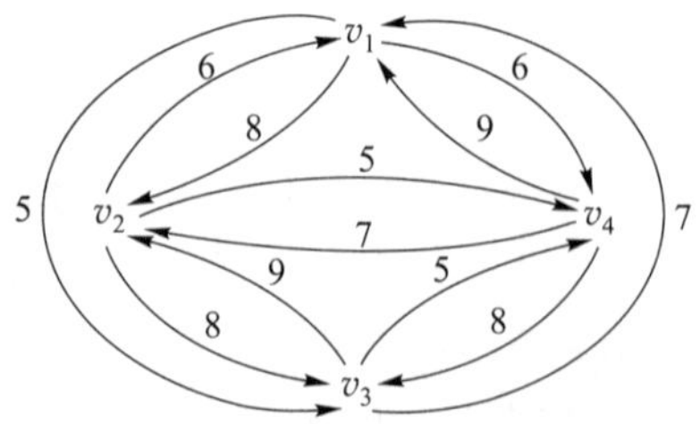

图 4.3.1

同样

$$f_2(v_2,\{v_3,v_4\})=\min\{d_{23}+f_1(v_3,\{v_4\}),d_{24}+f_1(v_4,\{v_3\})\}$$

现在先从最后一个阶段解起：

$$f_0(v_2,\varnothing)=d_{21}=6$$
$$f_0(v_3,\varnothing)=d_{31}=7$$
$$f_0(v_4,\varnothing)=d_{41}=9$$

以上分别是从 v_2，v_3，v_4 直接到 v_1 的距离.

$$f_1(v_2,\{v_3\})=d_{23}+f_0(v_3,\varnothing)=8+7=15$$
$$f_1(v_2,\{v_4\})=d_{24}+f_0(v_4,\varnothing)=5+9=14$$
$$f_1(v_3,\{v_2\})=d_{32}+f_0(v_2,\varnothing)=9+6=15$$
$$f_1(v_3,\{v_4\})=d_{34}+f_0(v_4,\varnothing)=5+9=14$$
$$f_1(v_4,\{v_2\})=d_{42}+f_0(v_2,\varnothing)=7+6=13$$
$$f_1(v_4,\{v_3\})=d_{43}+f_0(v_3,\varnothing)=8+7=15$$

进一步求

$$f_2(v_2,\{v_3,v_4\})=\min\{d_{23}+f_1(v_3,\{v_4\}),d_{24}+f_1(v_4,\{v_3\})\}$$
$$=\min\{8+14,5+15\}=20,\quad x_2(v_2)=v_4$$
$$f_2(v_3,\{v_2,v_4\})=\min\{d_{32}+f_1(v_2,\{v_4\}),d_{34}+f_1(v_4,\{v_2\})\}$$
$$=\min\{9+14,5+13\}=18,\quad x_2(v_3)=v_4$$
$$f_2(v_4,\{v_2,v_3\})=\min\{d_{42}+f_1(v_2,\{v_3\}),d_{43}+f_1(v_3,\{v_2\})\}$$
$$=\min\{7+15,8+15\}=22,\quad x_2(v_4)=v_2$$

最后求

$$f_3(v_1,\{v_2,v_3,v_4\})$$
$$=\min\{d_{12}+f_2(v_2,\{v_3,v_4\}),d_{13}+f_2(v_3,\{v_2,v_4\}),d_{14}+f_2(v_4,\{v_2,v_3\})\}$$
$$=\min\{8+20,5+18,6+22\}=23,\quad x_3(v_1)=v_3$$

最优路线为 $v_1\to v_3\to v_4\to v_2\to v_1$，路程长为 23.

这个例子与 §4.1 的最短路问题中每一个阶段的决策个数都是有限的.这时可以利用递推公式把所有的 $f_k(x)$ 以及所有可能的状态 x 都求出来，从而得到最优解.

现在来估计用动态规划方法找旅行售货员问题的算法复杂性.为了计算 $f_n(v_0,V)$，需要计算 $f_0(v_i,\varnothing)$，$f_1(v_i,V)$，…，$f_k(v_i,V)$，…，$f_{n-1}(v_i,V)$，共有 n 个 $f_0(v_i,\varnothing)$，$n\binom{n-1}{1}$ 个 $f_1(v_i,V)$，…，$n\binom{n-1}{k}$ 个 $f_k(v_i,V)$，…，$n\binom{n-1}{n-1}$ 个 $f_{n-1}(v_i,V)$.而计算 $f_k(v_i,V)$ 共需要 k 次加法，$k-1$ 次比较运算，计算 $f_n(v_0,V)$ 共需要 n 次加法运算，$n-1$ 次比较运算.因此加

法运算的次数总和为 $T=n+\sum_{k=0}^{n-1} k\cdot n\cdot\binom{n-1}{k}$.因为

$$(n-1)(1+x)^{n-2}=[(1+x)^{n-1}]'=\left[\sum_{k=0}^{n-1}\binom{n-1}{k}x^k\right]'$$
$$=\sum_{k=1}^{n-1}k\binom{n-1}{k}x^{k-1}$$

取 $x=1$,就得到

$$\sum_{k=1}^{n-1}k\binom{n-1}{k}=(n-1)2^{n-2}$$

所以加法次数

$$T=n+n(n-1)2^{n-2}$$

再计算比较运算次数

$$S=(2n-1)+\sum_{k=1}^{n-1}n(k-1)\binom{n-1}{k}$$

用类似的方法可求出 $S=(2n-1)+n(n-2)2^{n-2}$.无论加法次数 T 还是比较运算次数 S 都是 n 的指数函数,不是多项式算法.但是它比穷举法还是要好.如果用穷举法,从 v_0 经过 $v_1,v_2,\cdots,v_n$,再回到 v_0,共有 $n!$ 条不同的路线,计算每条路线要作 $n+1$ 次加法,所以总共要作 $(n+1)n!$ 次加法运算,再作 $n!-1$ 次比较运算,才能找到最短路线.显然,动态规划方法要比穷举法好得多.

2. 多阶段资源分配问题

在每个阶段的决策集不是有限的情况下,用最优化原理得到的递推公式就不能用上述方法把所有的 $f_k(x)$ 都解出来,逐个比较,而要用其他方法来解.一般来说,没有统一的解法.现在来讨论有限资源分配问题,它的递推公式是这样的:

$$f_k(x)=\max_{0\leqslant y\leqslant x}\{g(y)+h(x-y)+f_{k-1}(ay+b(x-y))\},\quad k\geqslant 2$$
$$f_1(x)=\max_{0\leqslant y\leqslant x}\{g(y)+h(x-y)\}$$

在一般情况下,当 $g(y),h(y)$ 是很复杂的函数时,这个问题的解不容易找.当 $g(y),h(y)$ 为凸函数,且 $h(0)=g(0)=0$ 时,可以证明在每个阶段上 y 的最优决策总是取其端点的值.

引理 4.3.1　设 $g(y),h(y)$ 是凸函数,则对任何固定的 x,$F(y)=g(y)+h(x-y)$ 是 y 的凸函数.

证　只需证明对任何 $\alpha_1\geqslant 0,\alpha_2\geqslant 0,\alpha_1+\alpha_2=1$ 与 y_1,y_2 都有

$$F(\alpha_1y_1+\alpha_2y_2)\leqslant\alpha_1F(y_1)+\alpha_2F(y_2)$$

由 $g(y),h(y)$ 的凸性,可得

$$F(\alpha_1y_1+\alpha_2y_2)=g(\alpha_1y_1+\alpha_2y_2)+h(x-(\alpha_1y_1+\alpha_2y_2))$$
$$=g(\alpha_1y_1+\alpha_2y_2)+h(\alpha_1(x-y_1)+\alpha_2(x-y_2))$$
$$\leqslant\alpha_1g(y_1)+\alpha_2g(y_2)+\alpha_1h(x-y_1)+\alpha_2h(x-y_2)$$

$$=\alpha_1F(y_1)+\alpha_2F(y_2)$$

所以 $F(y)$ 是 y 的凸函数. ▍

引理 4.3.2　设 $F_1(x),F_2(x)$ 是 x 的凸函数,则

$$F(x)=\max\{F_1(x),F_2(x)\}$$

也是 x 的凸函数.

证　设 $\alpha_1\geqslant0,\alpha_2\geqslant0,\alpha_1+\alpha_2=1$,若 x_1,x_2 是 $F(x)$ 的定义域中任意两个点,则有

$$\begin{aligned}F(\alpha_1x_1+\alpha_2x_2)&=\max\{F_1(\alpha_1x_1+\alpha_2x_2),F_2(\alpha_1x_1+\alpha_2x_2)\}\\&\leqslant\max\{\alpha_1F_1(x_1)+\alpha_2F_1(x_2),\alpha_1F_2(x_1)+\alpha_2F_2(x_2)\}\\&\leqslant\alpha_1\max\{F_1(x_1),F_2(x_1)\}+\alpha_2\max\{F_1(x_2),F_2(x_2)\}\\&=\alpha_1F(x_1)+\alpha_2F(x_2)\end{aligned}$$

所以 $F(x)$ 也是 x 的凸函数. ▍

定理 4.3.1　设 $g(y),h(y)$ 是凸函数,且 $h(0)=g(0)=0$,则 n 阶段资源分配问题的最优策略 y 在每个阶段总取 $0\leqslant y\leqslant x$ 的端点的值,并且

$$f_k(x)=\max\{g(x)+f_{k-1}(ax),h(x)+f_{k-1}(bx)\}$$

$$f_1(x)=\max\{g(x),h(x)\}$$

证　因为 $f_1(x)=\max\limits_{0\leqslant y\leqslant x}\{g(y)+h(x-y)\}$,由引理 4.3.1 知道,$g(y)+h(x-y)$ 对固定的 x 为凸函数,其极大值一定在 $y=0$ 或 $y=x$ 处达到,所以

$$\begin{aligned}f_1(x)&=\max\{g(x)+h(x-x),g(0)+h(x-0)\}\\&=\max\{g(x),h(x)\}\end{aligned}$$

由引理 4.3.2 可知,$f_1(x)$ 是 x 的凸函数,易证 $f_1(ay+b(x-y))$ 也是 y 的凸函数,所以

$$\begin{aligned}f_2(x)&=\max_{0\leqslant y\leqslant x}\{g(y)+h(x-y)+f_1(ay+b(x-y))\}\\&=\max\{g(x)+f_1(ax),h(x)+f_1(bx)\}\end{aligned}$$

$f_2(x)$ 也是 x 的凸函数.用归纳法可得

$$f_n(x)=\max\{g(x)+f_{n-1}(ax),h(x)+f_{n-1}(bx)\}$$ ▍

例 4.3.2　在有限资源分配问题中,$g(x)=-2cx+x^2,h(x)=-cx+x^2\ (0\leqslant x\leqslant c)$,$0<a,b<1$,而且 $0<b-a\leqslant1-b$,求 $f_k(x)$.

解　显然 $g(x)$ 和 $h(x)$ 都是凸函数.

$$f_1(x)=\max\{-2cx+x^2,-cx+x^2\}=-cx+x^2$$

$$\begin{aligned}f_2(x)&=\max\{-2cx+x^2-cax+a^2x^2,-cx+x^2-cbx+b^2x^2\}\\&=\max\{(a^2+1)x^2-c(a+2)x,(b^2+1)x^2-c(1+b)x\}\\&=-c(1+b)x+(b^2+1)x^2\end{aligned}$$

$$\begin{aligned}f_3(x)&=\max\{-2cx+x^2-c(1+b)ax+(b^2+1)a^2x^2,\\&\qquad -cx+x^2-c(1+b)bx+(b^2+1)b^2x^2\}\\&=\max\{-c[(1+b)a+2]x+[(b^2+1)a^2+1]x^2,\\&\qquad -c[(1+b)b+1]x+[(b^2+1)b^2+1]x^2\}\\&=-c(1+b+b^2)x+(1+b^2+b^4)x^2\end{aligned}$$

应用数学归纳法,可得

$$f_k(x) = -\frac{c(1-b^k)}{1-b}x + \frac{1-b^{2k}}{1-b^2}x^2$$

例 4.3.3　在有限资源分配问题中,设 $g(y)=cy$,$h(y)=dy$,并且 $c>d>0$,$0<a<b<1$,求 $f_k(x)$,$k=1,2,\cdots,n$ 及最优策略 $y,y_1,\cdots,y_{n-1}$.

解　已知 $c-d>0$,若存在 $1\leqslant s\leqslant n-2$,使

$$c-d\geqslant c(1+a+\cdots+a^{s-1})(b-a) \tag{4.3.2}$$

$$c-d<c(1+a+\cdots+a^{s})(b-a) \tag{4.3.3}$$

则由定理 4.3.1 及(4.3.2)式,

$$f_1(x)=\max\{cx,dx\}=cx,\quad y_{n-1}=x_{n-1}$$

$$f_2(x)=\max\{cx+cax,dx+cbx\}=c(1+a)x,\quad y_{n-2}=x_{n-2}$$

$$\cdots$$

$$\begin{aligned} f_{s+1}(x) &= \max\{cx+c(1+a+\cdots+a^{s-1})ax,dx+c(1+a+\cdots+a^{s-1})bx\} \\ &= c(1+a+\cdots+a^{s})x,\quad y_{n-s-1}=x_{n-s-1} \end{aligned}$$

由(4.3.3)式,

$$\begin{aligned} f_{s+2}(x) &= \max\{cx+c(1+a+\cdots+a^{s})ax,dx+c(1+a+\cdots+a^{s})bx\} \\ &= [d+c(1+a+\cdots+a^{s})b]x,\quad y_{n-s-2}=0 \end{aligned}$$

$$\cdots$$

$$f_n(x)=[d(1+b+\cdots+b^{n-s-2})+c(1+a+\cdots+a^{s})b^{n-s-1}]x,\quad y=0$$

若 $c-d<c(b-a)$,则 $y_{n-1}=x_{n-1}$,$y_{n-2}=\cdots=y_1=y=0$.若 $c-d\geqslant c(1+a+\cdots+a^{n-2})(b-a)$,则 $y_{n-1}=x_{n-1}$,$y_{n-2}=x_{n-2}$,$\cdots$,$y_1=x_1$,$y=x$.

3. 可靠性问题

某种机器的工作系统由 n 个部件组成,如图 4.3.2 所示,这些部件是串联关系,只要其中任一部件失灵,整个系统就不能正常工作.

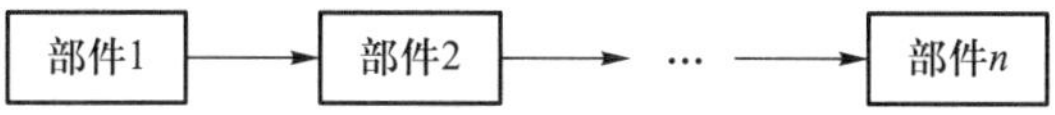

图 4.3.2

假设部件 $i(i=1,2,\cdots,n)$的正常工作与否取决于其中主要元件.而主要元件失灵的概率又相当大.为了提高系统工作的可靠性,在每个部件上装有主要元件的备用件,并且设计了这样的装置,使正常工作的元件一旦失灵,备用元件能自动顶替原来工作的元件工作,这样各部件中装上的备用元件越多,整个系统维持正常工作的可靠性也就越大.但另一方面,备用元件装多了,系统的成本、重量、容积等就会增加.于是,出现了这样的问题,如何在考虑到上述各种因素的限制条件下,选择各部件的备用元件的数目,使整个系统的可靠性达到最大.

设在部件 $i(i=1,2,\cdots,n)$上装有 z_i 个备用元件时,它正常工作的概率为$p_i(z_i)$,于

是系统正常工作的概率为

$$p=\prod_{i=1}^{n} p_i(z_i)$$

部件 i 装一个备用元件的费用为 c_i，要求总费用不得超过 c，求使 p 达到最大的 z_i 的选取方法，这问题的非线性规划形式是

$$\begin{cases}\max \quad p=\prod_{i=1}^{n} p_i(z_i)\\ \text{s.t.} \quad \sum_{i=1}^{n} c_i z_i \leqslant c\\ \qquad z_i \geqslant 0, \text{且为整数}, i=1,\cdots,n\end{cases}$$

这类问题也可以用最优化原理找它的递推公式.

用 $f_k(x)$ 表示有 k 个部件总费用不超过 x 的最优可靠性，则

$$\begin{cases}f_k(x)=\max\limits_{\substack{0\leqslant z_k\leqslant \left[\frac{x}{c_k}\right]\\ z_k\text{为整数}}} p_k(z_k)f_{k-1}(x-c_k z_k), \quad k=2,\cdots,n\\ f_1(x)=p_1\left(\left[\dfrac{x}{c_1}\right]\right)\end{cases}$$

例 4.3.4　已知 $x_1+x_2+\cdots+x_n=c, c>0, x_i\geqslant 0, i=1,2,\cdots,n$，求 $z=x_1x_2\cdots x_n$ 的最大值.

解　用递推公式，设

$$f_k(x)=\max\{x_1x_2\cdots x_k \mid x_1+x_2+\cdots+x_k=x,\ x_i\geqslant 0,\ i=1,2,\cdots,k\}$$

则

$$\begin{cases}f_k(x)=\max\limits_{0\leqslant x_k\leqslant x} x_k\cdot f_{k-1}(x-x_k), \quad k=2,\cdots,n\\ f_1(x)=x\end{cases}$$

$$\begin{aligned}f_2(x)&=\max_{0\leqslant x_2\leqslant x} x_2\cdot f_1(x-x_2)\\ &=\max_{0\leqslant x_2\leqslant x} x_2\cdot(x-x_2)=\left(\frac{x}{2}\right)^2, \quad x_2=\frac{x}{2}\\ f_3(x)&=\max_{0\leqslant x_3\leqslant x} x_3\cdot f_2(x-x_3)\\ &=\max_{0\leqslant x_3\leqslant x} x_3\cdot\left(\frac{x-x_3}{2}\right)^2=\left(\frac{x}{3}\right)^3, \quad x_3=\frac{x}{3}\\ &\cdots\\ f_n(x)&=\max_{0\leqslant x_n\leqslant x} x_n\cdot f_{n-1}(x-x_n)\\ &=\max_{0\leqslant x_n\leqslant x} x_n\cdot\left(\frac{x-x_n}{n-1}\right)^{n-1}=\left(\frac{x}{n}\right)^n, \quad x_n=\frac{x}{n}\end{aligned}$$

所以 $f_n(c)=\left(\dfrac{c}{n}\right)^n$.

现在再来求最优解.

第一阶段，状态变量 $x=c$，最优解 $x_n=\dfrac{c}{n}$.

第二阶段，状态变量 $x=c-\frac{c}{n}=\frac{(n-1)c}{n}$，最优解

$$x_{n-1}=\frac{x}{n-1}=\frac{1}{n-1}\cdot\frac{(n-1)c}{n}=\frac{c}{n}$$

第三阶段，状态变量 $x=c-\frac{c}{n}-\frac{c}{n}=\frac{(n-2)c}{n}$，最优解

$$x_{n-2}=\frac{x}{n-2}=\frac{1}{n-2}\cdot\frac{(n-2)c}{n}=\frac{c}{n}$$

…

最后阶段，状态变量 $x=c-\frac{c}{n}-\frac{c}{n}-\cdots-\frac{c}{n}=\frac{c}{n}$，最优解

$$x_1=x=\frac{c}{n}$$

所以最优解是 $\left(\frac{c}{n},\frac{c}{n},\cdots,\frac{c}{n}\right)$，最优值是 $\left(\frac{c}{n}\right)^n$.

例 4.3.5 某工厂生产 3 种产品，各产品每件的重量与利润见下表.现将此 3 种产品运往市场出售，运输能力（总重量）不超过 6 t，问如何安排运输使总利润最大？

种类	1	2	3
重量/t	2	3	4
利润/百元	80	130	180

解 设 3 种产品分别运输 x_1,x_2,x_3 件，得模型

$$\begin{cases}\max\quad 80x_1+130x_2+180x_3\\ \text{s.t.}\quad 2x_1+3x_2+4x_3\leqslant 6\\ \qquad x_i\geqslant 0,\text{且为整数},i=1,2,3\end{cases}$$

下面用动态规划方法求解，设当 $f_k(s_k)$ 为载重量 s_k 时，采取最优决策装载第 1 种至第 k 种货物所得的最大利润，

$$\begin{aligned}f_3(6)&=\max_{\substack{2x_1+3x_2+4x_3\leqslant 6\\x_1,x_2,x_3\geqslant 0,\text{且为整数}}}\left\{180x_3+\max_{\substack{2x_1+3x_2\leqslant 6-4x_3\\x_1,x_2\geqslant 0,\text{且为整数}}}(80x_1+130x_2)\right\}\\&=\max_{\substack{2x_1+3x_2+4x_3\leqslant 6\\x_1,x_2,x_3\geqslant 0,\text{且为整数}}}\{180x_3+f_2(6-4x_3)\}\\&=\max\{f_2(6),180+f_2(2)\}\end{aligned}$$

而

$$\begin{aligned}f_2(6)&=\max_{\substack{2x_1+3x_2\leqslant 6\\x_1,x_2\geqslant 0,\text{且为整数}}}\{80x_1+130x_2\}\\&=\max_{\substack{2x_1\leqslant 6-3x_2\\x_1,x_2\geqslant 0,\text{且为整数}}}\{130x_2+f_1(6-3x_2)\}\\&=\max\{f_1(6),130+f_1(3),260+f_1(0)\}\end{aligned}$$

$$\begin{aligned}f_2(2)&=\max_{\substack{2x_1+3x_2\leqslant 2\\ x_1,x_2\geqslant 0,\text{且为整数}}}\{80x_1+130x_2\}\\&=\max_{\substack{2x_1\leqslant 2-3x_2\\ x_1,x_2\geqslant 0,\text{且为整数}}}\{130x_2+f_1(2-3x_2)\}\\&=f_1(2)\end{aligned}$$

而由 $f_1(w)=\max\limits_{\substack{2x_1\leqslant w\\ x_1\geqslant 0,\text{且为整数}}}\{80x_1\}=80\left[\dfrac{w}{2}\right]$ 知

$$f_1(6)=80\times3=240,\ f_1(3)=80,\ f_1(2)=80,\ f_1(0)=0$$

故 $f_2(2)=80,f_2(6)=260,f_3(6)=260$.

所以最优方案有两个:$(x_1,x_2,x_3)=(0,2,0)$或$(1,0,1)$.

§4.4　确定性的不定期多阶段决策问题

有的多阶段决策过程,给定一个状态集合 X_T,当状态 $x\in X_T$ 时,过程停止,这是阶段数不确定的多阶段决策过程.如果经过有限阶段,状态 x 一定能进入 X_T,就是阶段数有限,否则就是阶段数无限.这类问题通常利用最优化原理得到一个函数方程来求解.

1. 最优路线问题

§4.2 已经讨论了最优路线问题的一种类型,现在讨论另一种类型的最优路线问题.给定 N 个点 $p_i(i=1,2,\cdots,N)$ 组成的集合 $\{p_i\}$,由集合中任一点 p_i 到另一点 p_j 的距离用 c_{ij}表示,如果 p_i 到 p_j 没有弧联结,那么规定 $c_{ij}=+\infty$.又规定 $c_{ii}=0(1\leqslant i\leqslant N)$,指定一个终点 p_N,要求从 p_i 点出发到 p_N 的最短路线.这与 §4.2 的最优路线问题的不同点是阶段数不定,是个不定期多阶段决策问题.用所在的点 p_i 表示状态,决策集就是除 p_i 以外的点,选定一个点 p_j 以后,得到效益 c_{ij}并转入新状态 p_j,当状态是 p_N 时,过程停止.

定义 $f(i)$ 是由 p_i 点出发至终点 p_N 的最短路程,由最优化原理可得

$$\begin{cases}f(i)=\min\limits_j\{c_{ij}+f(j)\},\quad i=1,2,\cdots,N-1\\ f(N)=0\end{cases}\tag{4.4.1}$$

$f(i)$ 是定义在 $p_1,p_2,\cdots,p_N$ 上的函数,所以(4.4.1)是个函数方程,不是 §4.2 所列出来的递推公式.

下面介绍两种迭代法来解这个函数方程.

(1) 函数空间迭代法

作初始函数 $f_1(i)$,$i=1,2,\cdots,N$,

$$\begin{cases}f_1(i)=c_{iN},\quad i=1,2,\cdots,N-1\\ f_1(N)=0\end{cases}\tag{4.4.2}$$

然后用下列递推关系求$\{f_k(i)\}$：

$$\begin{cases} f_k(i)=\min\limits_j\{c_{ij}+f_{k-1}(j)\}, & i=1,2,\cdots,N-1 \\ f_k(N)=0 \end{cases} \tag{4.4.3}$$

这里$f_k(i)$实际上表示由p_i点出发至多经过k个点到达p_N的最短路程(如果经过k个点,还不能到达p_N点,则$f_k(i)=+\infty$).

定理 4.4.1 由(4.4.2),(4.4.3)确定的函数列$\{f_k(i)\}$单调下降收敛于$f(i)$,$f(i)$是函数方程(4.4.1)的解.

证 $f_k(i)=\min\limits_j\{c_{ij}+f_{k-1}(j)\}\leqslant c_{ii}+f_{k-1}(i)$, $1\leqslant i\leqslant N$, $k=2,3,\cdots$

所以$\{f_k(i)\}$是单调下降序列.因为$c_{ij}\geqslant 0$,所以$f_k(i)\geqslant 0$,有下界,从而$\{f_k(i)\}$有极限,设极限为$f(i)$.

现在来证明$f(i)$是(4.4.1)的解.

由于$f(i)$只有有限个,故存在k_0,使得对任意的$\varepsilon>0$,当$k\geqslant k_0$时,对所有i都有

$$|f_k(i)-f(i)|<\varepsilon$$

一致成立,即$-\varepsilon+f_k(i)<f(i)<\varepsilon+f_k(i)$,所以

$$\begin{aligned} f(i)&<\varepsilon+f_{k+1}(i)=\varepsilon+\min_j\{c_{ij}+f_k(j)\} \\ &\leqslant\varepsilon+\min_j\{c_{ij}+f(j)+\varepsilon\} \\ &=\min_j\{c_{ij}+f(j)\}+2\varepsilon \\ f(i)&>f_{k+1}(i)-\varepsilon=\min_j\{c_{ij}+f_k(j)\}-\varepsilon \\ &\geqslant\min_j\{c_{ij}+f(j)-\varepsilon\}-\varepsilon \\ &=\min_j\{c_{ij}+f(j)]-2\varepsilon \end{aligned}$$

这就证明了$f(i)=\min\limits_j\{c_{ij}+f(j)\}$. ▌

(2) 策略空间迭代法

一个策略$\{s(i)\}$就是在给定点p_i时,选定下一步的位置是$s(i)$.

给定初始策略$\{s_0(i)\}$,$\{s_0(i)\}$是一个无回路的策略.无回路的策略就是不存在这样的回路:

$$i_1\to i_2=s_0(i_1)\to i_3=s_0(i_2)\to\cdots\to i_1=s_0(i_p)$$

在此策略下作方程组:

$$\begin{cases} f_0(i)=c_{is_0(i)}+f_0(s_0(i)), & i=1,2,\cdots,N-1 \\ f_0(N)=0 \end{cases} \tag{4.4.4}$$

解出$f_0(1)$,$f_0(2)$,$\cdots$,$f_0(N-1)$.由于$\{s_0(i)\}$是无回路的初始策略,故可以证明方程组(4.4.4)有唯一解.解出$f_0(i)$以后,求

$$\min_j\{c_{ij}+f_0(j)\},\quad i=1,2,\cdots,N-1$$

设$\min\limits_j\{c_{ij}+f_0(j)\}=c_{ii_1}+f_0(i_1)$,令

$$s_1(i)=i_1,\quad i=1,2,\cdots,N-1$$

这就得到一个新的策略 $\{s_1(i)\}$，用这个策略再作方程组(4.4.4)，重复上面的做法，直到对所有的 i，都有 $s_k(i)=s_{k-1}(i)$，$\{s_k(i)\}$ 就是最优解.

可以证明，如果策略 $\{s_0(i)\}$ 是无回路的，那么由上面的方法得到的策略 $\{s_1(i)\}$ 也是无回路的，并且由此得到的 $\{f_k(i)\}$ 是单调下降序列，它的极限是函数方程(4.4.1)的解.

例 4.4.1　设有 1,2,3,4,5 共 5 个城市，相互距离如图 4.4.1 所示，试用函数空间迭代法和策略空间迭代法求各城市到城市 5 的最短路线和最短路程.

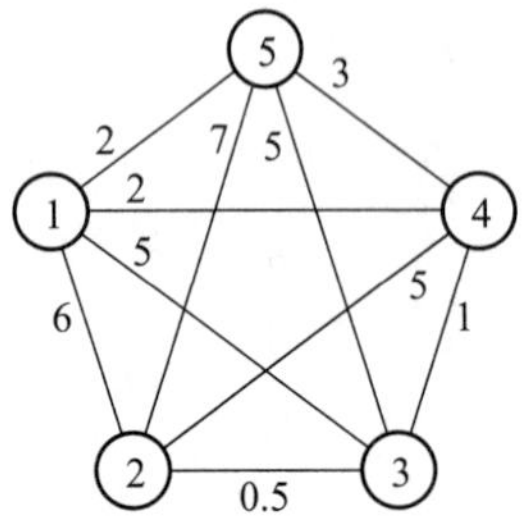

图 4.4.1

解　用函数空间迭代法先给定一个初始函数

$$f_1(i)=c_{i5},\quad i=1,2,3,4$$

$$f_1(5)=0$$

由图 4.4.1 得到

$$f_1(1)=c_{15}=2,\ f_1(2)=c_{25}=7$$

$$f_1(3)=c_{35}=5,\ f_1(4)=c_{45}=3$$

再求 $f_2(i)$.

$$f_2(1)=\min_j\{c_{1j}+f_1(j)\}=\min\{0+2,6+7,5+5,2+3,2+0\}=2$$

$$f_2(2)=\min_j\{c_{2j}+f_1(j)\}=\min\{6+2,0+7,0.5+5,5+3,7+0\}=5.5$$

类似地，可得到 $f_2(3)=4$，$f_2(4)=3$.

再计算 $f_3(i)$.

$$f_3(1)=\min_j\{c_{1j}+f_2(j)\}=\min\{0+2,6+5.5,5+4,2+3,2+0\}=2$$

类似地，可得到 $f_3(2)=4.5$，$f_3(3)=4$，$f_3(4)=3$.

再计算 $f_4(i)$.

$$f_4(1)=2,\ f_4(2)=4.5,\ f_4(3)=4,\ f_4(4)=3$$

计算结果说明 $f_4(i)=f_3(i)$，$i=1,2,3,4$.计算停止.$f_4(1)$，$f_4(2)$，$f_4(3)$，$f_4(4)$ 分别是城市 1、城市 2、城市 3、城市 4 到达城市 5 的最短路程.然后再求最优策略 $s(i)$.在 $f_4(i)$ 的计算中有

$$f_4(1)=c_{15}+f_3(5),\quad \text{所以 } s(1)=5$$

$$f_4(2)=c_{23}+f_3(3),\quad \text{所以 } s(2)=3$$

$$f_4(3)=c_{34}+f_3(4),\quad \text{所以 } s(3)=4$$

$$f_4(4)=c_{45}+f_3(5),\quad \text{所以 } s(4)=5$$

这样，我们就得到各城市到城市 5 的最短路线和最短路程为

①→⑤，　　最短路程为 2

②→③→④→⑤，　　最短路程为 4.5

③→④→⑤，　　最短路程为 4

④→⑤，　　最短路程为 3

再用策略空间迭代法求解.

任选一个没有回路的初始策略$\{s_0(i)\}$,如取$s_0(1)=5,s_0(2)=4,s_0(3)=5,s_0(4)=3$,$s_0(5)=5$.由$\{s_0(i)\}$求$\{f_0(i)\}$,解方程组

$$f_0(1)=c_{1s_0(1)}+f_0(s_0(1))=c_{15}+f_0(5)$$

$$f_0(2)=c_{24}+f_0(4)$$

$$f_0(3)=c_{35}+f_0(5)$$

$$f_0(4)=c_{43}+f_0(3)$$

解出$f_0(1)=2,f_0(2)=11,f_0(3)=5,f_0(4)=6$.

再把$f_0(i)$代入$\min\limits_j\{c_{ij}+f_0(j)\}$中解出$s_1(i)$.

当$i=1$时,

$$\begin{aligned}&\min_j\{c_{1j}+f_0(j)\}\\=&\min_j\{c_{11}+f_0(1),c_{12}+f_0(2),c_{13}+f_0(3),c_{14}+f_0(4),c_{15}+f_0(5)\}\\=&\min\{0+2,6+11,5+5,2+6,2+0\}\\=&c_{15}+f_0(5)=2\end{aligned}$$

所以$s_1(1)=5$.类似地,可以求得$s_1(2)=3,s_1(3)=5,s_1(4)=5$.

把$\{s_1(i)\}$代入方程组(4.4.4),得

$$f_1(1)=c_{15}+f_1(5)$$

$$f_1(2)=c_{23}+f_1(3)$$

$$f_1(3)=c_{35}+f_1(5)$$

$$f_1(4)=c_{45}+f_1(5)$$

$$f_1(5)=0$$

解出$f_1(1)=2,f_1(2)=5.5,f_1(3)=5,f_1(4)=3,f_1(5)=0$.再把$f_1(i)$代入$\min\limits_j\{c_{ij}+f_1(j)\}$中解出$s_2(i)$.

当$i=1$时,

$$\begin{aligned}&\min_j\{c_{11}+f_1(1),c_{12}+f_1(2),c_{13}+f_1(3),c_{14}+f_1(4),c_{15}+f_1(5)\}\\=&\min_j\{0+2,6+5.5,5+5,2+3,2+0\}=c_{15}+f_1(5)=2\end{aligned}$$

所以$s_2(1)=5$.类似地,可以求得$s_2(2)=3,s_2(3)=4,s_2(4)=5$.

再由$s_2(i)$求$f_2(i)$,得$f_2(1)=2,f_2(2)=4.5,f_2(3)=4,f_2(4)=3$.

由$f_2(i)$求$s_3(i)$.$s_3(1)=5,s_3(2)=3,s_3(3)=4,s_3(4)=5$.这时$s_3(i)=s_2(i),i=1,2,3,4$.所以最优策略为$\{s(i)\}=\{5,3,4,5,5\}$.最短路线及最短路程为

①→⑤,	最短路程为 2
②→③→④→⑤,	最短路程为 4.5
③→④→⑤,	最短路程为 4
④→⑤,	最短路程为 3

策略s_0,s_1,s_2,s_3即为各城市到城市5的方案,分别对应图4.4.2的(a),(b),(c),(d).

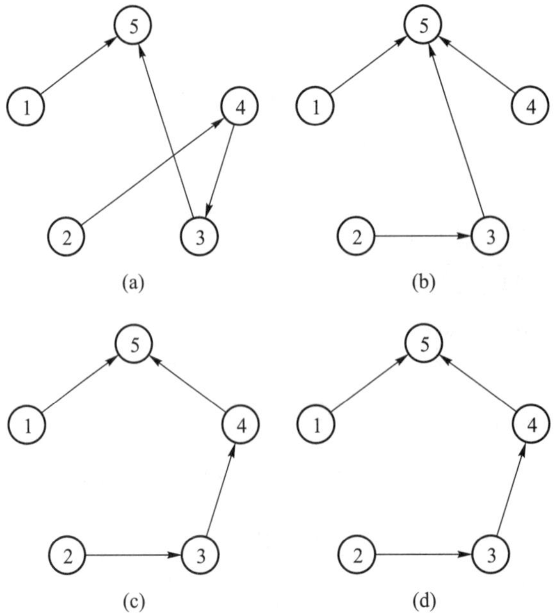

图 4.4.2

用这两种方法得到的解是一样的.

从上例中可以看出函数空间迭代法可以认为是策略空间迭代法的一种特殊情况，如果对于策略空间迭代法的初始策略都指定为 N，即 $s_0(i)=5, i=1,2,3,4$，那么对应的方程组的解就是函数空间迭代法的初始函数.

2. 有限资源分配问题

设有数量为 x 的某种资源，将它投入两种生产方式 A 和 B 中，以数量 y 投入生产方式 A，剩余数量 $x-y$ 投入生产方式 B，则可得收益

$$g(y)+h(x-y)$$

其中 $g(y)$ 与 $h(y)$ 是已知函数，并且 $g(0)=h(0)=0$. 显然，对不同的 y 值，收益不同. 再假设投入生产方式 A，B 后，可以回收再投入生产，设其回收率分别是 $0<a<1, 0<b<1$. 因此在第一阶段生产后回收的总资源为

$$x_1=ay+b(x-y)$$

再将 x_1 分成 y_1 和 x_1-y_1 分别投入生产方式 A 和 B. 与第一阶段一样，获得收益 $g(y_1)+h(x_1-y_1)$，回收资源 $x_2=ay_1+b(x_1-y_1)$. 再将 x_2 投入生产方式 A，B，这样无限制下去，直到资源用完. 要求 $y, y_1, y_2, \cdots$，使获得的收益总和达到最大. 这是一个阶段数无限的多阶段决策问题. 先假设无限次收益的总和是收敛的，存在最大值. 用 $f(x)$ 表示从资源 x 开始、经过无限次最优分配以后的最大收益，那么根据最优化原理，可以得到下列函数方程：

$$f(x)=\max_{0\leqslant y\leqslant x}\{g(y)+h(x-y)+f(ay+b(x-y))\} \tag{4.4.5}$$

下面的定理将证明这个函数方程在一定条件下解存在且唯一，同时定理的证明过程也

给出解这个函数方程的一个迭代法.

定理 4.4.2　在有限资源分配问题中函数方程

$$f(x)=\max_{0\leqslant y\leqslant x}\{g(y)+h(x-y)+f(ay+b(x-y))\}$$

如果满足下列条件:

(1) $g(x),h(x)$ 在 $x\geqslant 0$ 范围内连续, $h(0)=g(0)=0$;

(2) 设 $m(x)=\max\limits_{0\leqslant y\leqslant x}\{\max[\,|g(y)|,|h(y)|\,]\}$, $c=\max\{a,b\}$,对所有的 $x\geqslant 0$,有

$$\sum_{n=0}^{\infty} m(c^n x)<+\infty,$$

那么(4.4.5)式有唯一一个这样的解,它在 $x=0$ 点连续,并且 $f(0)=0$. 又这个解必然对所有的 $x\geqslant 0$ 连续.

证　规定

$$T(f,y)=g(y)+h(x-y)+f(ay+b(x-y))$$

$$f_0(x)=0$$

$$f_{n+1}(x)=\max_{0\leqslant y\leqslant x}T(f_n,y)$$

首先证明 $f_n(x)\,(n=1,2,\cdots)$ 连续.

$$f_1(x)=\max_{0\leqslant y\leqslant x}\{g(y)+h(x-y)\}$$

$$f_1(x+\Delta x)=\max_{0\leqslant y\leqslant x+\Delta x}\{g(y)+h(x+\Delta x-y)\}$$

由假设可知, $g(z),h(z)$ 在任意闭区间 $[0,x]$ 中一致连续,所以有性质:对于任给的 $\varepsilon>0$,存在 $\delta=\delta(\varepsilon)>0$,使对任何 $|\Delta z|<\delta$ 都有

$$\left.\begin{aligned}&|g(z+\Delta z)-g(z)|\leqslant\frac{\varepsilon}{2}\\&|h(z+\Delta z)-h(z)|\leqslant\frac{\varepsilon}{2}\end{aligned}\right.\quad(0\leqslant z\leqslant x-\delta)$$

由此,当 $|\Delta x|<\delta$ 时就有

(1) 当 $0\leqslant y\leqslant x$ 时,

$$g(y)+h(x+\Delta x-y)\leqslant g(y)+h(x-y)+\frac{\varepsilon}{2}\leqslant f_1(x)+\varepsilon$$

(2) 当 $x\leqslant y\leqslant x+\Delta x$ 时,

$$g(y)+h(x+\Delta x-y)\leqslant g(x)+h(x+\Delta x-x)+\frac{\varepsilon}{2}+\frac{\varepsilon}{2}\leqslant f_1(x)+\varepsilon$$

总之,都有

$$g(y)+h(x+\Delta x-y)\leqslant f_1(x)+\varepsilon\quad(0\leqslant y\leqslant x+\Delta x)$$

另一方面,如果使 $g(y)+h(x-y)$ 在 $[0,x]$ 达到最大值的一个 y 是 $y=y_0$,那么显然有

$$g(y_0)+h(x+\Delta x-y_0)+\varepsilon\geqslant g(y_0)+h(x-y_0)=f_1(x)$$

因此得

$$f_1(x)-\varepsilon\leqslant\max_{0\leqslant y\leqslant x+\Delta x}\{g(y)+h(x+\Delta x-y)\}\leqslant f_1(x)+\varepsilon$$

这就证明了 $f_1(x)$ 是连续的.依照上面的方法,用归纳法就可以证明 $f_n(x)(n=1,2,\cdots)$ 是连续的.

再证明函数序列 $f_1(x),f_2(x),\cdots$ 一致收敛.设 $y_n(x)$ 是使 $T(f_n,y)$ 在 $0\leqslant y\leqslant x$ 上取最大值的一个 y 值(如果有多于一个 y 值使 $T(f_n,y)$ 达到最大值,就任取一个),则有

$$f_{n+1}(x)=T(f_n,y_n)\geqslant T(f_n,y_{n+1})$$

$$f_{n+2}(x)=T(f_{n+1},y_{n+1})\geqslant T(f_{n+1},y_n)$$

$$f_{n+1}(x)-f_{n+2}(x)\geqslant T(f_n,y_{n+1})-T(f_{n+1},y_{n+1})$$

$$f_{n+1}(x)-f_{n+2}(x)\leqslant T(f_n,y_n)-T(f_{n+1},y_n)$$

所以

$$\begin{aligned}&|f_{n+1}(x)-f_{n+2}(x)|\\ \leqslant&\max\{|T(f_n,y_{n+1})-T(f_{n+1},y_{n+1})|,|T(f_n,y_n)-T(f_{n+1},y_n)|\}\end{aligned}$$

由 $T(f,y)$ 的定义,有

$$\begin{aligned}&|T(f_n,y_n)-T(f_{n+1},y_n)|\\ =&|f_n(ay_n+b(x-y_n))-f_{n+1}(ay_n+b(x-y_n))|\\ &|T(f_n,y_{n+1})-T(f_{n+1},y_{n+1})|\\ =&|f_n(ay_{n+1}+b(x-y_{n+1}))-f_{n+1}(ay_{n+1}+b(x-y_{n+1}))|\end{aligned}$$

对 $0\leqslant y\leqslant x$,有 $ay+b(x-y)\leqslant cx$,所以

$$|f_{n+1}(x)-f_{n+2}(x)|\leqslant\max_{0\leqslant z\leqslant cx}|f_n(z)-f_{n+1}(z)|$$

设

$$u_n(x)=\max_{0\leqslant z\leqslant x}|f_n(z)-f_{n+1}(z)| \tag{4.4.6}$$

就有

$$\begin{aligned}u_{n+1}(x)&=\max_{0\leqslant z\leqslant x}|f_{n+1}(z)-f_{n+2}(z)|\\ &\leqslant\max_{0\leqslant z\leqslant x}\{\max_{0\leqslant y\leqslant cz}|f_n(y)-f_{n+1}(y)|\}\\ &=\max_{0\leqslant z\leqslant cx}|f_n(z)-f_{n+1}(z)|\\ &=u_n(cx)\end{aligned} \tag{4.4.7}$$

$$\begin{aligned}u_0(x)&=\max_{0\leqslant z\leqslant x}|f_0(z)-f_1(z)|=\max_{0\leqslant z\leqslant x}|-f_1(z)|\\ &=\max_{0\leqslant z\leqslant x}\{\max_{0\leqslant y\leqslant z}|g(y)+h(z-y)|\}\\ &\leqslant\max_{0\leqslant z\leqslant x}\{2\max_{0\leqslant y\leqslant z}\{|g(y)|,|h(y)|\}\}\\ &=2\max_{0\leqslant y\leqslant x}\{\max\{|g(y)|,|h(y)|\}\}\\ &=2m(x)\end{aligned}$$

由(4.4.7)得到

$$u_n(x)\leqslant 2m(c^nx),\quad n=0,1,2,\cdots$$

由于假设 $\sum\limits_{n=0}^{\infty}m(c^nx)$ 收敛,所以 $\sum\limits_{n=0}^{\infty}u_n(x)$ 收敛,并且在有限区间内一致收敛.再由(4.4.6)式,函数序列 $f_1(x),f_2(x),\cdots$ 一致收敛.所以函数极限

$$f(x)=\lim_{n\to\infty}f_n(x)$$

是存在的，并且对所有的点 $x\geqslant 0$ 连续，由一致收敛的性质知，$f(x)$ 是方程(4.4.5)的解. 又显然 $f(x)$ 在点 $x=0$ 处连续，并且 $f(0)=0$.

再来证明解的唯一性.

设 $F(x)$ 是(4.4.5)的任意一个解，$F(0)=0$ 并且在点 $x=0$ 处连续. 我们来证明 $F(x)=f(x)$.

设使 $T(f,y)$ 在区间 $[0,x]$ 上取最大值的一个 y 值是 $y(x)$，使 $T(F,y)$ 在区间 $[0,x]$ 上取最大值的一个 y 值是 $Y(x)$，则

$$f(x)=\max_{0\leqslant y\leqslant x}T(f,y)=T(f(x),y(x))\geqslant T(f,Y)$$

$$F(x)=\max_{0\leqslant y\leqslant x}T(F,y)=T(F(x),Y(x))\geqslant T(F,y)$$

所以

$$\begin{aligned}|f(x)-F(x)|&\leqslant\max\{|T(f,y)-T(F,y)|,|T(f,Y)-T(F,Y)|\}\\&=\max\{|f(ay+b(x-y))-F(ay+b(x-y))|,\\&\qquad|f(aY+b(x-Y))-F(aY+b(x-Y))|\}\end{aligned}$$

设 $u(x)=\sup\limits_{0\leqslant z\leqslant x}|f(z)-F(z)|$，则由上式得

$$|f(x)-F(x)|\leqslant u(cx)$$

因此 $u(x)\leqslant u(cx)$，$u(cx)\leqslant u(c^2x)$，…，

$$u(x)\leqslant u(cx)\leqslant\cdots\leqslant u(c^nx)\leqslant\cdots$$

因为当 $n\to\infty$ 时，$c^n\to 0$，$u(c^nx)\to 0$，所以

$$|f(x)-F(x)|\leqslant u(cx)=0,\ f(x)=F(x)$$

这就证明了定理. ▌

证明定理所用的逐次逼近法，可看成函数方程(4.4.5)的一种解法，也就是函数空间迭代法.

我们也可以用策略空间迭代法求解.

设 $y_0(x)$ 是最优策略的初次近似，由

$$f_0(x)=T(f_0(x),y_0(x))\tag{4.4.8}$$

可以解出 $f_0(x)$，设 $y_1(x)$ 是使 $T(f_0(x),y)$ 在 $0\leqslant y\leqslant x$ 上取最大值的一个函数，即

$$\max_{0\leqslant y\leqslant x}T(f_0(x),y)=T(f_0(x),y_1(x))$$

设由

$$f_1(x)=T(f_1(x),y_1(x))\tag{4.4.9}$$

能解出 $f_1(x)$，如此继续下去，就得到一串策略 $\{y_n(x)\}$ 和一串值函数 $\{f_n(x)\}$. 在一般情况下，如果能有

$$\lim_{n\to\infty}y_n(x)=y(x),\quad\lim_{n\to\infty}f_n(x)=f(x)$$

那么 $f(x)$ 便是所求的解，$y(x)$ 为最优策略. 但在 $y_n(x)$，$f_n(x)$ 已确定的情况下，由于 $y_{n+1}(x)$ 的取法不一定唯一，所以 $\{y_n(x)\}$ 的收敛性很难保证. 不仅如此，求函数方程(4.4.8)，(4.4.9)的解，也不是很容易的事，因此这种方法在一般情况下很难应用.

动态规划在生物信息学方面的应用案例

动态规划程序

动态规划可被视为一种逐步改善法,它把原整体优化问题化为一系列结构相近的最优化子问题,每个子问题的变量个数比原问题少,约束集合比原问题简单,故较易于确定全局最优解.在过去的若干年里,动态规划得到了许多发展,它在海量数据分析中发挥了重要作用,在 21 世纪初成为生物信息研究的一个基本工具.新的动态规划模型也随着社会的发展而出现,如多目标动态规划,及描述随机性决策过程和模糊性决策过程的模型.然而,动态规划的一个重要弱点为常规算法的维数灾难,此方面至今尚无突破性进展.所以寻求克服维数灾难的有效算法将有助于推广动态规划在高维问题中的应用,相关的并行算法、人机交互算法已被引入相关研究之中.

第 4 章习题

(A)

1. 在图 1 中,求 A 点到 E 点的最短路线和最短路程.

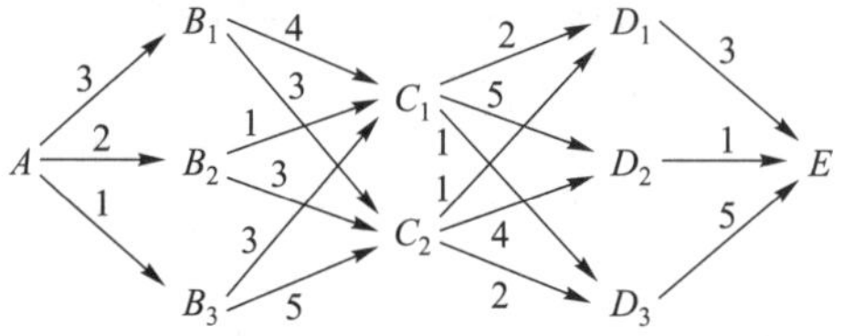

图 1

2. 某人外出旅游,需将 n 个物品供他选择装入行李袋,但行李袋的质量不能超过 w.第 i 件物品的质量为 a_i,价值为 c_i,求这人应装哪几件物品使总质量不超过 w,但总价值最大.把这个问题看成多阶段决策问题并利用最优化原理找出递推公式.

3. 有个畜牧场,每年出售部分牲畜,出售 y 头牲畜可获利 $\varphi(y)$ 元.留下 t 头牲畜再繁殖,一年后可得到 $at(a>1)$ 头牲畜.已知该畜牧场年初有 x 头牲畜,每年应该出售多少,留下多少,使 N 年后还有 z 头牲畜并且获得的收益总和最大?把这个问题当成多阶段决策问题,利用最优化原理找出递推公式.

4. 给出下列距离矩阵,解下列旅行售货员问题:

$$\boldsymbol{D}=\begin{pmatrix} 0 & 10 & 8 & 18 & 14 \\ 10 & 0 & 7 & 11 & 4 \\ 8 & 7 & 0 & 6 & 5 \\ 18 & 11 & 6 & 0 & 9 \\ 14 & 4 & 5 & 9 & 0 \end{pmatrix}$$

5. 如图 2 所示,从 O 点到 V 点只能走平行或垂直的边,边长是图上每条边旁边的数.

(1) 用最优化原理求 O 点到 V 点的最短路程和最短路线;

(2) 计算用穷举法求 O 点到 V 点的最短路线的加法次数和比较次数,计算用最优化原理求最短路线的加法次数和比较次数.

6. 某单位有资源 100 单位,拟分 4 个周期使用,在每个周期有生产任务 A,B,把资源用于生产任

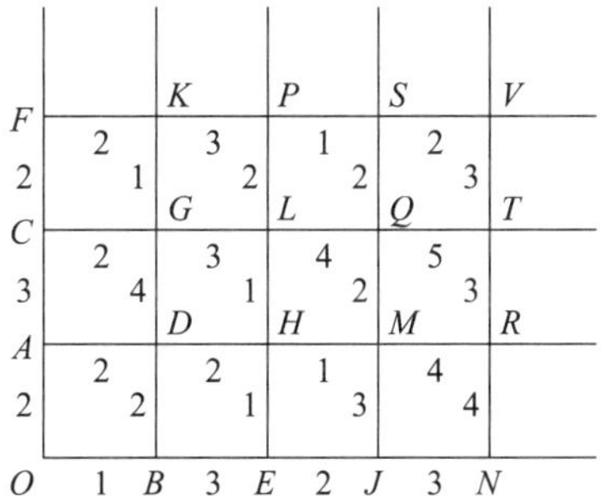

图 2

务 A，每单位能获利 10 元，资源回收率为$\frac{2}{3}$；把资源用于生产任务 B，每单位能获利 7 元，资源回收率为$\frac{9}{10}$. 问每个周期应如何分配资源，才能使总收益最大？

7. 设有 5 个城市 1,2,3,4,5，相互之间的距离如图 3 所示，试用函数空间迭代法和策略空间迭代法求各城市到城市 5 的最短路线及最短路程.

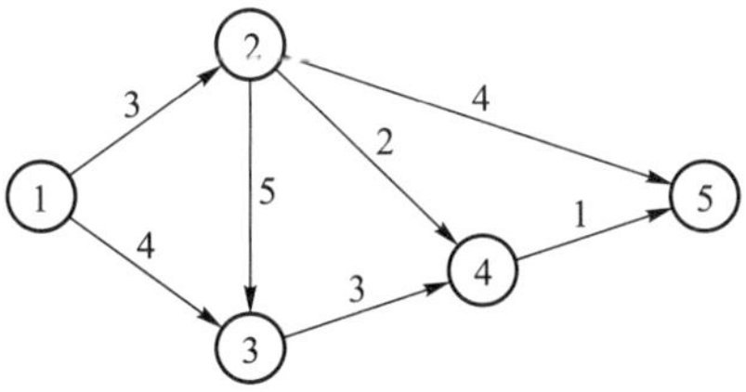

图 3

(B)

1. 设备更新问题

现有一工业设备，其使用年限为 10 年，设备的购置价格为 40 万元，随着使用时间的延长，其生产效益会不断降低，而使用成本会不断上升，下表给出其生产效益和使用成本随使用时间变化的情况，第一行的 0~1 为使用时间多于 0 年且少于 1 年.

使用时间/年	0~1	1~2	2~3	3~4	4~5	5~6	6~7	7~8	8~9	9~10
生产效益/万元	27	26	26	25	24	23	23	22	21	21
使用成本/万元	15	15	16	16	16	17	18	18	19	20

如果把设备进行处理，其处理价格随使用年限的增加而减少，具体变化情况如下表所示：

使用时间/年	0~1	1~2	2~3	3~4	4~5	5~6	6~7	7~8	8~9	9~10
处理价格/万元	32	28	20	15	10	6	3.5	2.3	1.5	1

试确定设备更新的最佳方案.

2. 二维背包问题

现有一辆载重量 5 t,最大装载体积为 9 m^3 的卡车作为运输工具,运输三种不同的货物,这些货物可挤压,可变形,已知每种货物现有 8 件,其体积、重量及价值如下表所示,试求携带货物价值最大的装载方案.

货物品种	重量/t	体积/m^3	价值/万元
1	0.2	0.3	4
2	0.3	0.5	7.5
3	0.25	0.2	6

参考文献

[1] BELLMAN R.Dynamic programming[M].Princeton:Princeton University Press,1957.

[2] NEMHAUSER G L.Introduction to dynamic programming[M].New York:Wiley,1966.

[3] DANΦ S .Nonlinear and dynamic programming[M].New York:Springer-Verlag,1974.

[4] 拉森,卡斯梯.动态规划原理[M].陈伟基,王永县,杨家本,译.北京:清华大学出版社,1984.

[5] 马仲蕃,魏权龄,赖炎连.数学规划讲义[M].北京:中国人民大学出版社,1981.

[6] 徐渝,贾涛.运筹学.北京:清华大学出版社,2005.

[7] 胡运权.运筹学基础及应用[M].7 版.北京:高等教育出版社,2021.

[8] COMPEAU P,PEVZNER P.Bioinformatics algorithms:An active learning approach[M].2nd Edition. California:Active Learning Publishers,2015.

第 5 章 图与网络分析

日常生活和生产中的许多问题都可以用一个网络来描述,例如,交通网络、计算机网络、工程进度网络、生物信息网络和互联网等.而网络通常可以用一个图来表示.图论方法可用来解决网络优化中的问题,也称为图与网络技术.某些特殊的线性规划问题用图论方法来解决,则会得到一些更有效的算法.本章主要介绍图论的基本方法和用图论方法解决的一些典型问题,并介绍几个基本的网络优化问题和算法,特别是图与网络技术的应用,这些方法可用来解决实际中的许多大型优化问题,最后简单介绍复杂网络的几个基本问题.

§5.1 图与子图

本节主要介绍有关图与网络的基本概念,包括图与网络、图的关联矩阵与邻接矩阵、子图等.它们是后面各节的基础.

1. 图与网络

随着高科技时代的到来,图与网络技术的应用越来越广泛,特别是计算机科学和生物信息科学的发展提出了许多新的问题需要用图论方法来解决.现实生活中的许多问题都可以用一个图来表示.例如,用点表示城市,若两个城市之间有一条铁路相连,则在两个点之间连一条边,这样一个交通网络就可以用一个图来表示.同样地,用点表示计算机,用边表示两个计算机之间有信息传递,则计算机网络就可以用一个图来表示.类似地,化学中的分子结构,物理学中的电网络,生物信息学中蛋白质之间的相互作用等都可以用一个图来表示.更一般地,用点表示物体,两个物体之间存在某种关系,则对应的顶点之间连一条边,所形成的图便表示物体之间的关系.将实际问题用一个图或网络来表示,通过研究图的性质来解决这些问题,这就是图与网络技术,也称为网络分析.由于我们感兴趣的是物体之间的关系,所以我们只关心图中两个点之间是否有边,而边的曲直和长短则无关紧要.当我们关心两个点之间的路线的长短时,也不是用边的长短来表示,而是在边上标上数字来表示路线的长短.这种图也称为赋权图或赋权网络.下面我们用数学语言给出图的严格定义.

一个**无向图** G 是一个有序二元组(N,E),记为 $G=(N,E)$,其中

$$N=\{n_1,n_2,\cdots,n_n\}$$

称为 G 的**点集**,

$$E=\{e_{ij}\}$$

称为 G 的**边集**,并且 e_{ij} 是一个无序二元组 $\{n_i,n_j\}$,记为 $e_{ij}=\{n_i,n_j\}$.图5.1.1 就是一个无向图.为了简便起见,以后我们将无向图称为**图**.

若 $e_{ij}=\{n_i,n_j\}$,则称 e_{ij} 连接 n_i 和 n_j,点 n_i 和 n_j 称为 e_{ij} 的**端点**.

一个图可以用一个图形来表示,在保持图的点和边的关系不变的情况下,图形的位置、大小、形状都是无关紧要的.因此,在图的讨论中,我们常常画出一个图形来表示它,并且把它作为这个图本身.以后,我们将用圆圈表示点,用线表示边.图论中大多数概念都是根据图的表示形式提出来的.一条边的端点称为与这条边**关联**;反之,一条边称为与它的端点关联.与同一条边关联的两个端点称为是**邻接的**.如果两条边有一个公共端点,那么称这两条边是**邻接的**.两个端点重合为一点的边称为**环**(如图 5.1.1 中的 e_{11}).两个端点都相同的边称为**重边**(如图 5.1.1中的 e_{34}).不与任何边关联的点称为**孤立点**(如图 5.1.1 中的 n_5).

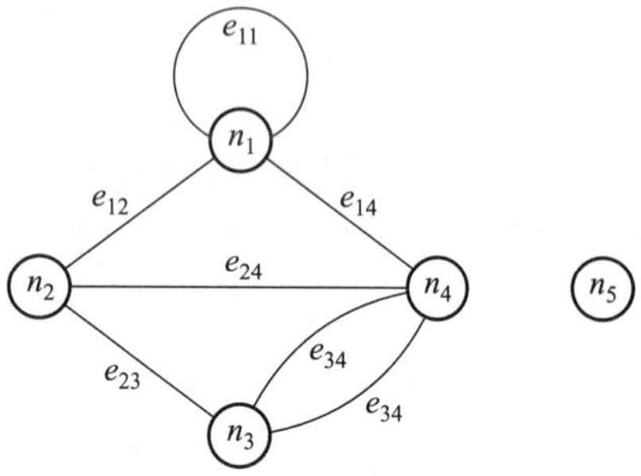

图 5.1.1

任何图 $G=(N,E)$,若 N 和 E 都是有限集合,则称 G 为**有限图**;否则称 G 为**无限图**.本书只限于讨论有限图.没有任何边的图称为**空图**,只有一个点的图称为**平凡图**.

一个图,如果它既没有环,也没有重边,那么称为**简单图**.例如图 5.1.2 中(a)是一简单图,(b)就不是简单图.

设 $G=(N,E)$是一个简单图,若设 $|N|=n$, $|E|=m$,则显然有 $m\leqslant\dfrac{n(n-1)}{2}$.

一个简单图,若每对点之间均有一条边相连,则称为**完全图**.具有 n 个点的完全图记作 K_n.显然 K_n 有$\dfrac{n(n-1)}{2}$条边.

图 5.1.3 所示的图就是一个完全图 K_5.

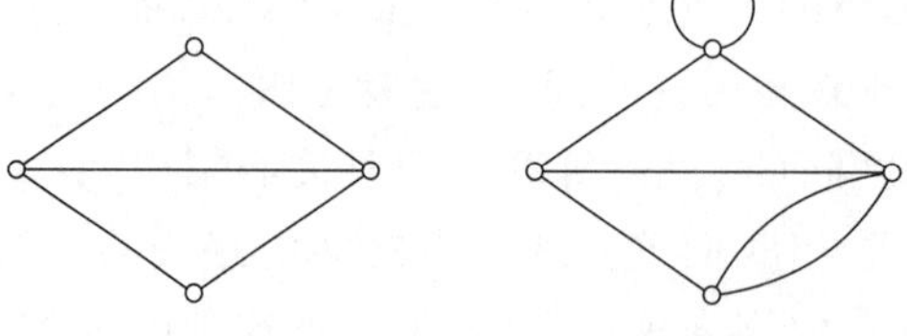
(a)　(b)

图 5.1.2

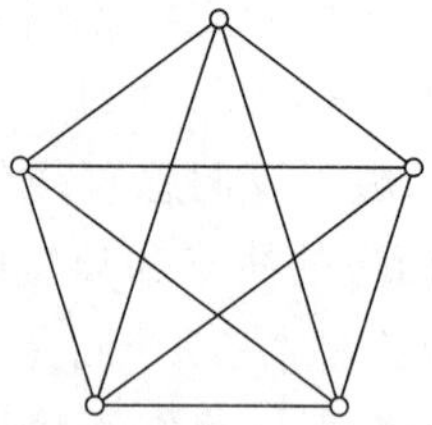
图 5.1.3

一个图 $G=(N,E)$，若存在 N 的一个二分划 (S,T)，使得 G 的每条边有一个端点在 S 中，另一个端点在 T 中，则 G 称为**二分图**.这时记为 $G=(S,T,E)$.

设 $G=(S,T,E)$ 是一个简单二分图，若 S 中的每个点与 T 中的每个点都邻接，则称 G 为**完全二分图**.若 $|S|=p$，$|T|=q$，则这个完全二分图记为 $K_{p,q}$.

图 5.1.4 的(a)和(b)分别为 $K_{3,2}$ 和 $K_{3,3}$.

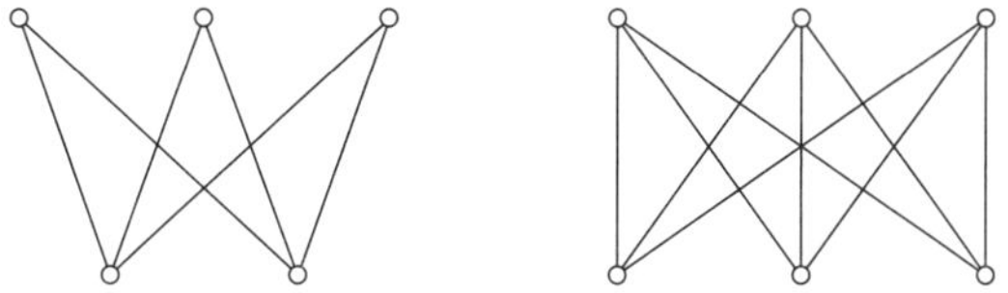

(a) (b)

图 5.1.4

一个简单图 G 的补图 $\overline{G}$ 是与 G 有相同点集的简单图，并且 $\overline{G}$ 中的两个点邻接当且仅当它们在 G 中不邻接，图 5.1.5 的(a)和(b)就是互补的两个图.

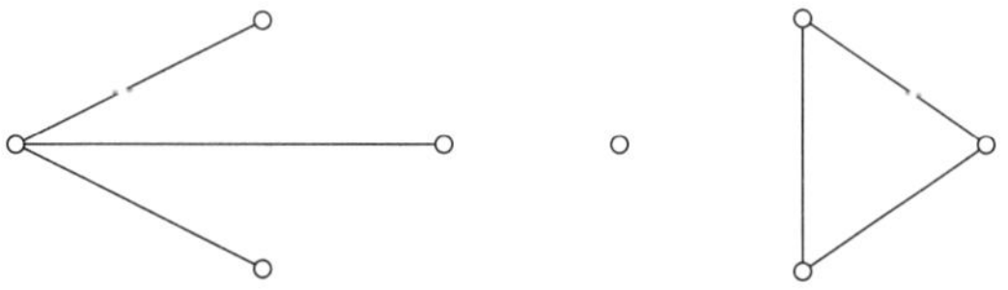

(a) (b)

图 5.1.5

一个有向图 G 是一个有序二元组 (N,A)，记为 $G=(N,A)$，其中

$$N=\{n_1,n_2,\cdots,n_n\}$$

称为 G 的**点集**；

$$A=\{a_{ij}\}$$

称为 G 的**弧集**，并且 a_{ij} 是一个有序二元组 (n_i,n_j)，记为 $a_{ij}=(n_i,n_j)$，如图 5.1.6 就是一个有向图.

若 $a_{ij}=(n_i,n_j)$，则称 a_{ij} 从 n_i 连向 n_j，点 n_i 称为 a_{ij} 的**尾**，n_j 称为 a_{ij} 的**头**，n_i 称为 n_j 的**前继**，n_j 称为 n_i 的**后继**.

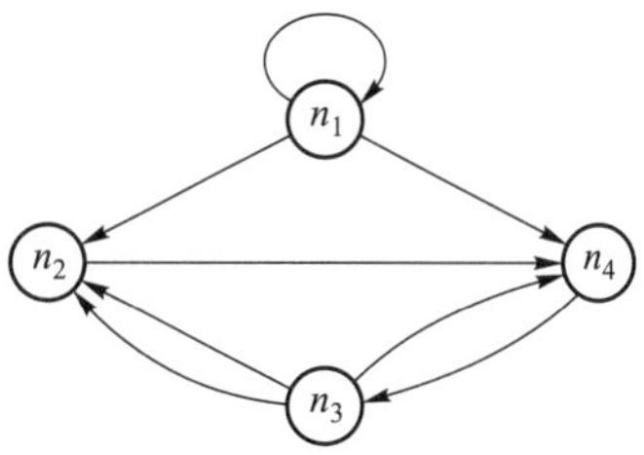

图 5.1.6

类似地，可以定义有向图中点和弧的关联关系和简单有向图、完全有向图、二分有向图和有向图的补图等概念.

在有向图 G 中，对于每条弧我们可以用一条边来代替，于是得到一个无向图.这个无向图称为 G 的**基本图**.

设 $G=(N,A)$ 是一个简单有向图，$|N|=n$，$|A|=m$，则显然有 $m\leqslant n(n-1)$.

若 K_n 是一个完全有向图，则 K_n 显然有 $n(n-1)$ 条弧.

设 G 是一个图(有向图),若对 G 的每一条边(弧)都赋予一个实数,并称为这条边(弧)的权,则 G 连同它边(弧)上的权称为一个(有向)**网络**或赋权(有向)图,记为 $G=(N,E,W)$,其中 W 为 G 的所有边(弧)的权集.本章将着重讨论网络上的各种最优化问题.

2. 图的关联矩阵和邻接矩阵

如何将一个图输入计算机?通常用矩阵来表示一个图并输入计算机进行计算.

一个简单图 $G=(N,E)$ 对应着一个 $|N|\times|E|$ 矩阵 $\boldsymbol{B}=(b_{ik})$,其中

$$b_{ik}=\begin{cases}1, & \text{当点 } i \text{ 与边 } k \text{ 关联时}\\ 0, & \text{否则}\end{cases}$$

称 $\boldsymbol{B}$ 为 G 的**关联矩阵**.图 5.1.7 的关联矩阵为

$$\begin{array}{c} \\ 1\\2\\3\\4\\5\end{array}\begin{array}{c}\begin{matrix} e_{12} & e_{13} & e_{14} & e_{23} & e_{25} & e_{34} & e_{35} & e_{45}\end{matrix}\\ \begin{pmatrix} 1 & 1 & 1 & 0 & 0 & 0 & 0 & 0\\ 1 & 0 & 0 & 1 & 1 & 0 & 0 & 0\\ 0 & 1 & 0 & 1 & 0 & 1 & 1 & 0\\ 0 & 0 & 1 & 0 & 0 & 1 & 0 & 1\\ 0 & 0 & 0 & 0 & 1 & 0 & 1 & 1\end{pmatrix}\end{array}$$

一个简单有向图 $G=(N,A)$ 也对应着一个 $|N|\times|A|$ 矩阵 $\boldsymbol{B}=(b_{ik})$,其中

$$b_{ik}=\begin{cases}1, & \text{当弧 } a_{ik} \text{ 以点 } i \text{ 为尾时}\\ -1, & \text{当弧 } a_{ik} \text{ 以点 } i \text{ 为头时}\\ 0, & \text{否则}\end{cases}$$

$\boldsymbol{B}$ 称为 G 的**关联矩阵**.

图 5.1.8 的关联矩阵为

$$\begin{array}{c} \\ 1\\2\\3\\4\end{array}\begin{array}{c}\begin{matrix} a_{12} & a_{13} & a_{21} & a_{23} & a_{24} & a_{32} & a_{43}\end{matrix}\\ \begin{pmatrix} 1 & 1 & -1 & 0 & 0 & 0 & 0\\ -1 & 0 & 1 & 1 & 1 & -1 & 0\\ 0 & -1 & 0 & -1 & 0 & 1 & -1\\ 0 & 0 & 0 & 0 & -1 & 0 & 1\end{pmatrix}\end{array}$$

一个简单图 $G=(N,E)$ 还对应着一个 $|N|\times|N|$ 矩阵 $\boldsymbol{A}=(a_{ij})$,其中

$$a_{ij}=\begin{cases}1, & \text{当点 } i \text{ 和点 } j \text{ 邻接时}\\ 0, & \text{否则}\end{cases}$$

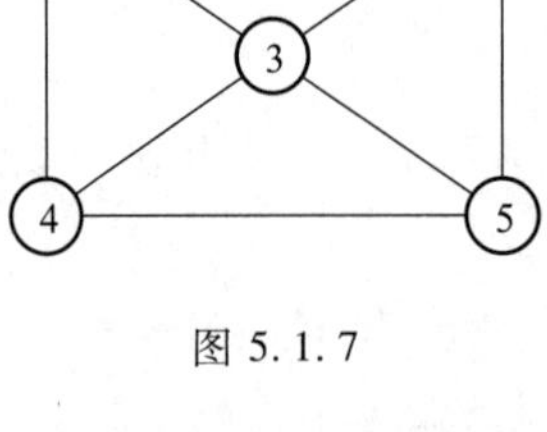

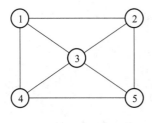

图 5.1.7

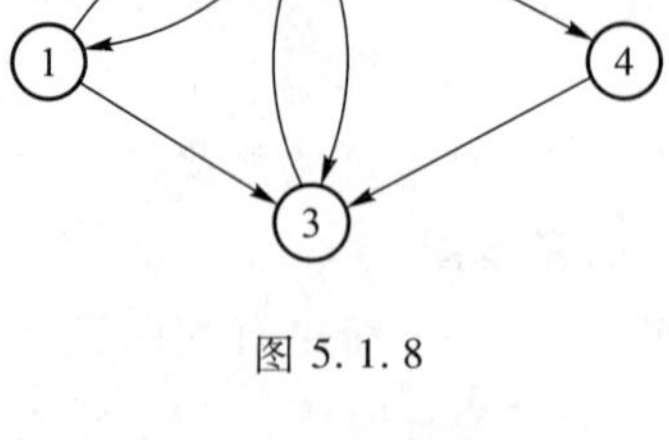

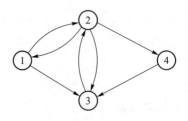

图 5.1.8

$\boldsymbol{A}$ 称为 G 的**邻接矩阵**.图 5.1.7 的邻接矩阵为

$$\begin{array}{c} \\ 1\\2\\3\\4\\5 \end{array}\begin{array}{c} \begin{array}{ccccc}1&2&3&4&5\end{array}\\ \begin{pmatrix}0&1&1&1&0\\1&0&1&0&1\\1&1&0&1&1\\1&0&1&0&1\\0&1&1&1&0\end{pmatrix}\end{array}$$

一个简单有向图 $G=(N,A)$ 还对应着一个 $|N|\times|N|$ 矩阵 $\boldsymbol{A}=(a_{ij})$,其中

$$a_{ij}=\begin{cases}1, & \text{当有弧从 } i \text{ 连向 } j \text{ 时}\\0, & \text{否则}\end{cases}$$

称 $\boldsymbol{A}$ 为 G 的**邻接矩阵**.图 5.1.8 的邻接矩阵为

$$\begin{array}{c} \\ 1\\2\\3\\4 \end{array}\begin{array}{c} \begin{array}{cccc}1&2&3&4\end{array}\\ \begin{pmatrix}0&1&1&0\\1&0&1&1\\0&1&0&0\\0&0&1&0\end{pmatrix}\end{array}$$

读者易验证下面的结论成立.

定理 5.1.1 G 是二分图,当且仅当 G 的邻接矩阵可表示成如下形式:

$$\boldsymbol{A}=\left(\begin{array}{c:c}\boldsymbol{O} & \overline{\boldsymbol{A}}\\ \hdashline \overline{\boldsymbol{A}}^{\mathrm{T}} & \boldsymbol{O}\end{array}\right)$$

一个简单图 $G=(N,E)$ 的点 i 的**次**是指 G 中与点 i 关联的边数,记为 d_i.于是有

$$d_i=\sum_k b_{ik}$$

其中 $\boldsymbol{B}=(b_{ik})$ 是 G 的关联矩阵.

不难证明下面的两个命题成立.

定理 5.1.2 $\sum\limits_i d_i=2|E|$.

一个简单有向图 $G=(N,A)$ 的点 i 的**入次**是指 G 中以点 i 为头的弧数,记为 d_i^-;点 i 的**出次**是指 G 中以点 i 为尾的弧数,记为 d_i^+.于是有

$$d_i^+-d_i^-=\sum_k b_{ik}$$

其中 $\boldsymbol{B}=(b_{ik})$ 是 G 的关联矩阵.

定理 5.1.3 $\sum\limits_i d_i^-=|A|=\sum\limits_i d_i^+$,其中 $|A|$ 表示有向图 G 的弧的数目.

3. 子图

设 $G=(N,E)$ 是一个图,并设 $N'\subseteq N$ 和 $E'\subseteq E$.如果对 E' 中任意的一条边 $e_{ij}=\{n_i,n_j\}$,都有 $n_i\in N'$ 和 $n_j\in N'$,那么称 $G'=(N',E')$ 是 G 的一个**子图**.图 5.1.9 中(b)是(a)的一个子图.

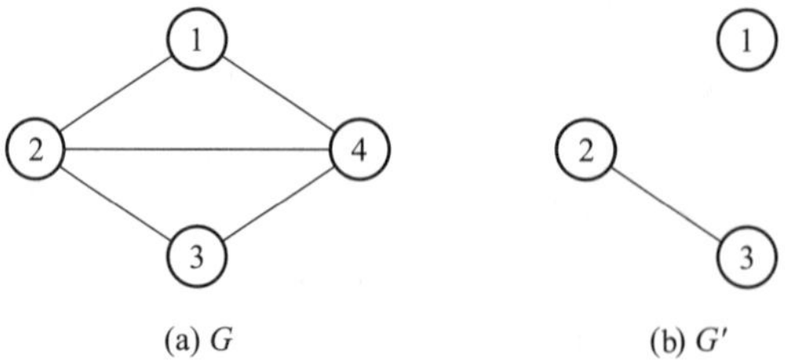

图 5.1.9

设 $G'=(N',E')$ 是 $G=(N,E)$ 的一个子图,若 $N'=N$,则称 G' 为 G 的**支撑子图**.若 N' 是 N 的一个非空子集,则以 N' 作为点集、以两端点均在 N' 中的所有边为边集的子图称为由 N' 导出的 G 的子图,记为 $G[N']$,简称**点导出子图**.若 E' 是 E 的一个非空子集,则以 E' 作为边集,以 E' 中边的所有端点作为点集的子图,称为由 E' 导出的 G 的子图,记为 $G[E']$,简称**边导出子图**.

图 5.1.10 中(b)是(a)的一个支撑子图,(c)是(a)的一个由点集{1,2,3,4}导出的子图,(d)是(a)的一个由边集{{1,3},{2,3},{2,4}}导出的子图.

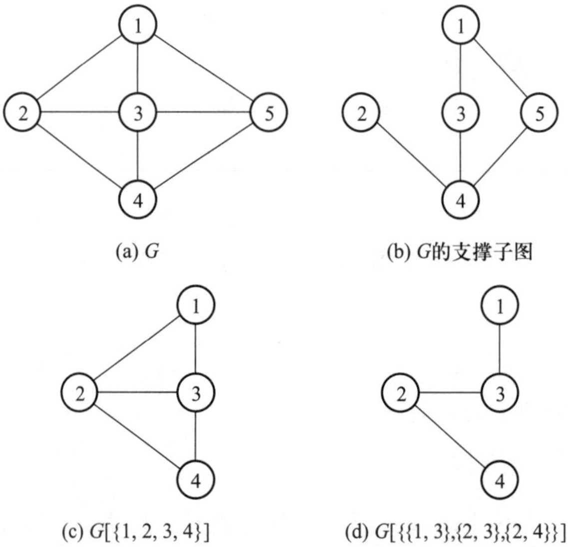

图 5.1.10

设 G_1 和 G_2 是 G 的子图,若 G_1 和 G_2 没有公共点,则称它们是**不相交的**;若 G_1 和 G_2 没有公共边,则它们的边是不重的.例如,图 5.1.11 中(b)和(c)是(a)的两个不相交的子图,而(d)和(e)就不是(a)的两个不相交的子图,但它们是(a)的两个边不重子图.

设 G_1 和 G_2 是 G 的子图,以 G_1 和 G_2 的点集的并为点集,以 G_1 和 G_2 的边集的并为边集的子图称为 G_1 和 G_2 的**并**,记为 $G_1\cup G_2$;以 G_1 和 G_2 的点集的交为点集,以 G_1 和 G_2 的边集的交为边集的子图,称为 G_1 和 G_2 的**交**,记为 $G_1\cap G_2$.例如,图 5.1.12 中(b)和(c)是(a)的两个子图,(d)是(b)和(c)的并,(e)是(b)和(c)的交.

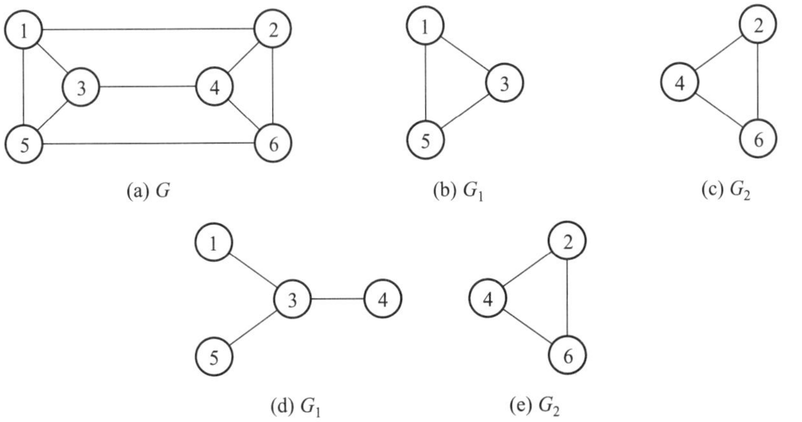

图 5.1.11

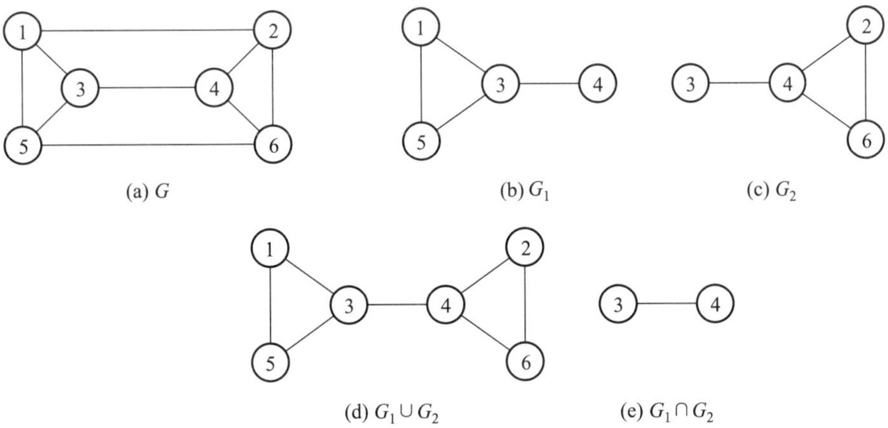

图 5.1.12

类似地,我们可以定义有向图的子图、支撑子图、点导出子图和弧导出子图,并建立有向图的两个子图的并和交等概念.

§ 5.2 图的连通性

本节主要介绍与图的连通性有关的基本概念,包括路、回路、割边、割集等,并用于刻画图的连通性特征.这些概念在后面的优化问题中有重要应用.

1. 图的连通

在图 G 中,一个点和边的交错序列

$$(n_i, e_{ij}, n_j, \cdots, n_k, e_{kl}, n_l)$$

称为 G 中由 n_i 到 n_l 的一条**路**，记为 $\{n_i,n_l\}$ 路. 如果该路中的边不重，就称为**简单路**. 如果该路中的点不重，就称为**初级路**. 当 G 为简单图时，由 n_i 到 n_l 的一条路可以用点的序列

$$(n_i,n_j,\cdots,n_k,n_l)$$

表示. 例如，图 5.2.1 中(1,2,3,4,2,3,5,6)是一条{1,6}路，(1,2,4,5,3,4,6)是一条{1,6}简单路，(1,2,3,5,6)是一条{1,6}初级路.

在 G 中，一条至少包含一条边并且 $n_i=n_l$ 的 $\{n_i,n_l\}$ 路，称为 G 的一条**回路**. 如果该回路中的边不重，就称为**简单回路**. 如果该回路中的点不重，就称为**初级回路**. 例如图 5.2.1 中(1,2,4,3,2,4,5,3,1)是一条回路，(1,2,3,4,5,3,1)是一条简单回路，(1,2,4,5,3,1)是一条初级回路.

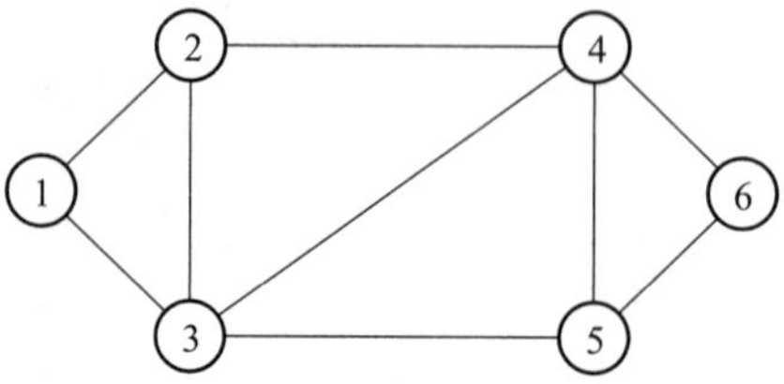

图 5.2.1

若 G 中存在一条 $\{i,j\}$ 路，则称点 i 和点 j 是**连通的**. 显然连通是点集 N 上的一个等价关系. 如果 G 中任意两点都是连通的，就称 G 是**连通的**. G 的极大连通子图称为 G 的一个**连通分支**. 显然，G 连通当且仅当 G 仅有一个连通分支.

图 5.2.2 中(a)是一个连通图，(b)是一个具有三个连通分支的非连通图.

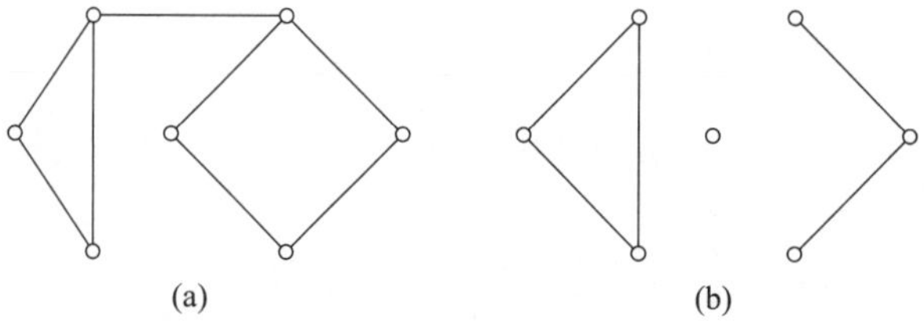

图 5.2.2

定理 5.2.1　设 G 有 p 个连通分支，则 G 的邻接矩阵可以表示成如下形式：

$$\boldsymbol{A}=\begin{pmatrix}\boldsymbol{A}_1 & & & 0\\ & \boldsymbol{A}_2 & & \\ & & \ddots & \\ 0 & & & \boldsymbol{A}_p\end{pmatrix}$$

在有向图 G 中，一个点和弧的交错序列

$$(n_i,a_{ij},n_j,\cdots,n_k,a_{kl},n_l)$$

称为 G 中由 n_i 到 n_l 的一条**有向路**，记为 (n_i,n_l) 有向路. 如果该有向路中的弧不重，就称为**简单有向路**. 如果该有向路中的点不重，就称为**初级有向路**. 当 G 为简单有向图时，由 n_i 到 n_l 的一条有向路可以用点的序列

$$(n_i,n_j,\cdots,n_k,n_l)$$

表示. 例如图 5.2.3 中(1,2,4,3,2,4,6)是一条(1,6)有向路，(1,2,4,5,3,4,6)是一条

(1,6)简单有向路,(1,2,3,4,6)是一条(1,6)初级有向路.

G 中一条至少包含一条弧,并且 $n_i = n_l$ 的 (n_i, n_l) 有向路,称为 G 的一条**有向回路**.如果该有向回路中弧不重,就称为**简单有向回路**.如果该有向回路中点不重,就称为**初级有向回路**.例如图 5.2.3 中(1,2,4,3,2,4,5,3,1)是一条有向回路,(1,2,3,4,5,3,1)是一条简单有向回路,(1,2,4,5,3,1)是一条初级有向回路.

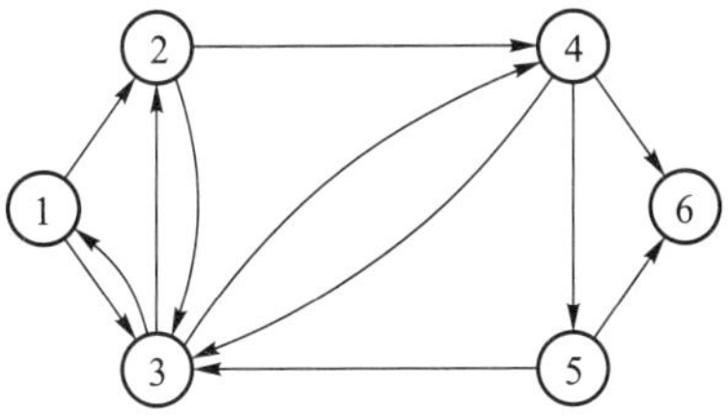

图 5.2.3

G 中若存在一条 (i,j) 有向路,也存在一条 (j,i) 有向路,则称点 i 和点 j 是**强连通的**.如果 G 中任意两点都是强连通的,就称 G 是强连通的.G 的极大强连通子图称为 G 的一个**强连通分支**.显然,G 强连通当且仅当 G 仅有一个强连通分支.

图 5.2.4 中,(a)是一个强连通图,(b)是一个具有三个强连通分支的非强连通图.

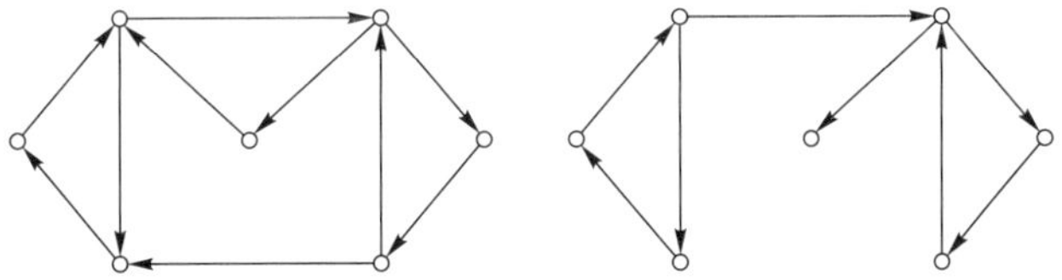

图 5.2.4

2. 图的割集

在图 G 中,如果从 G 中删去一条边,使图的连通分支数严格增加,就称它为图 G 的**割边**.显然 G 的一条边是割边当且仅当这条边不包含在 G 的任何简单回路中.例如图 5.2.5 中{2,4}和{6,7}都是割边.

设 $G=(N,E)$ 是一个图,对于 N 的两个不相交子集 S 和 T,我们用 $\{S,T\}$ 表示一个端点在 S 中,而另一个端点在 T 中的边的集合.所谓 G 的一个**边割**指的是 E 的形如 $\{S,\overline{S}\}$ 的一个子集,其中 S 是 N 的非空真子集,$\overline{S}=N\backslash S$,从 G 中删去这些边以后,G 的连通分支数严格增加.G 的极小边割称为**割集**.显然,每条割边都是一个割集.

图 5.2.6(a)中,边集{{2,1},{2,4},{2,3}}和边集{{2,3},{2,4},{1,4},{1,5}}均为割集,因为分别删去它们后,图的连通分支数刚好增加 1(图 5.2.6(b)和(c));边集{{2,3},{2,4},{1,4}}既不是割集,也不是边割,

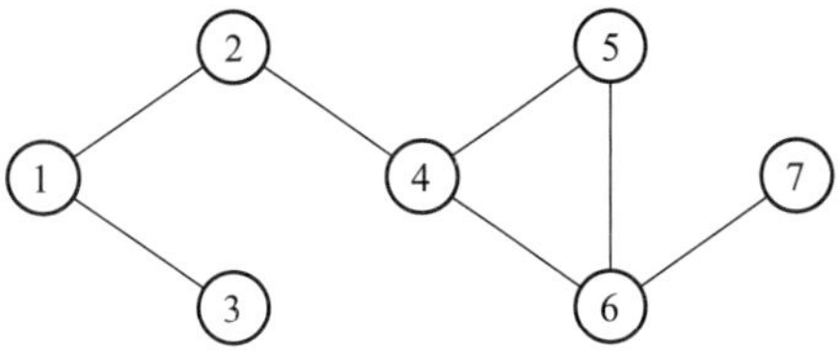

图 5.2.5

因为删去它后，图仍连通（图 5.2.6(d)）；边集 $\{\{2,3\},\{4,3\},\{4,5\},\{1,5\}\}$ 不是割集，因为它包含一个更小的边割 $\{\{2,3\},\{4,3\}\}$，但它是一个边割（图 5.2.6(e)）.

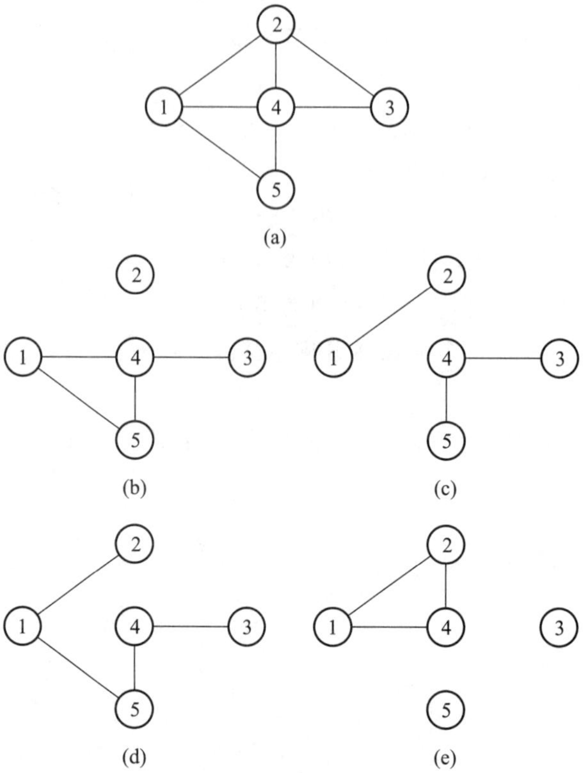

图 5.2.6

易验证下面的命题成立.

定理 5.2.2　任何边割都是不相交割集的并.

定理 5.2.3　任给图 G，设 C 是 G 的一条简单回路，$\Omega=\{S,T\}$ 是 G 的一个割集，并用 $E(C)$，$E(\Omega)$ 分别表示 C，Ω 所包含的边集.若 $E(C)\cap E(\Omega)\neq\varnothing$，则

$$|E(C)\cap E(\Omega)|\geqslant 2$$

设 $G=(N,A)$ 是一个有向图，我们用 (S,T) 表示尾在 S 中，而头在 T 中的弧集.所谓 G 的一个**弧割**是指 A 的形如 $(S,\bar{S})$ 的一个子集，从 G 中删去这些弧后，G 的强连通分支数严格增加.G 的极小弧割称为**有向割集**.

图 5.2.7 中，弧集 $\{(1,2),(1,4)\}$ 和弧集 $\{(2,3),(1,4)\}$ 均为有向割集，因为分别删去它们后，图的强连通分支数刚好增加 1（见图 5.2.7(b) 和 (c)）；弧集 $\{(2,3)\}$ 不是有向割集，也不是弧割，因为删去它后，图仍是强连通的（图 5.2.7(d)）；弧集 $\{(1,2),(4,2),(5,3)\}$ 不是有向割集，因为它包含一个更小的弧割 $\{(1,2),(4,2)\}$，但它是一个弧割（图 5.2.7(e)）.

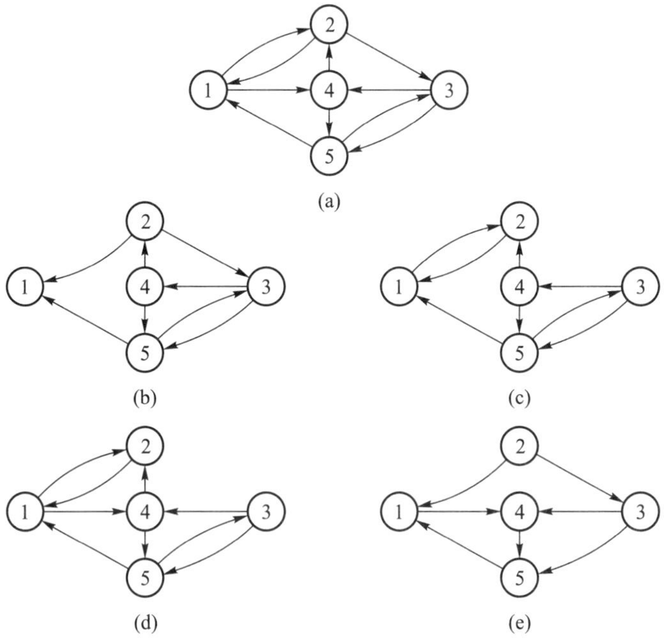

图 5.2.7

§ 5.3　树与支撑树

树是图与网络中一个重要的基本概念,它是一类最简单、但又十分重要的图.本节将着重讨论树和支撑树及其基本性质.

1. 树及其基本性质

一个**树**是一个连通且无回路(除非特别声明,以后皆指初级回路)的图.如果一个图无回路,就称为**森林**.

设 H_1 和 H_2 是图 G 的两个子图,e 是 G 的一条边,i 是 G 的一个点.为了以后叙述方便,我们不加区别地用 $H_1\cup H_2$ 和 $H_1\cap H_2$ 分别表示 H_1 和 H_2 的边的并集和交集,用 $H_1\backslash H_2$ 表示在 H_1 中但不在 H_2 中的边的集合,用 $G+e$ 表示在 G 中加连边 e,用 $G-e$ 表示在 G 中去掉边 e,用 $G-i$ 表示在 G 中去掉点 i 及与点 i 关联的所有边.

定理 5.3.1　设 $T=(N,E)$ 是 $|N|\geqslant 3$ 的一个图,则下列 6 个定义是等价的:

(1) T 连通且无回路;

(2) T 有 $|N|-1$ 条边且无回路;

(3) T 连通且有 $|N|-1$ 条边;

(4) T 连通且每条边都是割边;

(5) T 的任两点间都有唯一的路相连;

(6) T 无回路,但在任一对不相邻的点间加连一条边,则构成唯一的一个回路.

证 我们现在按(1)→(5)→(6)→(4)→(3)→(2)→(1)的顺序来讨论它们的等价性.

(1)→(5).设 T 连通且无回路,任给 T 的两个点 i 和 j,因为 T 连通,所以 i 和 j 之间至少存在一条路.又因为 T 无回路,所以 i 和 j 之间又不能有两条或两条以上的路.于是 i 与 j 之间有唯一一条路.

(5)→(6).设 T 的任意两点间都有唯一的路相连,显然 T 无回路,否则对回路上任一对点都至少存在两条路相连.又对 T 的任一对不相邻的点 i 和 j 加连一条边 $e=\{i,j\}$,并设 T 中 i 与 j 间的唯一一条路为 $P(i,j)$,则 $P(i,j)+e$ 就是 $T+e$ 的唯一回路.

(6)→(4).设 T 无回路,但在任一对不相邻的点间加连一条边,则构成唯一的回路.因为 T 无回路,所以 T 的每条边一定是割边.又 T 必定是连通的,假若不然,不失一般性,设 T 有两个分支 T_1 和 T_2,并设点 i 属于 T_1,点 j 属于 T_2,则在 i 和 j 之间加连一条边就不会产生回路,矛盾.

(4)→(3).设 T 连通且每条边都是割边,下面对点数归纳证明 T 有 $|N|-1$条边.

当 $|N|=1$ 和 2 时,T 为平凡图和 K_2,显然有 $|E|=|N|-1$.

当 $|N|\leqslant k$ 时,假设结论成立,须证 $|N|=k+1$ 时结论亦成立.

事实上,当 $|N|=k+1$ 时,任取 T 的一条边 e,因为 e 为割边,所以 $T-e$ 分成两个分支 T_1 和 T_2.又因为 T_1 和 T_2 的点数均$\leqslant k$,所以由归纳假设知

$$|E_1|=|N_1|-1,\quad |E_2|=|N_2|-1$$

于是得到

$$|E|=|E_1|+|E_2|+1=|N_1|+|N_2|-2+1=|N|-1$$

(3)→(2).设 T 连通且有 $|N|-1$ 条边,下面对点数归纳证明无回路.

当 $|N|=2$ 时,因为 $|E|=1$,$|N|=2$ 并且 T 连通,所以 $T=K_2$,显然无回路.

当 $|N|=k$ 时,假设结论成立,须证 $|N|=k+1$ 时,结论亦成立.

事实上,因为 T 连通,所以 T 中任一点的次$\geqslant 1$.又 T 中至少存在一点,它的次为 1.假若不然,设 T 中每一点的次均$\geqslant 2$,则有

$$2|N|\leqslant \sum_{i\in N} d(i)=2|E|=2|N|-2$$

此式矛盾.不失一般性,设 $d(i)=1$,令 $T'=T-i$,显然 T'仍然连通,并且

$$|N'|=|N|-1,\quad |E'|=|E|-1$$

于是

$$|E'|=|N'|-1$$

根据归纳假设 T'无回路,因此 T 也无回路.

(2)→(1).设 T 有 $|N|-1$ 条边,且无回路.因为 T 无回路,所以 T 的每条边都是割边.现用反证法证明 T 连通.

假若不然,设 T 有 k 个连通分支($k>1$),则可在这些连通分支间加连$k-1$条边得到

T',使 T' 连通且每条边都是割边,根据(4)→(3)的证明知

$$|E'|=|N'|-1=|N|-1$$

这与

$$|E'|=|E|+k-1=|N|-1+k-1$$

矛盾. ▌

定理 5.3.2 每个树至少有两个次为 1 的点.

证 任给树 $T=(N,E)$,因为 T 连通,所以 T 中每个点的次至少为 1,即任给 $i\in N$,都有 $d(i)\geqslant 1$,但

$$\sum_{i\in N} d(i)=2|E|=2|N|-2$$

因此至少有两个点的次为 1. ▌

从定理 5.3.2 的证明中可以看出,若 T 恰好有两个次为 1 的点,则其他点的次必都为 2,因此 T 是一条路.

2. 支撑树及其基本性质

给定图 G 和 G 的一个支撑子图 T,若 T 是一个树,则称 T 为 G 的一个**支撑树**.

定理 5.3.3 G 有支撑树当且仅当 G 是连通的.

证 设 G 有支撑树 T,因为 T 连通,所以 G 具有连通的支撑子图,因此 G 连通.

反之,设 G 连通,考虑 G 的极小连通支撑子图 T,显然 T 的每条边也都是割边,因此 T 是 G 的一个支撑树. ▌

设 $T=(N,E')$ 是 $G=(N,E)$ 的一个支撑树,令

$$T^*=G\backslash T$$

则 T^* 称为 G 的**反树**.对 T 的任一条边 e,$T-e$ 将不连通.若记 $T-e$ 的两个连通分支分别为 T_1 和 T_2,并设 T_1 和 T_2 的点集分别为 S_1 和 S_2,则 $\{S_1,S_2\}$ 显然构成 G 的一个割集.若将该割集记为 $\Omega(e)$,则得到如下定理.

定理 5.3.4 任给图 G,设 T 是 G 的支撑树,e 是 T 的一条边,则存在唯一的一个割集 $\Omega(e)$ 包含于 T^*+e 中.

证 $T-e$ 是不连通的,记它的两个连通分支为 T_1,T_2,并记 $N(T_1)=S$,显然

$$\bar{S}=N(T_2),\quad T_1\subseteq G[S],\quad T_2\subseteq G[\bar{S}],\text{且 }\Omega(e)=\{S,\bar{S}\}$$

令 $\Omega'(e)\subseteq T^*+e$ 也是 G 的一个割集,且 $\Omega'(e)=\{S',\bar{S}'\}$.因为

$$G\backslash\Omega'(e)\supseteq T-e=T_1\cup T_2$$

即

$$G[S']\cup G[\bar{S}']\supseteq T_1\cup T_2$$

注意到 $G[S'],G[\bar{S}']$ 是两个互不相交的非空连通图,且

$$S'\cup\bar{S}'=N(T_1)\cup N(T_2)$$

适当选择记号必有 $G[S']\supseteq T_1$,$G[\bar{S}']\supseteq T_2$.于是 $S'=N(T_1)=S$,这就意味着

$\Omega'(e)=\Omega(e)$，因此 $\Omega(e)$ 是唯一的. ▌

设 T 是 G 的一个支撑树，由定理 5.3.1(6)知，对任意一条不属于 T 的边 e(即 $e\in T^*$)，$T+e$ 包含唯一的回路 $C(e)$. 设 G 有 m 条边和 n 个点，因为 $G\backslash T$ 有 $m-n+1$ 条边，所以 G 有 $m-n+1$ 个独立的回路. 由定理 5.3.4 知，对 T 的任意一条边 e，T^*+e 包含唯一的割集 $\Omega(e)$. 因为 T 有 $n-1$ 条边，所以 G 有 $n-1$ 个独立的割集. 若将每一个回路或每一个割集用一个 m 维向量来表示，则不难证明：回路向量所构成的空间和割集向量所构成的空间是 m 维空间里的两个相互正交的子空间，其维数分别为 $m-n+1$ 和 $n-1$.

设 T_1 和 T_2 为 G 的两个不同的支撑树，令 $e\in T_1\backslash T_2$，则 T_2+e 包含唯一的一个回路 $C(e)$，并且 $C(e)$ 上至少有一条边 $e'\in T_2\backslash T_1$，因此 $T_2+e-e'=T_2'$ 仍是一个支撑树. 但

$$|T_1\cap T_2|=|T_1\cap T_2'|-1$$

我们称 T_2 到 T_2' 为一次迭代. 由此可见，由 T_2 变为 T_1 经过 $|T_2\backslash T_1|$ 次迭代即可. 由此得到

定理 5.3.5　设 T_1 和 T_2 是 G 的两个支撑树，且 $|T_1\backslash T_2|=k$，则 T_2 经过 k 次迭代后就得到 T_1.

§5.4　最小树问题

最小树是网络最优化中一个重要的概念，它在交通网、电力网、电话网、管道网等设计中均有广泛的应用，本节主要讨论最小树的性质和求最小树的几个算法.

1. 最小树及其性质

给定网络 $G=(N,E,W)$，设 $T=(N,E')$ 为 G 的一个支撑树，令

$$W(T)=\sum_{e\in E'}W(e)$$

则称 $W(T)$ 为 T 的**权**(或**长**). G 中权最小的支撑树称为 G 的**最小树**.

定理 5.4.1　设 T 为 G 的一个支撑树，则 T 是 G 的最小树当且仅当对任意边 $e\in T^*$，有

$$W(e)=\max_{e'\in C(e)}W(e')$$

其中 $C(e)\subseteq T+e$ 为一条唯一的回路.

证　必要性. 设 T 是 G 的最小树，首先因为 $e\in C(e)$，所以有

$$W(e)\leqslant \max_{e'\in C(e)}W(e')$$

假若

$$W(e)<\max_{e'\in C(e)}W(e')$$

则存在一条边 $\tilde{e}\in C(e)$，使得

$$W(\tilde{e})>W(e)$$

那么

$$T'=T+e-\tilde{e}$$

也是 G 的支撑树,且

$$W(T')<W(T)$$

这与 T 为最小树矛盾.

充分性.设 T_1 和 T_2 是满足定理条件的任意两个支撑树.由必要条件知,只要证明 $W(T_1)=W(T_2)$ 即可.

设 $e\in T_1\setminus T_2$,则 T_2+e 包含唯一一条回路 $C(e)$,那么 $C(e)$ 上至少有一条边 $e'\notin T_1$.按定理条件,有

$$W(e)\geqslant W(e')$$

设

$$T_1\setminus T_2=\{e_1,e_2,\cdots,e_k\}$$

而

$$T_2\setminus T_1=\{e_1',e_2'\cdots,e_k'\}$$

那么存在 1-1 映射 φ,使得 $\varphi(e_i)=e_{j_i}'$,且 e_i 和 e_{j_i}' 在 T_2+e_i 的回路 $C(e_i)$ 上.那么由定理条件,有

$$W(e_i)\geqslant W(e_{j_i}')$$

因此 T_2 经过 k 次迭代后就变为 T_1,故有

$$W(T_1)\geqslant W(T_2)$$

交换 T_1 和 T_2 的位置,同样可得

$$W(T_2)\geqslant W(T_1)$$

从而

$$W(T_1)=W(T_2)$$

▌

定理 5.4.2　设 T 为 G 的支撑树,则 T 为 G 的最小树当且仅当对任意边 $e\in T$,有

$$W(e)=\min_{e'\in\Omega(e)}W(e')$$

其中 $\Omega(e)\subseteq T^*+e$ 为一个唯一割集.

证　必要性.设 T 为最小树.首先,因为 $e\in\Omega(e)$,所以有

$$W(e)\geqslant\min_{e'\in\Omega(e)}W(e')$$

假若

$$W(e)>\min_{e'\in\Omega(e)}W(e')$$

则存在一条边 $\tilde{e}\in\Omega(e)$,使得

$$W(\tilde{e})<W(e)$$

于是

$$T'=T+\tilde{e}-e$$

也是 G 的支撑树,且 $W(T')<W(T)$.这与 T 为 G 的最小树矛盾.

充分性.设 T° 是满足定理条件的支撑树.假设 T° 不是最小支撑树,则可推出矛盾.

设 G 的所有最小支撑树的集合为 $\mathscr{D}$,并设最小支撑树 $\widetilde{T}$ 满足

$$|\widetilde{T}\cap T^{\circ}| = \max_{T\in\mathscr{D}} |T\cap T^{\circ}|$$

因 T° 不是最小的,故有

$$W(T^{\circ}) > W(\widetilde{T})$$

设 $e\in T^{\circ}\setminus\widetilde{T}$,$\Omega(e)$ 是 G 的一个割集,按定理条件

$$W(e)=\min_{e'\in\Omega(e)} W(e')$$

那么 $\widetilde{T}+e$ 包含一条回路 $C(e)$.由定理 5.2.3 知

$$|C(e)\cap\Omega(e)|\geqslant 2$$

因此,存在 $\tilde{e}\in(\Omega(e)\cap C(e))$.令

$$T'=\widetilde{T}+e-\tilde{e}$$

因为

$$W(e)\leqslant W(\tilde{e})$$

所以

$$W(T')\leqslant W(\widetilde{T})$$

因此 $T'\in\mathscr{D}$.但有

$$|T'\cap T^{\circ}| > |\widetilde{T}\cap T^{\circ}|$$

这与 $\widetilde{T}$ 的假设矛盾.　▌

从以上两个定理的证明,不难得到如下两个定理:

定理 5.4.3　设 T 是 G 的支撑树,则 T 是 G 的唯一最小树,当且仅当对任意的边 $e\in G\setminus T$,e 是 $C(e)$ 中的唯一最大边.

定理 5.4.4　设 T 是 G 的支撑树,则 T 是 G 的唯一最小树,当且仅当对任意的边 $e\in T$,e 是 $\Omega(e)$ 中的唯一最小边.

我们可以用破圈法来求图的最小树.对一个连通赋权图 G,若 G 中不存在回路(有的文献中也称为圈),则 G 本身是一棵最小树.否则,在 G 中找一个回路,去掉回路上权最大的边.重复这个过程,直到剩下的图不含回路为止.不难验证剩下的图就是图的最小树.上述过程可作为一个算法来求图的最小树,并用计算机进行计算.但从算法复杂性的角度来看,该算法计算复杂性较高,后面我们将给出计算复杂性较低的更好的算法.

2. 求最小树的 Kruskal 算法

Kruskal 算法是 1956 年首次提出的求最小树的算法[2].后来 Edmonds 把这个

算法称为贪心算法.其基本思路是从 G 的 m 条边中选取 $n-1$ 条权尽量小的边,并且使其不构成回路,从而构成一个最小树.下面我们就来叙述这个算法.

第 1 步　开始把图的边按权的大小由小到大排列起来,即将图的边排序为

$$a_1, a_2, \cdots, a_m, \text{使 } W(a_1) \leqslant W(a_2) \leqslant \cdots \leqslant W(a_m)$$

置 $S=\varnothing, i=0, j=1$.

第 2 步　若 $|S|=i=n-1$,则停止,这时 $G[S]=T$ 即为所求;否则,转向第 3 步.

第 3 步　若$G[S\cup\{a_j\}]$不构成回路,则置 $e_{i+1}=a_j, S=S\cup\{e_{i+1}\}, i:=i+1, j:=j+1$,转向第 2 步;否则,置 $j:=j+1$,转向第 2 步.

例如在图 5.4.1 所示的网络中,求一个最小树.计算的迭代过程如图 5.4.2 所示.

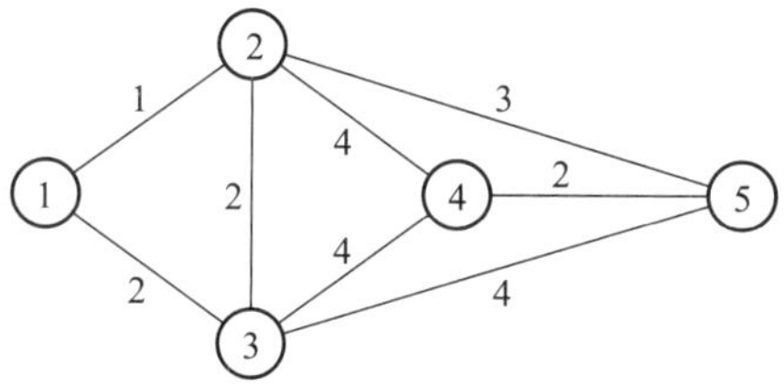

图 5.4.1

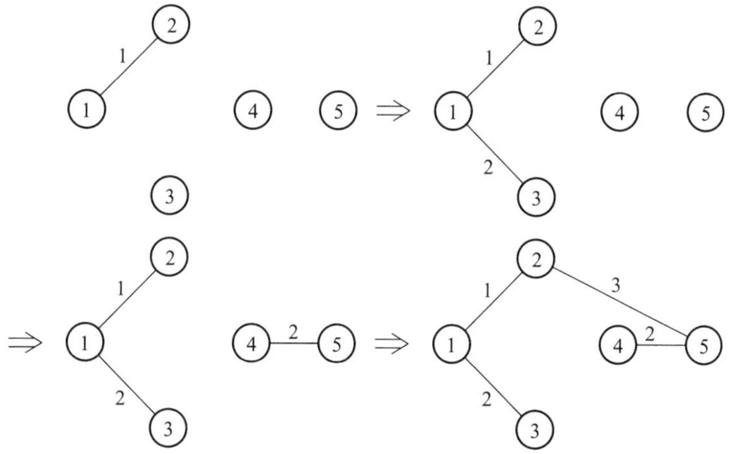

图 5.4.2

现在我们来分析一下算法的复杂性.首先在第 1 步中把边按权的大小由小到大地排列起来,这大约需 $m\cdot\log_2 m$ 次比较;其次第 2 步最多循环 n 次;在第 3 步中,要判断 $G[S\cup\{a_j\}]$是否构成回路,就必须确定 a_j 的端点是否在 $G[S]$的不同连通分支中,这可用下列方法实现:在任意一步中,这样来标记点,当且仅当两个点有同一标记时,它们才属于 $G[S]$中的同一个连通分支.最初,点 l 赋以标号 $l(1\leqslant l\leqslant n)$,按这一标记方案,当且仅当 a_j 的端点有不同标记时 $G[S\cup\{a_j\}]$才不构成回路.若是这种情况,则取 a_j 作为 e_{i+1};否则就抛弃 a_j,再检验 e_{i+1}的下一个候选者 a_{j+1}.一旦 e_{i+1}加进 S,在含有 e_{i+1}

的端点的 $G[S]$ 的两个连通分支中用两个标号中的较小者，对点重新标号.对每条边，一次比较就足以判断它的端点标号是否有相同的标记，所以判定加边后是否构成回路总共约需 m 次比较，而加边后点的重新标号最多需 $n(n-1)$ 次比较.所以总的计算量为

$$m\log_2 m+n+m+n(n-1)\sim O(n^2\log_2 n)$$

由定理 5.4.1 易见上述算法的正确性，但这个算法的效率不太高，下面介绍一个较好的算法.

3. Dijkstra 算法

这个算法是 Dijkstra 1959 年提出的[3]，其基本思路是从图 G 的 $n-1$ 个独立割集中的每一个都选取一条权最小的边，从而构成一个最小树.现叙述如下：设图 G 的点综合为 $\{1,2,\cdots,n\}$，边 e_{ij} 的权为 w_{ij}.

第 1 步　置 $u_j=w_{1j}$，$T=\varnothing$，$R=\{1\}$，$S=\{2,3,\cdots,n\}$；

第 2 步　取 $u_k=\min\limits_{j\in S}\{u_j\}=w_{ik}$，置 $T=T\cup\{e_{ik}\}$，$R=R\cup\{k\}$，$S=S\setminus\{k\}$；

第 3 步　若 $S=\varnothing$，则停止；否则，置 $u_j=\min\{u_j,w_{kj}\}$，$j\in S$，返回第 2 步.

例如用 Dijkstra 算法求图 5.4.1 中所示网络的最小树，其迭代过程如图 5.4.3 所示.

不难看出，Dijkstra 算法的实质是在 $n-1$ 个独立割集中，取每个割集的一条权最小的边，构成一个支撑树.由定理 5.4.2 知，它是一个最小树.

下面简单分析一下 Dijkstra 算法的复杂性.第一次执行第 2 步是 $n-2$ 次比较，第二次为 $n-3$ 次比较，第三次是 $n-4$ 次比较……因此总的比较为 $\frac{1}{2}(n-2)(n-1)$ 次.在执行第 3 步时，第一次是 $n-2$ 次比较，第二次是 $n-3$ 次比较……因此总的比较为 $(n-2)(n-1)$ 次.由此算法的总计算量约为 $O(n^2)$.

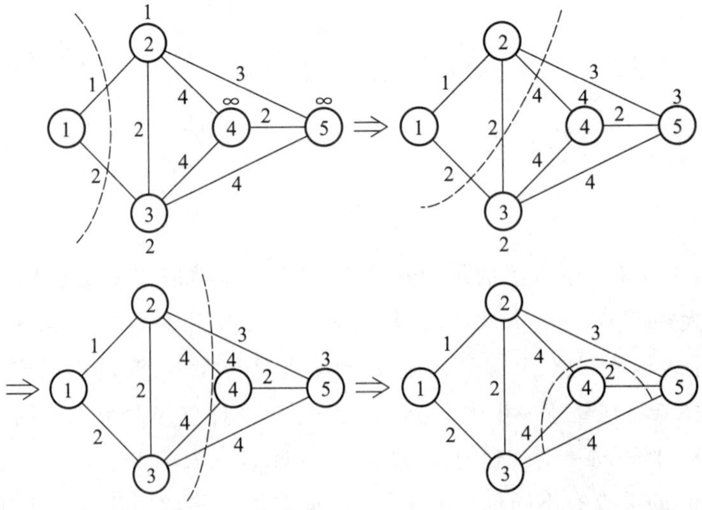

图 5.4.3

§ 5.5 最短有向路问题

给定一个有向网络 $G=(N,A,W)$，其中 $N=\{1,2,\cdots,n\}$，设 P 为 G 中的一条有向路，令

$$W(P)=\sum_{a\in P}W(a)$$

则 $W(P)$ 称为 P 的**权**（或**长**）.

一个自然的问题是寻求有向网络中自某一指定点 i 到另一指定点 j 间的最短有向路.本节将介绍求最短有向路的 Dijkstra 算法.

1. 最短有向路方程

众所周知，如果 x,y 和 z 是欧氏空间的任意三个点，若用 $l(x,y)$ 表示 x 和 y 之间的距离，则有“三角不等式”

$$l(x,y)\leqslant l(x,z)+l(z,y)$$

并且等式成立当且仅当 z 在 x 和 y 的连线上.

同样在不含权为负或零的有向回路的有向网络 $G=(N,A,W)$ 中，其中 $N=\{1,2,\cdots,n\}$ 为点的集合，而 A 为弧的集合，若用 u_j 和 u_k 分别表示自点 1 到点 j 和点 k 的最短有向路的长度，而 w_{kj} 表示弧 (k,j) 的长度（若 $(k,j)\notin A$，$w_{kj}=+\infty$），则显然对一切 $j\neq k$，$j,k=2,3,\cdots,n$，有

$$\begin{cases}u_1=0\\ u_j\leqslant u_k+w_{kj}\end{cases}\tag{5.5.1}$$

且 $u_j=u_k+w_{kj}$，当且仅当弧 (k,j) 在自点 1 到点 j 的最短有向路上.

因为诸 u_j 是 G 中自点 1 到点 j 的最短有向路的长度，因此这条最短有向路必有最后一条弧 (k,j)，而且该有向路上自点 1 到点 k 的一段也必然是最短有向路，从而(5.5.1)可写为

$$\begin{cases}u_1=0\\ u_j=\min\limits_{k\neq j}\{u_k+w_{kj}\},\quad j=2,3,\cdots,n\end{cases}\tag{5.5.2}$$

这就证明了自点 1 到各点的最短有向路的长度必须满足(5.5.2)，即它们是方程(5.5.2)的一组解.

现在我们要问：(5.5.2)的解是否是自点 1 到其余各点的最短有向路的长度？下述的定理 5.5.1 就回答了这个问题.

定理 5.5.1 设有向网络 G 中不含非正有向回路（权为负或零），并且自点 1 到其余点都有有限长度的有向路，那么(5.5.2)有唯一有限解 $\{u_j\}$.

证 设 $\{u_1,u_2,\cdots,u_n\}$ 为(5.5.2)的任一组有限解，对任一 u_j，我们可以在 G 中找

出自点 1 到点 j 的有向路：

$$P=\{(1,i_1),(i_1,i_2),\cdots,(i_{k-1},i_k),(i_k,j)\}$$

使得

$$u_{i_1}=u_1+w_{1i_1},\quad u_{i_2}=u_{i_1}+w_{i_1i_2}$$
$$\cdots$$
$$u_{i_k}=u_{i_{k-1}}+w_{i_{k-1}i_k},\quad u_j=u_{i_k}+w_{i_kj}$$

若(5.5.2)中的解不唯一，设 $u_1,u_2,\cdots,u_n$ 是自点 1 到其余各点的最短有向路的长度，因此它是(5.5.2)的一组解，设 $u_1',u_2',\cdots,u_n'$是不同于 $u_1,u_2,\cdots,u_n$ 的另一组解，那么必存在某一 j，使 $u_j\neq u_j'$.因 u_j 是自点 1 到点 j 的最短有向路的长度，而 u_j'是自点 1 到点 j 的某一有向路的长度，故有 $u_j'>u_j$，在 $u_j'>u_j$ 的所有 j 中，总可以选取某个 j，使(k,j)是自点 1 到点 j 的最短有向路上的弧，且 $u_k'=u_k$(因为 $u_1'=u_1$，所以这样的弧一定存在)，从而有

$$u_j'>u_j=u_k+w_{kj}=u_k'+w_{kj}$$

这与 $u_1',u_2',\cdots,u_n'$为(5.5.2)的解矛盾. ▌

然而，直接求解方程(5.5.2)是困难的.目前几乎所有求最短有向路的算法，都是围绕着怎样解这个方程的问题.

对于某些特殊的有向网络，方程(5.5.2)可以简化，从而变得较容易求解.

定理 5.5.2　设 u_j 是有向网络 G 中自点 1 到点 j 的最短有向路的长度，并且对所有的 $j=2,3,\cdots,n$，u_j 为有限值.若网络 G 中的点能编成如下的序号 $2,3,\cdots,n$，使得若 $i<j$，有 $u_i\leqslant u_j$ 且 $w_{ji}\geqslant 0$，但等号不同时成立或者 $u_i>u_j$ 且 $w_{ji}=+\infty$，即$(j,i)\notin A$，则方程(5.5.2)可简化为

$$\begin{cases}u_1=0\\ u_j=\min\limits_{k<j}\{u_k+w_{kj}\},\quad j=2,3,\cdots,n\end{cases}\tag{5.5.3}$$

显然(5.5.3)比(5.5.2)更容易求解，因为 $u_1=0$ 是已知的，而 u_2 只依赖于 u_1，u_3 只依赖于 u_1,u_2，……一般地，u_j 只依赖于

$$u_1,u_2,\cdots,u_{j-1}$$

所以可以用代换方法依次求出 $u_2,u_3,\cdots,u_n$.由此可见，找出有向网络中点的顺序是问题的关键.但是，若找出有向网络中点的这样一个顺序比求最短有向路还要难的话，那就失去意义了.

2. 求最短有向路的 Dijkstra 算法

Dijkstra 算法[3]仅适用于在弧权为正值的有向网络中求最短有向路.一个弧权为正值的有向网络显然具有如下性质.

定理 5.5.3　设 $G=(N,A,W)$是一个弧权为正值的有向网络，则在 G 中任意一条最短有向路的长都大于它的真子有向路的长.

根据定理 5.5.3 知，G 中自点 1 到其他各点最短有向路的长可按大小排列如下：

$$0=u_1\leqslant u_2\leqslant\cdots\leqslant u_n$$

于是,它满足定理 5.5.2 的条件,因此可以用方程(5.5.3)来求解.从而在算法实现中我们可以将点的排序与用代换法解方程同时进行,具体算法如下:

第 1 步 (开始)

置 $u_1=0, u_j=w_{1j}, j=2,3,\cdots,n, P=\{1\}, T=\{2,3,\cdots,n\}$.

第 2 步 (指出永久标号)

在 T 中寻找一点 k,使得

$$u_k=\min_{j\in T}\{u_j\}$$

置 $P=P\cup\{k\}, T=T-\{k\}$.若 $T=\varnothing$,终止;否则,进行第 3 步.

第 3 步 (修改临时标号)

对 T 中每一点 j,置

$$u_j=\min\{u_j, u_k+w_{kj}\}$$

然后返回第 2 步.

这个算法经过 $n-1$ 次循环必结束.整个算法过程中,第 2 步要做 $\frac{1}{2}(n-1)(n-2)$ 次比较,而第 3 步要做 $\frac{1}{2}(n-1)(n-2)$ 次加法和 $\frac{1}{2}(n-1)(n-2)$ 次比较.因此,总的计算量为 $O(n^2)$.

例如,求图 5.5.1 自点 1 到其他各点的最短有向路.用 Dijkstra 算法的迭代过程如图 5.5.2 所示.

至于求一般无负有向回路网络的最短有向路和求网络中所有点对间的最短有向路的算法可参见文献[4],[5],[6]和[7].

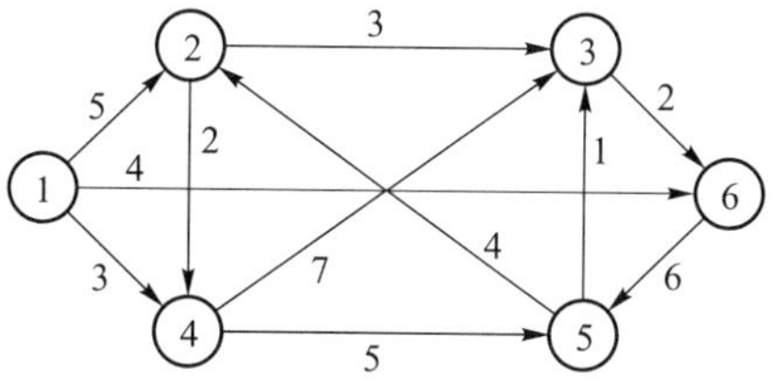

图 5.5.1

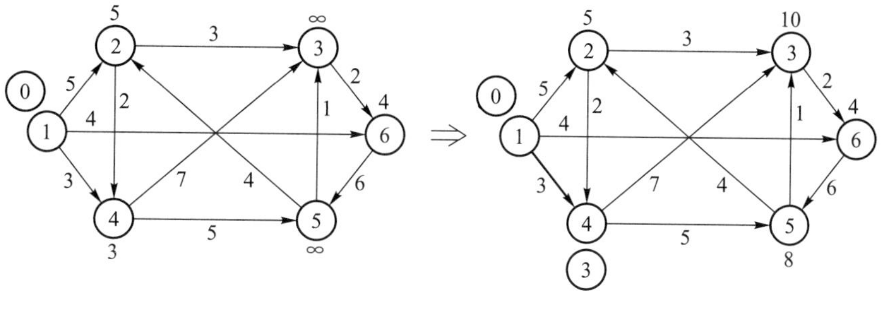

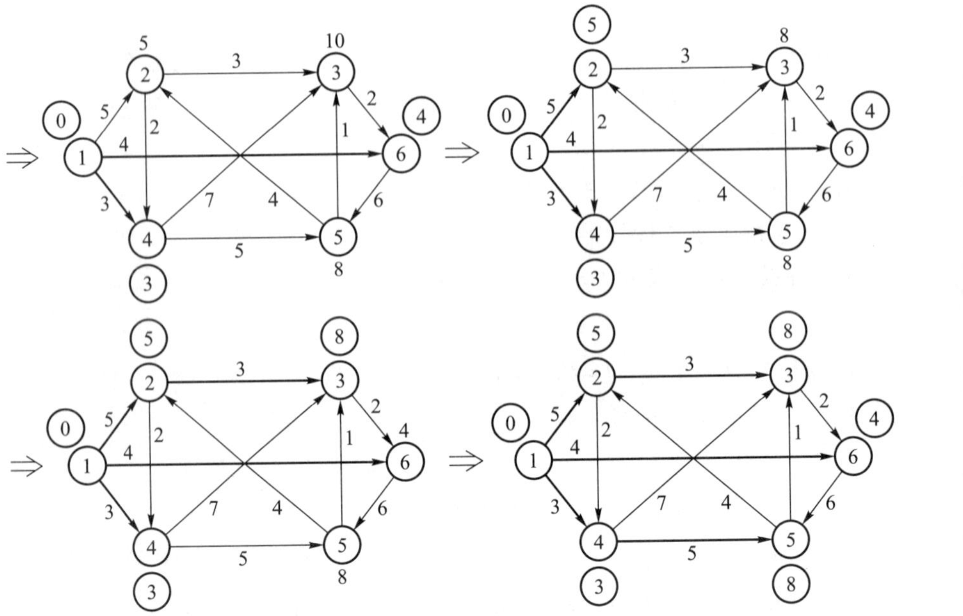

图 5.5.2

§5.6 最大流问题

本节我们将介绍有向网络中的最大流问题,如果把有向网络看成一个交通网,其中点表示车站,弧表示道路,那么弧权就表示两个车站间道路的通过能力.给定一个有向网络,一个很自然的问题是如何求指定两点间的最大流量,即最大流问题.本节将分别介绍最大流问题的基本理论和解最大流问题的算法.

1. 最大流最小割定理

给定一个有向网络 $G=(N,A,C)$,其中 c_{ij}表示弧$(i,j)\in A$ 的容量,并设 G 有一个发点 s 和一个收点 $t(s,t\in N)$.令

$$x_{ij}=\text{通过弧}(i,j)\text{的流量}$$

显然有

$$0\leqslant x_{ij}\leqslant c_{ij} \tag{5.6.1}$$

另外,**流** $x=(x_{ij})$要遵守点守恒规则,即

$$\sum_j x_{ij}-\sum_j x_{ji}=\begin{cases}+v, & i=s\\ 0, & i\neq s,t\\ -v, & i=t\end{cases} \tag{5.6.2}$$

(5.6.2)被称为**守恒方程**.它表示除点 s 和 t 以外,对每个点 i,流入 i 的流量等于流出 i

的流量，而发点 s 和收点 t 分别具有值为 v 的出流和入流.(5.6.1)是对每条弧的流量限制.满足(5.6.1)和(5.6.2)的流被称为**可行流**，或简称为 (s,t)-**流**.我们的目的是求一个可行流 $x^*=(x_{ij}^*)$，使得

$$v=\sum_j x_{sj}^*=\sum_j x_{jt}^* \tag{5.6.3}$$

达到最大值.

求从 s 到 t 的最大流问题，实际上就化成解上面这样一个线性规划问题.当然我们可以用单纯形法来解它，但是由于这一问题的特殊性，所以可以用比单纯形法简单得多的图论方法来解它.在介绍算法之前，先介绍几个基本定理.首先给出有关的概念.

设 P 是 G 中从 s 到 t 的无向路，P 的一条弧 (i,j) 称为**前向弧**，如果它的方向是从 s 到 t；否则称为**后向弧**.如果对 P 的每条前向弧 (i,j) 有 $x_{ij}<c_{ij}$；而对 P 的每条后向弧 (i,j) 有 $x_{ij}>0$，路 P 称为一条关于给定流 $x=(x_{ij})$ 的**增广路**.例如在图 5.6.1 所示的有向网络中，每条弧旁第一个数字表示它的容量 c_{ij}，第二个数字表示弧流 x_{ij}.

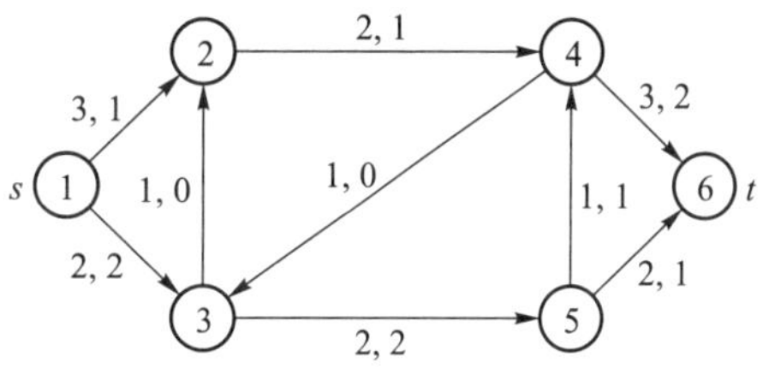

图 5.6.1

容易验证，它满足式(5.6.1)和式(5.6.2)，$s=1$，$t=6$，流值 $v=3$.

关于这个流的一条增广路如图 5.6.2 所示.

我们可以在这条增广路的每条前向弧上增加一单位流，在后向弧上减少一单位流，于是得到一个增大的流，它具有流值 $v=4$.新的流如图 5.6.3 所示.

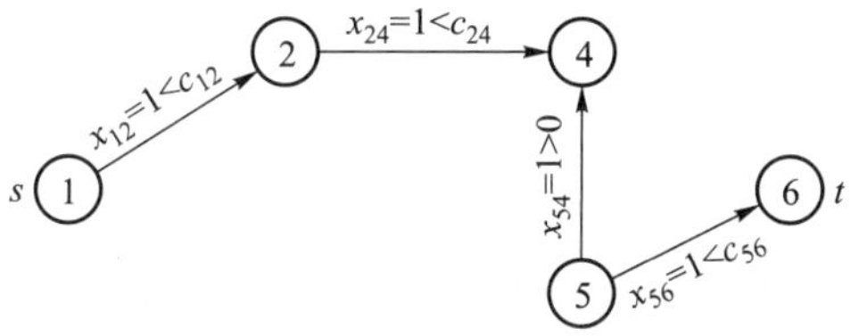

图 5.6.2

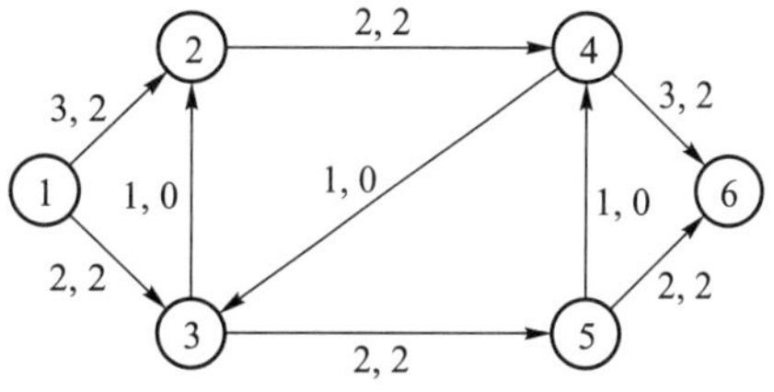

图 5.6.3

一个 (s,t)-**割**被定义为弧割 (S,T)，其中 $s\in S$，$t\in T$.

割 (S,T) 的容量定义为

$$C(S,T)=\sum_{i\in S}\sum_{j\in T}c_{ij}$$

即由 S 到 T 的所有弧的容量和.

由(5.6.2)并对 S 的所有点求和得

$$\begin{aligned}v&=\sum_{i\in S}\Big(\sum_j x_{ij}-\sum_j x_{ji}\Big)\\&=\sum_{i\in S}\sum_{j\in S}(x_{ij}-x_{ji})+\sum_{i\in S}\sum_{j\in T}(x_{ij}-x_{ji})\end{aligned}$$

$$= \sum_{i \in S} \sum_{j \in T} (x_{ij} - x_{ji}) \tag{5.6.4}$$

即任意流的值等于通过割的纯流.但

$$0 \leqslant x_{ij} \leqslant c_{ij}$$

因此

$$v \leqslant \sum_{i \in S} \sum_{j \in T} c_{ij} = C(S,T) \tag{5.6.5}$$

在图 5.6.3 表示的流中,存在一个(s,t)-割,其容量等于流值,例如 $S=\{1,2\}$,$T=\{3,4,5,6\}$.

现在我们来叙述并证明网络流理论的三个主要定理,这些定理将用来产生最大流问题的好算法.

定理 5.6.1(增广路定理)　一个可行流是最大流当且仅当不存在关于它的从 s 到 t 的增广路.

证　必要性是显然的,因为如果存在增广路,流就不是最大的.

充分性.设 x 是一个不存在关于它的从 s 到 t 的增广路的流,并设 S 是包含 S 的点集,使得对任意 $j \in S$ 存在从 s 到 j 的增广路,且对任意 $j \in N-S$ 不存在从 s 到 j 的增广路.

令 T 是 S 的补集,由定义可知,对任意 $i \in S$ 和 $j \in T$,有

$$x_{ij} = c_{ij}, \quad x_{ji} = 0$$

由(5.6.4)得

$$v = \sum_{i \in S} \sum_{j \in T} c_{ij}$$

即流的值等于割(S,T)的容量.从(5.6.5)可知 x 是最大的. ▌

定理 5.6.2(整流定理)　如果网络中所有弧容量都是整数,那么存在值为整数的最大流.

证　设所有的弧容量都是整数,并令

$$x_{ij}^0 = 0, \quad 对所有\ i\ 和\ j$$

如果 $x^0=(x_{ij}^0)$ 不是最大的,那么由定理 5.6.1 知,存在关于 x^0 的从 s 到 t 的增广路,即 x^0 允许增广,因此它有一个整流 $x'=(x'_{ij})$,它的值超过 x^0 的值.如果 x' 还不是最大的,它又是允许增广的,等等,用这个方法得到的每个可行流至少超过它前面的可行流一个整数单位,最后达到一个不允许增广的可行流,这就是最大流. ▌

定理 5.6.3(最大流最小割定理)　一个(s,t)-流的最大值等于(s,t)-割的最小容量.

证　由定理 5.6.1 的证明和(5.6.5)知该定理成立. ▌

2. 最大流算法

现在来介绍求最大流的算法,它是由 Ford 和 Fulkerson 于 1957 年首先给出的[8].基本思想是从任意一个可行流(例如零流)出发,找一条从 s 到 t 的增广路,并在这条增广路上增加流值,于是便得到一个新的可行流.然后在这个新的可行流的基础上再找一条从 s 到 t 的增广路,再增加流值……继续这个过程,一直到找不到从 s 到 t 的增广路

为止.这时由定理 5.6.1 知,现行的流便是最大流.

不难看出,求最大流算法的关键是找一条从 s 到 t 的增广路,而找一条增广路则可以用标号方法来实现.具体的标号规则如下:

在标号过程中,一个点仅可以是下列三种状态之一:标号并且检查过(即它有一个标号且所有相邻点该标的都标号了);标号未检查(有标号但相邻点该标的还没有标号);未标号.一个点 i 的标号由两部分组成,并取 $(+j,\delta(i))$ 和 $(-j,\delta(i))$ 两种形式之一.如果 j 被标号且存在弧 (j,i),使得 $x_{ji}<c_{ji}$,那么未标号点 i 可以给标号 $(+j,\delta(i))$,其中

$$\delta(i)=\min\{\delta(j),c_{ji}-x_{ji}\}$$

如果 j 被标号且存在一条弧 (i,j),使得 $x_{ij}>0$,那么未标号点 i 给标号 $(-j,\delta(i))$,其中

$$\delta(i)=\min\{\delta(j),x_{ij}\}$$

当过程继续到 t 被标号时,一条从 s 到 t 的增广路已被找到,且它的流值可以增加 $\delta(t)$.如果过程没有进行到 t 就结束了,就不存在从 s 到 t 的增广路.这时通过令 S 是所有标号点的集合,T 是所有未标号点的集合,便可得到一个最小容量割 (S,T).由定理 5.6.3 知,割 (S,T) 的容量就等于最大流的值.

下面我们来叙述最大流算法:

第 1 步 (开始)

令 $x=(x_{ij})$ 是任意整数可行流,可能是零流,给 s 一个永久标号 $(-,\infty)$.

第 2 步 (找增广路)

(2.1) 如果所有标号点都已经被检查,就转到第 4 步.

(2.2) 找一个标号但未检查的点 i,并做如下检查,对每一条弧 (i,j),如果 $x_{ij}<c_{ij}$ 且 j 未标号,就给 j 一个标号 $(+i,\delta(j))$,其中

$$\delta(j)=\min\{c_{ij}-x_{ij},\delta(i)\}$$

对每条弧 (j,i),如果 $x_{ji}>0$ 且 j 未标号,就给 j 一个标号 $(-i,\delta(j))$,其中

$$\delta(j)=\min\{x_{ji},\delta(i)\}$$

(2.3) 如果 t 已被标号,转到第 3 步;否则转到(2.1).

第 3 步 (增广)

由点 t 开始,使用指示标号构造一条增广路(在点 t 的指示标号表示在路中倒数第二个点,在倒数第二个点的指示标号表示倒数第三个点,等等),指示标号的正负则表示通过增加还是减少弧流量来增大流值.抹去点 s 以外的所有标号,转到第 2 步.

第 4 步 (构造最小割)

这时现行流是最大的,若把所有标号点的集合记为 S,所有未标号点的集合记为 T,便得到最小容量割 (S,T),计算完成.

现在我们来分析一下这个算法的复杂性.设弧数为 m,每找一条增广路最多需要进行 $2m$ 次弧检查.如果所有弧容量都是整数,那么最多需要 v 次增广(其中 v 是最大流值).因此总的计算量是 $O(mv)$.

例如,求图 5.6.4 所示的有向网络中从点 1 到点 6 的最大流.其迭代过程如图 5.6.5 所示.

关于求最大流的更有效的算法,读者可参见文献[9],[10]和[11].

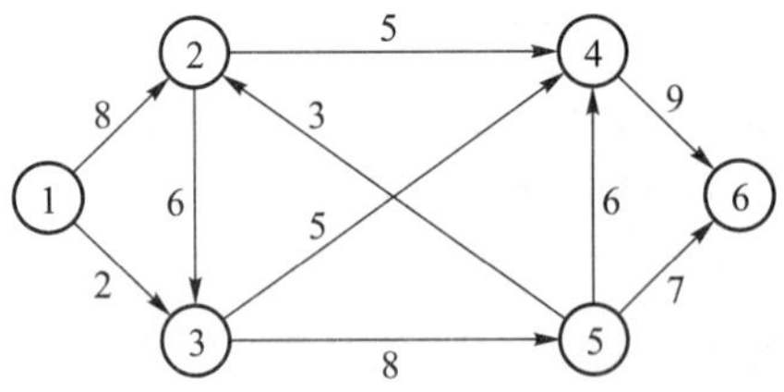

图 5.6.4

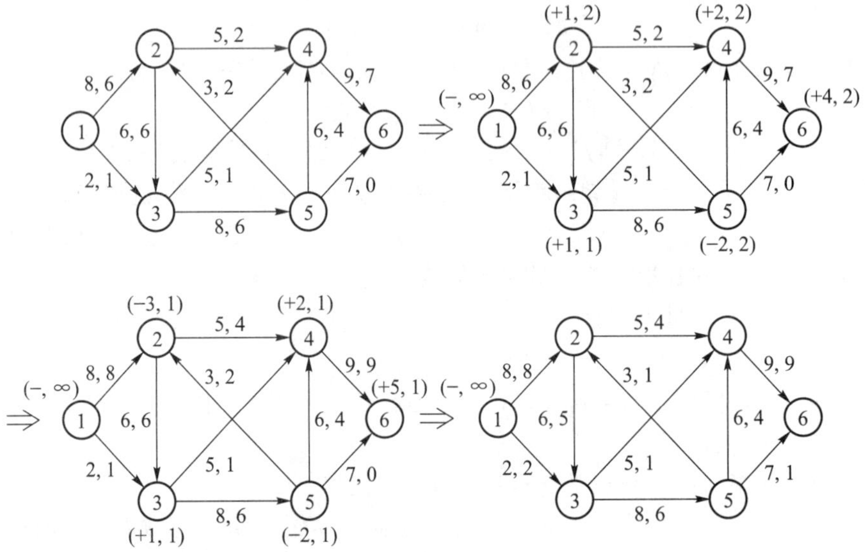

图 5.6.5

§ 5.7　最小费用流问题

最小费用流问题就是求一个从 s 到 t,其值为 v 的流,使得流的费用达到最小.在这个问题中,每条弧(i,j)有两个数同它联系着,一个是弧容量 c_{ij},一个是单位流通过它的费用 w_{ij}.$x=(x_{ij})$是一个流,其费用为

$$\sum_{i,j} w_{ij}x_{ij}$$

显然,如果 v 大于从 s 到 t 的最大流的值,问题无解;而 v 小于或等于最大流的值,一般可能存在若干可行流,我们要求的是其流值为 v,并且费用达到最小的流.

1. 最小费用流算法

下面的算法称为求最小费用流的对偶算法[1],即由值为 $v_0<v$ 的最小费用流出发,在始终保持其费用最小的前提下,逐步增加可行流的值,使得可行流的值越来越接近 v,直到达到 v 为止.开始的最小费用流总是存在的,因为零流就是等于 0 的最小费用

流.求解最小费用流问题的原始算法见文献[1].

显然,最小费用流问题可以写成线性规划的形式,即

$$\begin{cases}\min & \sum\limits_{(i,j)\in A} w_{ij}x_{ij} \\ \text{s.t.} & \sum\limits_{j}(x_{sj}-x_{js})=v \\ & \sum\limits_{j}(x_{tj}-x_{jt})=-v \\ & \sum\limits_{j}(x_{ij}-x_{ji})=0,\ i\in N,\ i\neq s,t \\ & 0\leqslant x_{ij}\leqslant c_{ij},\ (i,j)\in A\end{cases}$$

前两个约束分别表示在 s 点流出的流量和流入 t 点的流量都是 v;第三个约束表示在除去 s,t 以外的任何一点其流入的流量和流出的流量均相等;最后一个约束条件表示在每条弧上的流量是有限制的,目标函数表示要求总费用最小.

我们利用对偶规划来解这个问题.先把上面的线性规划问题的对偶规划写出来,即

$$\begin{cases}\max & \{p(t)v-p(s)v-\sum\limits_{(i,j)\in A} c_{ij}r_{ij}\} \\ \text{s.t.} & p(j)-p(i)-r_{ij}\leqslant w_{ij},\ (i,j)\in A \\ & r_{ij}\geqslant 0,\ (i,j)\in A \\ & p(i)\text{无限制},\ i\in N\end{cases}$$

其中 $p(i)$ 为对应于点 i 的对偶变量,r_{ij} 为对应于弧 (i,j) 的对偶变量,再写出这一组对偶规划的松紧性条件

$$p(j)-p(i)-r_{ij}<w_{ij}\Rightarrow x_{ij}=0 \tag{5.7.1}$$

$$r_{ij}>0\Rightarrow x_{ij}=c_{ij} \tag{5.7.2}$$

就是说,如果 $\{p(i),r_{ij}\}$,$\{x_{ij}\}$ 分别是对偶规划和原规划的可行解,那么只要满足条件(5.7.1)、(5.7.2),它们就分别是最优解.

因为 $p(i)$ 是没有限制的,所以我们可以任给出一组数 $p(i)$,令

$$r_{ij}=\max\{0,p(j)-p(i)-w_{ij}\} \tag{5.7.3}$$

显然有 $r_{ij}\geqslant 0$,于是得到对偶规划的一组可行解.

这时条件(5.7.1)、(5.7.2)就变成

$$p(j)-p(i)<w_{ij}\Rightarrow x_{ij}=0 \tag{5.7.4}$$

$$p(j)-p(i)>w_{ij}\Rightarrow x_{ij}=c_{ij} \tag{5.7.5}$$

这是因为 $p(j)-p(i)<w_{ij}$,根据(5.7.3)就有 $r_{ij}=0$,所以

$$p(j)-p(i)-r_{ij}=p(j)-p(i)<w_{ij}$$

反过来,如果

$$p(j)-p(i)-r_{ij}<w_{ij}$$

那么

$$r_{ij}>p(j)-p(i)-w_{ij}$$

由(5.7.3)一定有 $r_{ij}=0$.所以

$$p(j)-p(i)=p(j)-p(i)-r_{ij}<w_{ij}$$

这就是说,条件(5.7.1)和条件(5.7.4)是等价的.用同样的方法可以说明条件(5.7.2)和条件(5.7.5)也是等价的.

解这个问题的基本想法是这样的,我们任给出一组 $p(i)$(就是每个点给出一个数,例如一开始可以让所有点对应零),由(5.7.3)决定 r_{ij},就得到对偶规划的一组可行解.然后再给出一组 x_{ij}(就是每一条弧上给一个流量),要求 x_{ij}满足原始规划的后面两个约束(例如令所有的 $x_{ij}=0$),同时这两组解都满足条件(5.7.4)、(5.7.5).现在这两组解还不是最优解,因为$\{x_{ij}\}$不一定满足原始规划的前两个约束.如果

$$\sum_j (x_{sj}-x_{js})=v_0,\quad v_0<v$$

那么这时我们把原始规划约束中的 v 改成 v_0,$\{x_{ij}\}$就是最优解了.也就是说,如果要求流量是 v_0,$\{x_{ij}\}$就是一个最小费用流.因为现在 $v_0<v$,所以我们就增加流量.在增加流量的过程中,保持$\{x_{ij}\}$满足原始规划的后两个约束,同时让条件(5.7.4)、(5.7.5)继续成立,一直到流量是 v 为止.

增加流量的办法是找增广路,这在最大流的算法中已经叙述过.增广路是在 $x_{ij}<c_{ij}$ 或者 $x_{ij}>0$ 这样一些弧上找的.现在为了继续满足条件(5.7.4)、(5.7.5),我们只能在 $p(j)-p(i)=w_{ij}$,$x_{ij}<c_{ij}$和 $p(j)-p(i)=w_{ij}$,$x_{ij}>0$ 这样的一些弧上找增广路.如果在这些弧上找不到增广路,我们就修改 $p(i)$.

现在把计算步骤叙述如下:

第 1 步　(开始)

让所有的流 $x_{ij}=0$,所有点对应的数 $p(i)=0$.

第 2 步　(决定哪些弧可以改变流量)

用 I 表示满足下面条件的弧集:

$$p(j)-p(i)=w_{ij},\text{同时 } x_{ij}<c_{ij}$$

用 R 表示满足下面条件的弧集:

$$p(j)-p(i)=w_{ij},\text{同时 } x_{ij}>0$$

用 Q 表示不在 $I\cup R$ 中的弧集.

第 3 步　(改变流量)

用最大流算法,在 $I\cup R$ 上找增广路,增加流量.如果从 s 到 t 的流量已经是 v,那么计算停止,这时候已经得到一个流量是 v 的最小费用流.

如果从 s 到 t 不能再增加流量(这就是说,在 $I\cup R$ 上找不到一条从 s 到 t 的增广路),那么我们就来检查在 $Q\cup I\cup R$ 中是不是能找到增广路.也就是说,不考虑 $p(j)-p(i)=w_{ij}$的限制.如果也不能找到增广路,那么这个网络的最大流就达不到 v,所以要求流量等于 v 的最小费用流是无解的.当然,这时候的流量是v_0($v_0<v$)的话,那么就得到

流量是 v_0 的最小费用流.如果在 $Q\cup I\cup R$ 中能找到增广路,那么就转入第 4 步.

第 4 步 (改变顶点的 $p(i)$ 值)

在第 3 步中,找不到从 s 到 t 的增广路,回忆最大流算法中增广路的找法,是用标号法,这就是说,把所有点分成两类:标得上号的点以及标不上号的点,S 是标得上号的点的集合,T 是标不上号的点的集合.让标得上号的点 $p(i)$ 值不变,标不上号的点 $p(i)$ 值全部加 1,再回到第 2 步.

现在让我们来分析一下算法的复杂性.设网络的点数为 n,弧数为 m,弧的最大容量为 w.算法的循环次数取决于点 $p(i)$ 值修正的次数,而 $p(i)$ 值的修改最多进行 mw 次.所以第 2 步的计算量为 $O(m^2w)$,第 4 步的计算量为 $O(nmw)$.如果最大流值为 v,那么流增广最多进行 v 次,所以第 3 步的计算量为 $O(mv)$.因此,总的计算量为 $O(m^2w+mv)$.

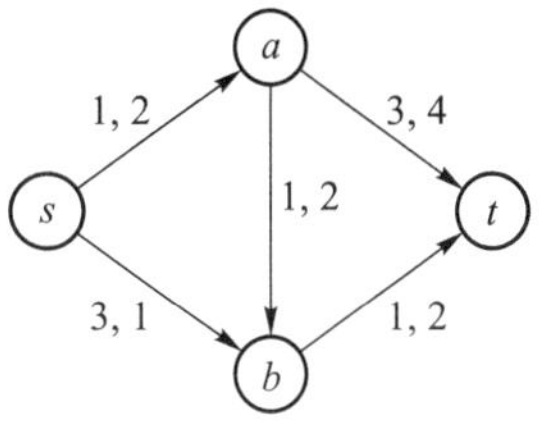

图 5.7.1

例如求图 5.7.1 所示的网络中从 s 到 t,其值为 $v=3$ 的最小费用流.在图 5.7.1所示的网络中,每条弧上都有两个数,第一个数是费用,第二个数是容量.

其迭代过程如图 5.7.2 和图 5.7.3 所示.

流值达到 3,所以最小费用流为 $x_{sa}=2,x_{ab}=1,x_{at}=1,x_{sb}=1,x_{bt}=2$,最小费用为 11.

2. 特殊的最小费用流——运输问题

运输问题是一个特殊的最小费用流问题,它不考虑弧的容量限制,仅考虑弧上流的费用.为建立问题的数学模型,我们首先令

a_i 表示发点 i 可供应的产品数量($i=1,\cdots,m$),

b_j 表示收点 j 所需的产品数量($j=1,\cdots,n$),

w_{ij}表示从发点 i 到收点 j 的单位产品运费,

x_{ij}表示从发点 i 分配给收点 j 的产品数量,

且假设 $\sum\limits_{i=1}^{m}a_i=\sum\limits_{j=1}^{n}b_j$,于是我们可以写出运输问题的线性规划形式如下:

$$\begin{cases}\min & \sum\limits_{i,j}w_{ij}x_{ij}\\ \text{s.t.} & \sum\limits_{j}x_{ij}=a_i \quad (i=1,\cdots,m)\\ & \sum\limits_{i}x_{ij}=b_j \quad (j=1,\cdots,n)\\ & x_{ij}\geqslant 0\end{cases}\tag{5.7.6}$$

第一个约束表示从发点 i 运送到所有可能收点的产品总量应该等于这个发点的总供应量 a_i,第二个约束表示从所有可能发点运送到收点 j 的产品总量应该等于这个收点的总需求量 b_j,目标函数表示总运费最小.

我们这里介绍的算法称为原始算法[12],首先把上面的线性规划问题的对偶规划

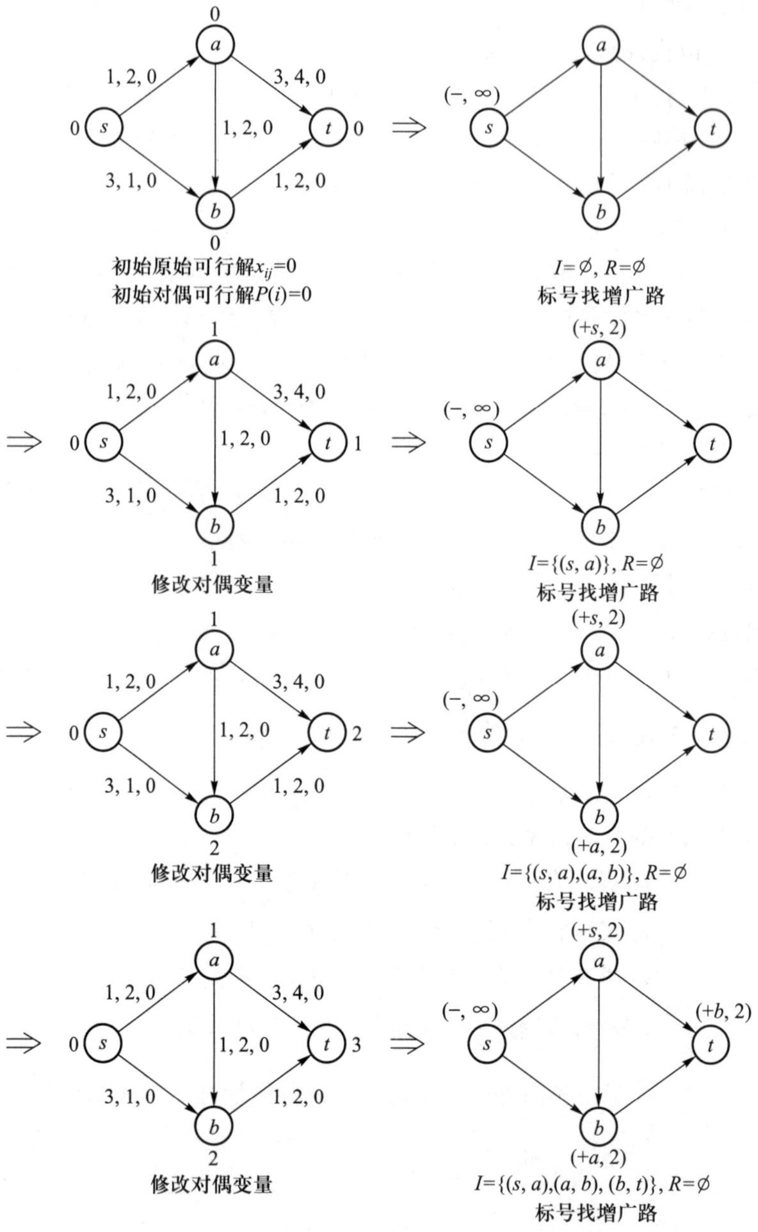

图 5.7.2 迭代过程(1)

写出来,即

$$
\begin{cases}
\max \quad \left\{ \sum\limits_i a_i u_i + \sum\limits_j b_j v_j \right\} \\
\text{s.t.} \quad u_i + v_j \leqslant w_{ij} \quad (i=1,\cdots,m; j=1,\cdots,n)
\end{cases}
\tag{5.7.7}
$$

其中 u_i 为对应于发点 i 的对偶变量,v_j 为对应于收点 j 的对偶变量.再写出松紧性条件

$$
x_{ij}>0 \Rightarrow u_i+v_j=w_{ij} \tag{5.7.8}
$$

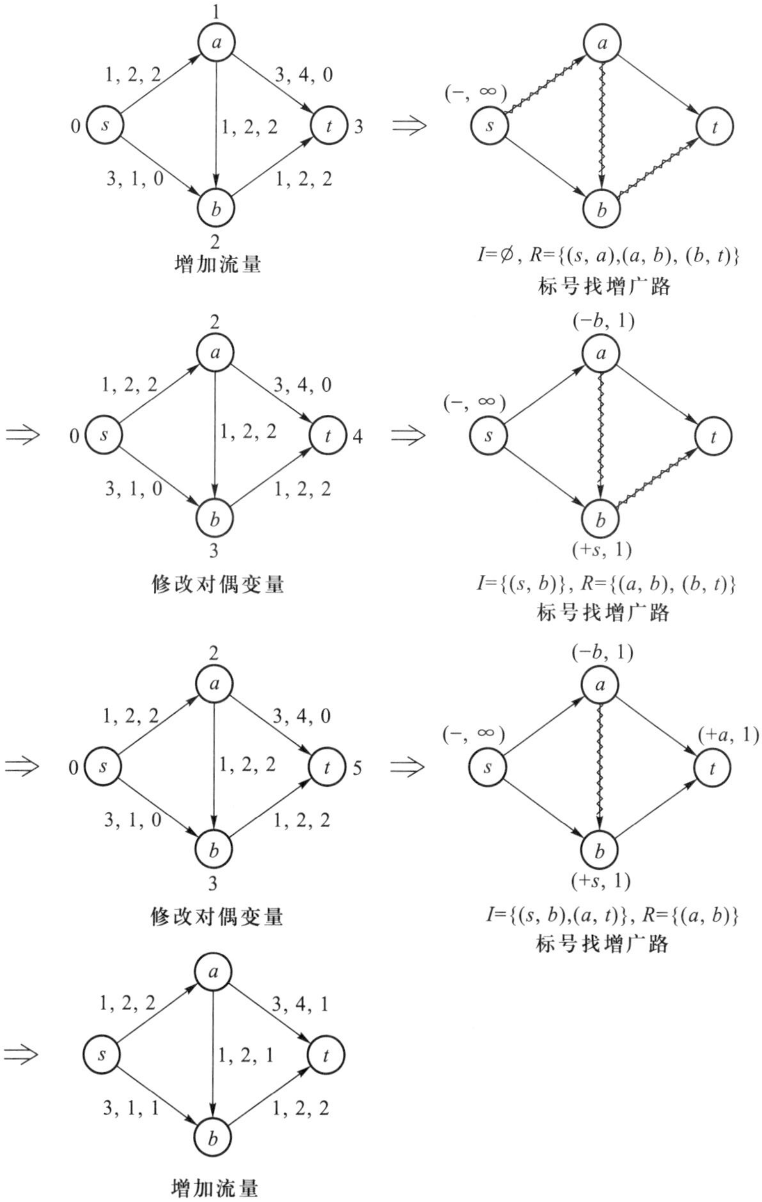

图 5.7.3　迭代过程(2)

根据线性规划的对偶理论,如果$\{x_{ij}\}$是原始规划的一个可行解并且它与对偶规划的一组解$\{u_i,v_j\}$一起满足松紧性条件(5.7.8),那么只要调整对偶解,使其逐步达到可行,则它们就分别达到最优.

原始规划的初始可行解容易给出.我们知道原始规划的约束条件中有$(m+n)$个方程,但由于假定

$$\sum_i a_i = \sum_j b_j$$

于是在约束中有一个方程是多余的.这样约束条件就由$(m+n-1)$个独立方程组成.因而在非退化的情况下,基本解也正好有$(m+n-1)$个基变量.我们又知道原始规划中任一个基都对应于网络中的一个支撑树,即具有$(m+n)$个点和$(m+n-1)$条弧的连通子网络.这样我们便得到一个简单方便的确定原始规划初始可行解的方法,即首先任给运输网络一个支撑树,然后从它的任一个一次点开始,先分配给与其关联的唯一弧的运输量等于该点可能达到的供应量或需求量,然后将该点和与它关联的弧从支撑树中去掉.再继续重复这个过程,直到分配完为止.

有了原始规划的一个可行解,我们可以找出 $u_i,v_j,i=1,2,\cdots,m;j=1,2,\cdots,n$,对基变量 x_{ij},找 u_i,v_j,使 $w_{ij}-u_i-v_j=0$.对应于网络中,即在支撑树的$(m+n)$个点上选择 m 个 u_i 和 n 个 v_j,使其在$(m+n-1)$条弧(i,j)上满足 $w_{ij}-u_i-v_j=0$.这是一个由$(m+n-1)$个方程确定$(m+n)$个未知数的简单问题.

剩下的问题就是逐步调整原始规划的可行解,使其对偶解在满足松紧性条件的情况下逐步达到可行.为此令

$$\overline{w}_{ij}=w_{ij}-u_i-v_j$$

$\overline{w}_{ij}$有时也称为检验数,对应于基变量或者说对应于支撑树上的每条弧,有$\overline{w}_{ij}=0$;而对应于非基变量或者说对应于支撑树以外的弧,若能调整到$\overline{w}_{ij}\geqslant 0$,则这时的对偶解便达到可行,于是它们分别达到最优.否则我们可以在负的 $\overline{w}_{ij}$中选择最小的那个变量,把这个变量改成基变量,改进当前的可行解,直到达到最优为止.

根据以上分析,现在给出算法步骤如下:

第 1 步　(开始)

任给原始规划一个可行解$\{x_{ij}\}$(即对应于网络的一个支撑树).

第 2 步　(计算对偶解)

对于原始规划的可行解$\{x_{ij}\}$,计算出对偶规划的一个解$\{u_i,v_j\}$.

第 3 步　(计算检验数)

对于对偶规划的解$\{u_i,v_j\}$,计算

$$\overline{w}_{ij}=w_{ij}-u_i-v_j,\quad i=1,2,\cdots,m;j=1,2,\cdots,n$$

若所有的 $\overline{w}_{ij}$均非负,则计算结束,这时得到的$\{x_{ij}\}$和$\{u_i,v_j\}$分别为原始规划和对偶规划的最优解;否则转第 4 步.

第 4 步　(调整原始可行解)

令

$$\overline{w}_{st}=\min_{i,j}\{\overline{w}_{ij}\mid\overline{w}_{ij}<0\}$$

即选择 x_{st}进入基.对应于网络中,即在支撑树上加入弧(s,t),从而得到一个回路.并选择其流量 $x_{st}=\theta$,使这个回路上的流量通过加 θ 或减 θ 以达到去掉一条弧的目的,从而得到一个新的被改进的原始可行解$\{x_{ij}\}$.转第 2 步.

例如求图 5.7.4 所示运输网络的最优解.其迭代过程如图 5.7.5 至图 5.7.7 所示,最优运输方案为 $x_{12}=10,x_{13}=25,x_{21}=45,x_{23}=5,x_{32}=10,x_{34}=30$,其他 $x_{ij}=0$.

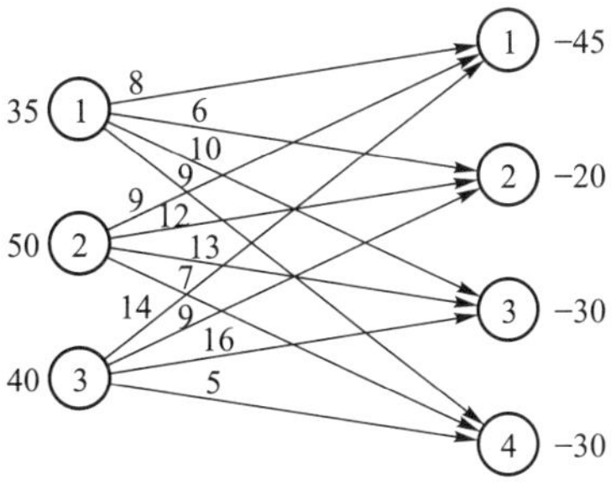

图 5.7.4

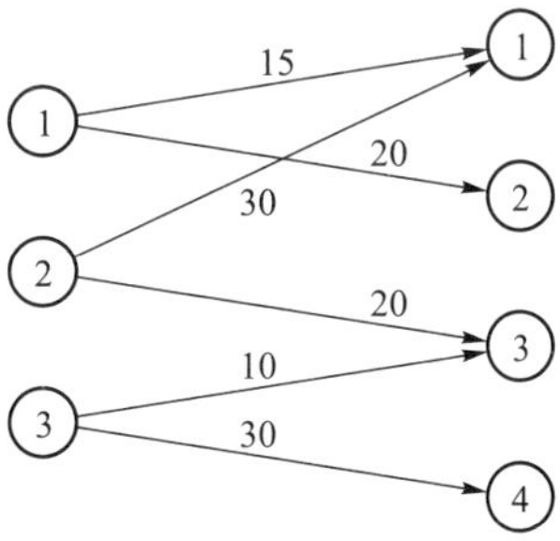

原始可行解

图 5.7.5 迭代过程(1)

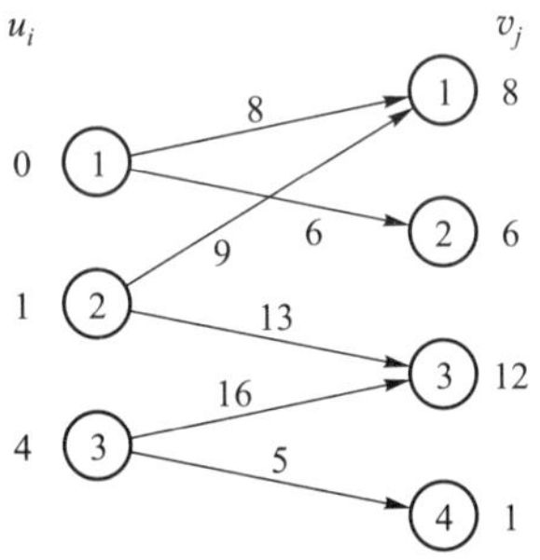

对偶解

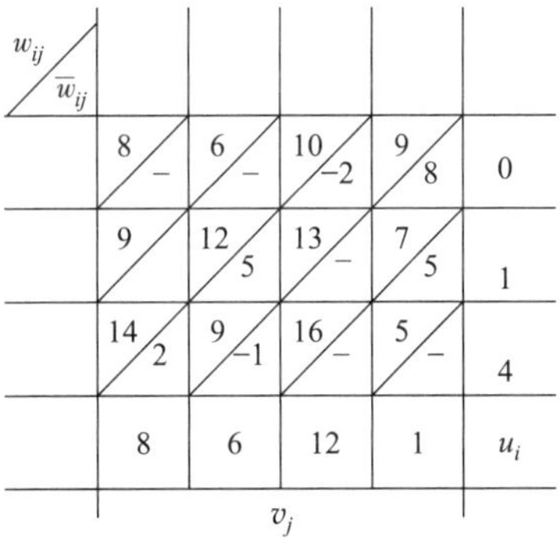

检验数

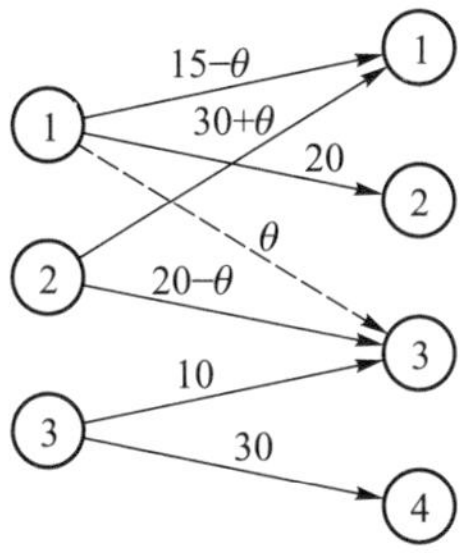

调整原始可行解

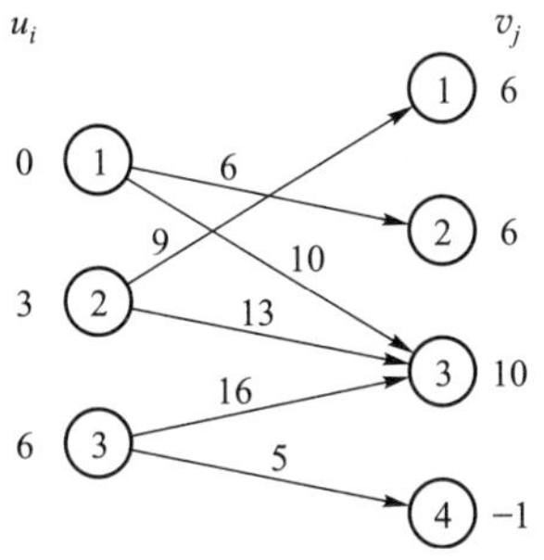

对偶解

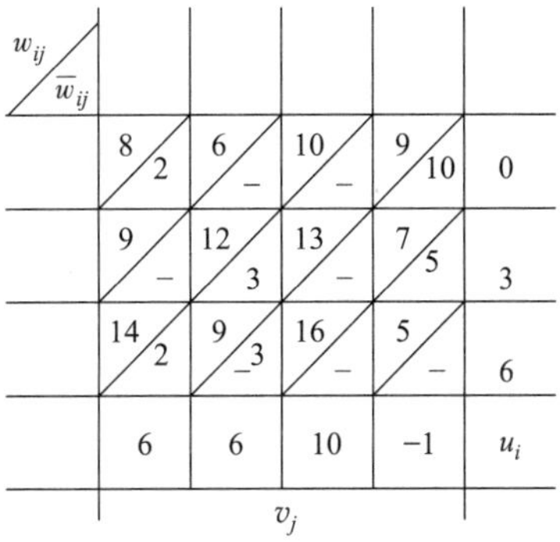

图 5.7.6 迭代过程(2)

⇓

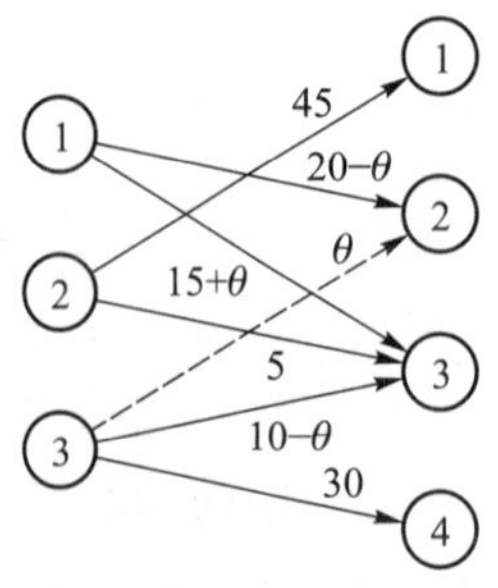

调整原始可行解

⇓

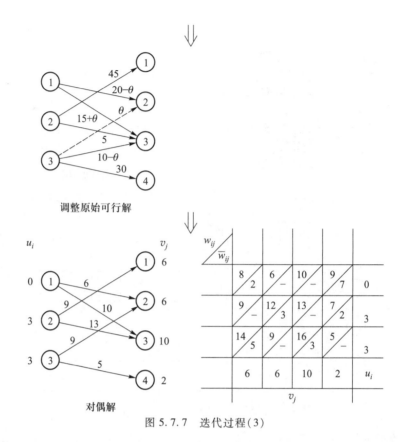

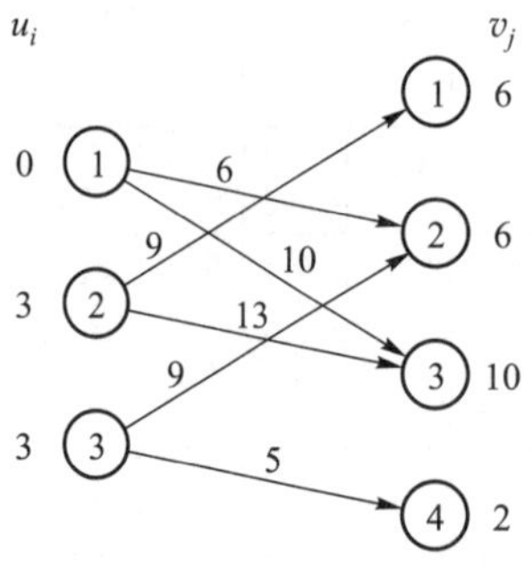

w_{ij} / $\overline{w}_{ij}$					
	8 / 2	6 / –	10 / –	9 / 7	0
	9 / –	12 / 3	13 / –	7 / 2	3
	14 / 5	9 / –	16 / 3	5 / –	3
	6	6	10	2	u_i
	v_j				

对偶解

图 5.7.7　迭代过程(3)

上面的运输问题称为产销平衡的运输问题.对于产销不平衡的运输问题,即当 $\sum_i a_i \neq \sum_j b_j$ 时,可以化为产销平衡的问题来解,读者可参见文献[12]和[18].解运输问题的原始对偶算法可参见文献[12].特别地,通常用表上作业法来解运输问题,其方法简单易行,读者可参见文献[18].

§5.8　最大对集问题

对集是图论与网络中的重要概念之一,它在许多领域中有着广泛的应用.例如,分派问题、时间表问题、中国邮递员问题等都需要用对集理论来解决.本节将着重讨论对集的基本性质和求最大对集的一些算法.

1. 二分图的对集

给定一个图 $G=(N,E)$,设 M 是 E 的一个子集,如果 M 中任意两条边均不相邻,就称 M 为图 G 的一个**对集**.M 中每条边的两个端点被称为由 M 配了对.设 $i\in N$,如果点 i 同 M 的一条边关联,就称点 i 是 **M-饱和点**,否则称为 **M-非饱和点**.如果 G 的每一个点都是 M-饱和点,就称 M 为 G 的**完美对集**.若不存在另外一个对集 M',使得 $|M'|>$

$|M|$（其中 $|M|$ 表示 M 的基数），则称 M 是 G 的**最大基数对集**.显然，完美对集都是最大基数对集.图 5.8.1 中的两个图分别给出最大基数对集和完美对集（粗边表示在对集中的边，细边表示不在对集中的边，以后均采用这种表示方法）.

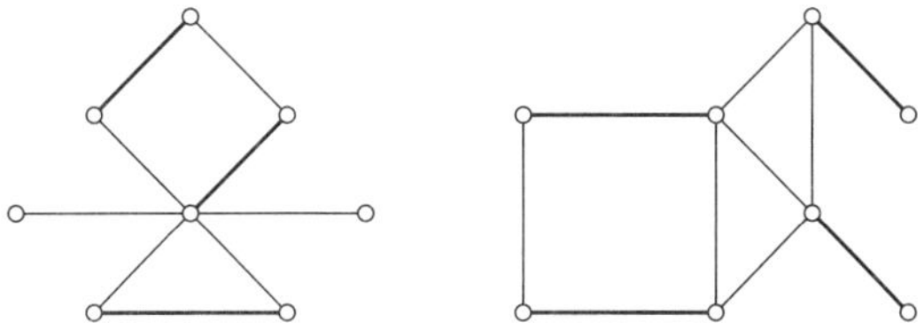

(a) 最大基数对集　　(b) 完美对集

图 5.8.1

设 M 是 $G=(N,E)$ 的一个对集.G 的一条 M-**交错路**是指其边在 M 和 $E\backslash M$ 中交错出现的路.例如图 5.8.2 中路(1,2,4,6,5)就是一条 M-交错路.G 的一条 M-**增广路**是指起点和终点都是 M-非饱和的一条 M-交错路.例如图 5.8.2 中的路(3,1,2,4,6,5)就是一条 M-增广路.1957 年 Berge 给出了下面的定理[13].

定理 5.8.1　图 G 中的一个对集 M 是最大基数对集当且仅当 G 不包含 M-增广路.

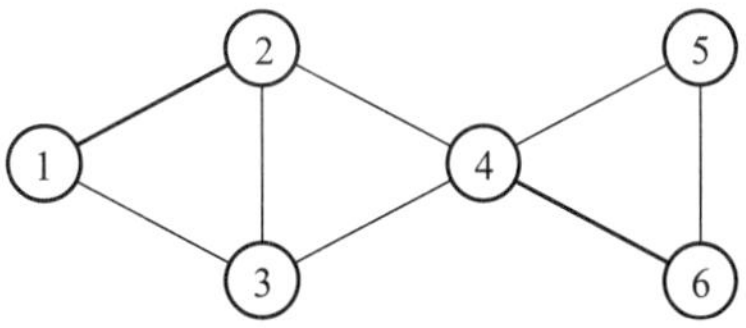

图 5.8.2

证　必要性.设 M 是 G 的一个最大基数对集.假设 G 包含一条 M-增广路：$P=(i_0,i_1,\cdots,i_{2k+1})$.令 $M'=[M\backslash\{\{i_1,i_2\},\{i_3,i_4\},\cdots,\{i_{2k-1},i_{2k}\}]\cup\{\{i_0,i_1\},\{i_2,i_3\},\cdots,\{i_{2k},i_{2k+1}\}\}$，则 M' 是 G 的一个对集，并且

$$|M'|=|M|+1$$

这与 M 是最大基数对集矛盾.

充分性.设 G 不包含 M-增广路.假设 M 不是 G 的最大基数对集，而 M' 是 G 的最大基数对集，则 $|M'|>|M|$.令 $H=G[M\oplus M']$，其中 $M\oplus M'$ 表示 M 和 M' 的对称差，H 是由 $M\oplus M'$ 导出的 G 的子图（如图 5.8.3 所示），则 H 中每个点的次不是 1 就是 2，这是因为 H 中的每个顶点最多只能和一条 M 的边和一条 M' 的边关联.因此，H 的每个连通分支或者是其边在 M 和 M' 中交错出现的偶回路，或者是其边在 M 和 M' 中交错出现的路.又因为在 G 中有 $|M'|>|M|$，所以在 H 中也有 $|M'|>|M|$，于是 H 中必存在一

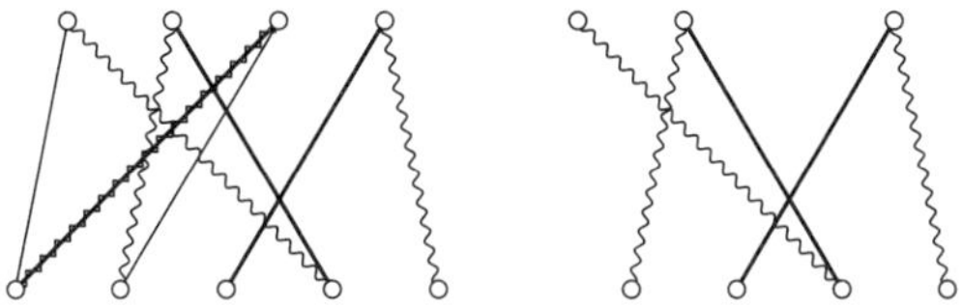

G中的M和M'　　$G[M\oplus M']$

图 5.8.3

个分支 P 是路，起始于 M' 的边，同时又终止于 M' 的边，即 P 的起点和终点在 G 中是 M- 非饱和的. 因此 P 是 G 的一条 M-增广路，这与定理条件相矛盾. ▍

对于图 G 的任意一个点的子集 X，我们定义 G 中 X 的邻集为与 X 中的点相邻的所有点的集合，并记为 $\Gamma_G(X)$. 现在假定 G 是具有二分划 (S,T) 的二分图，我们希望找到 G 的一个对集 M，使 S 的每个点都是 M-饱和点，简称对集 M 饱和 S 的每个点. 存在这种对集的充要条件由 Hall(1935) 首先给出[14].

定理 5.8.2 设 G 为具有二分划 (S,T) 的一个二分图，则 G 含有饱和 S 的每个点的对集当且仅当对任意的 $X\subseteq S$，有

$$|\Gamma(X)|\geqslant|X| \tag{5.8.1}$$

证 必要性. 假设 G 含有对集 M，它饱和 S 的每个顶点，并设 X 是 S 的一个子集. 由于 X 的点在 M 中和 $\Gamma(X)$ 中的相异点配对，显然有 $|\Gamma(X)|\geqslant|X|$.

充分性. 假设 G 是满足 (5.8.1) 式的二分图，但 G 不含饱和 S 的所有点的对集，则将有如下矛盾. 设 M^* 是 G 的一个最大基数对集. 根据假定，M^* 不饱和 S 的所有点，设 u 是 S 中的一个 M^*-非饱和点，并设 Z 表示通过 M^*-交错路与 u 连接的所有点的集合. 由于 M^* 是一个最大基数对集，从定理 5.8.1 可知，u 为 Z 中唯一的 M^*-非饱和点. 令

$$X=Z\cap S,\quad Y=Z\cap T$$

如图 5.8.4 所示. 显然，$X\setminus\{u\}$ 中的点在 M^* 之下与 Y 中的点配对. 因此

$$|Y|=|X|-1 \tag{5.8.2}$$

因为 $\Gamma(X)$ 中的每个点均通过一个 M^*-交错路连接于 u，即 $\Gamma(X)\subseteq Y$，以及 $\Gamma(X)\supseteq Y$，所以有

$$\Gamma(X)=Y \tag{5.8.3}$$

于是由 (5.8.2)、(5.8.3) 知

$$|\Gamma(X)|=|X|-1<|X|$$

这与 (5.8.1) 式矛盾. ▍

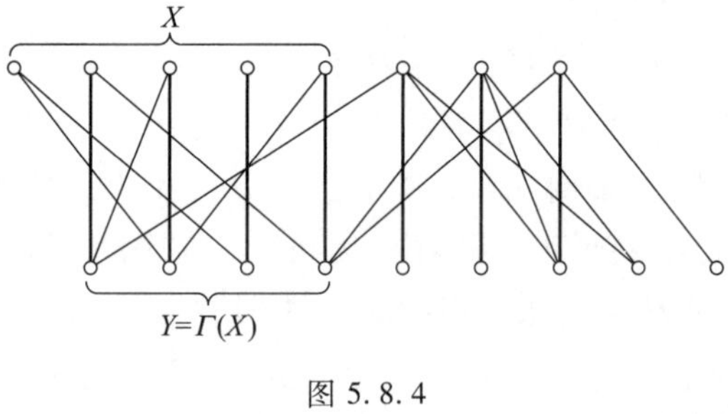

图 5.8.4

以上证明提供了寻找二分图的最大基数对集的一个可行算法的根据，这一算法将在下面介绍.

图 $G=(N,E)$ 的一个**覆盖**是指 N 的一个子集 K，使得 G 的每条边都至少有一个端点在 K 之中. 一个覆盖 K 是 G 的**最小覆盖**是指 G 不存在另外的覆盖 K'，使得 $|K'|<|K|$ (图 5.8.5).

若 K 是 G 的一个覆盖，并且 M 是 G 的一个对集，则 K 至少包含 M 中每条边的一个

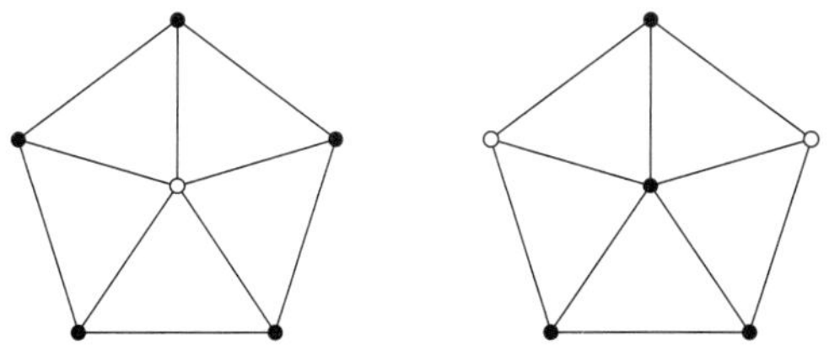

图 5.8.5

端点.于是对任何对集 M 和任何覆盖 K,均有

$$|M| \leqslant |K|$$

实际上,若 M^* 是一个最大基数对集,且 $\widetilde{K}$ 是一个最小覆盖,则也有

$$|M^*| \leqslant |\widetilde{K}| \tag{5.8.4}$$

一般情况下,(5.8.4)式中的等号不成立(例可见图 5.8.5).显然,若 G 是二分图,则有 $|M^*| = |\widetilde{K}|$,这个结果由 Konig(1931)给出[15].它与 Hall 定理紧密相关.在给出它的证明之前,我们先给出一个引理.

引理 5.8.1 设 M 是一个对集,K 是一个覆盖,它们满足 $|M| = |K|$,则 M 必定是最大基数对集,而 K 是最小覆盖.

证 若 M^* 是最大基数对集,而 $\widetilde{K}$ 是最小覆盖,则由(5.8.4)式知

$$|M| \leqslant |M^*| \leqslant |\widetilde{K}| \leqslant |K|$$

由于 $|M| = |K|$,所以

$$|M| = |M^*|, \quad |K| = |\widetilde{K}|$$

即 M 是最大基数对集,K 是最小覆盖. ▌

定理 5.8.3 在二分图中,最大基数对集的边数等于最小覆盖的点数.

证 设 G 是具有二分划 (S,T) 的二分图,而 M^* 是 G 的最大基数对集,用 U 表示 S 中的 M^*-非饱和点的集合,用 Z 表示通过 M^*-交错路与 U 中的点相连接的所有点的集合.置 $X=Z\cap S, Y=Z\cap T$.与定理 5.8.2 的证明一样,可知 Y 中的每个点都是 M^*-饱和的,并且 $\Gamma(X)=Y$.定义 $\widetilde{K}=(S\setminus X)\cup Y$(图 5.8.6),则 G 的每条边必然至少有一个端点在 $\widetilde{K}$ 中.否则就存在一条一个端点在 X 中,而另一个端点在 $T\setminus Y$ 中的边,这与 $\Gamma(X)=Y$ 相矛盾.

于是 $\widetilde{K}$ 是 G 的一个覆盖,并且显然有

$$|M^*| = |\widetilde{K}|$$

由引理 5.8.1 知,$\widetilde{K}$ 是一个最小覆盖. ▌

定理 5.8.3 也称为二分图对集的对偶定理,它有着广泛的应用.

2. 二分图的最大基数对集

求二分图的最大基数对集,尽管用求最大流的算法可以解决,但鉴于这个问题本

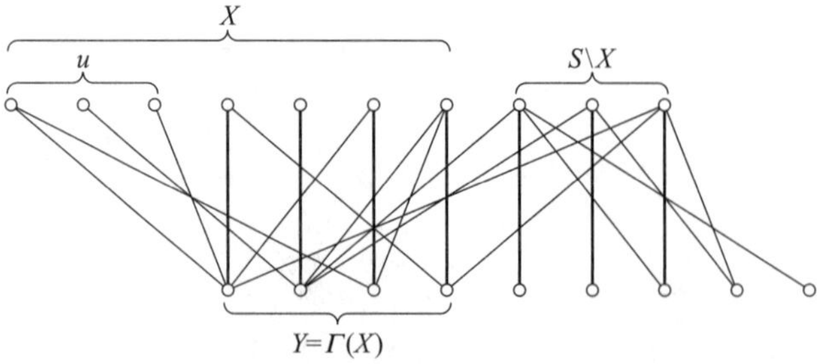

图 5.8.6

身的重要性和以后讨论的方便,人们还是专门设计了一套算法,该算法称为匈牙利算法[16].它的基本思想是:从 G 的任意一个对集 M 开始,若 M 饱和 S 的所有点,则无疑 M 是 G 的最大基数对集;否则,由 S 的 M-非饱和点出发,用一个系统方法搜索一条 M-增广路 P.若 P 存在,则通过交换 P 在 M 和不在 M 中的边,便得到一个其基数增加 1 的对集,然后从新的对集开始,继续迭代.若 P 不存在,则现行的对集就是 G 的最大基数对集.

下面具体叙述这个算法.

对给定的一个二分图 $G=(S,T,E)$ 和一个给定的对集 $M\subseteq E$,我们定义关于 M 的交错树是满足下列两条件的树:

(1) 树包含一个 S 中的非饱和点,这个点被称为树根;

(2) 根和树的其他点之间的所有路都是交错路.

计算过程由任意一个对集出发(可能是空对集),S 中的每个非饱和点都取为一个交错树的根,借助于标号技巧增加点和边.最终下列两种情况之一出现:

(1) 在 T 中一个非饱和点加到一棵树上;

(2) 不可能再加点和边到任何树上.

在前一种情况,对集被增广,然后对新的对集,重复构造树的过程;在后一种情况,树被称为匈牙利树,可以用来构造由 S 中的所有树外点和 T 中所有树内点组成的一个最优对偶解,即最小覆盖.

例如,考虑图 5.8.7 表示的对集,粗线表示在对集中的边,细线表示不在对集中的边,以 S 的非饱和点 1 和点 5 为根构造交错树,如图 5.8.8 所示,一条增广路被找到.

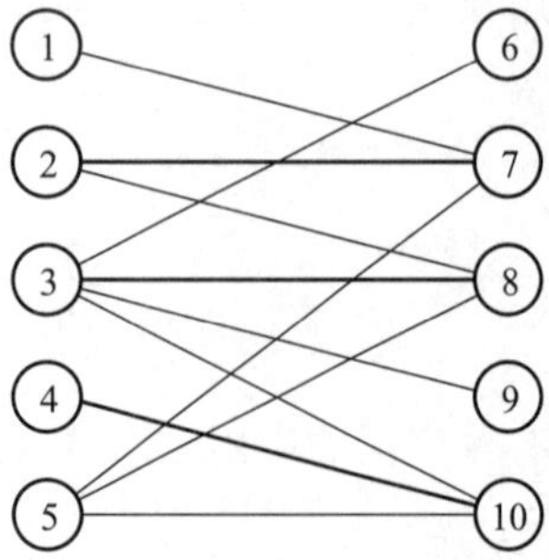

图 5.8.7

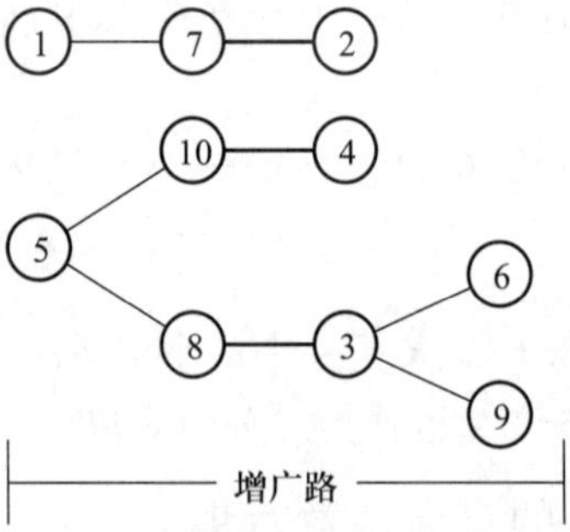

图 5.8.8

增广对集表示在图 5.8.9 中；关于增广对集的一个交错树表示在图5.8.10中，它是匈牙利树.图 5.8.10 所示的交错树可以用来构造一个最优对偶解，树外的 S 点仅有 3，树内的 T 点有 7，8，10.可以证明这 4 个点覆盖图的所有边，并且是一个最小覆盖.

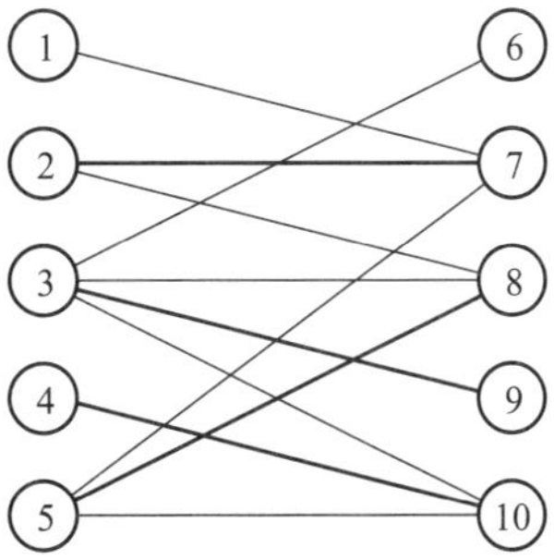

图 5.8.9

图 5.8.10

算法步骤如下：

第 1 步　（开始）

给定二分图 $G=(S,T,E)$，令 M 是一个任意对集，可能是空对集，这时没有点被标号.

第 2 步　（标号）

(2.0)　在 S 中，每个非饱和点给以标号“$\varnothing$”.

(2.1)　如果不存在未检查的标号点，转向第 4 步；否则，找一个具有未检查的标号点 i，如果 $i\in S$，转向(2.2)；如果 $i\in T$，转向(2.3).

(2.2)　检查点 i 的标号如下：对每个同点 i 关联的边 $\{i,j\}$，除非 j 已经被标号，否则给点 j 标号“i”，转向(2.1).

(2.3)　检查点 i 的标号如下：若点 i 是非饱和点，则转向第 3 步；否则，辨认同 i 关联的属于 M 的唯一边 $\{i,j\}$，给点 j 标号“i”，转向(2.1).

第 3 步　（增广）

终止在 i 的一条增广路被找到，通过反向追踪辨认在路上点 i 的前点，即如果在点 i 的标号是“l”，那么路上倒数第二个点是 l；如果在 l 上的标号是 k，那么路上倒数第三个点是 k，等等.路的始点有标号“$\varnothing$”，通过把路上不在 M 中的边加入 M，而把路上在 M 中的边从 M 中除去来增广 M，抹掉所有标号，转回(2.0).

第 4 步　（匈牙利标号）

标号是匈牙利的，这时没有增广路存在，M 是最大基数对集.令 $L\subseteq S\cup T$ 表示所有标号点的集合，则

$$K=(S\backslash L)\cup(T\cap L)$$

是对偶于 M 的最小覆盖.

现在分析一下算法的复杂性.若令 $|S|=m$，$|T|=n$，且设 $m\leqslant n$.由于算法能够通过交错树的生成过程而循环进行，因而在找到一个匈牙利树或找到一条增广路之前，标号程序最多进行了 $O(mn)$ 次；而在求出所需的对集之前，初始对集最多能增广 m

次，所以总的计算量为 $O(m^2 n)$.

例如，求图 5.8.11 所示的二分图 G 的最大基数对集，若初始对集如图 5.8.12 所示，则算法的迭代过程如图 5.8.13 所示：

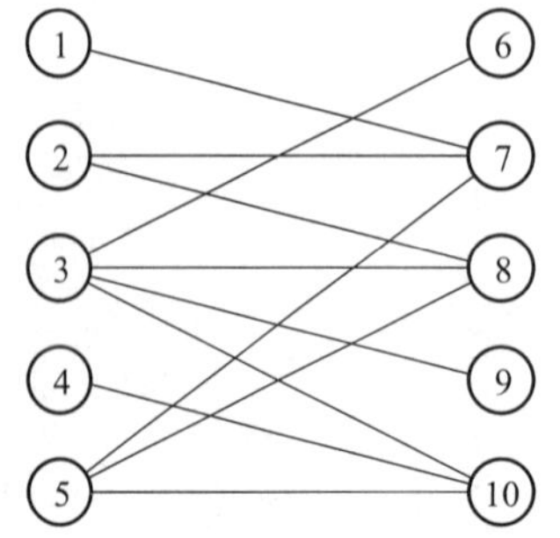

图 5.8.11

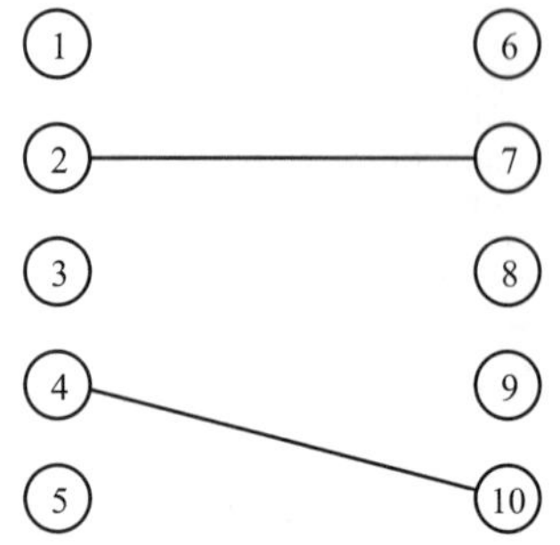

图 5.8.12

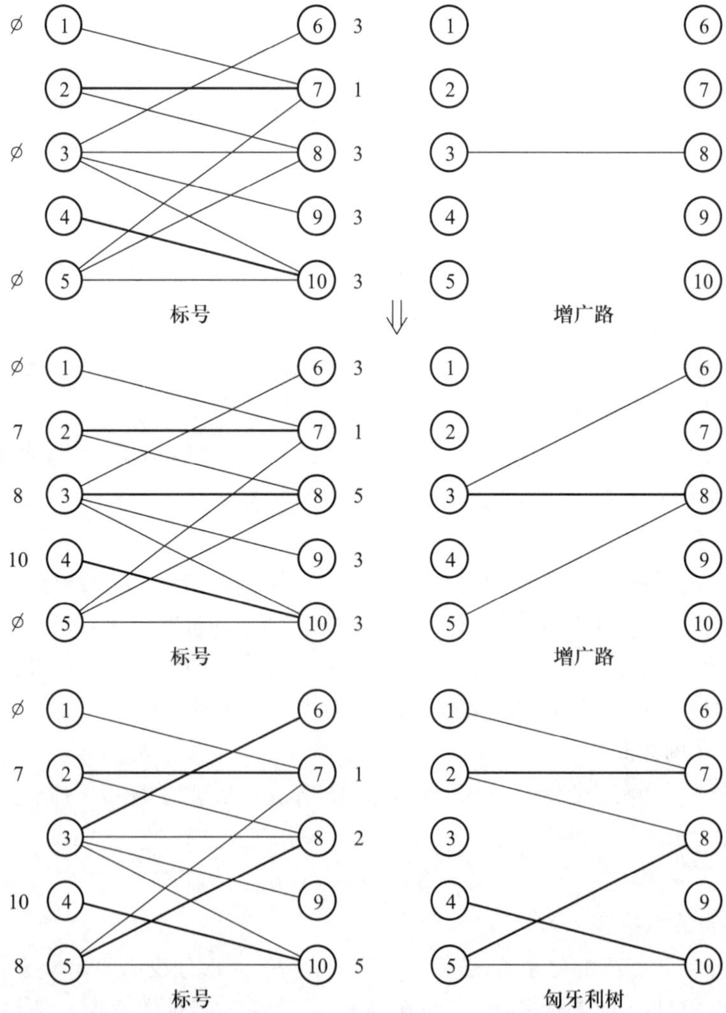

图 5.8.13　迭代过程

所求的最大基数对集为 $M=\{27,36,410,58\}$.

关于一般图上求最大基数对集的算法可参见文献[17].

3. 二分网络的最大权对集——分派问题

这里介绍的求最大权对集的算法是原始对偶方法,H.W.Kuhn 称其为匈牙利算法[16].

为了简单起见,我们假设二分网络是完全的,即 $G=(S,T,S\times T,W)$,其中 $W=\{w_{ij}\}$ 表示 G 中边的权.并设 $|S|=m,|T|=n,m\leqslant n$.最大权对集的线性规划模型是

$$\begin{cases}\max & \sum\limits_{i,j} w_{ij}x_{ij}\\ \text{s.t.} & \sum\limits_{j} x_{ij}\leqslant 1,\ i=1,2,\cdots,m\\ & \sum\limits_{i} x_{ij}\leqslant 1,\ j=1,2,\cdots,n\\ & x_{ij}\geqslant 0,\ i=1,2,\cdots,m;j=1,2,\cdots,n\end{cases}$$

可以理解为

$$x_{ij}=1 \text{ 表示 } \{i,j\}\in M$$

$$x_{ij}=0 \text{ 表示 } \{i,j\}\notin M$$

对偶线性规划是

$$\begin{cases}\min & \left(\sum\limits_{i} u_i+\sum\limits_{j} v_j\right)\\ \text{s.t.} & u_i+v_j\geqslant w_{ij},\ i=1,2,\cdots,m;j=1,2,\cdots,n\\ & u_i\geqslant 0,\ i=1,2,\cdots,m\\ & v_j\geqslant 0,\ j=1,2,\cdots,n\end{cases}$$

其中 u_i 为对应于 S 中点 i 的对偶变量;v_j 为对应于 T 中点 j 的对偶变量.松紧性条件是

$$x_{ij}>0\Rightarrow u_i+v_j=w_{ij} \tag{5.8.5}$$

$$u_i>0\Rightarrow \sum_{j} x_{ij}=1 \tag{5.8.6}$$

$$v_j>0\Rightarrow \sum_{i} x_{ij}=1 \tag{5.8.7}$$

匈牙利算法的思想是保证原始解和对偶解总是可行的,具体步骤可见[23].

关于一般图上求最大权对集的算法可参见文献[1].

*§5.9 复杂网络简介

随着以互联网为代表的信息技术的迅速发展,人类社会已经迈进了复杂网络时代,人类生活和工具的网络化给人们带来了极大的便利,提高了生产效率和生活水平,同时也带来了很多负面影响,如传染病和谣言的传播及爆发、社会的区域动荡、电力网络的局

部崩溃等.因此,人类社会的网络化需要我们对各种复杂网络的行为有更好的认识.

长期以来,自然科学、社会科学等学科以社会网络、通信网络、电力网络等具体网络作为研究对象,而图论是以点和边构成的抽象网络为研究对象.既然如此,复杂网络科学作为一门新兴的交叉学科,具体研究内容是什么呢? 抽象网络和具体网络都已经进行了长期研究,那么复杂网络科学的研究意义何在?

事实上,复杂网络科学的研究对象不是单一网络,其旨在研究不同网络所存在的共性和处理它们的普适方法;其次,复杂网络科学试图建立不同网络研究之间的桥梁,使得对某一类网络的研究成果可以指导另一类网络的研究工作;最后,很多复杂网络问题只依靠单学科很难得到有效解决,需要多学科协作完成,而复杂网络科学正是这样一个多学科交叉平台.

下面我们将介绍复杂网络科学的几个基本模型和常用指标.

1. 复杂网络基本模型

我们或许有过这样的经历:偶尔碰到一个陌生人,同他聊了一会儿后发现你认识的某个人他居然也认识,然后一起发出"这个世界真小"的感叹.那么对于世界上任意两个人,借助第三者、第四者这样的间接关系来建立起他们两人的联系平均来说最少要通过多少人呢?

这一问题源于社会学家、哈佛大学的心理学教授 Stanley Milgram 在 1967 年做的实验:"追踪美国社交网络中的最短路径".他要求每个参与者设法寄信给一个住在波士顿附近的"目标人物",规定每个参与者只能转发给一个他们认识的人,他发现送达信件所需要的平均长度为 6 个人.他把这个结论称为"六度分离",这个结论定量地说明了我们世界的"大小",或者说人与人关系的紧密程度.

那么社交网络上的"六度分离"现象在其他复杂网络上是否也存在呢? 答案是肯定的.例如用来描述好莱坞影视界一个演员与著名影星 Kevin Bacon 合作距离的"Bacon 数",用来描述数学论文中一个作者与匈牙利数学家 Paul Erdös 合作距离的"Erdös 数"等.

基于复杂网络上的这种"小世界"性质,1998 年 6 月,美国康奈尔大学的博士生 Watts 及其导师 Strogatz 教授在 *Nature* 上发表了题为 *Collective Dynamics of 'Small-World' Networks* 的论文,提出 WS 小世界网络模型[24].

WS 小世界网络生成算法如下:

第 1 步　给定一个含有 n 个节点的环状规则网络,即网络中每个节点都与左右 $\frac{K}{2}$ 个节点相连,K 是偶数;

第 2 步　以概率 p 随机地重新连接网络中原有的每条边,即把每条边的一个端点保持不变,另一个端点改取为网络中随机选择的另一个节点,规定不得有重边和环.

显然,随着 p 增大,网络的随机性越大,如图 5.9.1 所示.

WS 小世界网络模型能够很好地描述真实复杂网络的"小世界"特性,但是是否可以准确刻画复杂网络的其他性质呢? 显然不是.

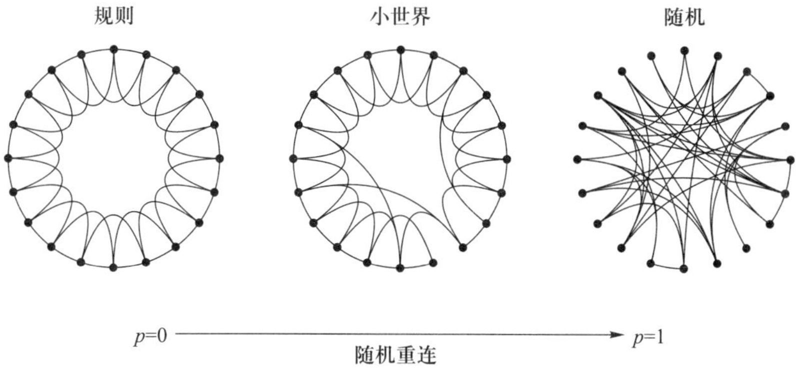

图 5.9.1

事实上,我们发现,WS 小世界网络的节点个数是不变的,这与真实网络规模不断增长的特性相违背.另外,当网络中加入新节点时,这些新节点通常更倾向与那些具有较高连接度的 Hub 节点相连接,也就是优先连接特性.1999 年 10 月,继 WS 小世界网络提出后一年,Barabási 和 Albert 在 *Science* 上发表了题为 *Emergence of Scaling in Random Networks* 的文章,提出 BA 无标度网络模型[25].该模型综合考虑了网络的增长特性和优先连接特性,有关该模型的详细信息,感兴趣的读者可以参阅相关文献.

2. 几个常用的网络统计量

复杂网络连接结构看上去错综复杂、极其混乱,很多不同类型的复杂网络直观上很难区分,下面我们将介绍描述网络信息的几个常用统计量.

给定网络 G,网络中节点之间边的密集程度通常用**网络密度**来衡量,记为 d,网络密度的计算公式为 $d(G)=\dfrac{2m}{n(n-1)}$,其中 m 为网络中边的数目,n 为网络中节点的数目.显然网络密度 d 越接近 1,网络就越稠密,网络中的节点就越具有凝聚力.

前面我们介绍了 WS 小世界网络模型,并且很多复杂网络,例如社交网络等,都具有"小世界"特性.我们通常使用所有节点之间距离的平均值来衡量网络的"小世界"特性,称为**平均最短路径长度**,也称为**平均距离**,记为 l,计算公式为 $l=\dfrac{\sum\limits_{i\neq j} d_{ij}}{n(n-1)}$,其中 d_{ij}表示节点 i 和 j 之间的距离,即连接两个节点的最短路径的边数.

以朋友关系网络为例,一个人的两个朋友很有可能彼此成为朋友,这种可能性的大小反映了他的朋友圈的紧密程度.在复杂网络中,我们通常借用**聚类系数**来描述某节点的邻居节点之间存在边的可能性.假设网络中节点 i 的度为 k_i,则节点 i 的聚类系数 C_i 定义为

$$C_i=\frac{E_i}{[k_i(k_i-1)]/2}=\frac{2E_i}{k_i(k_i-1)}$$

其中 E_i 表示节点 i 的 k_i 个邻居节点之间实际存在的边数.**网络的聚类系数**为网络中各

个节点的聚类系数平均值,即 $C=\frac{\sum_i C_i}{n}$.

复杂网络中的个体对于复杂网络的结构和功能都扮演了不同的角色,例如公司中有领导和员工之分,互联网中有服务器和客户端之分等,而这些相对重要的节点就是网络中的关键节点.这些关键节点能够在更大程度上影响网络的结构与功能.挖掘网络中的关键节点在现实生活中具有重要意义.

我们通常用**节点中心性**来描述网络中节点的重要程度,节点中心性排序算法研究受到越来越广泛的关注.由于应用领域极广,且不同类型的网络中节点的中心评价方法各有侧重,学者们从不同的实际问题出发设计出各种各样的指标.其中,节点中心性最直接的度量是**度中心性**,即一个节点的度越大就意味着这个节点越重要.一个包含 n 个节点的网络中,节点的最大可能的度值为 $n-1$,所以度为 k_i 的节点的度中心性通常定义为 $DC_i=\frac{k_i}{n-1}$.

例 5.9.1　分别计算图 5.9.2 的网络密度、平均最短路径长度、聚类系数和各个节点的度中心性.

解　(1) 图 5.9.2 所示网络中边数 $m=8$,节点数 $n=6$,则由网络密度的计算公式可得 $d=\frac{2m}{n(n-1)}=\frac{8}{15}$.

(2) 由定义可得,网络的平均最短路径长度为 $l=\frac{22}{15}$.

(3) 对节点 1 而言,$k_1=5$, $E_1=3$,则 $C_1=\frac{2E_1}{k_1(k_1-1)}=\frac{3}{10}$.同理 $C_2=1$, $C_3=\frac{2}{3}$, $C_4=\frac{2}{3}$, $C_5=1$, $C_6=0$.故 $C=\frac{\frac{3}{10}+1+\frac{2}{3}+\frac{2}{3}+1+0}{6}=\frac{109}{180}$.

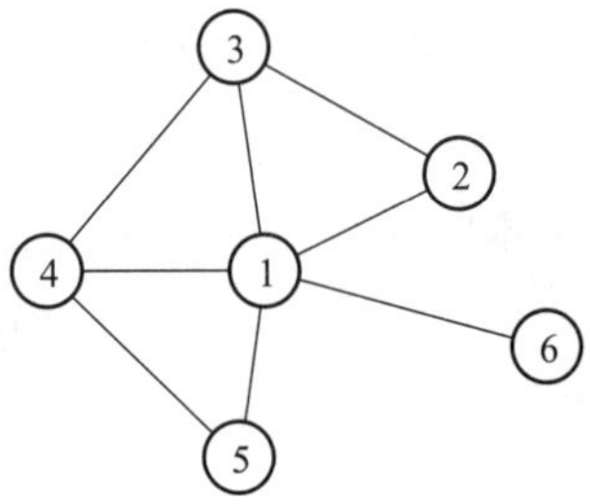

图 5.9.2

(4) 如图 5.9.2 所示,$k_1=5$, $k_2=k_5=2$, $k_3=k_4=3$, $k_6=1$, $n=6$,故 $DC_1=1$, $DC_2=DC_5=\frac{2}{5}$, $DC_3=DC_4=\frac{3}{5}$, $DC_6=\frac{1}{5}$.

一个大规模网络中节点的度值可以小到个位数,又可以大到成千上万,我们下面简单介绍一种基于节点度的节点中心性分类算法:k-壳分解.

中国邮递员问题

不妨假设网络中不存在度为 0 的孤立节点,这样从度中心性的角度讲,度为 1 的节点就是网络中最不重要的节点.如果我们把这些度为 1 的节点以及与这些节点关联的边都去掉,这时网络中就可能出现新的度为 1 的节点,我们再把这些节点及其关联的边去掉,重复这种操作,直到网络中不再有度为 1 的节点.这种操作类似于剥去了网络中最外面的一层壳,我们把所有的这些去除的节点以及它们之间的连边称为网络的 1-壳.

复杂网络

在剥去 1-壳后,新网络中的每个节点的度值至少为 2.继续前面的剥壳操作,这一轮去除的节点以及它们之间的连边称为网络的 2-壳.以此类推,可以进一步得到指标更高的壳，直至网络中的每一个节点最后被划分到相应的 k-壳中，就得到了网络的 k-**壳分解**. 图 5.9.3 为一个简单网络的 k-壳分解，图中的数字表示所对应节点的壳数，这里 $k=3$. 网络中节点的壳数越大，则节点的中心性越高.

复杂网络的研究内容很广泛，研究方向也很多，例如链路预测、网络控制、网络同步、社团划分问题等，读者可参见文献[27]，[28]和[29].

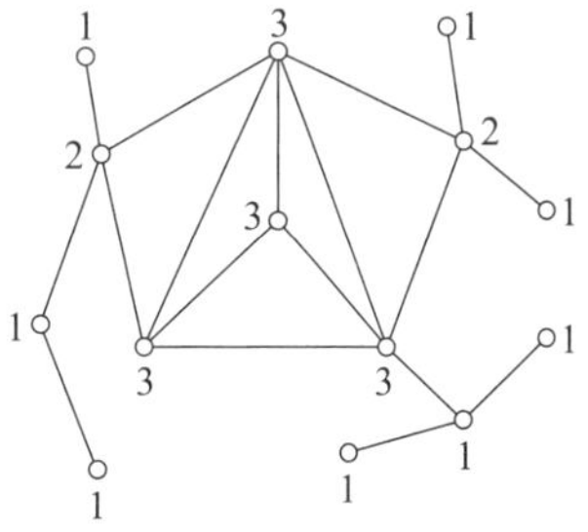

图 5.9.3

极值图论初步

图与网络分析程序

第 5 章习题

(A)

1. 设 G 是简单图，证明 G 是完全图当且仅当 G 有 $\binom{n}{2}$ 条边.
2. 证明：图中次为奇数的点数必为偶数.
3. 证明：完全图的每个点导出子图还是完全图.
4. 证明：若图 G 的点次的最小值 $\geqslant 2$，则 G 有一条回路.
5. 设图 G 连通，并设 S 是 N 的非空真子集，证明：边割 $\{S,\bar{S}\}$ 是 G 的割集当且仅当点导出子图 $G[S]$ 和 $G[\bar{S}]$ 都连通.
6. 证明：若树 T 的最大次 $\geqslant k$，则 T 至少有 k 个次数为 1 的点.
7. 用 Kruskal 算法求图 1 所示网络中的最小树.

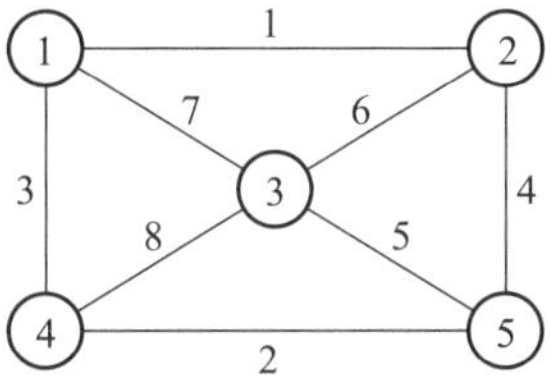

图 1

8. 证明定理 5.5.2.
9. 用 Dijkstra 算法求图 2 所示的有向网络中自点 1 到其他各点的最短有向路.

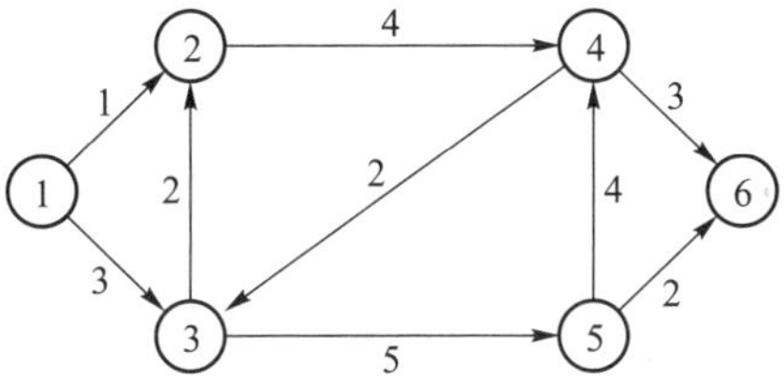

图 2

10. 用 Ford-Fulkerson 算法求图 3 所示的有向网络中从 s 到 t 的最大流.

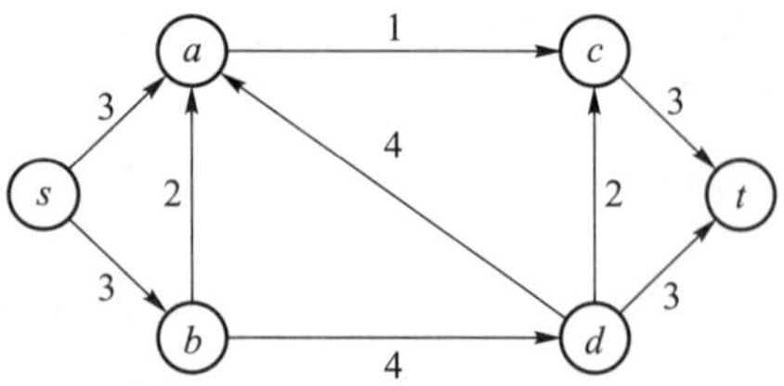

图 3

11. 用对偶算法求图 4 所示的有向网络中从 s 到 t 其值为 3 的最小费用流.

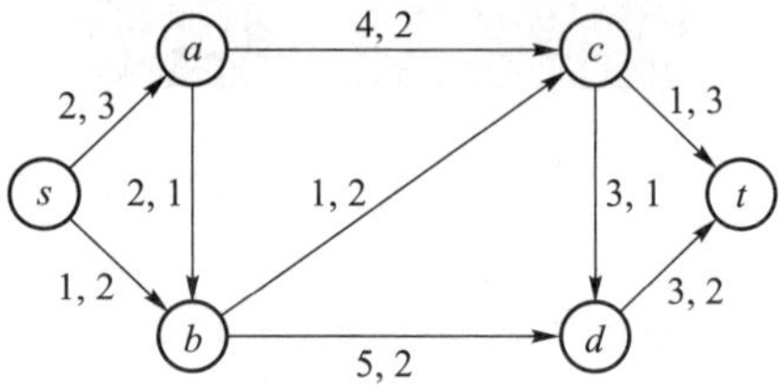

图 4

12. 证明：二分图 $G=(N,E)$ 有完美对集当且仅当对每一个点子集 $S\subseteq N$，都有 $|\Gamma(S)|\geqslant|S|$.

13. 计算图 5 中网络的网络密度和聚类系数.

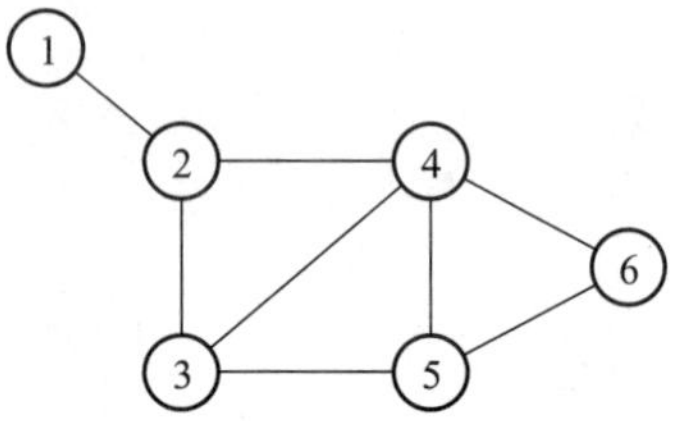

图 5

(B)

1. 图 6 中的点表示 8 个城市，它们之间的边表示连接它们的道路，边上的数字表示道路的长度(单位：km).现在要沿着已有的道路铺设电缆，将 8 个城市连接起来，使它们全部通上更新的电话线.问如何铺设电缆，才能使总的线路长度最短?

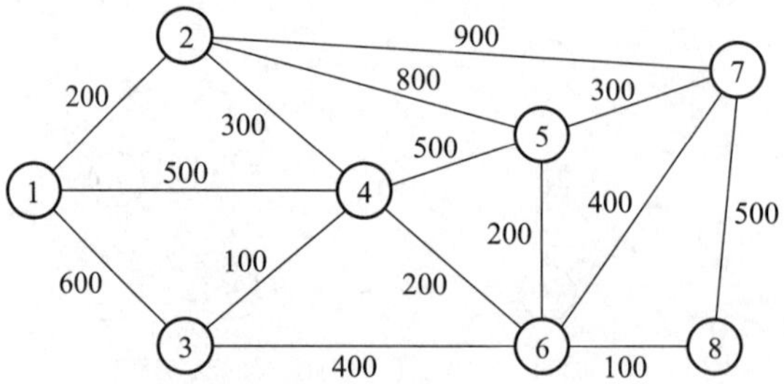

图 6

2. 图 7 中的点表示 11 个小区,它们之间的边表示连接它们的路,边上的数字表示路的长度(单位:km).其中在小区 1 设有一个报纸批发部,每个社区都有一个服务员到小区 1 去批发报纸,求每个服务员去批发报纸所走的最短路程.

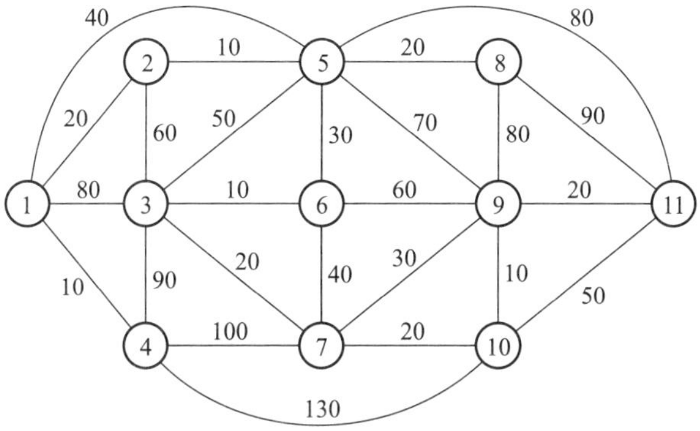

图 7

3. 已知某城市有 4 个化肥厂 A_1,A_2,A_3,A_4,它们的化肥产量分别为 70 t,180 t,60 t,150 t,它们要满足 5 个地区 B_1,B_2,B_3,B_4,B_5 的化肥需求.设这 5 个地区的化肥需要量分别为 40 t,110 t,120 t,80 t,110 t,从各化肥厂到各地区单位化肥的运价如下表所示,试求一个使总的运费最小的运输方案.(运价单位为元.)

运价/元		需求地					产量/t
		B_1	B_2	B_3	B_4	B_5	
化肥厂	A_1	140	150	60	130	140	70
	A_2	160	90	220	130	160	180
	A_3	80	50	110	40	50	60
	A_4	120	40	180	90	100	150
需求量/t		40	110	120	80	110	

4. 设 $G=(X,Y,Z)=K_{5,5}$ 是一个完全二分图,其中 $X=\{x_1,x_2,\cdots,x_5\}$,$Y=\{y_1,y_2,\cdots,y_5\}$ 分别表示 5 个人和 5 件工作.边 x_iy_j 上的权 $w(x_iy_j)=w_{ij}$.如下面的矩阵 $\boldsymbol{W}$ 所示,w_{ij} 表示 x_i 做工作 y_j 的效率,求一个效率最高的工作分配方案.

$$\boldsymbol{W}=\begin{pmatrix} 3 & 5 & 5 & 4 & 1 \\ 2 & 2 & 0 & 2 & 2 \\ 2 & 4 & 4 & 1 & 0 \\ 0 & 1 & 1 & 0 & 0 \\ 1 & 2 & 1 & 3 & 3 \end{pmatrix}$$

参考文献

[1] 刘家壮,王建方.网络最优化[M].武汉:华中工学院出版社,1987.

[2] KRUSKAL J B.On the shortest spanning subtree of a graph and the traveling salesman problem[J].Proceedings of the American Mathematical Society,1956,7:48-50.

[3] DIJKSTRA E W.A note on two problems in connexion with graphs[J].Numerische Mathematik,1959,1:269-271.

[4] MOORE E F.The shortest path through a maze: Proceedings of an International Symposium on the theory of Switching,Cambridge,April 2-5,1957[C].Boston:Harvard University Press,1959.

[5] FORD L R.Network flow theory[J].Rand Corporation Report,1956,8:923.

[6] YEN J Y.An algorithm for finding shortest routes from all source nodes to a given destination in general networks[J].Quarterly of Applied Mathematics,1970,27:526-530.

[7] FLOYD R W.Algorithm 97:shortest path[J].Communication of the ACM,1962,5(6):345.

[8] FORD L R,FULKERSON D R.A simple algorithm for finding maximal network flows and an application to the Hitchcock problem[J].Canadian Journal of Mathematics,1957,9:210-218.

[9] EDMONDS J,KARP R M.Theoretical improvements in algorithmic efficiency for network flow problems[J].Journal of the ACM,1972,19(2):248-264.

[10] DINIC E A.Algorithm for solution of a problem of maximum flow in networks with power estimation[J].Soviet Mathematics Doklady,1970,11:1277-1280.

[11] KARZANOV A V.Determining the maximum flow in a network by the method of preflows[J].Soviet Mathematics Doklady,1974,15:434-437.

[12] 管梅谷,郑汉鼎.线性规划[M].济南:山东科学技术出版社,1983.

[13] BERGE C.Two theorems in graph theory[J].Proceedings of the National Academy of Sciences of the United States of America,1957,43:842-844.

[14] HALL P.On representatives of subsets[J].Journal of the London Mathematical Society,1935,10:26-30.

[15] KONIG D.Graphs and matrices(Hungarian)[J].Matematikai és Fizikai Lapok,1931,38:116-119.

[16] KUHN H W.The Hungarian method for the assignment problem[J].Naval Research Logistics Quarterly,1955,2:83-97.

[17] EDMONDS J.Path,trees and flowers[J].Canadian Journal of Mathematics,1965,17:449-467.

[18] 胡运权.运筹学教程[M].5 版.北京:清华大学出版社,2018.

[19]《运筹学》教材编写组.运筹学[M].5 版.北京:清华大学出版社,2022.

[20] DIESTEL R.图论[M].4 版.于青林,王涛,王光辉,译.北京:高等教育出版社,2013.

[21] 谢力同,刘家壮,刘桂真.图与组合拓扑[M].济南:山东大学出版社,1994.

[22] BOLLOBÁS B.Modern graph theory[M].New York:Springer-Verlag,2002.

[23] 刁在筠,刘桂真,宿洁,等.运筹学[M].3 版.北京:高等教育出版社,2007.

[24] WATTS D J,STROGATZ S H.Collective dynamics of 'small-world' networks[J].Nature,1998,393:440-442.

[25] BARABÁSI A L,ALBERT R.Emergence of scaling in random networks[J].Science,1999,286:509-512.
[26] KITSAK M,GALLOS L K,HAVLIN S,et al.Identifying influential spreaders in complex networks[J]. Nature Physics,2010,6(11):888-893.
[27] 汪小帆,李翔,陈关荣.网络科学导论[M].北京:高等教育出版社,2012.
[28] 吕琳媛,周涛.链路预测[M].北京:高等教育出版社,2013.
[29] 杰克逊.社会与经济网络[M].柳茂森,译.北京:中国人民大学出版社,2011.
[30] DIESTEL R.Graph theory[M].5th ed.Berlin:Springer,2017.
[31] ZHAO Y F.Graph theory and additive combinatorics:exploring structure and randomness[M].Cambridge:Cambridge University Press,2023.
[32] NEWMAN M. Networks:an Introduction[M].Oxford:Oxford University Press,2010.

第6章 网络计划技术

网络计划技术主要是指关键路线法和计划评审技术，它在现代管理中得到广泛的应用，被认为是最行之有效的管理方法之一.

美国是网络计划技术的发源地，1957 年美国杜邦公司在兰德公司的配合下，提出了一个运用网络图来制订计划的方法，取名为“关键路线法”（critical path method，简称 CPM）.1958 年，美国海军特种计划局在研制“北极星”导弹潜艇过程中也提出了一种以数理统计为基础，以网络分析为主要内容的新型计划管理方法，称为“计划评审技术”（program evaluation and review technique，简称 PERT）.20 世纪 60 年代初，我国著名数学家华罗庚教授致力于推广和应用这些新的科学管理方法，并把它们统一起来，定名为“统筹方法”，在我国国民经济各部门得到广泛的应用，取得了显著的效果.

网络计划技术的基本思想是首先应用网络计划图来表示工程项目中计划要完成的各项工作，以及各项工作之间的先后顺序和相互依存的逻辑关系，然后通过网络计划图计算时间参数，找出关键工作和关键路线，最后通过不断改进网络计划，寻求最优方案，以最少的时间和资源消耗来完成系统目标，以取得良好的经济效益.

本章首先介绍网络计划图的编制方法，然后给出计算时间参数和关键路线的方法，最后考虑网络计划中的优化问题.

§6.1 网络计划图

网络分析技术是以工作所需的工时作为时间因素，用工作之间相互关系的“网络图”反映出整个工程或任务的全貌，并在此网络计划图上进行计算和优化，因而网络计划图是网络分析技术的基础.网络计划图是在图上标注表示时间参数的进度计划图，实质上是有时序的有向赋权图.表述关键路线法与计划评审技术的网络计划图没有本质的区别，它们的结构和术语是一样的，不同的是前者的时间是确定的，而后者的时间是不确定的，所以给出一套统一的专用术语和符号.

1. 基本术语

(1) 节点和箭线：节点和箭线是网络图的基本组成元素，箭线是一段带箭头的射线，节点是箭线的两端连接点.

(2) 工作(也称工序、活动或工作):是指将整个项目按需要的程度分解成若干需要消耗时间或其他资源的子项目或单元,每个子项目或单元就看成是一项工作,工作是网络图的基本组成部分.

(3) 紧前工作:工作 A 必须在工作 B 结束后开始,则称工作 B 是工作 A 的紧前工作,没有紧前工作的工作可以在项目开始时开工.

(4) 事件:标志某项工作的开始或结束,本身不消耗时间和资源,某一事件的发生标志着一些工作的结束和另一些工作的开始.

(5) 路线:是指从开始事件到最终事件的由各项工作连贯组成的一条路.网络计划图的关键问题是描述各项工作以及各项工作之间的先后关系,根据描述方法的不同,网络图可以分成两类:箭线图(或双节点图)和节点图(或单节点图),下面分别考虑箭线图和节点图的生成方法.

2. 箭线图的绘制方法

在箭线图中各项工作或活动都用箭线表示,箭线的前后节点分别表示工作的开始时刻和结束时刻,箭头边的数字表示活动的时间或成本,如图 6.1.1 所示.

各项活动或工作的前后关系由箭头的位置表示,例如图中有 a 和 b 两项工作,工作 b 须等待其前项工作完成后才能开始,如图 6.1.2 所示.

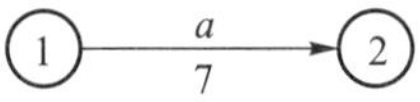

图 6.1.1　工作

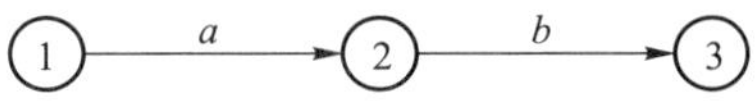

图 6.1.2　箭线图

在整个箭线图中每个节点代表着一个事件,只有一个节点表示项目开始事件,一个节点表示项目结束事件,把表示工作的箭线和表示事件的节点根据工作的先后关系连接起来就构成了一个完整的箭线图.

例 6.1.1　某项工程由 11 项工作组成(分别用代码 $A,B,\cdots,K$ 表示),其完成时间及相互关系如表 6.1.1 所示:

表 6.1.1

工作	A	B	C	D	E	F	G	H	I	J	K
完成时间	5	10	11	4	4	15	21	35	25	15	20
紧前工作	无	无	无	B	A	C,D	B,E	B,E	B,E	F,G,I	F,G

试画出该项目的箭线图.

解　第 1 步　画出表示项目开始事件的节点,如图 6.1.3 所示.

第 2 步　找出没有紧前工作的工作,以开始事件的节点为起始节点,分别画出表示这些工作的箭线,如图 6.1.4 所示.

第 3 步　对于有紧前工作的工作,依次找出表示其紧前工作结束事件的节点,并以此节点为起始节点画出表示该工作的箭线.对于有多个紧前工作的工作,为了表示几个紧前工作同时结束事件,在图中引入虚拟工作的概念,这种工作只是表示事件的前后关系,不消耗时间和资源,如图 6.1.5 所示.

图 6.1.3

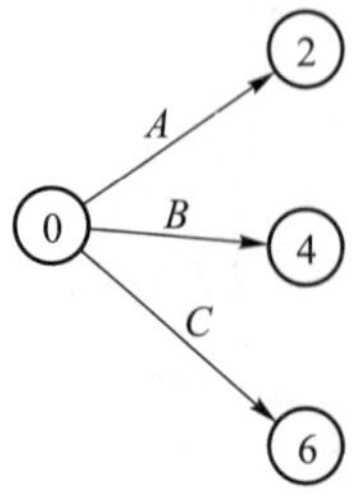

图 6.1.4

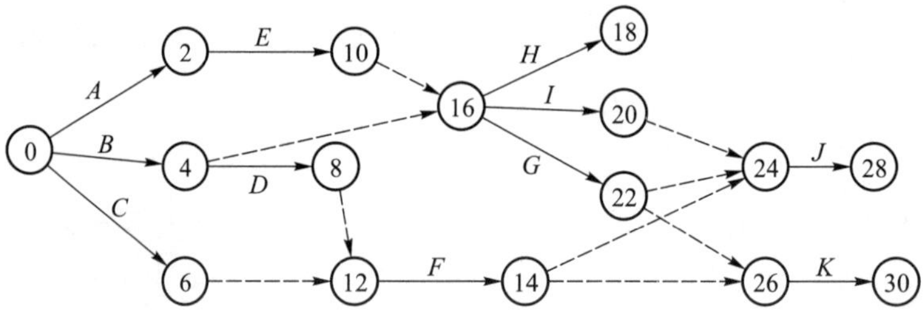

图 6.1.5

第 4 步　引入最后节点表示项目结束事件,所有没有后续箭线的节点通过虚拟工作与项目结束节点连接,如图 6.1.6 所示.

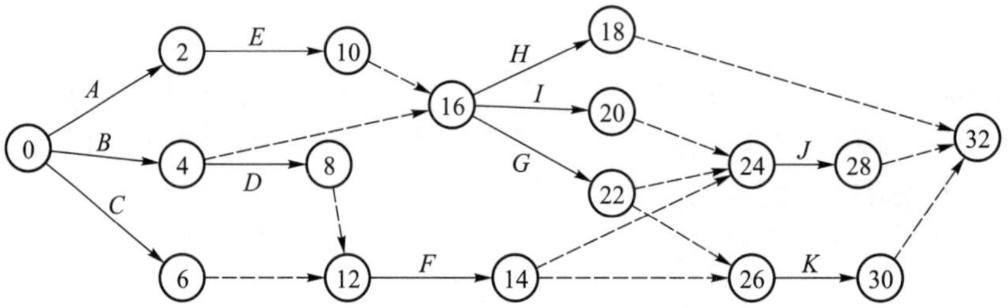

图 6.1.6

第 5 步　如果虚拟工作的前节点只有该虚拟工作以它为起始节点,此时可以把该虚拟工作的两个节点合并成一个节点,把虚拟工作去掉.例如节点 8 后面只有一个虚拟工作,则可以把该节点和节点 12 合并,把对应的虚拟工作去掉,并重新对节点编号.经过合并后箭线图变成图 6.1.7.

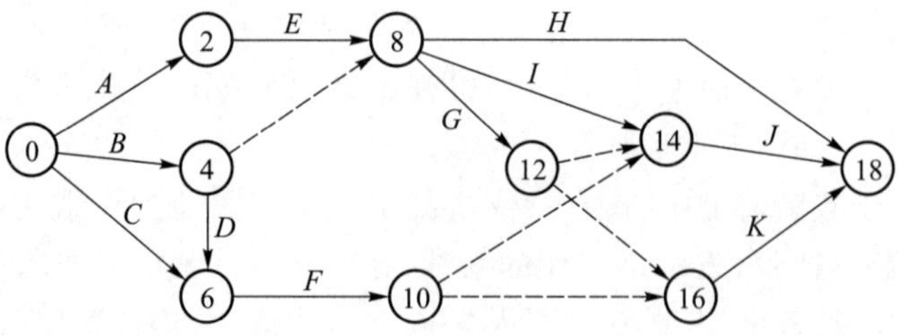

图 6.1.7

在该图中工作 F,G,I 结束事件又可以描述为 F,G 结束时,I 同时也结束了,所以通过节点 16 到节点 14 的虚拟工作来表示,如图 6.1.8 所示.

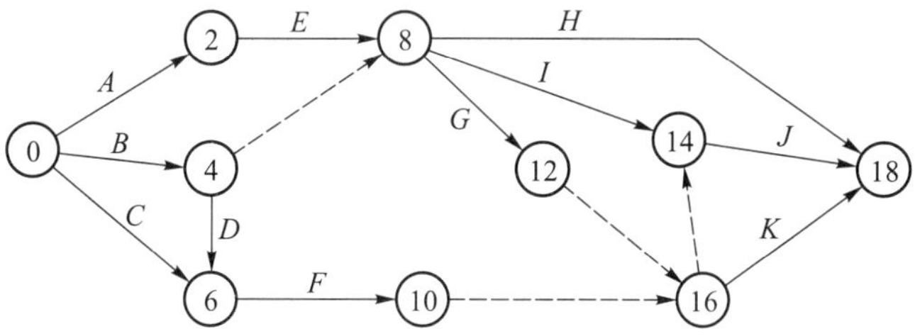

图 6.1.8

所以图形可以进一步简化为图 6.1.9.

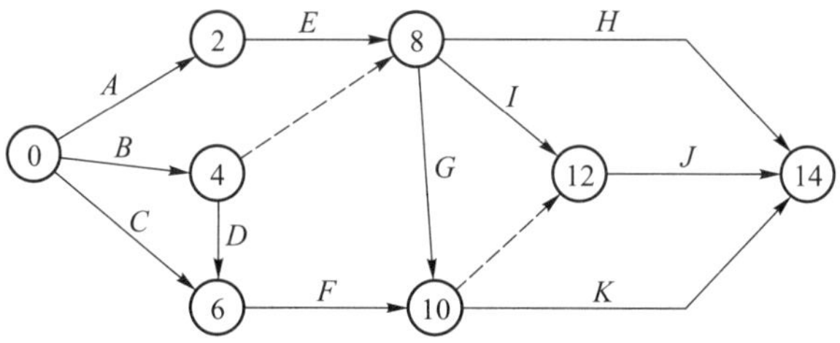

图 6.1.9

在箭线图编制过程中应注意以下几个问题:

(1) 在箭线图中,除起点和终点外,其间各项工作都必须前后衔接,不可有中断的缺口.例如图 6.1.10 中的工作 c 不能到达整个计划的终点,所以是错误的.

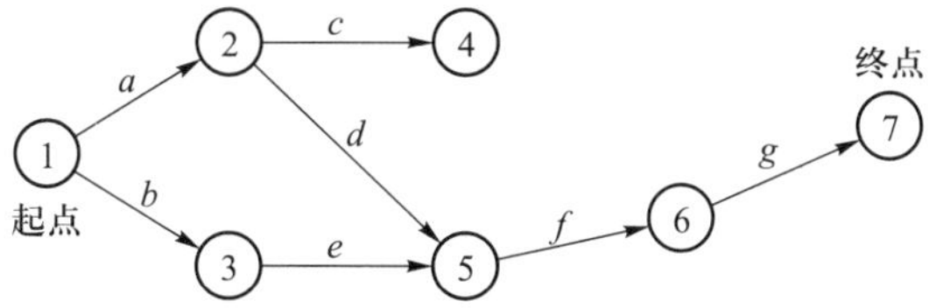

图 6.1.10 含有中断缺口的错误网络图

(2) 网络图中,如果有循环现象,将造成逻辑上的错误,致使某项工作永远无起点或终点.如图 6.1.11 中,f,g,h,i 四项工作形成一个循环.

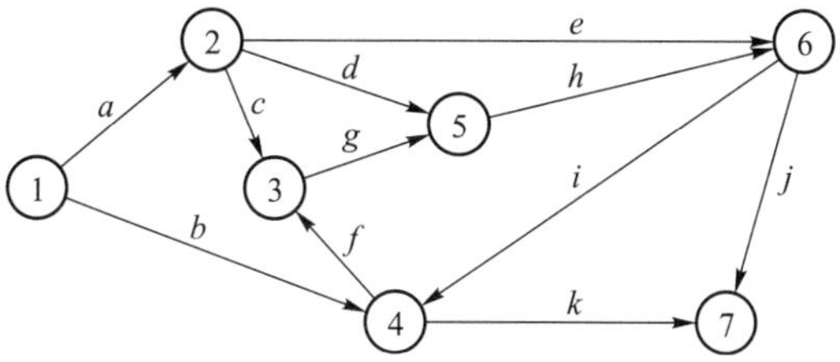

图 6.1.11 逻辑上有错误的网络

（3）虚拟工作的应用

为了表达个别工作与其前项工作的关系，我们可以设计一个虚拟工作，虚拟工作所需时间或成本为零.虚拟工作除使工作间的关系表达清晰外，常用于以下场合：

① 表示两个工作可以同时开始，或可以并行实施，待两者完成后，再开始另一工作，如图 6.1.12 所示.图中虚拟工作 d 协助表示 a 与 b 的并行关系.

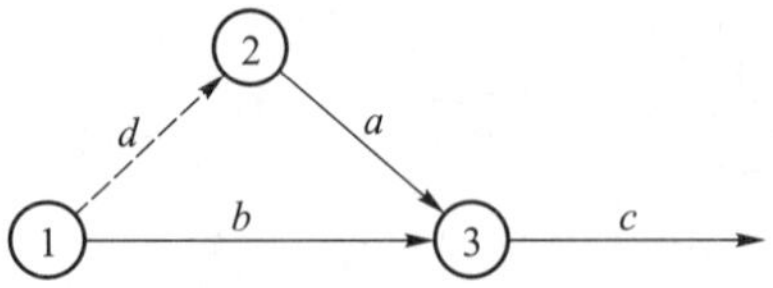

图 6.1.12　虚拟工作 d

② 表达整个计划的完成或开始.图 6.1.13 中的 a,b,i,g 均为虚拟工作，用于表示整个计划的完整性.

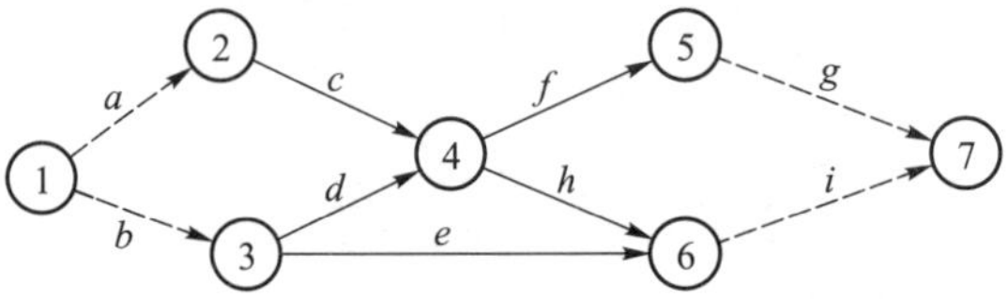

图 6.1.13　表示计划开始和完成的虚拟工作

（4）节点编号一般采用偶数顺序进行，原因是当中间需要添加节点时有预留编号.

3. 节点图

箭线图是统筹方法网络图的基本结构，其应用极为普遍.其最大的缺点是为了完整地表达前后衔接关系，有时需要增加虚拟工作.工作节点图（activity on node diagram，简称 AND）是一种改进的结构，可以避免使用虚拟工作.这种方法以节点表示工作，以箭线表示紧前关系，如果工作 a 是工作 b 的紧前工作，就从节点 a 到节点 b 画一条箭线，如图 6.1.14 所示.

例 6.1.1 的节点图如图 6.1.15 所示.

图 6.1.14

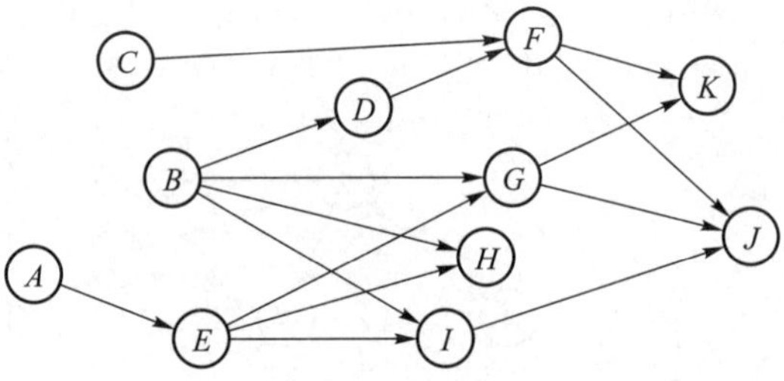

图 6.1.15

节点图相对箭线图而言结构简单,编制方便,而且工作的先后关系一目了然.但其缺点是不能直接表示出项目开始和结束的时刻以及不同工作起始和结束的事件,在后面的事件计算中不是很方便,因而本章后面主要采用箭线图处理问题.

§6.2 时间参数与关键路线

网络计划技术的主要任务就是确定每个工作开始的时间、每个事件发生的时间以及为了保证工期的正常进行必须按时完工的工作.为了实现上述目标就必须计算网络图上的有关时间参数,这些时间参数主要包括节点出现时间、工作开始时间和工作结束时间,所有这些时间都是建立在工作持续时间的基础上.

1. 工作持续时间

工作持续时间计算是一项基础工作,关系到网络计划是否能得到正确实施.为了有效地使用网络计划技术,需要建立相应的数据库.这是需要专项讨论的问题.这里简述计算工作持续时间的两类数据和两种方法.

(1) 单时估计法(定额法)

每项工作只估计或规定一个确定的持续时间值的方法.一般由工作的工作量,劳动定额资料以及投入人力的多少等,来计算各工作的持续时间.

工作持续时间:

$$D=\frac{Q}{R\cdot S\cdot n}$$

Q——工作的工作量,以时间单位表示,如小时,或以体积、质量、长度等单位表示;

R——可投入人力和设备的数量;

S——每人或每台设备每班工作能完成的工作量;

n——每天正常工作班数.

当具有类似工作的持续时间的历史统计资料时,可以根据这些资料,采用分析对比的方法确定所需工作的持续时间.

(2) 三时估计法

在不具备有关工作的持续时间的历史资料时,在较难估计出工作持续时间时,可对工作估计三种时间值,然后计算其平均值.这三种时间值是

乐观时间——在一切都顺利时,完成工作需要的最少时间,记作 a;

最可能时间——在正常条件下,完成工作所需的时间,记为 m;

悲观时间——在不顺利条件下,完成工作需要的最多时间,记作 b.

显然上述三种时间发生时都具有一定的概率,根据经验,这些时间的概率分布可以认为是已有分布.一般情况下可以认为工作进行时出现最顺利和最不顺利的情况比较少,较多是出现正常情况,按平均意义可用以下公式计算工作持续时间:

$$D=\frac{a+4m+b}{6}$$

方差为

$$\delta^2=\left(\frac{b-a}{6}\right)^2$$

2. 节点时间

节点时间主要是指节点出现的最早时间和最晚时间，节点的最早时间是指节点对应事件可能发生的最早时间，记为 ET；最晚时间是指为了保证工期不推迟节点对应事件允许发生的最迟时间，或者说节点出现的事件晚于该时间后整个工期必然推迟，记为 LT.

项目开始节点的最早时间为 0，而其他节点的最早时间等于其前临节点的最早时间加上对应工作的持续时间中最大者，即

$$ET_j=\max_{(i,j)\in A}\{ET_i+D_{ij}\}$$

其中 D_{ij} 表示箭线 (i,j) 对应工作的持续时间，A 表示所有箭线集合．如图 6.2.1 所示，$ET_c=\max\{ET_a+D_{ac},ET_b+D_{bc}\}$.

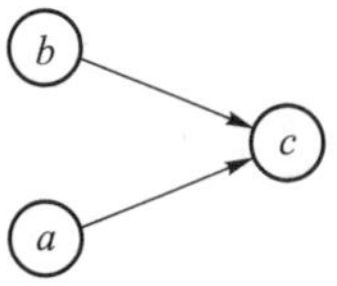

图 6.2.1

从开始节点出发，沿着箭线的方向就可以计算出每个节点的最早时间，例 6.1.1 中节点的最早时间如图 6.2.2 所示．其中图中箭线字母后的数字就是对应工作的持续时间，节点旁带下划线的数字就是节点的最早时间．

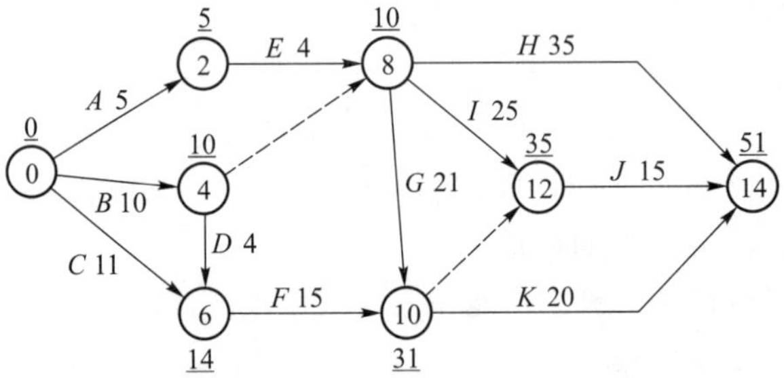

图 6.2.2

显然结束节点的最早时间就是整个工期可能结束的最早时间，也称为工期时间．为了保证工期时间的实现，显然结束节点的最晚时间就等于工期时间或者该节点的最早时间．而其他节点的最晚时间等于其后续节点的最晚时间减去对应工作的持续时间后的最小者，即

$$LT_i=\min_{(i,j)\in A}\{LT_j-D_{ij}\}$$

如图 6.2.3 所示，$LT_a=\min\{LT_b-D_{ab},LT_c-D_{ac}\}$.

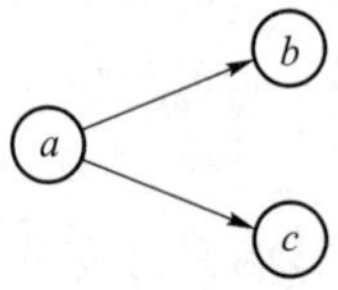

图 6.2.3

从结束节点出发，沿着箭线的反方向就可以计算出每个节点的最晚时间，如例 6.1.1 中节点的最晚时间如图 6.2.4 所示．节点右下方带下划线的数字就是节点的最晚时间．

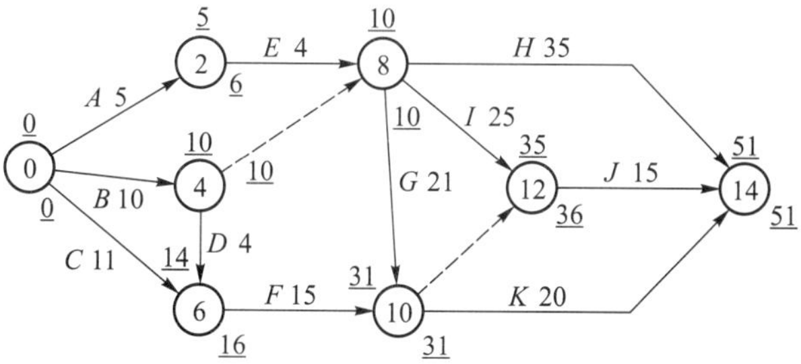

图 6.2.4

有些节点的最早时间和最晚时间不相等,这些节点的实际出现时间就可以有一定的变化范围,这种变化范围就成为节点时差.而有些节点的最早时间和最晚时间相等,其节点时差为 0,这些节点出现的时间就不可以变化,为了保证工期时间的正常进行,这些节点必须按时出现,这样的节点称为关键节点.在例6.1.1中关键节点为 0,4,8,10,14.

3. 工作时间

工作时间包括

最早开始时间:一项工作可以开始的最早时间,记为 ES.一项工作的最早开始时间等于对应开始节点的最早时间,若工作对应的箭线为(i,j),则

$$ES=ET_i$$

最早完成时间:一项工作按最早开始时间开工,所能达到的完工时间,记为 EF.最早完成时间等于最早开始时间加上工作的持续时间,若工作对应的箭线为(i,j),则

$$EF=ES+D_{ij}$$

最晚完成时间:一项工作按最晚开始时间开工,所能达到的完成时间,记为 LF.最晚完成时间等于对应结束节点的最晚时间,若工作对应的箭线为(i,j),则

$$LF=LT_j$$

最晚开始时间:在不影响整个计划完成时间的前提下,一项工作可以开始的最晚时间,记为 LS.最晚开始时间等于最晚完成时间减去工作持续时间,若工作对应的箭线为(i,j),则

$$LS=LF-D_{ij}$$

根据节点时间,很容易就可以计算出工作的最早开始时间、最早完成时间、最晚开始时间和最晚完成时间.例 6.1.1 的计算结果如表 6.2.1 所示.

工作的最早开始时间和最晚开始时间的差或者最早完成时间和最晚完成时间的差称为工作的时差,有些工作的时差大于 0,这样的工作安排时可以有一定的余地.而有些工作的时差为 0,这样的工作最早开始时间和最晚开始时间相等,其必须严格按时开工才能保证工程按工期时间完工,因而称这样的工作为关键工作,例 6.1.1 的关键工作为 B,G,K 和节点 4 与节点 8 中间的虚拟工作.

表 6.2.1

工作	A	B	C	D	E	F	G	H	I	J	K
持续时间	5	10	11	4	4	15	21	35	25	15	20
最早开始时间	0	0	0	10	5	14	10	10	10	35	31
最早完成时间	5	10	11	14	9	29	31	45	35	50	51
最晚完成时间	6	10	16	16	10	31	31	51	36	51	51
最晚开始时间	1	0	5	12	6	16	10	16	11	36	31

4. 关键路线

由关键节点和关键工作顺序连接形成一条路线,称之为**关键路线**.如果要工程按工期时间完工,必须保证关键路线上的节点和工作按时开始.而非关键路线上的工作和节点的开始时间有一定的活动余地,可根据情况合理安排.

例 6.1.1 的关键路线如图 6.2.5 所示,用双线表示.关键路线的长度为 51,正好和工程工期时间相等.

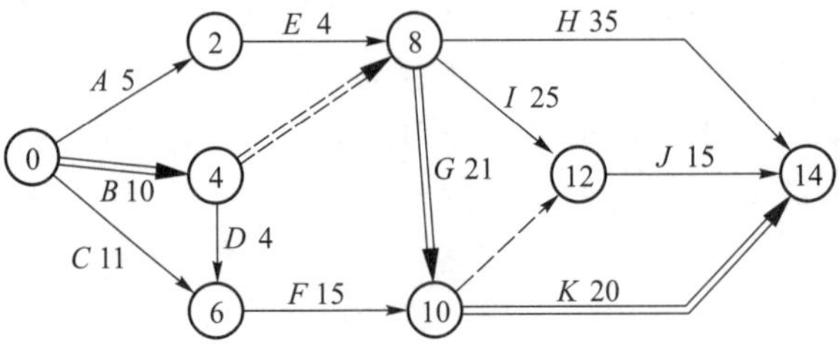

图 6.2.5

§ 6.3　网络计划的优化

由于关键路线的存在,在现有工作持续时间限制下整个工程的工期无法减少.如果要求缩短工程工期必须减少某些工序的持续时间,而持续时间的减少是以增加投入或工作强度为代价的.同时,当关键路线上的某个工作持续时间减少到一定程度后某些非关键路线可能变成关键路线,此时若只改变关键路线上的工作持续时间不能达到缩短工期的目的.因而必须对整个工程统筹安排,以最小成本实现缩短工期的目标.

例 6.1.1 中关键路线的持续时间是 51 天,其他路线均有机动时间.为了缩短整个计划进程,就要设法缩短关键路线的持续时间,这就是网络图的优化或改进.缩短网络图上关键路线的持续时间可通过以下途径实现：

(1) 检查关键路线上各项作业的计划时间是否订得恰当，如果订得过长，可适当缩短；

(2) 将关键路线上的作业进一步分细，尽可能安排多工位或平行作业；

(3) 抽调非关键路线上的人力、物力支援关键路线上的作业；

(4) 有时也可通过重新制订工艺流程，也就是用改变网络图结构的方法来达到缩短时间的目的.不过这种方法工作量大，只有在整个工作的持续时间有十分严格的要求，而用其他方法均不能奏效的情况下才采用.

例 6.3.1　假如例 6.1.1 所列的工程要求在 49 天完成.为加快进度，表6.3.1中列出了表 6.1.1 中可缩短工期的所有作业，给出这些作业计划完成时间、最短完成时间以及比原计划缩短 1 天额外增加的费用.问应如何安排，才能使额外增加的总费用最小？

表 6.3.1

作业	代号	计划完成时间/天	最短完成时间/天	缩短 1 天额外增加的费用/元
(1,3)	B	10	8	700
(1,4)	C	11	8	400
(2,5)	E	4	3	450
(5,6)	G	21	16	600
(5,8)	H	35	30	500
(5,7)	I	25	22	300
(7,8)	J	15	12	400
(6,8)	K	20	16	500

解　可按图 6.3.1 所列步骤进行.

本例中关键路线上的作业有 3 项：B,G,K，其中作业 K 缩短 1 天的费用为最小.工期要求缩短 2 天，该项作业最多可缩短 4 天，但作业(7,8)的自由时差只有 1 天，即工程的工期缩短 1 天将出现新的关键路线，即有 $\min\{2,4,1\}=1$，故决定先将作业(6,8)的完成时间缩短至 19 天，比原计划额外增加费用 500 元.工期缩短后的 PERT 网络图见图 6.3.2.

重复上述步骤.但注意到图 6.3.2 中有两条关键路线，工期均为 50 天.为进一步缩短工期，或单独缩短(1,3)工期，或在⑤—⑦—⑧或⑤—⑥—⑧两条双箭线上同时缩短工期.由于前者额外增加的费用小，故决定单独缩短作业(1,3)的工期.现工期还需缩短 1 天，该项作业最多可缩短 2 天，又工期再缩短 1 天后还将出现新的关键路线，即 $\min\{1,2,1\}=1$.故决定将作业(1,3)缩短 1 天，再增加额外费用 700 元.

由于已满足工期要求，就不需要继续调整.由此要求在 49 天完成表 6.1.1 所列工程项目，其网络计划图见图 6.3.3，同时比正常施工，额外增加费用500+700=1 200(元).

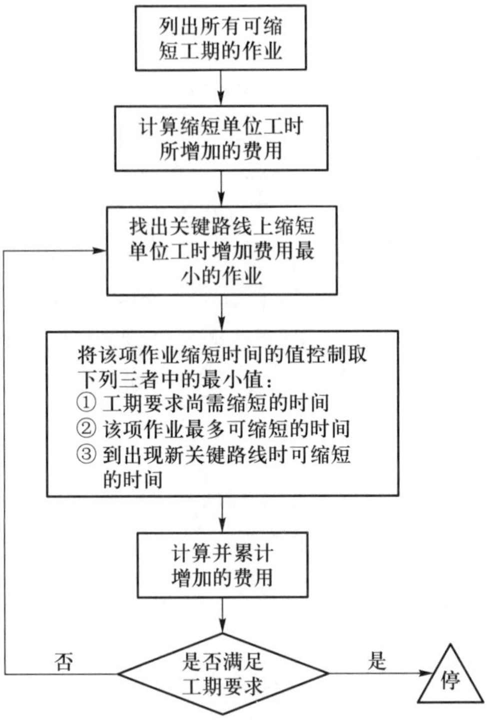

图 6.3.1

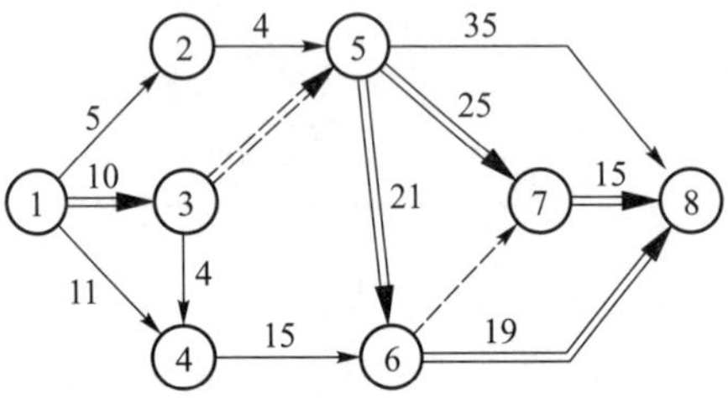

图 6.3.2

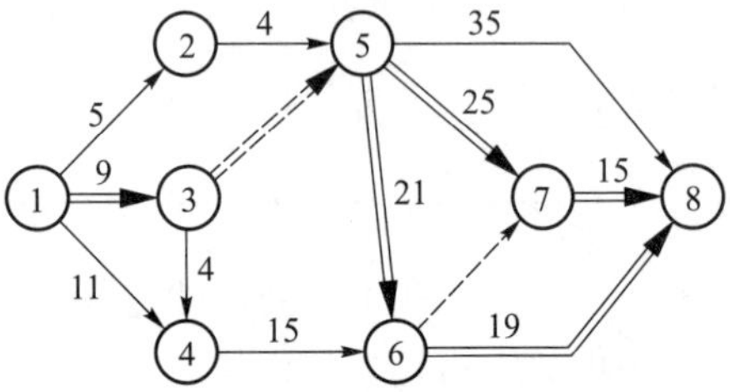

图 6.3.3

同时网络图工期优化问题也可写成一个数学规划模型，然后用相应的软件求解. 为了介绍工期优化的数学规划模型，先介绍一下求工程工期的数学规划模型.

确定工期，实际上可以认为是给每个节点确定一个出现时间，最后一个节点的出现时间就是工程工期，第一个节点的出现时间为零；一个可行的时间安排要求每件工作前后节点出现时间差应大于或等于工作的持续时间，例如对工作(i,j)，其前节点为i，后节点为j，持续时间为a_{ij}，假设两个节点的出现时间为X_i，X_j，则要求

$$X_j - X_i \geqslant a_{ij}$$

例 6.1.1 中节点零为开始节点，出现时间为零，设节点 2 到节点 14 等 7 个节点的出现时间分别为$X_1, X_2, \cdots, X_7$，则X_7就是工期，要求满足

$$\begin{cases} X_1 \geqslant 5 \\ X_2 \geqslant 10 \\ X_3 \geqslant 11 \\ X_3 - X_2 \geqslant 4 \\ X_4 - X_1 \geqslant 4 \\ X_4 - X_2 \geqslant 0 \\ X_5 - X_3 \geqslant 15 \\ X_5 - X_4 \geqslant 21 \\ X_6 - X_4 \geqslant 25 \\ X_6 - X_5 \geqslant 0 \\ X_7 - X_4 \geqslant 35 \\ X_7 - X_6 \geqslant 15 \\ X_7 - X_5 \geqslant 20 \\ X_1, X_2, \cdots, X_7 \geqslant 0 \end{cases}$$

节点 14 出现时间要尽可能早，因而要求 X_7 最小，所以对应的数学规划模型为

$$\begin{cases} \min & X_7 \\ \text{s.t.} & X_1 \geqslant 5 \\ & X_2 \geqslant 10 \\ & X_3 \geqslant 11 \\ & X_3 - X_2 \geqslant 4 \\ & X_4 - X_1 \geqslant 4 \\ & X_4 - X_2 \geqslant 0 \\ & X_5 - X_3 \geqslant 15 \\ & X_5 - X_4 \geqslant 21 \\ & X_6 - X_4 \geqslant 25 \\ & X_6 - X_5 \geqslant 0 \\ & X_7 - X_4 \geqslant 35 \\ & X_7 - X_6 \geqslant 15 \\ & X_7 - X_5 \geqslant 20 \\ & X_1, X_2, \cdots, X_7 \geqslant 0 \end{cases}$$

用 LINGO 求解，可得 $X_1 = 5, X_2 = 10, X_3 = 14, X_4 = 10, X_5 = 31, X_6 = 35, X_7 = 51$.

为了缩短工期，给每个工作安排一个持续时间缩短量，如在例 6.3.1 中要分别设 $y_1, y_2, \cdots, y_{11}$ 代表工作 $A, B, \cdots, K$ 的缩短时间，显然要求其不超过最大可缩短时间，同时每个工作前后节点出现时间差不少于缩短的持续时间，X_7 不超过工期要求，所以有约束

$$
\begin{cases}
X_7 \leqslant 49 \\
X_1 \geqslant 5-y_1 \\
X_2 \geqslant 10-y_2 \\
X_3 \geqslant 11-y_3 \\
X_3-X_2 \geqslant 4-y_4 \\
X_4-X_1 \geqslant 4-y_5 \\
X_4-X_2 \geqslant 0 \\
X_5-X_3 \geqslant 15-y_6 \\
X_5-X_4 \geqslant 21-y_7 \\
X_7-X_4 \geqslant 35-y_8 \\
X_6-X_4 \geqslant 25-y_9 \\
X_6-X_5 \geqslant 0 \\
X_7-X_6 \geqslant 15-y_{10} \\
X_7-X_5 \geqslant 20-y_{11} \\
y_1 \leqslant 0, y_2 \leqslant 2, y_3 \leqslant 3, y_4 \leqslant 0, y_5 \leqslant 1, \\
y_6 \leqslant 0, y_7 \leqslant 5, y_8 \leqslant 5, y_9 \leqslant 3, y_{10} \leqslant 3, y_{11} \leqslant 4 \\
X_i, y_j \geqslant 0, i=1,2,\cdots,7, j=1,2,\cdots,11
\end{cases}
$$

总费用为

$$
700y_2+400y_3+450y_5+600y_7+500y_8+300y_9+400y_{10}+500y_{11},
$$

所以对立的规划为

$$
\begin{cases}
\min & 700y_2+400y_3+450y_5+600y_7+500y_8+300y_9+400y_{10}+500y_{11} \\
\text{s.t.} & X_7 \leqslant 49 \\
& X_1+y_1 \geqslant 5 \\
& X_2+y_2 \geqslant 10 \\
& X_3+y_3 \geqslant 11 \\
& X_3-X_2+y_4 \geqslant 4 \\
& X_4-X_1+y_5 \geqslant 4 \\
& X_4-X_2 \geqslant 0 \\
& X_5-X_3+y_6 \geqslant 15 \\
& X_5-X_4+y_7 \geqslant 21 \\
& X_7-X_4+y_8 \geqslant 35 \\
& X_6-X_4+y_9 \geqslant 25 \\
& X_6-X_5 \geqslant 0 \\
& X_7-X_6+y_{10} \geqslant 15 \\
& X_7-X_5+y_{11} \geqslant 20 \\
& y_1 \leqslant 0, y_2 \leqslant 2, y_3 \leqslant 3, y_4 \leqslant 0, y_5 \leqslant 1, y_6 \leqslant 0, \\
& y_7 \leqslant 5, y_8 \leqslant 5, y_9 \leqslant 3, y_{10} \leqslant 3, y_{11} \leqslant 4 \\
& X_i, y_j \geqslant 0, i=1,2,\cdots.7, j=1,2,\cdots,11
\end{cases}
$$

使用 LINGO 求解得

$$\begin{cases} y_1=0, X_1=5 \\ y_2=1, X_2=9 \\ y_3=0, X_3=13 \\ y_4=0, X_4=9 \\ y_5=0, X_5=30 \\ y_6=0, X_6=34 \\ y_7=0, X_7=49 \\ y_8=0 \\ y_9=0 \\ y_{10}=0 \\ y_{11}=1 \end{cases}$$

总费用为 1 200 元.

网络计划技术在现代管理中有着重要的应用，是最为有效的管理方法之一. 近年来，网络科学的进一步发展和海量数据的产生为大范围推广网络计划技术创造了条件.

网络计划技术的中国故事——华罗庚与统筹法

第 6 章习题

(A)

1. 某项物流业务所含的工作、所需时间、前项工作如下表所示，试绘出网络图.

工作	耗时	前项工作
a	2	–
b	10	–
c	22	–
d	10	a
e	20	c
f	3	d
g	4	f, b, e

2. 根据下表给出的条件，绘出节点图和箭线图.

作业	紧前作业	作业	紧前作业
A	—	E	C
B	A	F	D, E
C	A	G	A
D	C	H	E, G

续表

作业	紧前作业	作业	紧前作业
I	E,H	O	M,N
J	F	P	J,L
K	J	Q	I
L	B	R	P,Q
M	K,L	S	O,R
N	J		

3. 计算下列网络图(图 1)中节点的最早时间和最晚时间,并找出关键路线.

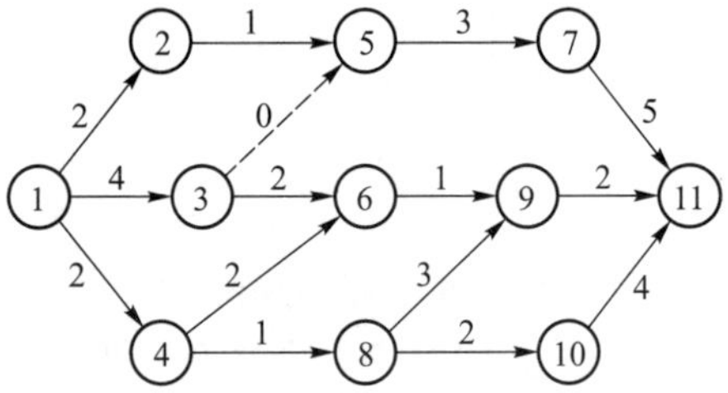

图 1

4. 计算下列网络图(图 2)中工作的最早时间和最晚时间,并找出关键路线.

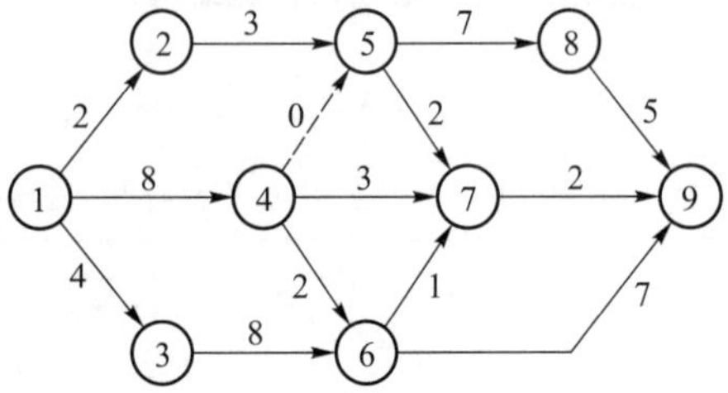

图 2

(B)

1. 表中给出一个汽车库及引道的施工计划:

作业编号	作业内容	作业时间/天	紧前作业
1	清理场地,准备施工	9	无
2	备料	8	无
3	车库地面施工	7	1,2
4	墙及房顶桁架预制	16	2
5	车库混凝土地面保养	25	3
6	竖立墙架	4	4,5
7	竖立房顶桁架	6	6

续表

作业编号	作业内容	作业时间/天	紧前作业
8	装窗及边墙	10	6
9	装门	4	6
10	装天花板	12	7
11	油漆	18	8,9,10
12	引道混凝土施工	8	3
13	引道混凝土保养	22	12
14	清理场地,交工验收	4	11,13

试回答:

(1) 该项工程从施工开始到全部结束的最短工期;

(2) 如果引道混凝土施工工期拖延 10 天,对整个工程进度有何影响;

(3) 若装天花板的施工时间从 12 天缩短到 8 天,对整个工程进度有何影响;

(4) 为保证工期不拖延,装门这项作业最晚应从哪一天开工;

(5) 如果要求该项工程必须在 75 天内完工,是否应采取措施及应采取什么措施.

2. 在上题中如果要求该项工程在 70 天内完工,又知各项作业正常完成所需时间、加班作业时所需最短完成时间,以及加班作业时每缩短一天所需附加费用见下表:

作业编号	作业内容	正常完成所需时间/天	加班作业时所需最短完成时间/天	加班作业时每缩短一天所需附加费用/元
1	清理场地,准备施工	9	7	6
2	备料	8	—	—
3	车库地面施工	7	5	10
4	墙及房顶桁架预制	16	12	7
5	车库混凝土地面保养	25	—	—
6	竖立墙架	4	2	18
7	竖立房顶桁架	6	3	15
8	装窗及边墙	10	8	5
9	装门	4	3	5
10	装天花板	12	8	6
11	油漆	18	14	7
12	引道混凝土施工	8	6	10
13	引道混凝土保养	22	—	—
14	清理场地,交工验收	4	—	—

试确定保证该项工程 70 天完成而又使全部费用最小的施工方案.

参考文献

[1] 刘家壮,王建方.网络最优化[M].武汉:华中工学院出版社,1987.
[2] 管梅谷,郑汉鼎.线性规划[M].济南:山东科学技术出版社,1983.
[3] 胡运权.运筹学基础及应用[M].7 版.北京:高等教育出版社,2021.
[4] 徐伟宣.贴近人民的数学大师:华罗庚诞辰百年纪念文集[M].北京:科学出版社,2010.
[5] 孟庆春,戎晓霞,包春兵.优选法与统筹法及其创新性应用[M].济南:山东大学出版社,2020.

第7章 排队论

排队论是专门研究由随机因素的影响而产生的拥挤现象的科学，也称为随机服务系统理论.它所研究的问题有强烈的实际背景，所得的结果有广泛的应用.本章只介绍排队论的基本理论与方法.

§7.1 随机服务系统概论

本节将介绍随机服务系统的基本组成部分、符号表示法以及在排队论中常用的几个概率分布.另外，生灭过程方法是处理随机服务系统的一个重要方法，所以还将简单介绍生灭过程的理论.

1. 随机服务系统的基本组成部分

在日常工作和生活的各个方面，人们都会遇到各种各样的拥挤问题——为了获得某种服务而排队等待，如去医院看病、去售票处购票、去车站乘车，等等.除有形的排队以外，还可以是无形的队列，如有几个旅客同时打电话到售票处订购车票，当一个旅客在通话时，其他旅客就只能在各自的电话机前等待.他们可能分散在各个地方，但却形成了一个无形的队列等待通话.排队的不一定是人，也可以是物，如生产线的原料、半成品的等待加工，因出故障而停止运转的机器等待工人修理，码头的船只等待装卸，要降落的飞机因跑道不空而在空中盘旋，等待降落等.提供服务的也不一定是人，可以是物，如机场跑道、公共汽车等.顾客可以是有限的，也可以是无限的；可以是可数的，也可以是不可数的，如在水库问题里，上游来的水就是不可数的.服务员也不一定固定在一个地方对顾客进行服务，如出租汽车随机到来为乘客服务.

今后凡是要求服务的对象统称为“顾客”，提供服务的统称为“服务台”.顾客与服务台构成一个随机服务系统，或称排队系统.

一个排队系统能抽象地描述如下：为获得服务的顾客到达服务台前，服务台有空闲便立刻得到服务，若服务台不空闲，则需要等待服务台出现空闲时再接受服务，服务完成离开服务台.因此排队系统模型可用图7.1.1表示.

一个排队系统是由三个基本部分组成的：输入过程、排队规则及服务机构.

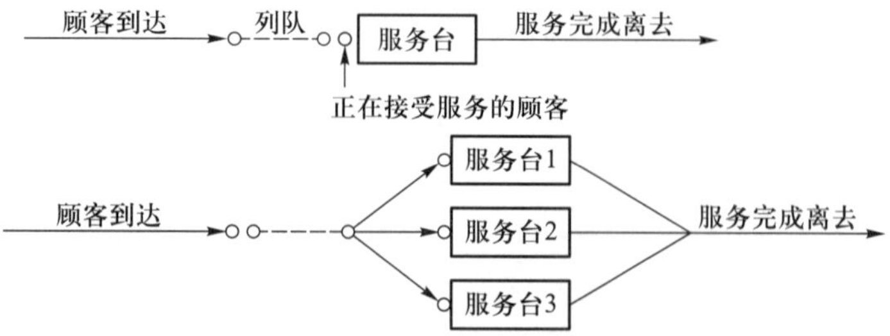

图 7.1.1

(1) 输入过程.输入过程就是顾客按怎样的规律到达.它首先应包括顾客总数,是有限的还是无限的,其次应说明顾客到达的方式,是成批到达(每批数量是随机的还是确定性的)还是单个到达.最后应说明相继到达的顾客(成批或单个)之间的时间间隔的分布是什么.

(2) 排队规则.排队规则是指服务机构什么时候允许排队,什么时候不允许排队;顾客在什么条件下不愿意排队,在什么条件下愿意排队;在顾客排队时,服务的顺序是什么,它可以是先到先服务、后到先服务、随机服务、有优先权的服务等.

(3) 服务机构.服务机构主要是指服务台的数目,多个服务台进行服务时,服务的方式是并联还是串联;服务时间服从什么分布等.

为了描述排队模型,D.K.Kendall 首先提出排队模型的记号方案.用四个符号表示一个排队模型:第一个符号表示顾客到达时间间隔分布,第二个符号表示服务时间分布,第三个符号表示服务台数目,第四个符号表示排队系统中允许的最大顾客容量.符号之间用一斜线"/"分开.例如,$M/M/c/\infty$ 表示顾客到达时间间隔分布是负指数分布,服务时间服从负指数分布,有 c 个平行的服务台,系统的顾客容量没有限制.也有人用六个符号表示排队模型,除前面四个相同外,第五个符号表示顾客总体的大小,第六个符号表示排队规则.

2. 几个常用的概率分布和最简单流

(1) 负指数分布(记为 M)

若一个随机变量 ξ 的概率密度函数为

$$f(t)=\begin{cases}\lambda e^{-\lambda t}, & t\geqslant 0\\ 0, & t<0\end{cases}\quad (\lambda>0,\text{常数})$$

则称 ξ 服从参数为 $\dfrac{1}{\lambda}$ 的**指数分布**,又称 ξ 服从参数为 $\dfrac{1}{\lambda}$ 的**负指数分布**,分布函数为

$$F(t)=\begin{cases}1-e^{-\lambda t}, & t\geqslant 0\\ 0, & t<0\end{cases}$$

ξ 的数学期望为 $E(\xi)=\dfrac{1}{\lambda}$,方差为 $D(\xi)=\dfrac{1}{\lambda^2}$.当 $t\geqslant 0$ 时,有

$$P\{\xi>t\}=1-F(t)=e^{-\lambda t}$$

负指数分布有重要的应用,常用它作为各种"寿命"分布的近似.例如无线电元器

件的寿命、动物的寿命、电话问题中的通话时间等.排队论中的服务时间和顾客到达间隔时间都常常假定服从负指数分布.

负指数分布有一个重要性质,即**无记忆性**或称**无后效性**.若把 ξ 解释为电子元件的寿命,无记忆性就是不论现在的年龄多大,剩余寿命的条件分布与原分布相同,不受已有年龄的影响,用概率公式表示为

$$P\{\xi>t+x \mid \xi>t\}=P\{\xi>x\}$$

反过来,连续型随机变量的分布函数中,只有负指数分布具有无记忆性.

(2) 最简单流

通常把随机时刻出现的事件组成的序列称为**随机事件流**,例如用 $N(t)$ 表示 $(0,t]$ 内要求服务的顾客数就是一个随机事件流.

现在我们提出在排队系统中常用的一种流——最简单流.

如果一事件流 $\{N(t),t>0\}$ 满足下列 3 个条件,就称其为**最简单流**.

① 平稳性　以任何时刻 t_0 为起点,$(t_0,t_0+t]$ 时间内出现的事件数只与时间长度 t 有关,而与起点 t_0 无关,因此用 $N(t)$ 表示 $(t_0,t_0+t]$ 内出现的事件数,$P_k(t)$ 表示 $N(t)=k$ 的概率,则

$$P_k(t)=P\{N(t)=k\},\quad k=0,1,2,\cdots$$

$$\sum_{k=0}^{+\infty} P_k(t)=1$$

② 无后效性　在 $(t_0,t_0+t]$ 内出现 k 个事件与时刻 t_0 以前出现的事件数无关.

③ 普通性　在充分小的时间区间 Δt 内,发生两个或两个以上事件的概率是比 Δt 高阶的无穷小量,即

$$P(\Delta t)=\sum_{k=2}^{+\infty} P_k(\Delta t)=o(\Delta t)$$

在上述三个条件下,可以推出

$$P_k(t)=\frac{(\lambda t)^k}{k!}e^{-\lambda t},\quad k=0,1,2,\cdots$$

最简单流与负指数分布有着密切的关系.如果随机事件到达的间隔时间相互独立并且服从同一负指数分布,那么这样的随机事件流就是最简单流.

最简单流在现实世界中常常遇到,如市内交通事故、稳定情形下电话呼唤次数、到车站等车的乘客数、上下班高峰过后通过路口的自行车流、人流、汽车流等都是或近似最简单流.一般来说,对于大量的稀有事件流,如果每一事件流在总事件流中起的作用很小,而且相互独立,那么总的合成流可以认为是最简单流.

(3) 生灭过程

现在定义排队论中常用到的一类随机过程——生灭过程.

定义 7.1.1　设有某个系统具有状态集 $S=\{0,1,2,\cdots\}$,若系统的状态随时间 t 变化的过程 $\{N(t),t\geqslant 0\}$ 满足以下条件,则称为一个**生灭过程**.

设在时刻 t 系统处于状态 n 的条件下,再经过长为 Δt(微小增量)的时间,

① 转移到 $n+1(0\leqslant n<+\infty)$ 的概率为 $\lambda_n\Delta t+o(\Delta t)$;

② 转移到 $n-1(1\leqslant n<+\infty)$ 的概率为 $\mu_n\Delta t+o(\Delta t)$;

③ 转移到 $S-\{n-1,n,n+1\}$ 的概率为 $o(\Delta t)$,

其中 $\lambda_n>0,\mu_n>0$ 为与 t 无关的固定常数.

若 S 仅包含有限个元素,$S=\{0,1,2,\cdots,k\}$,也满足以上条件,则称其为**有限状态生灭过程**.

生灭过程的例子很多,例如,一地区人口数量的自然增减、细菌繁殖与死亡、服务台前顾客数量的变化都可看成或近似看成生灭过程模型.

现在来讨论系统在时刻 t 处于状态 n 的概率分布,就是求 $P_n(t)=P\{N(t)=n\},n=0,1,2,\cdots,t\geqslant 0$.

设系统在时刻 $t+\Delta t$ 处于状态 n,这一事件可分解为如下四个互不相容的事件之和:

① 在时刻 t 处于状态 n,而在时刻 $t+\Delta t$ 仍处于状态 n,其概率为 $P_n(t).(1-\lambda_n\Delta t-\mu_n\Delta t)+o(\Delta t)$;

② 在时刻 t 处于状态 $n-1$,而在时刻 $t+\Delta t$ 处于状态 n,其概率为 $P_{n-1}(t)\lambda_{n-1}\Delta t+o(\Delta t)$;

③ 在时刻 t 处于状态 $n+1$,而在时刻 $t+\Delta t$ 处于状态 n,其概率为 $P_{n+1}(t)\mu_{n+1}\Delta t+o(\Delta t)$;

④ 在时刻 t 处于别的状态(即不是 $n-1,n,n+1$),而在时刻 $t+\Delta t$ 处于状态 n,其概率为 $o(\Delta t)$.

由全概率公式,有

$$P_n(t+\Delta t)=P_n(t)(1-\lambda_n\Delta t-\mu_n\Delta t)+P_{n+1}(t)\mu_{n+1}\Delta t+P_{n-1}(t)\lambda_{n-1}\Delta t+o(\Delta t)$$

类似地,对 $n=0$ 有

$$P_0(t+\Delta t)=P_0(t)(1-\lambda_0\Delta t)+P_1(t)\mu_1\Delta t+o(\Delta t)$$

将上面诸式右端不含 Δt 的项移到左端,用 Δt 除两端,然后令 $\Delta t\to 0$,假设极限存在,就得到差分微分方程组:

$$\begin{cases}P_n'(t)=\lambda_{n-1}P_{n-1}(t)-(\lambda_n+\mu_n)P_n(t)+\mu_{n+1}P_{n+1}(t)\\P_0'(t)=-\lambda_0P_0(t)+\mu_1P_1(t)\end{cases}\tag{7.1.1}$$

解出这组方程,即可得到时刻 t 系统的状态概率分布 $\{P_n(t),n\in S\}$,即生灭过程的瞬时解.一般来说,解方程组(7.1.1)比较困难.

假设当 $t\to+\infty$ 时,$P_n(t)$ 的极限存在,

$$\lim_{t\to+\infty}P_n(t)=p_n,\quad n=0,1,2,\cdots$$

同时可以证明

$$\lim_{t\to+\infty}P_n'(t)=0,\quad n=0,1,2,\cdots$$

这样方程组(7.1.1)两端对 t 取极限,就得到线性方程组

$$\begin{cases}0=\lambda_{n-1}p_{n-1}-(\lambda_n+\mu_n)p_n+\mu_{n+1}p_{n+1},\quad n=1,2,\cdots\\0=-\lambda_0p_0+\mu_1p_1\end{cases}\tag{7.1.2}$$

移项后,(7.1.2)变成

$$\begin{cases}\lambda_n p_n - \mu_{n+1} p_{n+1} = \lambda_{n-1} p_{n-1} - \mu_n p_n, & n=1,2,\cdots \\ \lambda_0 p_0 - \mu_1 p_1 = 0\end{cases}$$

所以

$$\begin{aligned}\lambda_n p_n - \mu_{n+1} p_{n+1} &= \lambda_{n-1} p_{n-1} - \mu_n p_n \\ &= \lambda_{n-2} p_{n-2} - \mu_{n-1} p_{n-1} = \cdots = \lambda_0 p_0 - \mu_1 p_1 = 0\end{aligned}$$

$$p_{n+1} = \frac{\lambda_n}{\mu_{n+1}} p_n = \frac{\lambda_n}{\mu_{n+1}} \frac{\lambda_{n-1}}{\mu_n} p_{n-1} = \cdots = \frac{\lambda_n \cdot \lambda_{n-1} \cdot \cdots \cdot \lambda_0}{\mu_{n+1} \cdot \mu_n \cdot \cdots \cdot \mu_1} p_0$$

假设

$$\sum_{n=0}^{+\infty} \frac{\lambda_n \cdot \lambda_{n-1} \cdot \cdots \cdot \lambda_0}{\mu_{n+1} \cdot \mu_n \cdot \cdots \cdot \mu_1} < +\infty$$

由于 $\sum\limits_{n=0}^{+\infty} p_n = 1$，就能解出

$$\begin{cases} p_0 = \dfrac{1}{1 + \sum\limits_{n=0}^{+\infty} \dfrac{\lambda_n \cdot \lambda_{n-1} \cdot \cdots \cdot \lambda_0}{\mu_{n+1} \cdot \mu_n \cdot \cdots \cdot \mu_1}} \\ p_n = \dfrac{\lambda_{n-1} \cdot \lambda_{n-2} \cdot \cdots \cdot \lambda_0}{\mu_n \cdot \mu_{n-1} \cdot \cdots \cdot \mu_1} p_0, \quad n=1,2,\cdots \end{cases} \tag{7.1.3}$$

这就是生灭过程在 $t \to +\infty$ 时的状态概率.在大多数实际问题中，当 t 很大时，系统会很快趋于统计平衡.

§7.2 无限源的排队系统

本节假定顾客数是无限的，顾客到达的时间间隔服从负指数分布且不同的到达时间间隔相互独立，每个服务台服务一个顾客的时间服从负指数分布，服务台的服务时间相互独立，服务时间与间隔时间相互独立.

1. M/M/1/∞ 系统

设顾客流是参数为 λ 的最简单流，λ 是单位时间内平均到达的顾客数，即顾客到达的时间间隔相互独立并且服从数学期望为$\dfrac{1}{\lambda}$的负指数分布.只有一个服务台，服务一个顾客的服务时间 v 服从参数为 μ 的负指数分布.平均服务时间为 $E(v)=\dfrac{1}{\mu}$，在服务台忙时，单位时间平均服务完的顾客数为 μ.称 $\rho=\dfrac{\lambda}{\mu}$为**服务强度**.

用 $N(t)$ 表示在时刻 t 顾客在系统中的数量(包括等待服务的和正在接受服务的顾客)，我们先来证明系统 $\{N(t), t \geqslant 0\}$ 组成生灭过程.

由于顾客的到达流是最简单流，参数为 λ，故有

$$P_k(t)=\frac{(\lambda t)^k e^{-\lambda t}}{k!},\quad k=0,1,2,\cdots$$

则在长为 Δt 的时间内有一个顾客到达的概率为

$$P_1(\Delta t)=\lambda\Delta t e^{-\lambda\Delta t}=\lambda\Delta t\left(1-\lambda\Delta t+\frac{\lambda^2}{2!}\Delta t^2+\cdots\right)=\lambda\Delta t+o(\Delta t)$$

没有顾客到达的概率为

$$P_0(\Delta t)=e^{-\lambda\Delta t}=1-\lambda\Delta t+o(\Delta t)$$

有 2 个或 2 个以上顾客到达的概率为

$$\begin{aligned}\sum_{k=2}^{+\infty}P_k(\Delta t)&=\sum_{k=0}^{+\infty}P_k(\Delta t)-P_0(\Delta t)-P_1(\Delta t)\\&=e^{-\lambda\Delta t}\sum_{k=0}^{+\infty}\frac{(\lambda\Delta t)^k}{k!}-P_0(\Delta t)-P_1(\Delta t)\\&=e^{-\lambda\Delta t}e^{\lambda\Delta t}-\lambda\Delta t-(1-\lambda\Delta t)+o(\Delta t)\\&=o(\Delta t)\end{aligned}$$

在服务台忙时(总认为只要系统内有顾客,服务员就得进行服务),顾客接受服务完毕离开系统的时间间隔为独立的且服从参数为 μ 的负指数分布,所以在系统忙时,输出过程为一最简单流,参数为 μ.于是当系统忙时,在 Δt 时间内 1 个顾客被服务完的概率为 $\mu\Delta t+o(\Delta t)$,没有顾客被服务完的概率为 $1-\mu\Delta t+o(\Delta t)$,两个或两个以上顾客被服务完的概率为 $o(\Delta t)$,且 μ 与系统的顾客数无关,与微小时间区间的起点无关.

对任意给定的 $t(\geqslant 0)$,微小增量 Δt,假设

$$P_{ij}(\Delta t)=P\{N(t+\Delta t)=j\mid N(t)=i\},\quad i\geqslant 0$$

先考虑 $j=i+1$ 的情况,当 $i\geqslant 1$ 时,

$$\begin{aligned}P_{i,i+1}(\Delta t)&=P\{\Delta t\text{ 时间内恰好 1 个顾客到达而没有顾客被服务完或恰好有 }k\text{ 个}\\&\qquad\text{顾客到达并且 }k-1\text{ 个顾客被服务完},k\geqslant 2\}\\&=P\{\Delta t\text{ 时间内恰好 1 个顾客到达而没有顾客被服务完}\}+\\&\quad P\{\Delta t\text{ 时间内 }k\text{ 个顾客到达而服务完 }k-1\text{ 个顾客},k\geqslant 2\}\\&=\lambda\Delta t[1-\mu\Delta t+o(\Delta t)]+o(\Delta t)\\&=\lambda\Delta t+o(\Delta t)\end{aligned}$$

当 $i=0$ 时,

$$\begin{aligned}P_{01}(\Delta t)&=P\{N(t+\Delta t)=1\mid N(t)=0\}\\&=P\{\Delta t\text{ 时间内 1 个顾客到达}\}\\&=\lambda\Delta t+o(\Delta t)\end{aligned}$$

$$\begin{aligned}P_{i,i-1}(\Delta t)&=P\{N(t+\Delta t)=i-1\mid N(t)=i\}\\&=P\{\Delta t\text{ 内无顾客到达且恰好服务完 1 个顾客}\\&\qquad\text{或 }k\text{ 个顾客到达而服务完 }k+1\text{ 个顾客},k\geqslant 1\}\\&=P\{\Delta t\text{ 内无顾客到达并且恰好服务完 1 个顾客}\}+\\&\quad P\{\Delta t\text{ 内有 }k\text{ 个顾客到达而且恰好服务完 }k+1\text{ 个顾客},k\geqslant 1\}\end{aligned}$$

$$=[1-\lambda\Delta t+o(\Delta t)][\mu\Delta t+o(\Delta t)]+o(\Delta t)$$
$$=\mu\Delta t+o(\Delta t)$$

$$P_{i,j}(\Delta t)=P\{N(t+\Delta t)=j \mid N(t)=i\}$$
$$=P\{\Delta t\ \text{内}\ k\ \text{个顾客到达而服务完}\ i+k-j\ \text{个顾客}, k\geqslant 2\}$$
$$=o(\Delta t),\quad j>i+1$$

$$P_{i,j}(\Delta t)=P\{N(t+\Delta t)=j \mid N(t)=i\}$$
$$=P\{\Delta t\ \text{内服务完}\ k\ \text{个顾客而有}\ j-i+k\ \text{个顾客到达}, k\geqslant 2\}$$
$$=o(\Delta t),\quad j<i-1$$

由以上结果可知$\{N(t), t\geqslant 0\}$是一生灭过程,并且

$$\lambda_n=\lambda,\quad n\geqslant 0$$
$$\mu_n=\mu,\quad n\geqslant 1$$

由生灭过程求平稳解公式,得

$$p_n=\frac{\lambda_{n-1}\cdot\lambda_{n-2}\cdot\cdots\cdot\lambda_0}{\mu_n\cdot\mu_{n-1}\cdot\cdots\cdot\mu_1}p_0=\left(\frac{\lambda}{\mu}\right)^n p_0=\rho^n p_0 \tag{7.2.1}$$

由假设$\rho=\dfrac{\lambda}{\mu}<1$,则

$$p_0=\frac{1}{\sum_{n=0}^{+\infty}\left(\frac{\lambda}{\mu}\right)^n}=1-\rho$$

从而平稳分布为

$$p_n=(1-\rho)\rho^n,\quad n\geqslant 0 \tag{7.2.2}$$

$p_0=1-\rho$ 是排队系统中没有顾客的概率,也就是服务台空闲的概率,而 ρ 恰好是服务台忙的概率.

利用平稳分布可以求统计平衡条件下的平均队长 L、平均等待队长 L_q、平均等待时间 W_q、平均逗留时间 W 等.

用 N 表示在统计平衡条件下系统的顾客数,平均队长 L 是 N 的数学期望,

$$L=E(N)=\sum_{n=0}^{+\infty}np_n=\sum_{n=0}^{+\infty}n(1-\rho)\rho^n$$
$$=(1-\rho)\rho\sum_{n=1}^{+\infty}n\rho^{n-1}=(1-\rho)\rho\sum_{n=1}^{+\infty}(\rho^n)'$$
$$=(1-\rho)\rho\left(\sum_{n=0}^{+\infty}\rho^n\right)'=(1-\rho)\rho\left(\frac{1}{1-\rho}\right)'$$
$$=\frac{\rho}{1-\rho} \tag{7.2.3}$$

用 N_q 表示在统计平衡时,排队等待的顾客数,它的数学期望 $L_q=E(N_q)$就是在等待服务的平均顾客数,

$$L_q=E(N_q)=\sum_{n=1}^{+\infty}(n-1)p_n=\sum_{n=1}^{+\infty}np_n-\sum_{n=1}^{+\infty}p_n$$

$$= \sum_{n=0}^{+\infty} np_n - (1-p_0) = L - (1-p_0) = \frac{\rho}{1-\rho} - \rho$$

$$= \frac{\rho^2}{1-\rho} \tag{7.2.4}$$

现在来求平均等待时间 W_q，当一个顾客进入系统时，系统中已有 n 个顾客的概率为 p_n，每个顾客的平均服务时间为$\frac{1}{\mu}$，所以他的平均等待时间为 $n \cdot \frac{1}{\mu}$，因此

$$W_q = \sum_{n=0}^{+\infty} n \cdot \frac{1}{\mu} p_n = \frac{1}{\mu} \sum_{n=0}^{+\infty} np_n = \frac{1}{\mu} E(N) = \frac{\rho}{\mu(1-\rho)} = \frac{\lambda}{\mu(\mu-\lambda)} \tag{7.2.5}$$

再来求顾客的平均逗留时间（平均等待时间加上平均服务时间）W，

$$W = W_q + \frac{1}{\mu} = \frac{\lambda}{\mu(\mu-\lambda)} + \frac{1}{\mu} = \frac{1}{\mu-\lambda} \tag{7.2.6}$$

平均队长 L、平均等待队长 L_q、平均逗留时间 W、平均等待时间 W_q 是排队系统的重要特征.这些指标反映了排队系统的服务质量，是顾客及排队系统设计者关心的几个指标.由公式(7.2.3)到(7.2.6)，得到这四个指标之间的关系：

$$L_q = L - (1-p_0) \tag{7.2.7}$$

$$\lambda W = L,\ \ \lambda W_q = L_q \tag{7.2.8}$$

这两组关系式，可以做这样的直观解释：当系统内有顾客时，平均等待队长 L_q 应该是平均队长 L 减 1，当系统内没有顾客时，平均等待队长 L_q 与平均队长 L 相等，所以

$$L_q = L - [(1-p_0) \cdot 1 + p_0 \cdot 0] = L - (1-p_0)$$

单位时间内平均进入系统的顾客为 λ 个.每个顾客在系统内平均逗留 W 单位时间.因此系统内平均有 λW 个顾客.同样的理由，系统内平均有 λW_q 个顾客在等待服务.

(7.2.8)式在更一般的系统也成立，通常称为 Little 公式.

例 7.2.1 某火车站的售票处设有一个窗口.若购票者是以最简单流到达，平均每分钟到达 1 人，假定售票时间服从负指数分布，平均每分钟可服务 2 人，试研究售票窗口前的排队情况，并求等待顾客超过 5 人的概率.

解 由题设 $\lambda = 1$(人/分钟)，$\mu = 2$(人/分钟)，$\rho = \frac{\lambda}{\mu} = \frac{1}{2}$.

平均队长 $L = \frac{\rho}{1-\rho} = 1$(人).

平均等待队长 $L_q = \frac{\rho^2}{1-\rho} = \frac{1}{2}$(人).

平均等待时间 $W_q = \frac{\lambda}{\mu(\mu-1)} = \frac{1}{2}$(分钟).

平均逗留时间 $W = \frac{1}{\mu-\lambda} = 1$(分钟).

顾客不需要等待的概率为 $p_0 = \frac{1}{2}$，等待的顾客超过 5 人的概率为

$$P\{N\geqslant 6\}=\sum_{n=6}^{+\infty}\rho^n p_0=\sum_{n=6}^{+\infty}\left(\frac{1}{2}\right)^n\left(1-\frac{1}{2}\right)$$
$$=\sum_{n=6}^{+\infty}\left(\frac{1}{2}\right)^{n+1}=\left(\frac{1}{2}\right)^7\sum_{n=0}^{+\infty}\left(\frac{1}{2}\right)^n=\left(\frac{1}{2}\right)^6$$

例 7.2.2 在某工地卸货台装卸设备的设计方案中,有三个方案可供选择,分别记作甲、乙、丙.目的是选取使总费用最小的方案,有关费用(损失)如下表所示:

方案	每天固定费用/元	每天可变费用 c/元	每小时平均装卸数/袋
甲	60	100	1 000
乙	130	150	2 000
丙	250	200	6 000

设货车按最简单流到达,平均每天(按 10 小时计算)到达 15 车,每车平均装货 500 袋,卸货时间服从负指数分布,每辆车停留 1 小时的损失为 10 元.

解 平均到达率 $\lambda=1.5$ 车/时,服务率 μ 依赖于方案.

$$\mu_{甲}=\frac{1\ 000\text{ 袋/时}}{500\text{ 袋/车}}=2\text{ 车/时}$$

$$\mu_{乙}=\frac{2\ 000\text{ 袋/时}}{500\text{ 袋/车}}=4\text{ 车/时}$$

$$\mu_{丙}=\frac{6\ 000\text{ 袋/时}}{500\text{ 袋/车}}=12\text{ 车/时}$$

由(7.2.6),1 辆车在系统内的平均停留时间为

$$W_{甲}=\frac{1}{2-1.5}=2(\text{时/车})$$

$$W_{乙}=\frac{1}{4-1.5}=0.4(\text{时/车})$$

$$W_{丙}=\frac{1}{12-1.5}=0.095(\text{时/车})$$

每天货车在系统停留的平均损失费为 $W\times10\times15$(元),每天实际可变费用(如燃料费等)为

$$(\text{每天可变费用})\times\text{设备忙的概率}=c\cdot\rho(\text{元})$$

而 $\rho_{甲}=0.75$,$\rho_{乙}=0.375$,$\rho_{丙}=0.125$,所以每个方案的费用综合如下表所示:

方案	每天固定费用/元	每天实际可变费用/元	每天逗留费用/元	每天总费用/元
甲	60	75	300	435
乙	130	56.25	60	246.25
丙	250	25	14.25	289.25

从上表知方案乙的总费用最小.

例 7.2.3 要购置计算机,有两种方案.甲方案是购进一大型计算机,乙方案是购

置 n 台小型计算机.每台小型计算机是大型计算机处理能力的$\frac{1}{n}$.设要求上机的题目是参数为 λ 的最简单流,大型计算机与小型计算机计算题目的时间服从负指数分布,大型计算机的参数是 μ.试从平均等待时间、平均逗留时间看,应该选择哪一个方案.

解　设 $\rho=\frac{\lambda}{\mu}$,按甲方案购置大型计算机,则

平均等待时间　$W_{q甲}=\frac{\rho}{\mu(1-\rho)}=\frac{\lambda}{\mu(\mu-\lambda)}$.

平均逗留时间　$W_{甲}=\frac{1}{\mu-\lambda}$.

按乙方案购置 n 台小型计算机,每台小型计算机的题目到达率为$\frac{\lambda}{n}$,服务率为$\frac{\mu}{n}$,$\rho=\frac{\lambda/n}{\mu/n}=\frac{\lambda}{\mu}$,且

平均等待时间　$W_{q乙}=\frac{\rho}{\frac{\mu}{n}(1-\rho)}=\frac{n\rho}{\mu(1-\rho)}=nW_{q甲}$.

平均逗留时间　$W_{乙}=\frac{1}{\frac{\mu}{n}-\frac{\lambda}{n}}=\frac{n}{\mu-\lambda}=nW_{甲}$.

所以只是从平均等待时间、平均逗留时间考虑,应该购置大型计算机.

2. M/M/1/k 系统

有些系统容纳顾客的数量是有限制的,例如候诊室只能容纳 k 个就医者,第$k+1$个顾客到来后,看到候诊室已经坐满了,就自动离开,不参加排队.

假定一个排队系统有一个服务台,服务时间服从负指数分布,参数是 μ.顾客以最简单流到达,参数为 λ.系统中共有 k 个位置可供进入系统的顾客占用,一旦 k 个位置已被顾客占用(包括等待服务和接受服务的顾客),新到的顾客就自动离开服务系统而不再回来.如果系统中有空位置,新到的顾客就进入系统排队等待服务,服务完后离开系统.

用 $N(t)$表示时刻 t 系统中的顾客数,系统的状态集为 $S=\{0,1,2,\cdots,k\}$.与 M/M/1/∞ 的证明方法一样,可以证明$\{N(t),t\geqslant 0\}$是个有限生灭过程,有

$$\begin{cases}\lambda_n=\lambda, & n=0,1,2,\cdots,k-1\\ \mu_n=\mu, & n=1,2,\cdots,k\end{cases}\tag{7.2.9}$$

$$\rho=\frac{\lambda}{\mu},\quad p_n=\left(\frac{\lambda}{\mu}\right)^n p_0,\quad n=0,1,2,\cdots,k$$

$$p_0=\frac{1}{\sum_{n=0}^{k}\rho^n}=\begin{cases}\frac{1}{k+1}, & \rho=1\\ \frac{1-\rho}{1-\rho^{k+1}}, & \rho\neq 1\end{cases}$$

$$p_n=\begin{cases}\dfrac{1}{k+1}, & \rho=1\\ \dfrac{(1-\rho)\rho^n}{1-\rho^{k+1}}, & \rho\neq 1\end{cases}\qquad n=0,1,2,\cdots,k$$

平均队长 $L=\sum_{n=0}^{k} np_n$，分两种情况：

当 $\rho=1$ 时，

$$L=\sum_{n=0}^{k} n\frac{1}{k+1}=\frac{k}{2}$$

当 $\rho\neq 1$ 时，

$$\begin{aligned}L&=\sum_{n=0}^{k} np_n=\sum_{n=0}^{k} n\cdot\frac{(1-\rho)\rho^n}{1-\rho^{k+1}}=\frac{(1-\rho)\rho}{1-\rho^{k+1}}\sum_{n=1}^{k} n\rho^{n-1}\\&=\frac{(1-\rho)\rho}{1-\rho^{k+1}}\frac{\mathrm{d}}{\mathrm{d}\rho}\sum_{n=0}^{k}\rho^n\\&=\frac{(1-\rho)\rho}{1-\rho^{k+1}}\frac{\mathrm{d}}{\mathrm{d}\rho}\left(\frac{1-\rho^{k+1}}{1-\rho}\right)\\&=\frac{\rho}{1-\rho}-\frac{(k+1)\rho^{k+1}}{1-\rho^{k+1}}\end{aligned}\tag{7.2.10}$$

平均等待队长

$$L_q=L-(1-p_0)=\begin{cases}\dfrac{k(k-1)}{2(k+1)}, & \rho=1\\ \dfrac{\rho}{1-\rho}-\dfrac{\rho(1+k\rho^k)}{1-\rho^{k+1}}, & \rho\neq 1\end{cases}\tag{7.2.11}$$

p_k 是个重要的量，称为**损失概率**，即当系统中有 k 个顾客时，新到的顾客就不能进入系统.单位时间内平均损失的顾客数为

$$\lambda_L=\lambda p_k=\begin{cases}\dfrac{\lambda}{k+1}, & \rho=1\\ \dfrac{\lambda(1-\rho)\rho^k}{1-\rho^{k+1}}, & \rho\neq 1\end{cases}$$

单位时间内平均真正进入系统的顾客数为

$$\lambda_e=\lambda-\lambda p_k=\lambda(1-p_k)=\begin{cases}\dfrac{k\lambda}{k+1}, & \rho=1\\ \dfrac{\lambda(1-\rho^k)}{1-\rho^{k+1}}, & \rho\neq 1\end{cases}$$

由 Little 公式，可以求得平均逗留时间、平均等待时间：

$$W=\frac{L}{\lambda_e}=\begin{cases}\dfrac{k+1}{2\lambda}, & \rho=1\\ \dfrac{1}{\mu-\lambda}-\dfrac{k\rho^{k+1}}{\lambda(1-\rho^k)}, & \rho\neq 1\end{cases} \tag{7.2.12}$$

$$W_q=\frac{L_q}{\lambda_e}=\begin{cases}\dfrac{k-1}{2\lambda}, & \rho=1\\ \dfrac{\rho}{\mu-\lambda}-\dfrac{k\rho^{k+1}}{\lambda(1-\rho^k)}, & \rho\neq 1\end{cases} \tag{7.2.13}$$

当 $\rho\neq 1$ 时，$W=W_q+\dfrac{1}{\mu}$.

平均服务强度 $\rho_e=\dfrac{\lambda_e}{\mu}=\dfrac{\lambda(1-p_k)}{\mu}=1-p_0$，这是实际服务强度，就是服务台正在为顾客服务的概率.而 $\rho=\dfrac{\lambda}{\mu}=\dfrac{1-p_0}{1-p_k}$不是服务强度，因为有一部分顾客失去了.

例 7.2.4　一个理发店只有一个理发师，有 3 个空椅供等待理发的人使用.设顾客以最简单流来到，平均每小时 5 人.理发师的理发时间服从负指数分布，平均每小时 6 人，试求 L,L_q,W,W_q.

解　$\lambda=5$ 人/时，$\mu=6$ 人/时，$k=4$，$\rho=\dfrac{5}{6}$.用公式(7.2.10)，(7.2.11)，(7.2.12)，(7.2.13)得到

$$L=\frac{\frac{5}{6}\left[1-2\left(\frac{5}{6}\right)^5\right]}{\frac{1}{6}\left[1-\left(\frac{5}{6}\right)^5\right]}\approx 1.641\ 59(\text{人})$$

$$L_q=L-(1-p_0)=L-1+\frac{1-\frac{5}{6}}{1-\left(\frac{5}{6}\right)^5}\approx 0.920\ 2(\text{人})$$

$$p_4=\frac{\left(\frac{5}{6}\right)^4\left[1-\left(\frac{5}{6}\right)\right]}{1-\left(\frac{5}{6}\right)^5}\approx 0.134\ 3$$

$$W=\frac{L}{\lambda_e}=\frac{L}{\lambda(1-p_4)}\approx\frac{1.641\ 59}{5\cdot(1-0.134\ 3)}\approx 0.379\ 3(\text{时})$$

$$W_q=\frac{L_q}{\lambda_e}\approx 0.213(\text{时})$$

例 7.2.5　给定一个 M/M/1/k 系统，具有 $\lambda=10$ 人/时，$\mu=30$ 人/时，$k=2$. 管理者想改进服务机构.方案甲是增加等待空间，使$k=3$. 方案乙是将平均服务率提高到 $\mu=$

40 人/时.设服务每个顾客的平均收益不变,问哪个方案获得更大收益？当 λ 增加到每小时 30 人,又将有什么结果？

解 由于服务每个顾客的平均收益不变,故服务机构单位时间的收益与单位时间内实际进入系统的平均顾客数 n_k 成正比(注意,不考虑成本),

$$n_k=\lambda(1-p_k)=\frac{\lambda(1-\rho^k)}{1-\rho^{k+1}}$$

方案甲:$k=3,\lambda=10,\mu=30$,

$$n_3=10\cdot\left[\frac{1-\left(\frac{1}{3}\right)^3}{1-\left(\frac{1}{3}\right)^4}\right]=9.75(人/时)$$

方案乙:$k=2,\lambda=10,\mu=40$,

$$n_2=\frac{10\left[1-\left(\frac{1}{4}\right)^2\right]}{1-\left(\frac{1}{4}\right)^3}=9.5(人/时)$$

因此增加等待空间收益更大.

当 λ 增加到 30 人/时时,$\rho=\dfrac{\lambda}{\mu}=1$,这时方案甲有

$$n_3=30\cdot\left(\frac{3}{3+1}\right)=22.5(人/时)$$

而方案乙是把 μ 提高到 $\mu=40$ 人/时,$\rho=\dfrac{\lambda}{\mu}=\dfrac{30}{40}<1,k=2$,

$$n_2=30\cdot\left[\frac{1-\left(\frac{3}{4}\right)^2}{1-\left(\frac{3}{4}\right)^3}\right]=22.7(人/时)$$

所以当 $\lambda=30$ 人/时,提高服务率的收益比增加等待空间的收益大.

3. M/M/c/∞ 系统

现在来讨论多个服务台的情况.假设系统有 c 个服务台,顾客到达时,若有空闲的服务台便立刻接受服务;若没有空闲的服务台,则排队等待,等到有空闲服务台时再接受服务.与以前一样,假设顾客以最简单流到达,参数为 λ,服务台相互独立,服务时间都服从参数为 μ 的负指数分布.

当系统中顾客数 $n\leqslant c$ 时,这些顾客正在接受服务,服务时间服从参数为 μ 的负指数分布,可以证明顾客的输出是参数为 $n\mu$ 的最简单流.如果$n>c$,那么只有 c 个顾客正在接受服务,其余在排队,顾客的输出是参数为 $c\mu$ 的最简单流.

用 $N(t)$ 表示 t 时刻排队系统内的顾客数.与 M/M/1/∞ 的推导方法类似,可以证明 $\{N(t),t\geqslant 0\}$ 也是一个生灭过程,其参数为

$$\begin{cases}\lambda_n=\lambda, & n=0,1,2,\cdots\\ \mu_n=\begin{cases}n\mu, & n=1,2,\cdots,c\\ c\mu, & n=c+1,\cdots\end{cases}\end{cases}$$

由(7.1.3)得到

$$p_n=\frac{\lambda_{n-1}\cdot\lambda_{n-2}\cdot\cdots\cdot\lambda_0}{\mu_n\cdot\mu_{n-1}\cdot\cdots\cdot\mu_1}p_0=\begin{cases}\dfrac{1}{n!}\left(\dfrac{\lambda}{\mu}\right)^n p_0, & n=0,1,2,\cdots,c-1\\ \dfrac{1}{c^{n-c}c!}\left(\dfrac{\lambda}{\mu}\right)^n p_0, & n=c,c+1,\cdots\end{cases}$$

令 $\rho=\dfrac{\lambda}{\mu}$,$\rho_c=\dfrac{\lambda}{c\mu}$,设 $\rho_c<1$.

$$\begin{aligned}\sum_{n=0}^{+\infty}p_n&=\sum_{n=0}^{c-1}p_n+\sum_{n=c}^{+\infty}p_n\\&=\left(\sum_{n=0}^{c-1}\frac{1}{n!}\rho^n+\sum_{n=c}^{+\infty}\frac{1}{c!}\cdot\frac{1}{c^{n-c}}\rho^n\right)p_0\\&=\left(\sum_{n=0}^{c-1}\frac{1}{n!}\rho^n+\frac{1}{c!}\rho^c\sum_{n=c}^{+\infty}\rho_c^{n-c}\right)p_0\\&=\left(\sum_{n=0}^{c-1}\frac{1}{n!}\rho^n+\frac{1}{c!}\rho^c\frac{1}{1-\rho_c}\right)p_0\end{aligned}\tag{7.2.14}$$

所以

$$p_0=\left[\sum_{n=0}^{c-1}\frac{\rho^n}{n!}+\frac{c\rho^c}{c!\,(c-\rho)}\right]^{-1}\tag{7.2.15}$$

先计算平均等待队长 L_q,只有系统的顾客数 $n\geqslant c$ 时,才有 $n-c$ 个顾客在排队等待服务,所以

$$\begin{aligned}L_q&=\sum_{n=c}^{+\infty}(n-c)p_n=\frac{\rho^c}{c!}p_0\sum_{n=c}^{+\infty}(n-c)\left(\frac{\lambda}{c\mu}\right)^{n-c}\\&=\frac{\rho^c}{c!}p_0\,\rho_c\sum_{n=1}^{+\infty}n\rho_c^{n-1}=\frac{\rho^c}{c!}p_0\,\rho_c\frac{\mathrm{d}}{\mathrm{d}\rho_c}\left(\frac{1}{1-\rho_c}\right)\\&=\frac{\rho^c\cdot\rho_c}{c!}\cdot\frac{1}{(1-\rho_c)^2}\cdot p_0=\frac{\rho_c}{(1-\rho_c)^2}\cdot\frac{\rho^c}{c!}\cdot p_0\\&=\frac{\rho_c}{(1-\rho_c)^2}p_c\end{aligned}\tag{7.2.16}$$

平均忙的服务台数为

$$\begin{aligned}\bar{c}&=\sum_{n=0}^{c-1}np_n+c\cdot\sum_{n=c}^{+\infty}p_n\\&=\sum_{n=0}^{c-1}n\cdot\frac{\rho^n}{n!}p_0+c\cdot\sum_{n=c}^{+\infty}\frac{c^c\cdot\rho_c^n}{c!}p_0\end{aligned}$$

$$=\rho\cdot\sum_{n=1}^{c-1}\frac{\rho^{n-1}}{(n-1)!}p_0+c\cdot\frac{c^c\cdot\rho_c^c}{c!}p_0+\sum_{n=c+1}^{+\infty}\frac{c\cdot c^c\cdot\rho_c^n}{c!}p_0$$

$$=\rho\cdot\sum_{n=0}^{c-2}\frac{\rho^n}{n!}p_0+\rho\cdot\frac{\rho^{c-1}}{(c-1)!}p_0+\rho\cdot\sum_{n=c+1}^{+\infty}\frac{c^{c-1}\cdot\rho_c^{n-1}}{(c-1)!}p_0$$

$$=\rho\left(\sum_{n=0}^{c-2}p_n+p_{c-1}+\sum_{n=c}^{+\infty}p_n\right)=\rho\cdot\sum_{n=0}^{+\infty}p_n=\rho=\frac{\lambda}{\mu}\tag{7.2.17}$$

平均逗留的顾客数为

$$L=\sum_{n=0}^{+\infty}np_n=\sum_{n=0}^{c-1}np_n+c\cdot\sum_{n=c}^{+\infty}p_n+\sum_{n=c}^{+\infty}(n-c)p_n$$

$$=\bar{c}+L_q=\rho+\frac{\rho_c}{(1-\rho_c)^2}p_c\tag{7.2.18}$$

平均等待时间为

$$W_q=\frac{L_q}{\lambda}=\frac{p_c}{c\mu\cdot(1-\rho_c)^2}\tag{7.2.19}$$

平均逗留时间为

$$W=\frac{L}{\lambda}=\frac{p_c}{c\mu\cdot(1-\rho_c)^2}+\frac{1}{\mu}\tag{7.2.20}$$

例 7.2.6 一个大型露天矿山，考虑建设矿石卸矿场，是建一个好，还是建两个好？估计矿车按最简单流到达，平均每小时到达 15 辆，卸车时间也服从负指数分布，平均卸车时间是 3 分钟，每辆矿车售价 8 万元，建设第二个卸矿场需要投资 14 万元.

解 平均到达率

$$\lambda=15(\text{辆/时})$$

平均服务率

$$\mu=20(\text{辆/时})$$

只建一个卸矿场的情况：

$$\rho_1=\rho=\frac{15}{20}=0.75$$

在卸矿场停留的平均矿车数

$$L=\frac{\lambda}{\mu-\lambda}=\frac{15}{20-15}=3(\text{辆})$$

建两个卸矿场的情况：$\rho=0.75$，$\rho_2=\dfrac{\lambda}{2\mu}=0.375$.

$$p_0=\left[1+0.75+\frac{1}{2!}(0.75)^2\frac{2\cdot 20}{2\cdot 20-15}\right]^{-1}=0.45$$

$$L=\frac{0.45\cdot 15\cdot 20\cdot(0.75)^2}{1!\ (2\cdot 20-15)^2}+0.75=0.12+0.75=0.87(\text{辆})$$

排队论程序

因此建两个卸矿场可减少在卸矿场停留的矿车数为 3−0.87=2.13(辆).就是相当于平均增加 2.13 辆矿车运矿石.而每辆矿车的价格为 8 万元,所以相当于增加 2.13×8=17.04(万元)的设备.建设第二个卸矿场的投资为 14 万元,所以建两个卸矿场是合适的.

4. 排队系统费用优化决策

排队系统中涉及的有关费用往往可分为两类:顾客的等待损失费用以及与服务设施相关的费用.排队系统的优化通常是为了使上述两种费用的总和或者其中之一尽可能小.

例 7.2.7 设船到码头,在港口停留单位时间损失 c_1 元,进港船只是最简单流,参数为 λ,装卸时间服从参数为 μ 的负指数分布,服务费用为 $c_2\mu$,c_2 是一个正常数,求使整个系统总费用损失最小的服务率 μ.

解 因为平均队长 $L=\dfrac{\lambda}{\mu-\lambda}$,所以船在港口停留的损失费用为$\dfrac{\lambda c_1}{\mu-\lambda}$,服务费用为 $c_2\mu$.因此总费用为

$$F=\frac{\lambda c_1}{\mu-\lambda}+c_2\mu$$

求 μ 使 F 达到最小,先求 F 的导数

$$\frac{\mathrm{d}F}{\mathrm{d}\mu}=-\frac{\lambda c_1}{(\mu-\lambda)^2}+c_2$$

让$\dfrac{\mathrm{d}F}{\mathrm{d}\mu}=0$,解出 $\mu^*=\lambda+\sqrt{\dfrac{c_1\lambda}{c_2}}$.因为

$$\left.\frac{\mathrm{d}^2F}{\mathrm{d}\mu^2}\right|_{\mu=\mu^*}=\frac{2\lambda c_1}{(\mu^*-\lambda)^2}>0\quad(\mu>\lambda)$$

最优服务率是 μ^*,当 $\mu=\mu^*$ 时,系统的最小总费用为

$$F(\mu^*)=\sqrt{\lambda c_1c_2}+c_2\cdot\left(\lambda+\sqrt{\frac{c_1\lambda}{c_2}}\right)=2\sqrt{\lambda c_1c_2}+c_2\lambda$$

例 7.2.8 有一个 M/M/c/∞ 系统,假定每个顾客在系统停留单位时间的损失费用为 c_1 元,每个服务设备单位时间的单位服务率成本为 c_2 元.要求建立几个服务台才能使系统单位时间的平均总损失费用最小.

解 单位时间的平均总损失费用为

$$F=c_1L+c\cdot c_2\mu$$

要求使 F 达到最小的正整数解 c^*,通常用边际分析法:找正整数 c^*,使其满足

$$\begin{cases}F(c^*)\leqslant F(c^*+1)\\F(c^*)\leqslant F(c^*-1)\end{cases}$$

由 $F(c^*)\leqslant F(c^*+1)$,得到

$$c_1\cdot L(c^*)+c^*\cdot c_2\cdot\mu\leqslant c_1\cdot L(c^*+1)+(c^*+1)\cdot c_2\cdot\mu$$

所以

$$L(c^*)-L(c^*+1)\leqslant\frac{c_2}{c_1}\cdot\mu$$

同样,由 $F(c^*)\leqslant F(c^*-1)$得到

$$L(c^*-1)-L(c^*)\geqslant\frac{c_2}{c_1}\cdot\mu$$

因此 c^* 必须满足不等式

$$L(c^*)-L(c^*+1)\leqslant\frac{c_2}{c_1}\cdot\mu\leqslant L(c^*-1)-L(c^*)$$

取 $c=1,2,\cdots$,计算 $L(c)-L(c+1)$之差,若$\frac{c_2}{c_1}\cdot\mu$ 落在 $L(c^*)-L(c^*+1)$,$L(c^*-1)-L(c^*)$之间,c^* 就是最优解.

例 7.2.9 某公司中心实验室为各工厂服务.设做实验的人数按最简单流到来,平均为 48 人次/天,$c_1=6$ 元;做实验时间服从负指数分布,平均服务率为 $\mu=25$ 人次/天,$c_2=4$ 元.求最优实验设备数 c^*,使系统总费用最小.

解 $\lambda=48$ 人次/天,$\mu=25$ 人次/天,$\frac{\lambda}{\mu}=1.92$.

按 M/M/c/∞ 计算 p_0,$L(c)$等(注意以下公式只对 $\rho_c=\frac{1.92}{c}<1$ 成立),

$$p_0=\left[\sum_{n=0}^{c-1}\frac{(1.92)^n}{n!}+\frac{(1.92)^c}{(c-1)!\ (c-1.92)}\right]^{-1}$$

$$L(c)=\frac{(1.92)^{c+1}}{(c-1)!\ (c-1.92)^2}p_0+1.92$$

将计算结果列成下表:

c	$L(c)$	$L(c)-L(c+1)$	$L(c-1)-L(c)$	$F(c)$
1	∞	∞	—	∞
2	23.490	21.845	∞	154.94
3	2.645	0.582	21.845	27.87
4	2.063	0.111	0.582	28.38
5	1.952		0.111	31.71

$$\frac{c_2\cdot\mu}{c_1}=\frac{100}{6}=16.67$$

所以取 $c^*=3$(个),此时总费用最小.

* §7.3　有限源排队系统

本节简要介绍顾客来源是一个有限集的随机排队服务系统.

如果一个顾客加入排队系统,这个有限集的元素就少一个,一个顾客接受服务结束,就立刻回到这个有限集中.这类排队系统主要应用在机器维修问题上,有限集是某单位的机器总数,顾客是出故障的机器,服务台是维修工.

1. M/M/c/m/m 系统

我们用机器及维修工来代替顾客及服务台的名称.假定有 c 个维修工共同看管 $m(m\geqslant c)$ 台机器.机器发生故障后维修工就去维修,修好以后,继续运转.如果维修工都在维修机器,那么发生故障的机器就停在那里等待修理.进入系统的顾客是等待修理和正在维修的机器,服务台是维修工.

设每台机器的连续运转时间服从同参数的负指数分布,每台机器平均运转时间为 $\dfrac{1}{\lambda}$.这说明一台机器单位运转时间内发生故障的平均次数为 λ.维修工的维修时间都服从同一负指数分布,平均维修时间为 $\dfrac{1}{\mu}$.

用 $N(t)$ 表示时间 t 时在系统的机器数(正在接受维修和等待维修的机器总和),则不难验证 $\{N(t),t\geqslant 0\}$ 为一有限生灭过程,其状态空间为 $S=\{0,1,\cdots,m\}$.

类似于§7.2中的方法,可得到该排队系统的几个重要的数量指标.

平均发生故障的机器数

$$L=E(N)=\sum_{n=0}^{m}np_n=\sum_{n=0}^{c-1}n\binom{m}{n}\left(\frac{\lambda}{\mu}\right)^n p_0+\sum_{n=c}^{m}n\binom{m}{n}\frac{n!}{c!\ c^{n-c}}\left(\frac{\lambda}{\mu}\right)^n p_0 \tag{7.3.1}$$

平均等待维修的机器数

$$L_q=\sum_{n=c}^{m}(n-c)p_n \tag{7.3.2}$$

平均正在工作的维修工人数

$$\bar{c}=\sum_{n=1}^{c-1}np_n+c\sum_{n=c}^{m}p_n$$

平均运行的机器数

$$a=\sum_{n=0}^{m}(m-n)p_n=m\sum_{n=0}^{m}p_n-\sum_{n=0}^{m}np_n=m-L$$

$$\begin{aligned}a+\bar{c}+L_q&=m-L+\sum_{n=1}^{c-1}np_n+c\sum_{n=c}^{m}p_n+\sum_{n=c}^{m}(n-c)p_n\\&=m-L+\sum_{n=1}^{m}np_n=m-L+\sum_{n=0}^{m}np_n=m\end{aligned}$$

这些公式是很容易理解的.所有的机器 m 分成三类:正在运行的 a,正在维修的 $\bar{c}$,等待维修的 L_q.

在统计平衡条件下单位时间内发生故障的平均次数为

$$\lambda_e=\lambda\sum_{n=0}^{m}(m-n)p_n=\lambda a$$

即单位时间平均发生故障的机器数等于正在运行的机器平均发生故障次数.

由 Little 公式可得机器的平均停工时间和平均等待维修时间分别为

$$W=\frac{L}{\lambda_e}=\frac{L}{\lambda a} \tag{7.3.3}$$

$$W_q=\frac{L_q}{\lambda_e}=\frac{L_q}{\lambda a} \tag{7.3.4}$$

除此之外,还有一些表示工人空闲程度以及机器停工造成的损失等的指标,它们对实际应用也是很有用的.

$$\text{工人操作效率 } p(c)=\frac{\text{平均工作人数}}{\text{总工人数}}=\frac{\bar{c}}{c}$$

$$\text{工人损失系数 } q(c)=\frac{\text{平均空闲工人数}}{\text{总工人数}}=1-\frac{\bar{c}}{c}$$

$$\text{机器利用率 } u(c)=\frac{\text{平均工作机器数}}{\text{总机器数}}=\frac{a}{m}$$

$$\text{机器损失系数 } r(c)=\frac{\text{等待维修机器数}}{\text{总机器数}}=\frac{L_q}{m}$$

例 7.3.1 设某厂有自动车床若干台,各台的质量是相同的,连续运转时间服从负指数分布,参数为 λ.工人的技术也差不多,排除故障的时间服从负指数分布,参数为 μ.设 $\frac{\lambda}{\mu}=0.1$,有两个方案,方案一:3 个工人独立地各自看管 6 台机器,方案二:3 个工人共同看管 20 台机器,试比较两个方案的优劣.

解 方案一:因为是分别看管,可以各自独立分析,是 3 个 M/M/1/6/6 系统.由上面的公式可求出

$$1-p_0=0.515\ 5,\ \bar{c}=0.515\ 5(\text{个}),\ a=5.155(\text{台})$$

$$L_q=0.329\ 5(\text{台}),\ L=0.845(\text{台}),\ q(1)=0.484\ 5,\ r(1)=0.054\ 9$$

方案二:$m=20$(台),$c=3$(个),$\frac{\lambda}{\mu}=0.1$,可求得

$$\bar{c}\approx 1.787(\text{个}),\ a\approx 17.87(\text{台}),\ L_q\approx 0.339(\text{台})$$

$$L\approx 2.126(\text{台}),\ q(3)\approx 0.404\ 2,\ r(3)\approx 0.016\ 95$$

方案二的机器损失系数、工人损失系数都小于方案一,所以方案二较好.

事实上,对给定的 λ,μ,正整数 c,m,在本节初的假设下,我们能证明如下一般的结论:c 个工人分别独立地各自看管 m 台机器时,工人的损失系数 $q(1)$ 与机器损失系数 $r(1)$ 分别大于 c 个工人共同看管 cm 台机器的相应量 $q(c)$,$r(c)$.这个结果是很直观的,当 c 个工人独自看管时,工人 A 单独看管 m 台机器,某个时候可能有多于 1 台机器发生故障,他只能在 1 台上排除故障,其他的机器等待维修.但可能工人 B 看管的 m 台机器全处于正常运转状态.如果是共同看管,B 就可以去排除 A 看管的等待维修的机器,从而降低损失系数.

2. M/M/c/m+N/m 系统

现在来考虑有备用机器的情况.有 m 台机器进行生产,另有 N 台备用(如飞机引擎、电报局的电传打字机、计算机元件、露天矿的矿车等).当生产的机器发生故障后,就立即用备用件替换下来(如没有备用件,这台机器就停止生产)由工人进行修理.修好后,若正在生产的机器数为 m,则它就加入备用,否则就投入生产.其他假设与 M/M/c/m/m 系统相同.

类似 M/M/c/m/m 系统,可以得到该排队系统的几个数量指标.

当 $c\leqslant N$ 时,

$$\text{平均备用机器数 } L_{备}=\sum_{n=0}^{N-1}(N-n)p_n \tag{7.3.5}$$

$$\text{平均运转机器数 } a=\sum_{n=0}^{N}mp_n+\sum_{n=N+1}^{N+m}(m-n+N)p_n$$

$$\text{平均等待维修的机器数 } L_q=\sum_{n=c}^{N+m}(n-c)p_n \tag{7.3.6}$$

$$\text{平均忙的工人数 } \bar{c}=\sum_{n=0}^{c-1}np_n+c\sum_{n=c}^{N+m}p_n$$

以上几个量的关系为

$$L_{备}+a+L_q+\bar{c}=m+N$$

这个公式是容易理解的.所有的机器(包括备用的)分成:正在运转的 a,等待维修的 L_q,正在维修的 $\bar{c}$,备用的 $L_{备}$.

单位时间平均发生故障的次数

$$\begin{aligned}\lambda_e&=\sum_{n=0}^{N}m\lambda p_n+\sum_{n=N+1}^{N+m}(m-n+N)\lambda p_n\\&=\lambda\Big[\sum_{n=0}^{N}mp_n+\sum_{n=N+1}^{N+m}(m-n+N)p_n\Big]\\&=\lambda a\end{aligned}$$

由 Little 公式,可求得一部机器的平均等待维修时间 W_q 及平均停工时间 W.

$$W_q=\frac{L_q}{\lambda_e}=\frac{\sum_{n=c}^{N+m}(n-c)p_n}{\lambda a} \tag{7.3.7}$$

$$W=\frac{\overline{c}+L_q}{\lambda_e}=\frac{\sum\limits_{n=0}^{c-1} np_n+c\sum\limits_{n=c}^{N+m} p_n+\sum\limits_{n=c}^{N+m}(n-c)p_n}{\lambda a}$$

$$=\frac{\sum\limits_{n=0}^{N+m} np_n}{\lambda_e} \tag{7.3.8}$$

当 $c>N$ 时,即维修工人数大于备用机器数时,当 N 部备用机器都运转时,还有空闲工人,因此当失效机器数 $n\leqslant N<c$ 时,全员生产,当 $n>N$ 时,缺额生产.其他指标都与 $c\leqslant N$时相同.

不难看出,当 λ,μ,m 及 c 给定时,备用机器数 N 越大,越能保证同时有 m 台机器进行生产,即越能以较高的概率 p 保证同时有 m 台机器进行生产,这样单位时间内的总产量就越高.但 N 越大,投资也越大.因此,N 太大也是不合算的,问题是 N 到底取多大为好?

这个问题可以有几种提法.一种是给定 m,λ,μ,c 及保证同时有 m 台机器进行生产的概率不低于给定的 $p(0<p<1)$ 的条件下,求最小的备用机器数 N^*,即

$$N^*=\min\left\{N\ \middle|\ \sum_{n=0}^{N} p_n\geqslant p\right\}$$

分成 $N\geqslant c,N<c$ 两种情况,但 $\sum\limits_{n=0}^{N} p_n$ 的计算公式很复杂,由此来解 N 是很不容易的.通常可以让 N 等于某个常数来求 $\sum\limits_{n=0}^{N} p_n$,看它是否达到 p,然后逐步增加 N,直到 $\sum\limits_{n=0}^{N} p_n\geqslant p$ 为止.

问题也可以改为:给定 m,λ,μ,N 与保证概率 p,求最优工人数 c^*,即

$$c^*=\min\left\{c\ \middle|\ \sum_{n=0}^{N} p_n\geqslant p\right\}$$

若给出费用结构,还可把问题改为求单位时间期望总费用达到最小的最优备用机器 N^*.

例 7.3.2 某露天铁矿山,按设计配备 12 辆卡车参加运输作业(每辆载重量 160 吨,售价 72 万元),备用车 8 辆.要求保证同时有 12 辆车参加运输的概率不低于 0.995. 设每辆车平均连续运输时间为 3 个月,服从负指数分布.有两个修理队负责修理工作,修理时间服从负指数分布,平均修复时间为 5 天.问这个设计是否合理.

解 由假设知,这是 M/M/c/m+N/m 系统,$m=12$(辆),$\frac{1}{\lambda}=3$(月/辆),$\frac{1}{\mu}=\frac{1}{6}$(月/辆),$c=2$(队).

我们有$\frac{m\cdot\lambda}{c\cdot\mu}=0.333\ 3$,$\frac{c\cdot\mu}{\lambda}=36$. 用 $c\leqslant N$ 的公式,求 N,要求 $\sum\limits_{n=0}^{N} p_n\geqslant 0.995$.

设 $N=2$,有 $\sum\limits_{n=0}^{2} p_n=0.947\ 4$. 当 $N=3$ 时,有 $\sum\limits_{n=0}^{3} p_n=0.996\ 8$. 所以 3 辆备用车就能达到要求,原设计用的备用车太多.

当 $N=3$ 时,卡车的利用率 $q(2)=0.793\ 7$.

第7章习题

(A)

1. 设随机变量 ξ 服从负指数分布,分布函数为

$$F(x)=\begin{cases}1-e^{-\lambda x}, & x\geqslant 0\\ 0, & x<0\end{cases}$$

求 ξ 的数学期望 $E(\xi)$ 及方差 $D(\xi)$.

2. 设 $N(t)$ 服从泊松分布

$$P\{N(t)=k\}=\frac{(\lambda t)^k}{k!}e^{-\lambda t},\quad k=0,1,2,\cdots$$

求 $N(t)$ 的数学期望 $E[N(t)]$ 及方差 $D[N(t)]$.

3. 证明负指数分布具有无记忆性,即设 ξ 是随机变量,服从负指数分布,参数为 $\lambda>0$;又设 t, $x>0$,则

$$P\{\xi>t+x\mid\xi>t\}=P\{\xi>x\}=e^{-\lambda x}$$

4. 某单人理发店,顾客到达服从最简单流,平均每小时到达 3 人,理发时间服从负指数分布,平均为 15 分钟,试求

(1) 顾客来理发店不必等待的概率;

(2) 理发店内顾客平均数.

(3) 顾客在理发店内平均停留时间.

(4) 平均到达率提高到多少时,顾客在店内平均停留时间才超过 1.25 小时.

5. 某一系统 $\{N(t),t\geqslant 0\}$,顾客进入该系统服从参数为 λ 的最简单流.在系统中只有一个顾客时,服务时间服从参数为 μ_1 的负指数分布.当系统中有多于一个顾客时,服务时间服从参数为 $\mu_2\left(\mu_2<\mu_1,\dfrac{\lambda}{\mu_2}=\rho<1\right)$ 的负指数分布.试证明系统 $\{N(t),t\geqslant 0\}$ 组成生灭过程,并求出 p_n,p_0,L,L_q,W, W_q 的公式.

6. 在第 5 题中,给出 $\lambda=0.5$(人/分钟),$\mu_1=1.5$(人/分钟),$\mu_2=1$(人/分钟),求出 p_0,p_1,p_2,L, L_q,W,W_q.

7. 系统 $\{N(t),t\geqslant 0\}$,顾客到来服从参数为 λ 的最简单流,但顾客发现系统人多就不愿意排队等候,顾客接受服务的决心大小用概率 α_n 表示,这一概率与系统人数成反比,$\alpha_n=\dfrac{1}{n+1}$,n 表示顾客数.服务时间服从参数为 μ 的负指数分布$\left(\dfrac{\lambda}{\mu}=\rho<1\right)$.试证明这系统组成生灭过程,并求出 p_0,p_n,λ_e, L,L_q,W,W_q.

8. 设有 c 个 M/M/1/∞ 系统,顾客到达服从参数为 $\dfrac{\lambda}{c}$ 的最简单流.服务时间服从参数为 μ 的负指数分布.另有一个 M/M/c/∞ 系统,顾客到达服从参数为 λ 的最简单流,每个服务台都服从参数为 μ 的负指数分布,$\dfrac{\lambda}{\mu}=\rho<1$,试比较这两者的空闲概率 p_0,等待概率 $1-p_0$,等待队长 L_q,队长 L,等待时间 W_q 及逗留时间 W.

9. 某铁路局为经常油漆车厢,考虑了两个方案:方案一是设置一个手工油漆工厂,年总开支为 20

万元(包括固定资产投资、人工费、使用费等),每节车厢油漆时间服从参数 $\mu_1=6$(时)的负指数分布;方案二是建立一个喷漆车间,年总开支费用为 45 万元,每节车厢的油漆时间服从 $\mu_2=3$(时)的负指数分布.设要油漆的车厢按最简单流到达,平均每小时 1/8 节.油漆工厂常年开工(即每年开工时间为365×24=8 760(时)),每节车厢闲置的时间损失为每小时 15 元.问该铁路局应采用哪个方案较好?

*10. 某单位有 10 部电梯,设电梯工作寿命服从负指数分布,平均工作 15 天.有一个修理工,修一部电梯的时间服从负指数分布,平均需时 2 天.求平均发生故障的电梯数及每部电梯平均停工时间.

(B)

1. 已知某机场的值机系统分两类:传统值机和其他值机.传统值机比例为 65%,顾客到柜台办理登机和行李托运手续,每个柜台的平均处理时间为 45 秒/人,最大排队时间 10 分钟;其他值机比例为 35%,顾客自助办完登记后,再到柜台办理行李托运手续.据统计,此系统中 90% 的顾客每人有 0.6 件行李要托运,托运柜台处理时间为 50 秒/人,最大排队时间为 8 分钟.该机场高峰时,每小时到达的人数为 7 128,求机场里满足服务的传统值机柜台和托运柜台的个数.

机场值机柜台和托运柜台设置问题

2. 某工程公司所属碎石场,其任务是将大石块轧碎加工成各种规格的碎石.碎石场的加工过程是:在大石块堆积地(距轧石机水平距离 30 米至 200 米),由小车装料用人工推至轧石机的料斗前,将块石装入料斗,开动卷扬机提升料斗,将料倾倒于斜面槽而置于料台,然后将料装入轧石机轧碎,并经过筛分机筛分,最后经带式运送机卸于料堆.由于各种原因,造成了料斗前小车排队,且有时轧石机空载而等料.现在的问题是

(1) 如何配备小车数,使轧石机空载和小车排队损失之和达到最小.经研究,此系统为 $M/M/1/\infty$ 的排队系统,机械台班产值为 C_1,每个工人工作一班的产值为 C_2,λ 为平均到达率,μ 为服务率.

(2) 已知 $C_1=1\,659$ 元/(台·班),$C_2=41$ 元/(人·班),$\mu=1.62$,试求 λ^*,并根据 $L(\lambda^*)$ 及机械空载率,判断是否需进一步改造该系统的劳动组合;若需改造,可采用料斗旁设立若干空车作为"暂时仓库"的方案.

3. 有一个只有一个泊位的小型卸货专用码头,船舶运送某些特定的货物在此码头卸货.若相邻两艘船到达的时间间隔在 15 min 到 145 min 之间变化,每艘船的卸货时间由船的大小、类型所决定,在 45 min 到 90 min 的范围内变化.

现在需对该码头的卸货效率进行分析,即设法计算每艘船在港口停留的平均时间和最长时间,每艘船等待卸货的时间,卸货设备的闲置时间百分比等.

参考文献

[1] 徐光辉.随机服务系统[M].2 版.北京:科学出版社,1988.

[2] HUNTER J.Mathematical techniques of applied probability,V.2:discrete time models:techniques and applications[M].New York:Academic Press,1983.

[3] COOPER B.Introduction to queueing theory[M].New York:North Holland,1981.

[4] 董泽清.排队论及其应用[M].西安:西安系统工程学会,1983.

[5] 孟玉珂.排队论基础及应用[M].上海:同济大学出版社,1989.

[6] 胡运权,等.运筹学基础及应用[M].7 版.北京:高等教育出版社,2021.

[7] 谭永基,朱晓明,丁颂康,等.经济管理数学模型案例教程[M].2 版.北京:高等教育出版社,2014.

第 8 章
决策分析

决策分析研究从多种可供选择的行动方案中选择最优方案的方法.本章主要介绍决策分析的基本概念和基本方法,重点介绍风险型决策分析和不确定型决策分析,结合实际例子给出各种决策问题的解法并对各种方法进行分析和比较,另外还将介绍效用函数和信息价值的应用.

§8.1 决策分析的基本概念

本节介绍决策分析的基本概念,包括决策、决策过程、决策的不同类型等.然后再通过几个数学模型来说明这些概念.

1. 决策分析的基本概念

决策是指人们为达到某一目标从几种不同的行动方案中选出最优方案做出的抉择.决策分析研究从多种可供选择的行动方案中选择最优方案的方法.它在现代管理科学中起着十分重要的作用.世界著名经济学家 H.A.Simon 提出"管理就是决策",他认为经济管理的中心任务就是决策.

一个完整的决策过程通常包括以下几个步骤:确定目标、收集信息、制订方案、选择方案、执行决策并利用反馈信息进行控制.决策过程往往与多种因素有关.在这里我们主要介绍一些定量决策的方法.决策问题通常分为三种类型:确定型决策、风险型决策和不确定型决策.

确定型决策是在完全掌握未来的外界状态情况下做出决策.决策者掌握决策所需的各种信息.决策者面临多种可供选择的方案,但每种方案只可能有一种后果.

风险型决策是在不完全掌握未来的外界情况,但知道未来外界状态的概率分布的情况下做出决策.在这种情况下决策者不仅面临多种方案可供选择,而且每种方案还面临多种后果.每种后果出现的可能性是可以预测的.

不确定型决策是在未来状态的概率分布也未知的情况下做出决策.决策者只能掌握各种方案可能出现的后果,但不知道各种后果发生的概率.

在后面的几节中我们将分别介绍解决这三类决策问题的具体方法.本节首先介绍建立决策的数学模型所用到的一些基本概念.

（1）状态集

把决策的对象统称为一个系统.系统处于不同的状况称为**状态**.它是由不可控制的自然因素所引起的结果,故称为**自然状态**.把自然状态数量化得到一个状态变量,也称为随机变量.所有可能的自然状态所构成的集合称为**状态集**,记为$S=\{x\}$,其中 x 是状态变量,它可以是离散型的,也可以是连续型的.系统中每种状态发生的概率记为 $P(x)$.

（2）决策集

为达到预想的目标提出的每一个行动方案称为**决策方案**,简称为**方案**.将其数量化后称为**决策变量**,记为 a.决策变量的全体构成的集合称为**决策集**,记为$A=\{a\}$.它可以是离散型的,也可以是连续型的.本章主要研究状态集和决策集都是有限集的情况.

（3）报酬函数

报酬函数是定义在 $A\times S$ 上的一个二元实值函数 $R(a,x)$.根据决策问题的实际意义,报酬值 $R(a,x)$ 可以表示在状态 x 出现时,决策者采取方案 a 所得到的收益值或损失值.在一个决策问题中,如果 $R(a,x)=r$ 表示收益值(损失值),那么当 r 是正值时,表示收益值(损失值)为 r;当 r 是负值时,表示损失值(收益值)是 $-r$.

状态集、决策集和报酬函数是构成一个决策问题的最基本的要素.

（4）决策准则

决策者为了寻找最佳决策方案而采取的准则称为**决策准则**,记为 Φ.最优值是目标的数目标志,最优值对应的方案称为最优方案.一般选取决策准则使收益尽可能大而损失尽可能小.由于决策者对收益、损失价值的偏好程度不同,对同一决策问题,不同的决策者会采取不同的决策准则.

2. 决策的数学模型

除非特殊说明,以下我们总假定决策问题的状态集和决策集都是有限集.一个决策问题的数学模型由状态集 S、决策集 A、报酬函数 $R(a,x)$ 和决策准则 Φ 构成.因此可用解析法写出上述集合、函数和准则来表示一个决策问题的数学模型.另外,经常用决策表或决策树来表示一个决策问题的数学模型.决策树将在 § 8.2 给出.

设 $S=\{x_1,x_2,\cdots,x_n\}$,$A=\{a_1,a_2,\cdots,a_m\}$,$R(a_i,x_j)=r_{ij}$.令 $p(x_j)$ 表示状态 x_j 产生的概率.通常可用表 8.1.1 的决策表来表示一个决策问题的数学模型.

表 8.1.1

$R(a,x)$		S			
		x_1	x_2	$\cdots$	x_n
		$p(x_1)$	$p(x_2)$	$\cdots$	$p(x_n)$
A	a_1	r_{11}	r_{12}	$\cdots$	r_{1n}
	a_2	r_{21}	r_{22}	$\cdots$	r_{2n}
	$\vdots$	$\vdots$	$\vdots$		$\vdots$
	a_m	r_{m1}	r_{m2}	$\cdots$	r_{mn}

选定了决策准则 Φ,便可根据 Φ 求出最优方案和最优值.

§8.2　风险型决策分析

本节介绍进行风险型决策分析的条件、步骤和方法，主要介绍最大可能法、期望值法，并讨论决策树技术的应用.

1. 进行风险型决策分析的基本条件和方法

风险型决策是指决策者对未来的情况无法做出肯定的判断，但可以借助于统计资料推算出各种情况发生的概率.这时的决策分析就称为风险型决策分析.进行风险型决策分析时，被决策的问题应具备下列条件：

(1) 存在决策者希望达到的一个明确目标；

(2) 存在两种或两种以上的自然状态；

(3) 存在可供决策者选择的不同方案；

(4) 可以计算出各种方案在各种自然状态下的报酬值；

(5) 可以确定各种自然状态产生的概率.

进行风险型决策分析首先要掌握决策所需的有关资料和信息，明确存在的状态集 $S=\{x\}$ 以及 x 发生的概率 $p(x)$，明确可供选择的决策集 $A=\{a\}$.然后计算报酬函数 $R(a,x)$，建立决策的数学模型，根据决策目标选择决策准则，从而找出最优方案.

一个风险型决策的数学模型可用表 8.1.1 所示的决策表来表示，也可以用决策树来表示.我们将在后面详细讨论这种方法.

由于风险型决策的自然状态是不确定的，至少有两种自然状态且每种自然状态出现的概率是知道的，故任何一种决策都要冒一定的风险.本节介绍两种最基本的风险型决策分析方法.

(1) 最大可能法

最大可能法是将风险型决策化为确定型决策而进行决策分析的一种方法.一个事件的概率越大，它发生的可能性就越大.基于这种思想，在风险型决策中选择一个概率最大的自然状态进行决策，把这种自然状态发生的概率看成 1，而其他自然状态发生的概率看成 0，这样，认为系统只存在一种确定的自然状态，用确定型决策分析方法来进行决策.

例 8.2.1　某农场要在一块地里种一种农作物，有三种可供选择的方案，即种蔬菜、小麦或棉花.根据过去的经验和大量调查研究发现天气干旱、天气正常和天气多雨的概率分别为 0.2，0.7，0.1. 每种农作物在三种天气下获利情况如表 8.2.1 所示.为获得最大利润应如何决策？

解　该问题的决策目标是获得最大利润，状态集 $S=\{x_1,x_2,x_3\}$，其中 x_1,x_2,x_3 分别表示天气干旱、天气正常、天气多雨.三种自然状态发生的概率分别为 $p(x_1)=0.2$，$p(x_2)=0.7$，$p(x_3)=0.1$，决策集 $A=\{a_1,a_2,a_3\}$，其中 a_1,a_2,a_3 分别表示种蔬菜、种小麦、种棉花三种方案.报酬函数如表 8.2.1 所示.

表 8.2.1

利润/元		天气情况		
		天气干旱	天气正常	天气多雨
		0.2	0.7	0.1
方案	种蔬菜	1 000	4 000	7 000
	种小麦	2 000	5 000	3 000
	种棉花	3 000	6 000	2 000

$$R(a_1,x_1)=1\ 000,\ R(a_1,x_2)=4\ 000,\ R(a_1,x_3)=7\ 000$$

$$R(a_2,x_1)=2\ 000,\ R(a_2,x_2)=5\ 000,\ R(a_2,x_3)=3\ 000$$

$$R(a_3,x_1)=3\ 000,\ R(a_3,x_2)=6\ 000,\ R(a_3,x_3)=2\ 000$$

概率最大的自然状态是 x_2,它产生的概率是 0.7,即天气正常的可能性最大.用最大可能法进行决策.我们只考虑这一种自然状态.于是决策准则 $\Phi:\max\limits_{a_i\in A}\{R(a_i,x_2)\}$.易见决策的最优值是 $R(a_3,x_2)=6\ 000$,对应的最优方案为 a_3,即农场应在这块地里种棉花.

一般地,用最大可能法进行风险型决策分析的步骤是

第 1 步　明确决策目标,收集与决策问题有关的信息;

第 2 步　找出所有可能出现的自然状态所构成的集合 $S=\{x\}$,并根据有关资料和经验确定各种自然状态发生的概率 $p(x)$;

第 3 步　列出可供选择的不同方案 $A=\{a\}$;

第 4 步　确定报酬函数 $R(a,x)$;

第 5 步　建立决策模型,通常列出决策表,计算出每个方案在概率最大时的自然状态,如 x_{j0}下的报酬值为 $R(a,x_{j0})$;

第 6 步　确定决策准则,找出最优方案.决策准则通常为

$$\Phi:\max_{a\in A}\{R(a,x_{j0})\}\text{或}\min_{a\in A}\{R(a,x_{j0})\}$$

(2) 期望值法

期望值法是进行风险型决策分析常用的一种方法.用这种方法进行决策是选择期望报酬值最大(或最小)的方案为最优方案.与最大可能法相比较,进行决策分析的前面 4 步相同,在第 5 步列出决策表后,要计算每个方案的期望报酬值 $E(R(a,x))$.当状态变量 x 是离散型随机变量时,

$$E(R(a,x))=\sum_{x\in S}p(x)R(a,x)$$

当状态变量 x 是连续型随机变量且其概率密度函数是 $p(x)$时,

$$E(R(a,x))=\int_S R(a,x)p(x)\,\mathrm{d}x$$

在第 6 步中决策准则为

$$\Phi:\ \max_{a\in A}\{E(R(a,x))\}$$

或 $$\Phi: \min_{a\in A}\{E(R(a,x))\}$$

例 8.2.2 用期望值法解例 8.2.1.

解 决策者的目标是获得尽可能大的利润.状态集 $S=\{x_1,x_2,x_3\}$,决策集 $A=\{a_1,a_2,a_3\}$.x_i 发生的概率和报酬函数如表 8.2.1 所示.下面计算每个方案 a_i 的期望报酬值:

$$E(R(a_1,x))=0.2\times1\ 000+0.7\times4\ 000+0.1\times7\ 000=3\ 700$$

$$E(R(a_2,x))=0.2\times2\ 000+0.7\times5\ 000+0.1\times3\ 000=4\ 200$$

$$E(R(a_3,x))=0.2\times3\ 000+0.7\times6\ 000+0.1\times2\ 000=5\ 000$$

决策准则 $\Phi:\max\limits_{a\in A}\{E(R(a,x))\}$.决策的最优值为 5 000 元,对应的最优决策为 a_3,即应在这块地里种棉花.

对例 8.2.1 用期望值法和最大可能法进行决策分析得到的最优方案是相同的,但最优值并不相同.这是因为风险型决策分析得到的最优值与决策者的主观意志有关,并不是真正的最优值.这种决策方法有一定的风险,但实践证明效果还是比较好的.另一方面要注意,并不是对所有的问题用最大可能法和期望值法进行决策分析都能得到同样的最优方案.例如,将例 8.2.1 中每种状态发生的概率改为 $p(x_1)=0.3$,$p(x_2)=0.4$,$p(x_3)=0.3$,则方案 a_1,a_2,a_3 的期望报酬值将分别为 4 000 元,3 500 元,3 900 元.用期望值法进行决策分析应选 a_1 为最优方案.而用最大可能法进行决策分析,则最优方案应为 a_3. 这里各种状态发生的概率很相近,用最大可能法进行决策分析,误差就较大,在这种情况下,用期望值法比用最大可能法进行决策分析更好.一般来说,当各种自然状态中有一种状态发生的概率特别大,而在每个方案在各种自然状态下的报酬值差别又不是很大的情况下,用最大可能法进行决策分析效果较好,否则用期望值法进行决策分析效果较好.

2. 决策树

决策树是如图 8.2.1 所示的一棵水平的树.图中的方框,即树的根,称为**决策点**.从该点引出的 m 个分支称为**方案枝**,表示各种可行方案.各方案枝末端的圆圈称为**状态点**.从该点引出的几个分支称为**概率枝**,上面标出每个状态发生的概率.概率枝末端的三角符号表示报酬,它后面的数字表示某个方案在某种状态下的报酬值.

用决策树来表示一个风险型决策模型,比较直观,便于对问题未来的发展情况进行预测,能随意删去非最优方案分支.在增加新的情况时也可随时增添新的分支.利用决策树进行决策分析的方法称为**决策树法**,它实际上是期望值法的图解形式.

用决策树进行风险型决策分析的步骤基本上与期望值法相同,只是用决策树来代替决策表.根据所知道的信息 $A,S,p(x)$ 和 $R(a,x)$,按上面的方法画出决策树,然后从右向左进行分析.每个状态点引出的概率枝右端的报酬值乘每种状态发生的概率之和就是每个方案对应的期望报酬值 $E(R(a_i,x))$,将它标在对应的状态点的上方.若决策目标是效益最大,就选择决策准则为 $\Phi:\max\limits_{a_i\in A}\{E(R(a_i,x))\}$;若决策目标是损失最小,就选择决策准则 $\Phi:\min\limits_{a_i\in A}\{E(R(a_i,x))\}$.将最优值写在决策点的上方,对应最优值的方案枝为最优方案.将其

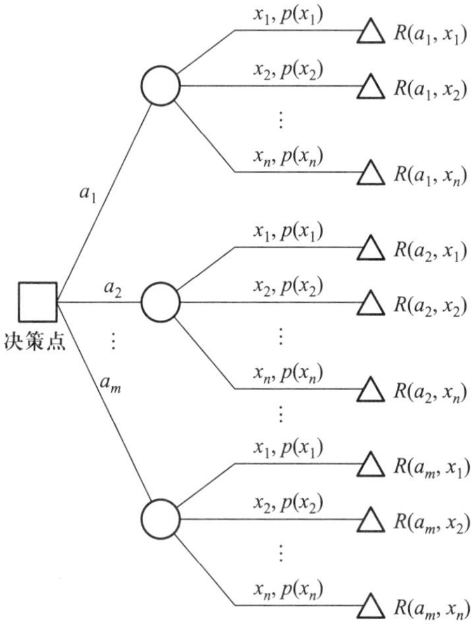

图 8.2.1

他的方案枝标上符号“//”,表示被剪掉.

在实际问题中有大量非常复杂的决策问题,用决策树来进行决策分析比用决策表更直观.

例 8.2.3　某企业欲开发一种新产品,对产品在未来 10 年内的销售情况分两个阶段做出预测.预测前 3 年和后 7 年销路都好的概率是 0.5,前 3 年销路好而后 7 年销路差的概率是 0.3,前 3 年和后 7 年销路都差的概率是 0.2. 现有三个方案可供选择:方案甲是新建三个车间投产;方案乙是新建两个车间投产;方案丙是首先新建一个车间投产,如果前 3 年销路好,再考虑是否扩建两个新车间.各种方案的投资费用和利润如表 8.2.2 所示.试利用决策树法进行决策分析.

表 8.2.2

方案	投资额/万元		年利润/万元			
	当前	3 年后	前 3 年		后 7 年	
			销路好	销路差	销路好	销路差
甲	300	0	100	-30	100	-30
乙	200	0	60	20	60	20
丙	100	扩建 250	30	30	100	-30
		不扩建 0	30	30	30	30

解　我们分两个阶段来分析.前 3 年有两种自然状态,$S_1=\{x_1,x_2\}$,其中x_1,x_2分别表示前 3 年销路好和销路差.后 7 年也有两种自然状态,$S_2=\{x_3,x_4\}$,其中 x_3,x_4 分别

表示后 7 年销路好和销路差.设 $S=\{z_1,z_2,z_3,z_4\}$,其中 $z_1=x_1x_3$,$z_2=x_1x_4$,$z_3=x_2x_3$,$z_4=x_2x_4$.$z_1=x_1x_3$ 表示前 3 年销路好而后 7 年销路也好,其他的 z_j 类似地定义.由已知条件知

$$p(z_1)=0.5,\ p(z_2)=0.3,\ p(z_3)=0,\ p(z_4)=0.2$$

一开始决策集 $A=\{a_1,a_2,a_3\}$,其中 a_1,a_2,a_3 分别表示方案甲、乙、丙.对方案丙,3 年后又有两个方案 a_4 和 a_5 可以选择,其中 a_4 表示扩建两个新车间,而 a_5 表示不扩建.由问题的条件知

$$p(x_1)=0.5+0.3=0.8,\ p(x_2)=0.2$$

由条件概率公式知

$$p(x_3\mid x_1)=\frac{p(x_1\cap x_3)}{p(x_1)}=\frac{0.5}{0.8}=\frac{5}{8}$$

$$p(x_4\mid x_1)=1-p(x_3\mid x_1)=1-\frac{5}{8}=\frac{3}{8}$$

画出决策树如图 8.2.2 所示.

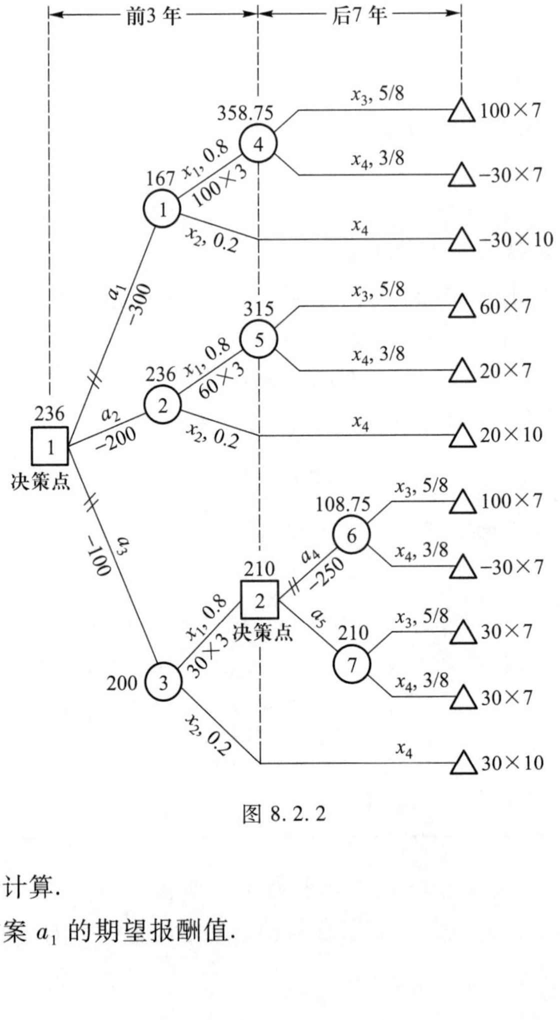

图 8.2.2

从右到左进行计算.

(1) 先计算方案 a_1 的期望报酬值.

状态点④的期望报酬值

$$E_1=100\times7\times\frac{5}{8}+(-30)\times7\times\frac{3}{8}=358.75(\text{万元})$$

方案 a_1，即状态点①的期望报酬值

$$E_2=(100\times3+358.75)\times0.8+(-30)\times10\times0.2-300=167(\text{万元})$$

(2) 计算方案 a_2 的期望报酬值.

状态点⑤的期望报酬值

$$E_3=60\times7\times\frac{5}{8}+20\times7\times\frac{3}{8}=315(\text{万元})$$

方案 a_2，即状态点②的期望报酬值

$$E_4=(60\times3+315)\times0.8+20\times10\times0.2-200=236(\text{万元})$$

(3) 计算方案 a_3 的期望报酬值.

先计算状态点⑥的期望报酬值

$$E_5=100\times7\times\frac{5}{8}+(-30)\times7\times\frac{3}{8}-250=108.75(\text{万元})$$

状态点⑦的期望报酬值

$$E_6=30\times7=210(\text{万元})$$

这样，在决策点 $\boxed{2}$ 应选择方案 a_5 而舍弃方案 a_4，即不扩建新车间. 下面计算状态点③，即方案 a_3 的期望报酬值

$$E_7=(30\times3+210)\times0.8+30\times10\times0.2-100=200(\text{万元})$$

取期望报酬值最大的方案为最优方案，则应选择 a_2 为最优方案，即企业应新建两个新车间来生产新产品，10 年可获期望利润 236 万元.

决策树法可以直观地对各种方案加以比较，特别适合于有多种自然状态和决策方案的情况以及多级决策问题. 决策树能起到类似于框图在编写计算机程序中的作用. 它能够使我们在相互不同的决策迷宫中找出一条最优的可行道路. 另外，决策树法便于集体决策.

§ 8.3 不确定型决策分析

本节讨论不确定型决策问题，介绍五种进行不确定型决策分析的方法：乐观法、悲观法、乐观系数法、后悔值法和等可能法.

1. 不确定型决策分析的条件

不确定型决策分析是指决策者对未来的情况虽有一定了解，但又无法确定各种自然状态发生的概率. 这时的决策分析就是不确定型决策分析. 进行不确定型决策分析

时,被决策的问题应具有下列条件:

(1) 存在决策者希望达到的一个明确目标;

(2) 存在两种或两种以上的自然状态;

(3) 存在可供决策者选择的不同方案;

(4) 可以计算出各种方案在各种自然状态下的报酬值.

如果知道各种自然状态发生的概率,不确定型决策就成为一个风险型决策.在实际问题中常常遇到不确定型决策问题.例如,有关新产品的销路问题,一种新股票发行的变化问题等.对这类问题,没有决定各种自然状态发生概率的过去经验.

对于不确定型决策问题,决策者无法计算出每个方案的期望报酬值,在理论上没有一个最优决策准则让决策者选择.对这类问题存在几种不同的决策分析方法,这些方法都有其合理性,具体选择哪一种,要取决于决策者的态度和经济实力等.

2. 不确定型决策分析的基本方法

下面介绍进行不确定型决策分析的五种常用的方法,为了叙述方便,以下我们总假定报酬值表示收益值.

(1) 乐观法

决策者从最乐观的观点出发,对每个方案按最有利的状态发生来考虑问题,即求出每个方案在各种自然状态下的最大报酬值.然后从中选取各最大报酬值中最大的方案为最优方案,即决策准则为

$$\Phi:\max_{a\in A}\{\max_{x\in S}\{R(a,x)\}\}$$

例 8.3.1　夏季某商店打算购进一种新潮服装.新潮服装的销量预计可能为1 000件、1 500 件、2 000 件、2 500 件.每件新潮服装的购进价是 100 元,售价是 120 元.如果购进的服装夏季卖不完,那么处理价为每件 80 元.为获得最大销售利润,问从最乐观的观点出发商店应如何进行决策?

解　这个问题中状态集 $S=\{x_1,x_2,x_3,x_4\}$,其中 x_1,x_2,x_3 和 x_4 分别表示新潮服装的夏季销量为 1 000 件、1 500 件、2 000 件、2 500 件;而决策集 $A=\{a_1,a_2,a_3,a_4\}$,其中 a_1,a_2,a_3,a_4 分别表示购进新潮服装 1 000 件、1 500 件、2 000件和 2 500 件;报酬值为利润(单位:万元),如表 8.3.1 所示.

表 8.3.1

$R(a,x)$/万元		S			
		x_1 (1 000)	x_2 (1 500)	x_3 (2 000)	x_4 (2 500)
A	a_1(1 000)	2	2	2	2
	a_2(1 500)	1	3	3	3
	a_3(2 000)	0	2	4	4
	a_4(2 500)	-1	1	3	5

由表 8.3.1 知方案 a_1,a_2,a_3 和 a_4 在各种自然状态下的最大报酬值分别为 2 万元、3 万元、4 万元和 5 万元，其中最大者为 5 万元.最优方案应为 a_4，即购进 2 500 件新潮服装是乐观意义下的最优方案.显然这并不是实际意义下的最优方案，因为采取这种方案有可能亏损1 万元.

（2）悲观法

悲观法也称为 Wald 决策法.决策者从最保守的观点出发，对客观情况做最坏的估计，对每个方案按最不利的状态发生来考虑问题，然后在最坏的情况下选出最优方案.用这种方法进行决策分析，首先计算出每个方案在各种自然状态下的最小报酬值，然后从中选出最大者对应的方案为最优方案，决策准则为

$$\Phi:\max_{a\in A}\{\min_{x\in S}\{R(a,x)\}\}$$

下面用悲观法解例 8.3.1.

解　首先求出各个方案在各种自然状态下的最小报酬值.由表 8.3.1 易见方案 a_1,a_2,a_3 和 a_4 在各种自然状态下的最小报酬值分别为 2 万元、1 万元、0 万元和−1 万元，其中最大者是 2 万元.对应的最优方案为 a_1，即购进 1 000 件新潮服装在悲观意义下是最优方案.

（3）乐观系数法

乐观系数法也称为 Hurwicz 决策法.Hurwicz 认为决策者不应该是完全乐观的，否则，就仿佛生活在一个完全理想的世界中.为了克服完全乐观的情绪，他引入了乐观系数的概念，这就意味着决策者不但要考虑最大和最小的报酬值，而且要根据一些概率因素权衡它们的重要性.用这种方法进行决策分析，首先要确定一个乐观系数 α，使 $0\leqslant\alpha\leqslant1$，它表示决策者的乐观程度；当 $\alpha=0$ 时，决策者感到完全悲观；当 $\alpha=1$ 时，决策者感到完全乐观.然后认为最有利状态发生的概率为 α，最不利状态发生的概率为 $1-\alpha$，此时决策准则为

$$\Phi:\max_{a\in A}\{\alpha\max_{x\in S}\{R(a,x)\}+(1-\alpha)\min_{x\in S}\{R(a,x)\}\}$$

不难看出当 $\alpha=1$ 时，上述准则就是乐观准则，当 $\alpha=0$ 时，上述准则就是悲观准则.α 的选取由决策者决定.

设乐观系数 $\alpha=0.6$. 用乐观系数法解例 8.3.1.

解　$\alpha=0.6$，则 $1-\alpha=0.4$. 令

$$E_i=\alpha\max_{x\in S}\{R(a_i,x)\}+(1-\alpha)\min_{x\in S}\{R(a_i,x)\}$$

由表 8.3.1 中的数据知

$$E_1=0.6\times2+0.4\times2=2.0$$

$$E_2=0.6\times3+0.4\times1=2.2$$

$$E_3=0.6\times4+0.4\times0=2.4$$

$$E_4=0.6\times5+0.4\times(-1)=2.6$$

其中 E_4 最大，故 a_4 为最优方案，即当乐观系数为 0.6 时，购进 2 500 件新潮服装是最优方案.

（4）后悔值法

后悔值法也称 Savage 决策法.Savage 指出决策者在他已经做了决策并且自然状

态发生了以后，可能会后悔.他可能希望选一个完全不同的决策方案.于是 Savage 提出了一种使后悔值尽量小的决策分析方法，即后悔值法.采取某种方案的后悔值等于某个状态下的最大报酬值减去某方案的报酬值，即在状态 x 下方案 a 的后悔值为

$$\mathrm{RV}(a,x)=\max_{a\in A}\{R(a,x)\}-R(a,x)$$

后悔值法的决策准则是在所有方案的最大后悔值中选取最小值所对应的方案为最优方案，即决策准则为

$$\Phi:\min_{a\in A}\{\max_{x\in S}\{\mathrm{RV}(a,x)\}\}$$

下面用后悔值法解例 8.3.1.

解　首先根据表 8.3.1 计算在状态 x_j 下方案 a_i 的后悔值，然后计算方案 a_i 的最大后悔值，计算结果如表 8.3.2 所示.

表 8.3.2

RV(a,x)		S				maxRV
		x_1	x_2	x_3	x_4	
A	a_1	0	1	2	3	3
	a_2	1	0	1	2	2
	a_3	2	1	0	1	2
	a_4	3	2	1	0	3

这样，

$$\min_{a\in A}\{\max_{x\in S}\{\mathrm{RV}(a,x)\}\}=\min\{3,2,2,3\}=2$$

对应的最优方案为 a_2 或 a_3，即购进 1 500 件或 2 000 件新潮服装为最优方案.2 万元是决策者可能遭受的最大的后悔值中最小的.当决策者采用方案 a_1 或 a_4 时，他遭受的后悔值可能比这个值大.

这种方法大量地应用在一个长过程中的单个计划的决策问题，使得对每个计划平均来说后悔值最小.

(5) 等可能法

等可能法也称 Laplace 决策法.这个方法假定各种自然状态都有相同的机会发生，即它们发生的概率都相同.这样就把一个不确定型决策化为一个风险型决策来进行分析.选择期望报酬值最大的方案为最优方案.

假定状态集 $S=\{x_1,x_2,\cdots,x_n\}$，决策集 $A=\{a_1,a_2,\cdots,a_m\}$，报酬函数为 $R(a_i,x_j)$，则决策准则为

$$\Phi:\max_{a_i\in A}\left\{\frac{1}{n}\sum_{j=1}^{n}R(a_i,x_j)\right\}$$

下面用等可能法解例 8.3.1.

解　由表 8.3.1 的数据知 $n=4$，于是

$$\frac{1}{4}\sum_{j=1}^{4}R(a_1,x_j)=\frac{1}{4}(2+2+2+2)=2$$

$$\frac{1}{4}\sum_{j=1}^{4}R(a_2,x_j)=\frac{1}{4}(1+3+3+3)=2.5$$

$$\frac{1}{4}\sum_{j=1}^{4}R(a_3,x_j)=\frac{1}{4}(0+2+4+4)=2.5$$

$$\frac{1}{4}\sum_{j=1}^{4}R(a_4,x_j)=\frac{1}{4}(-1+1+3+5)=2$$

这样最优方案为 a_2 或 a_3,即购进 1 500 件或 2 000 件新潮服装是最优方案.

由上面的例子易见,对同一个不确定型决策问题,用不同的方法进行决策分析得到不同的结果.究竟采取哪种方法好? 这取决于决策者的态度、财力、物力、目标和策略等.一般来说,如果决策者是一个大公司,而决策问题是公司的一个局部问题,他们往往采用乐观法,一旦失败,也不会给公司造成很大的损失.反之,如果决策者是一个小公司,而决策的问题影响公司的全局,他往往倾向于悲观法,选一个较为保守的方法,当然如果能设法测定各种自然状态发生的概率,就可将问题转化为风险型决策,将会得到较好的结果.

§ 8.4 效用函数和信息的价值

为了提高决策分析的准确性,本节引进了效用函数概念,并且讨论了效用函数在风险型决策分析中的应用.本节还讨论了信息的价值及其应用,并给出具体的应用实例.

1. 效用函数及其应用

用期望值法进行决策分析求得的最优方案是期望报酬值最大意义下的方案.它只能保证在统计意义上达到预期目标,即当决策问题多次反复出现时,用期望报酬值最优来指导决策效果较好.在一次具体实践中,期望报酬值不一定是实际报酬值.例如,例 8.2.1中的期望报酬值是 5 000 元.但如果自然状态是天气正常,种棉花的实际报酬值是 6 000 元,多于期望报酬值.如果天气干旱或多雨,实际报酬值是 3 000 元或2 000 元,少于期望报酬值.这样看来,追求期望报酬值是有风险的.而不同的决策者对待风险的态度是不同的.例如,有一个风险型决策问题,如图 8.4.1 所示,其中状态集 $S=\{x_1,x_2\}$,x_1,x_2 发生的概率分别是 $p(x_1)=0.7$,$p(x_2)=0.3$,决策集 $A=\{a_1,a_2\}$.报酬函数 $R(a_1,x_1)=10$,$R(a_1,x_2)=-3$,$R(a_2,x_1)=R(a_2,x_2)=5$,单位为万元.用期望值法进行决策分析,应取方案 a_1 为最优方案,它的期望报酬值为

$$E(R(a_1,x))=0.7\times10+0.3\times(-3)=6.1(\text{万元})$$

假定这里报酬值表示收益值.实施方案 a_1,有 70%的可能获得 10 万元,但也有30%的可能亏损 3 万元.不同的决策者会采取不同的态度.对不愿冒险的决策者来说,他宁愿采取方案 a_2,而舍弃方案 a_1,这样他肯定能得到 5 万元的收入.在他看来方案 a_2

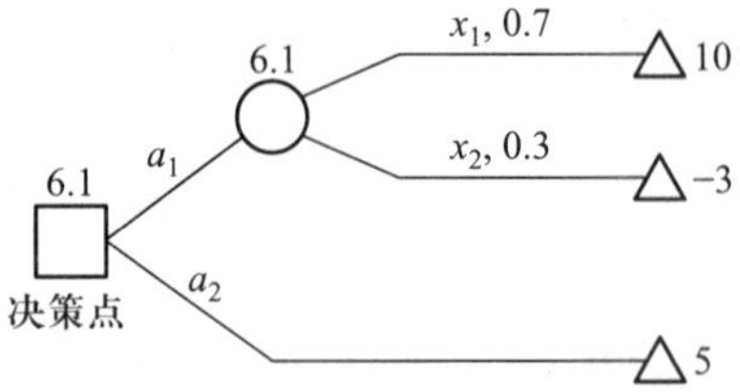

图 8.4.1

比 a_1 好.对另外的决策者来说,他宁愿选择 a_1,因为有很大的可能收入 10 万元,即他认为 a_1 比 a_2 好.另外,同一个结果,不同的人会有不同的看法.例如某个方案能收入1 000元,对一个拥有 100 万元的人来说,他可能会放弃,但对一个只有 500 元的人来说,他很可能会采取.这样看来,不同的决策者对同一个报酬值的看法可能不同,因而会做出不同的决策.为了对决策者对报酬值的偏好程度给出一个数量标志,就引进了效用函数的概念,它表示决策者对风险的态度.

一个决策问题中所有报酬的集合称为**报酬集**,记为 R.这里报酬可以有广泛的含义,可以指结果、效益值、损失值等.设 $r_1,r_2\in R$.如果一个决策者认为 r_1 优于 r_2,那么说他对 r_1 比 r_2 偏好,用 $r_1 > r_2$ 或 $r_2 < r_1$ 表示;如果他认为 r_1 和 r_2 相当,那么称 r_1 和 r_2 等价,记为 $r_1\sim r_2$. 这样就在 R 的元素之间建立了一种偏好关系.它满足下面的公理.

公理 8.4.1　$r_1,r_2\in R$,则下面的三个关系有且只有一个成立:$r_1<r_2$,$r_1>r_2$,$r_1\sim r_2$.

公理 8.4.2　设 $r_1,r_2,r_3\in R$,$r_1<r_2$ 且 $r_2<r_3$,则 $r_1<r_3$.

效用函数是定义在报酬集 R 上的一个实数值函数 $u(r)$.它满足下面的条件:当 $r_1>r_2$ 时,$u(r_1)>u(r_2)$;当 $r_1\sim r_2$ 时,$u(r_1)=u(r_2)$.$u(r)$ 称为 r 的**效用值**,它反映了决策者对 r 的偏好程度.对同一个决策问题,不同的决策者的效用函数可能不同.

一个方案 a 的效用值 $u(a)$ 定义为

$$u(a)=\sum_{x\in S}p(x)u(R(a,x))$$

这里假定 x 是离散型随机变量.

下面给出确定效用函数值的方法.设 r^* 和 r_* 分别是报酬集 R 中的最大元和最小元. 为了方便起见,不妨设 $u(r^*)=1$,$u(r_*)=0$,由 $u(r)$的性质知,对 $r_*\leqslant r\leqslant r^*$,则有$0\leqslant u(r)\leqslant 1$.下面说明如何确定 $u(r)$.在图 8.4.1 所示的决策问题中,若令 $u(10)=1$,$u(-3)=0$,如果决策者认为方案 a_2 比方案 a_1 好,即他认为 5 万元的效用值大于 a_1 的效用值,调整方案 a_2 的报酬值,直到决策者认为两个方案相当为止.例如,方案 a_2' 表示以概率 1 得到 4 万元的收入,决策者认为 a_1 与 a_2' 相当,这时 4 万元的效用值等于方案 a_1 的效用值,即

$$u(4)=1\times 0.7+0\times 0.3=0.7$$

另一方面,可以调整方案 a_1 中的概率,直到决策者认为两个方案相当为止.如果方案 a_1' 表示得到 10 万元收入的概率是 0.8,而亏损 3 万元的概率是 0.2,而决策者认为 a_1' 与 a_2 相当,即他认为 5 万元的效用值与方案 a_1' 的效用值相等,亦即

$$u(5)=1\times 0.8+0\times 0.2=0.8$$

一般地,设 $r_1,r_2\in R$,$r_1<r<r_2$. 如果决策者认为以概率 p 得到 r_1 而以概率 $1-p$ 得到 r_2

与以概率 1 得到报酬 r 相当，则

$$u(r)=pu(r_1)+(1-p)u(r_2)$$

特别地，若 $u(r_2)=1$，$u(r_1)=0$，则 $u(r)=1-p$. 设 $u(r_1)$ 和 $u(r_2)$ 已知，且 $r_1<r_2<r$. 如果决策者认为以概率 p 得到报酬 r_1 而以概率 $1-p$ 得到报酬 r 与以概率 1 得到报酬 r_2 相当，那么

$$u(r_2)=pu(r_1)+(1-p)u(r)$$

于是

$$u(r)=\frac{u(r_2)-pu(r_1)}{1-p}$$

类似地，当 $r<r_1<r_2$ 时，如果决策者认为以概率 p 得到报酬 r，以概率 $1-p$ 得到报酬 r_2 与以概率 1 得到报酬 r_1 相当，那么

$$u(r_1)=pu(r)+(1-p)u(r_2)$$

于是

$$u(r)=\frac{u(r_1)-(1-p)u(r_2)}{p}$$

用这种方法我们可以得到一个决策者的效用函数. 在直角坐标系里，用横坐标表示报酬 r，纵坐标表示效用函数值 $u(r)$，画出的曲线称为**效用曲线**. 效用曲线分为三种基本类型. 图 8.4.2所示的效用曲线，其中 $u_1(r)$ 是凹的，通常称为**保守型效用曲线**；$u_2(r)$ 是一条直线，称为**中间型效用曲线**；$u_3(r)$ 是凸的，通常称为**冒险型效用曲线**. 这三种不同的效用曲线对应的效用函数分别称为凹函数、直线型函数和凸函数. 在实际中，效用函数很复杂. 由决策者的意志所决定，它在某些区间可能是凹的，在某些区间可能是凸的等.

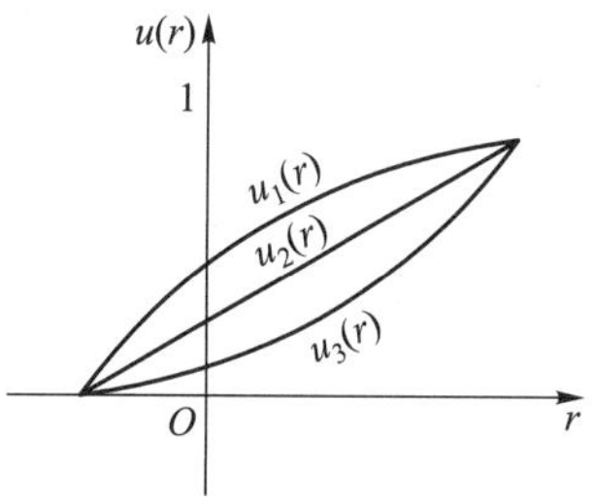

图 8.4.2

在风险型决策分析中用期望报酬值最优来选择最优方案是有风险的. 不同的决策者对风险的态度不同. 利用效用函数来代替报酬函数进行决策分析，决策结果就比较充分地反映了决策者的意愿. 利用效用函数进行决策分析就是在期望值法中用效用函数代替报酬函数.

例 8.4.1 某工厂欲生产一种新产品. 有两种生产方案可供选择，即年产 2 万吨和年产 5 万吨. 根据市场预测知道产品销路有好、中、差、滞销四种情况. 这几种情况发生的概率和两个方案在各种情况中的经济效益如表 8.4.1所示.

表 8.4.1

年利润/万元		销路			
		好	中	差	滞销
		0.3	0.4	0.2	0.1
生产方案	年产 2 万吨	200	200	200	-100
	年产 5 万吨	500	200	-200	-500

设工厂的效用函数 u 在各报酬的值为

$$u(500)=1,\ u(200)=0.5,\ u(-100)=0.1$$
$$u(-200)=0.05,\ u(-500)=0$$

试利用效用函数选择最优方案.

解　该问题的状态集 $S=\{x_1,x_2,x_3,x_4\}$,其中 x_1,x_2,x_3 和 x_4 分别表示销路好、中、差和滞销.决策集 $A=\{a_1,a_2\}$,其中 a_1 和 a_2 分别表示年产 2 万吨和年产 5 万吨两个方案.决策准则为选取期望效用值最大的方案为最优方案,

$$u(a_1)=0.3\times0.5+0.4\times0.5+0.2\times0.5+0.1\times0.1=0.46$$
$$u(a_2)=0.3\times1+0.4\times0.5+0.2\times0.05+0.1\times0=0.51$$

工厂应选 a_2 为最优方案.

这里 a_1 和 a_2 的期望报酬值分别为 170 万元和 140 万元.若按期望报酬值最大选最优方案,应选方案 a_1.

由上面的例子易见,把利润作为决策目标和把效用值作为决策目标,其结果可能是不同的.一般利用效用函数进行决策分析更能反映决策者的主观愿望.效用函数还可以用来简化决策树,进行多目标决策分析等(见文献[3]).

2. 信息的价值

要想对各种自然状态发生的概率做正确的预测,必须掌握更多的信息,这就必须付出咨询费用,当然也会带来经济效益.决策者必须对咨询费用和由此带来的经济效益进行比较,然后决定是否值得咨询.确定未来状态发生的概率是进行决策分析的重要依据.凭个人的主观意志,判断给出的状态发生的概率通常称为**先验概率**或**主观概率**.在先验概率的基础上,通过咨询得到新的概率分布,称为**后验概率**.用后验概率计算的最优期望报酬值与用先验概率计算的最优期望报酬值之差称为**咨询的信息价值**.若信息价值大于咨询费用,则进行咨询;否则,将不值得进行咨询.

设一个决策问题的状态集 $S=\{x_1,x_2,\cdots,x_n\}$,x_i 发生的先验概率为 $p(x_i)$.咨询结果 $Z=\{z_1,z_2,\cdots,z_n\}$,计算信息价值的步骤如下:

第 1 步　利用各种自然状态 x 的先验概率分布 $p(x)$ 求出各个方案的期望报酬值,最大期望报酬值记为 $E(R)$;

第 2 步　根据咨询信息,计算各种自然状态的后验概率分布,即依赖于咨询信息 z 的条件概率分布 $p(x\mid z)$,这里

$$p(x\mid z)=\frac{p(x\cap z)}{p(z)},$$
$$p(x\cap z)=p(z\mid x)p(x),$$
$$p(z)=\sum_{j=1}^{n}p(x_j)p(z\mid x_j)$$

其中 $p(x\cap z)$ 表示事件 x 与 z 同时发生的概率;

第 3 步　利用后验概率分布,计算各个方案的后验期望报酬值;

第 4 步　对于 z 的每一个值，选出后验期望报酬值最大的方案. 这时的报酬值是 x 和 z 的函数，记为 $R^*(x,z)$；

第 5 步　计算出后验期望报酬值与先验期望报酬值的差，即计算出 $E(R^*(x,z))-E(R)$.

例 8.4.2　某企业准备投资生产一种新产品. 估计市场销售状况有三种可能，x_1：畅销，x_2：一般和 x_3：滞销. 它们的先验概率分布分别为 $p(x_1)=0.4$，$p(x_2)=0.3$ 和 $p(x_3)=0.3$. 各种销售状况的盈利分别为 20 万元、10 万元和 −10 万元. 如果去咨询，那么要付出咨询费 0.5 万元. 咨询的结果也有三种可能，即 z_1：畅销，z_2：一般，z_3：滞销. 咨询的信息如表 8.4.2 所示.

表 8.4.2

$p(z\mid x)$		实际市场情况 x		
		x_1	x_2	x_3
市场调查结果 z	z_1	0.8	0.1	0.1
	z_2	0.1	0.8	0.1
	z_3	0.1	0.1	0.8

表中 $p(z\mid x)$ 表示在实际市场销售状态是 x 时，咨询结果为 z 的条件概率. 企业面临两种可供选择的方案，即投资和不投资. 首先用期望值法求出最优方案，然后利用信息价值分析是否值得咨询.

解　该问题的状态集 $S=\{x_1,x_2,x_3\}$，决策集 $A=\{a_1,a_2\}$，其中 a_1,a_2 分别表示投资和不投资，利用先验概率分布计算各方案的期望报酬值，

$$E_1=20\times0.4+10\times0.3+(-10)\times0.3=8(\text{万元}),\quad E_2=0(\text{万元})$$

于是最大期望报酬值 $E(R)=8$(万元)，即最优方案为投资生产新产品，期望利润为 8 万元.

下面计算信息的价值.

第 1 步　上面已经计算出 $E(R)=8$(万元)；

第 2 步　计算各自然状态的后验概率分布；

由

$$p(x_j\mid z_i)=\frac{p(x_j\cap z_i)}{p(z_i)}$$

其中

$$p(x_j\cap z_i)=p(z_i\mid x_j)p(x_j),\quad p(z_i)=\sum_{j=1}^{3}p(x_j)p(z_i\mid x_j)$$

得计算结果如下面的表 8.4.3 和表 8.4.4 所示.

表 8.4.3

$p(x \cap z)$		x			$p(z_i)$
		x_1	x_2	x_3	
z	z_1	0.32	0.03	0.03	0.38
	z_2	0.04	0.24	0.03	0.31
	z_3	0.04	0.03	0.24	0.31
$p(x_j)$		0.4	0.3	0.3	1

表 8.4.4

$p(x \mid z)$		x		
		x_1	x_2	x_3
z	z_1	0.842 10	0.078 95	0.078 95
	z_2	0.129 03	0.774 19	0.096 78
	z_3	0.129 03	0.096 78	0.774 19

第 3 步　利用表 8.4.4 中的后验概率计算各方案的期望报酬值:

$$E(a_1, z_1) = 0.842\ 10 \times 20 + 0.078\ 95 \times 10 + 0.078\ 95 \times (-10) = 16.842(万元)$$

$$E(a_2, z_1) = 0(万元)$$

$$E(a_1, z_2) = 0.129\ 03 \times 20 + 0.774\ 19 \times 10 + 0.096\ 78 \times (-10) = 9.354\ 7(万元)$$

$$E(a_2, z_2) = 0(万元)$$

$$E(a_1, z_3) = 0.129\ 03 \times 20 + 0.096\ 78 \times 10 + 0.774\ 19 \times (-10) = -4.193\ 5(万元)$$

$$E(a_2, z_3) = 0(万元)$$

第 4 步　当 $z = z_1$ 和 $z = z_2$ 时,执行方案 a_1,当 $z = z_3$ 时执行方案 a_2. 每种情况的期望报酬值分别为 $R^*(x, z_1) = 16.842(万元)$, $R^*(x, z_2) = 9.354\ 7(万元)$, $R^*(x, z_3) = 0$ (万元).

第 5 步　总的后验期望报酬值

$$E(R^*(x, z)) = p(z_1)R^*(x, z_1) + p(z_2)R^*(x, z_2) + p(z_3)R^*(x, z_3)$$
$$= 0.38 \times 16.842 + 0.31 \times 9.354\ 7 + 0.31 \times 0 \approx 9.30(万元)$$

于是

$$E(R^*(x, z)) - E(R) = 9.30 - 8 = 1.30(万元)$$

通过咨询可增加收益 1.3 万元,而咨询费用只有 0.5 万元,故应该进行咨询.

能完全准确地预料未来状态的信息称为**完全信息**.在上面的例子中完全信息意味着 $p(x_i \mid z_i) = 1$,当 $i \neq j$ 时, $p(x_j \mid z_i) = 0$,即在每种状态下都选最优方案.这时完全信息的价值为

$$20 \times 0.4 + 10 \times 0.3 + 0.3 \times 0 - E(R) = 11 - 8 = 3(万元)$$

这是咨询费用的上限.

灵敏度分析是对决策的最后检验步骤.决策者对模型中的主要参数人为地做一微小的变化,如果这个变化不影响决策结果,就说明决策结果是稳定的;如果决策结果改变,那么决策者在最后决策之前应重新对模型中的参数进行估计(详见文献[3]).

随着现代决策学的发展,常规决策的自动化正在迅速普及.例如,将许多复杂的常规决策编成计算程序,形成决策支持系统.通常智能决策系统包括专家系统、数据仓库和知识管理等内容,其相关发展历史、方法和应用可参见文献[11],[12].此外,决策形式的多样化也是现代决策理论的一大特点,如传统的个人决策向现代化的群体决策转化,以及利用协议规定组织内成员作用的社会决策.单目标决策也在向多目标决策转化,如多特征决策分析经常使用的层次分析法(AHP),它由美国运筹学家 T.L.Saaty 于 20 世纪 70 年代提出,作为一种多层次权重解析方法,它综合了人们的主观判断,通过定量计算进行可选方案的优先排序.当层次元素具有网状结构时,Saaty 又扩展提出了网络层次分析法(ANP).它们的提出以及结合模糊集等不确定描述工具,决策分析也就被推广至不确定决策.

运筹与决策管理的若干典型应用

目前,决策分析的主要发展方向为以下两个:第一个包含描述性与规范性的决策,主要从理论上探讨人们在决策过程中的行为机理,即按什么准则和什么方式进行决策.第二个是计算机技术和决策分析方法的结合,随着实际决策问题的大规模化和人工智能等学科的发展,决策支持系统必将有重要的应用.

决策分析程序

第 8 章习题

(A)

1. 某农场欲修一水坝,必须考虑年降雨量大小对水坝的破坏作用.根据过去的经验知道雨量大、中、小的概率分别为 0.2,0.5,0.3. 有三种设计方案可供选择,即按常规设计、采取加固措施设计和特殊加固措施设计.对每个设计方案需要考虑建筑费用和因雨量大小造成破坏后的维修费用.经调查计算总费用如下表所示:

费用/万元		状态		
		雨量大	雨量中	雨量小
		0.2	0.5	0.3
方案	常规设计	150	90	60
	一般加固	120	80	80
	特殊加固	100	100	100

分别用最大可能法和期望值法进行决策分析,找出最优方案.如果决策者的效用函数 $u(150)=1$, $u(120)=0.7$, $u(100)=0.6$, $u(90)=0.5$, $u(80)=0.4$, $u(60)=0$,试用效用函数法进行决策分析,找出最优方案.

2. 某工程队承担一座桥梁的施工任务,由于施工地区夏季多雨,需停工三个月.在停工期间该工程队可将施工机械搬走或留在原处.如搬走,一种方案是搬到附近仓库里,需花费 2 000 元;一种方案是搬到较远的城里，需花费 4 000 元.但当发生洪水时第一种方案将遭受 50 000 元的损失.如留在原处，一种方案是花 1 500 元筑一护堤，防止河水上涨发生高水位的侵袭；若不筑护堤，发生高水位侵袭时将损失 10 000 元.如发生洪水时，则不管是否筑护堤，施工机械留在原处都将遭受 60 000 元的损失.根据历史资料，该地区夏季高水位发生的概率是 0.25，洪水发生的概率是 0.02，试用决策树法找出最优方案.

3. 某公司欲购进一种新产品，有三种可供选择的方案，即大批量购进、中批量购进、小批量购进.在各种市场需求下推销该产品的获利情况如下表所示，其中负数表示亏损：

利润/万元		市场情况		
		畅销	一般	滞销
方案	大批量购进	600	200	-80
	中批量购进	400	300	-20
	小批量购进	200	100	-10

（1）分别用乐观法、悲观法、乐观系数法（乐观系数 $\alpha=0.4$）、后悔值法和等可能法进行决策分析，找出最优方案；

（2）若根据以往的经验估计销售的状况为：畅销的概率为 0.5，销路一般的概率为0.3，滞销的概率为 0.2，试用期望值法找出最优方案.如果市场调查部门能帮助公司调查新产品销路的确切情况，该公司最多愿意付出多少调查费用？

4. 某公司欲开发一个新项目.估计成功率为 40%，一旦成功可获利润8 000 元.如果失败，那么亏损 4 000 元.该公司若请咨询部门帮助调查，则需付咨询费用 500 元.在成功的情况下，咨询部门给出正确预报的概率为 0.8，在失败的情况下，咨询部门给出正确预报的概率为 0.6.问该公司是否值得求助于咨询部门？该公司是否应开发新项目？

（B）

1. 某工厂的铸造车间生产某种汽车零件的毛坯，并以每 10 件为一批送加工车间.根据长期生产统计，该车间送加工车间的毛坯中，80%的批次中含有 10%的缺陷件，20%的批次中含有 50%的缺陷件.假如将含 10%缺陷件的批次送下一车间，每批给加工带来 1 000 元损失，将含 50%缺陷件的批件送加工车间，每批损失为 4 000 元.作为一种替代方案，送出前可对每批毛坯进行检查返修，返修后可消除全部缺陷，但每批需返修费 2 000 元.还有一种替代方案是从每批毛坯中先抽查一件，根据抽查情况再决定该批毛坯进行检查返修还是直接送加工车间，抽查一件的费用为 100 元.试为该铸造车间确定一个使总期望费用为最小的决策方案.

2. 某投资人考虑一个两年投资计划.第一年他有 3 种决策可以选择：用所有资金购买股票，或用一半资金购买股票，或用所有资金购买债券.如果第一年他选择用一半资金购买股票，第二年他又有两种决策可以选择：用剩余的一半资金购买股票或者不买.假设投资人所购买的股票均为 A 公司的股票，且经过分析，投资人发现不同的投资方案所得到的收益与 A 公司经营状况的好坏有密切关系.那么，请通过随机模拟数据研究投资人应当如何做出决策，使得收益达到最大.

参考文献

[1] BERGER J O.Statistical decision theory，foundations，concepts，and methods[M].New York：Springer-

Verlag,1980.
[2] SINN H W.Economic decisions under uncertainty[M].2nd ed.Heidelberg:Physica-Verlag,1989.
[3] 张连诚.决策分析入门[M].沈阳:辽宁教育出版社,1985.
[4] 李同明.经济管理决策:决策学、经济数学在经济管理决策中的应用[M].北京:中国人民大学出版社,1990.
[5] 冯文权.经济预测与决策技术[M].5版.武汉:武汉大学出版社,2008.
[6] 中国人民大学数学教研室.运筹学通论[M].北京:中国人民大学出版社,1987.
[7] 潘天敏.现代管理常用数学方法[M].沈阳:辽宁人民出版社,1985.
[8] 胡运权.运筹学应用案例集[M].北京:清华大学出版社,1988.
[9] 胡运权.运筹学习题集[M].北京:清华大学出版社,1985.
[10] 岳超源.决策理论与方法[M].北京:科学出版社,2003.
[11] ARNOTT D,PERVAN G.A critical analysis of decision support systems research[J].Journal of Information Technology,2008,20(2):62-87.
[12] EOM S,KIM E.A survey of decision support system applications(1995—2001)[J].Journal of the Operational Research Society,2006,57(11):1264-1278.
[13] 弗兰奇,莫尔,帕米歇尔.决策分析[M].李华旸,译.北京:清华大学出版社,2012.

第 9 章 对策论

对策论研究的对象是带有对抗性质的模型.它的中心问题是:什么是对策的解和解的存在性以及如何求解.本章介绍对策模型以后,分别简单地介绍矩阵对策、多人对策、合作对策及网络对策等各种对策的解的概念及解的存在性和求解方法等.

§9.1 引　　言

这一节在介绍对策论发展简史以后将通过几个不同类型的例子,包括两人和多人、策略集有限和策略集无限等例子来说明对策模型.

1. 对策论发展简史

在现实社会中,我们经常会遇到带有竞赛或斗争性质的现象,如下棋、打扑克、体育比赛、军事斗争等.这类现象的共同特点是参加的往往是利益互相冲突的双方或几方,而对抗的结局并不取决于某一方所选择的策略,而是由双方或者几方所选择的策略决定.这类带有对抗性质的现象称为“**对策现象**”.

最初用数学方法来研究对策现象的是数学家 E.Zermelo,他在 1912 年发表的《关于集合论在国际象棋对策中的应用》一文中,证明三种着法必定存在一种:不依赖黑方(对手)如何行动,白方(自己一方)总取胜的着法,或黑方总取胜的着法,或有一方总能保证达到和局的着法(究竟存在的是哪一种,并没能指出来).此后,1921 年法国数学家 E.Borel 讨论了个别几种对策现象,引入了“最优策略”的概念,证明对于这些对策现象存在最优策略,并猜出了一些结果.1928 年,德国数学家 J.von Neumann 证明了这些结果.

20 世纪 40 年代以来,由于战争和生产的需要,提出不少“对策问题”,像飞机如何侦察潜水艇的活动、护航商船队的组织形式等.这些问题引起一些科学家的兴趣,进而对“对策现象”进行研究,同时许多经济问题使经济学和对策论的研究结合起来,为对策论的应用提供了广泛的场所,也加快了对策论体系的形成.1944 年 J.von Neumann 和 O.Morgenstern 总结了对策论的研究成果,合著了《对策论与经济行为》一书.从此,对策论的研究开始系统化和公理化.

近几年来,对策论的发展很快,应用也很广泛,例如统计判决函数的研究使对策论应用于统计学,微分对策应用于航天技术,以及某些经济学的理论研究引起了人们对多人合作对策的兴趣.

2. 对策模型

现实生活中的对策现象是很多的,除了竞赛、战争等对策现象,还有许多其他方面的例子.例如在农业方面,在对大自然规律(像气候、自然灾害等)还没有完全掌握的条件下,如何对施肥、选种、投资等进行决策,就是人与大自然的对策现象.又例如工厂企业之间的合作、兼并以及资金的投入等也是对策现象.不管是什么形式的对策现象,它们的共同特点是都包含下列三个内容:

(1) 局中人:参加对策的每一方称为**局中人**.在象棋比赛中,参加对弈的两位棋手就是两个局中人.在人与大自然作斗争时,人与大自然是两个局中人.局中人可以是一个人,也可以是代表共同利益的一个集团.一个对策现象中,可以有两个局中人,也可以有两个以上的局中人.我们用符号 $I=\{1,2,\cdots,n\}$ 表示局中人集合.

(2) 策略集:每个局中人在竞争的过程中,总希望自己取得尽可能好的结果.这样,每个局中人都在想法挑选能达到目的的“方法”.我们把这种“方法”称为局中人的**策略**,如在乒乓球团体赛中运动员的出场次序就是一个策略.在农业问题中,人们为了与干旱作斗争,可以播种某种抗旱品种,也可以拟定一个打井、修水库的计划.一个抗旱计划就是一个**策略**.要注意的是,策略是指局中人在整个竞争过程中对付他方的一个完整方法,并非指竞争过程中某一步所采用的局部办法.在下象棋时,对一盘棋来说,某一步走“当头炮”,只是作为一个策略的一个组成部分,并非一个完整的策略.

局中人的所有策略组成了该局中人的“**策略集**”,策略集可以是有限的,也可以是无限的.用符号 S_i 表示局中人 i 的策略集.当每个局中人在一局对策中都在自己的策略集选定一个策略后,这局对策的结果就被决定了.每个局中人所选定的策略放在一起就称为一个**局势**,记作 S.

(3) 支付函数:竞争的结局用数量来表示,称为**支付函数**(或**赢得函数**),所以支付函数是定义在局势集上的数值函数.用符号 H_i 表示局中人 i 的支付函数.

一个对策模型就是由局中人、策略集、支付函数这三部分组成的,用符号

$$\Gamma=\langle I=\{1,2,\cdots,n\};S_i,i\in I;H_i(S),i\in I\rangle$$

表示.

对策的进行过程是这样的,每个局中人都从自己的策略集 S_i 中选出一个策略 $S^{(i)},S^{(i)}\in S_i$,就组成一个局势 $S=(S^{(1)},S^{(2)},\cdots,S^{(n)})\in\prod\limits_{i=1}^{n}S_i$,把局势 S 代入每个局中人的支付函数 $H_i(S)$ 中,局中人 i 就获得 $H_i(S)$,这局对策就结束了.

3. 例子

例 9.1.1 猜硬币游戏

两个参加者甲、乙各出示一枚硬币,在不让对方看见的情况下,将硬币放在桌上,若两个硬币都呈正面或都呈反面,则甲得 1 分,乙付出 1 分;若两个硬币一正一反,则

乙得 1 分,甲付出 1 分.

这时甲、乙分别是局中人 1 和局中人 2,他们各有两个策略,出示硬币的正面或反面.用 α_1,α_2 分别表示局中人 1 出示正面和反面这两个策略;用 β_1,β_2 分别表示局中人 2 出示正面和反面这两个策略.$S_1=\{\alpha_1,\alpha_2\}$,$S_2=\{\beta_1,\beta_2\}$.当两个局中人分别从自己的策略集中选定一个策略以后,就得到一个局势.这个游戏的局势集是$S_1\times S_2=\{(\alpha_1,\beta_1),(\alpha_1,\beta_2),(\alpha_2,\beta_1),(\alpha_2,\beta_2)\}$.两个局中人的支付函数 H_1,H_2 是定义在局势集上的函数,由给定的规则可得到

$$H_1(\alpha_1,\beta_1)=1,\ H_1(\alpha_1,\beta_2)=-1,\ H_1(\alpha_2,\beta_1)=-1,\ H_1(\alpha_2,\beta_2)=1$$

$$H_2(\alpha_1,\beta_1)=-1,\ H_2(\alpha_1,\beta_2)=1,\ H_2(\alpha_2,\beta_1)=1,\ H_2(\alpha_2,\beta_2)=-1$$

例 9.1.2　两个人决斗,都拿着已经装上子弹的手枪,站在相隔距离是 1 单位的地方,然后面对面走近,在每一步他们都可以决定是否打出唯一的一发子弹.当然,离得越近,打得越准.假如其中一人开枪而未打中,按规则,他仍要继续往前走.双方各在什么时机开枪好呢?

这个对策中局中人只有两个,局中人 1 和局中人 2. 局中人 1 的策略是选择在双方距离为 x 时开枪,$0\leqslant x\leqslant 1$. 所以局中人 1 的策略集 $S_1=\{x\mid 0\leqslant x\leqslant 1\}$.同样,局中人 2选择在双方距离为 y 时开枪,$S_2=\{y\mid 0\leqslant y\leqslant 1\}$.局势集是 $S_1\times S_2=\{(x,y)\mid 0\leqslant x\leqslant 1,0\leqslant y\leqslant 1\}$.

现在再来看定义在局势集上的支付函数是什么?假设局中人 1 的命中率函数是 $p_1(x)$,$0\leqslant x\leqslant 1$,它表示当距离是 x 时,击中对方的概率;设局中人 2 在双方相距为 y 时开枪击中对方的概率是 $p_2(y)$,$0\leqslant y\leqslant 1$. 规定击中对方而自己未被击中得 1 分,被对方击中但自己没有击中对方得-1分,双方都没有被对方击中或者都被对方击中各得 0 分.以 $H_1(x,y)$ 表示局中人 1 的支付函数,有

$$H_1(x,y)$$
$$=\begin{cases}1\cdot p_1(x)+(-1)\cdot[1-p_1(x)]=2p_1(x)-1, & x>y\\ 1\cdot p_1(x)[1-p_2(x)]+(-1)\cdot[1-p_1(x)]p_2(x)=p_1(x)-p_2(x), & x=y\\ (-1)\cdot p_2(y)+1\cdot[1-p_2(y)]=-2p_2(y)+1, & x<y\end{cases}$$

在上式中,局中人 1 在双方相距为 x 时开枪,$x>y$ 表示局中人 1 先开枪,$p_1(x)$是局中人 2 被击中的概率,若局中人 2 被击中,则局中人 1 得到的支付为 1;$1-p_1(x)$是局中人 2 没有被击中的概率,若局中人 2 没有被击中,则局中人 1 必被击中,他得到的支付是-1,所以 $1\cdot p_1(x)$与$(-1)\cdot[1-p_1(x)]$这两项之和是局中人 1 的期望支付.

$x=y$ 是两个局中人同时开枪的情形,其中 $1\cdot p_1(x)[1-p_2(x)]$表示局中人 2 被击中而局中人 1 没有被击中时,局中人 1 的期望支付.$(-1)\cdot[1-p_1(x)]p_2(x)$则是局中人 2 没有被击中而局中人 1 被击中时,局中人 1 的期望支付.两个人都击中对方或都没有被击中时支付是 0.

$x<y$ 是局中人 2 先开枪的情形.$p_2(y)$是局中人 1 被击中的概率,这时他得到的支付是-1,$1-p_2(y)$是局中人 1 没有被击中的概率,按规则局中人 2 将继续向前走,一定被击中,这时局中人 1 得到的支付是 1,所以局中人 1 的期望支付是$(-1)\cdot p_2(y)+1\cdot$

$[1-p_2(y)]=1-2p_2(y)$.

同样可以写出局中人 2 的支付函数 $H_2(x,y)$.

例 9.1.3 三个人做一个游戏,每个人同时出示一个硬币的正面或反面.如果三个人出示的全是正面或全是反面,那么三个人的支付都是 0. 如果有两个人出示正面,一个人出示反面,那么出示反面的人扣两分,两个出示正面的人每人各得一分.如果有两个人出示反面,一个人出示正面,那么出示正面的人扣两分,两个出示反面的人每人各得一分.

这是一个 3 人对策,局中人集合 $I=\{1,2,3\}$,每个局中人有两个策略:出示正面或反面.如果用 1 代表出示正面,用 0 代表出示反面,那么 $S_1=\{0,1\}$,$S_2=\{0,1\}$,$S_3=\{0,1\}$是局中人 1、局中人 2、局中人 3 的策略集,局势集为

$$S_1\times S_2\times S_3=\{(x_1,x_2,x_3)\mid x_i=0,1,i=1,2,3\}$$

用 $H_1(x_1,x_2,x_3)$表示局中人 1 的支付函数,则

$$H_1(0,0,0)=0,\ H_1(0,1,0)=1,\ H_1(0,1,1)=-2,\ H_1(0,0,1)=1$$

$$H_1(1,0,0)=-2,\ H_1(1,1,0)=1,\ H_1(1,1,1)=0,\ H_1(1,0,1)=1$$

同样可以求出局中人 2、局中人 3 的支付函数 $H_2(x_1,x_2,x_3)$,$H_3(x_1,x_2,x_3)$.

§9.2 矩阵对策的平衡局势

本节主要介绍矩阵对策——两人有限零和对策的平衡局势及其存在性定理,并给出求解的线性规划方法.

1. 矩阵对策及其平衡局势

当我们给定一个对策以后,首先想到的是在这个对策中,局中人应该选什么策略最好.由于对策的结果不仅取决于一个局中人,而是由所有局中人的决策所决定的,所以选择什么策略最好是个很复杂的问题.我们先从两人有限零和对策开始来讨论这个问题.

两人有限零和对策(也称为**矩阵对策**)是指这样的对策:有两个局中人,每个局中人的策略集都是有限的,$S_1=\{\alpha_1,\alpha_2,\cdots,\alpha_m\}$,$S_2=\{\beta_1,\beta_2,\cdots,\beta_n\}$.两个局中人的支付函数 H_1,H_2 具有性质 $H_1+H_2=0$.

此时,这类对策的局势集是 $S_1\times S_2=\{(\alpha_i,\beta_j)\mid i=1,2,\cdots,m;j=1,2,\cdots,n\}$,包含 mn 个局势.设 $H_1(\alpha_i,\beta_j)=a_{ij}$,就有 $H_2(\alpha_i,\beta_j)=-a_{ij},i=1,2,\cdots,m;j=1,2,\cdots,n$.这样支付函数就可以用一个 $m\times n$ 矩阵 $\boldsymbol{A}=(a_{ij})_{m\times n}$表示.

反之,如果给定一个 $m\times n$ 矩阵 $\boldsymbol{A}=(a_{ij})_{m\times n}$,用行的数目代表局中人 1 的策略个数,用列的数目代表局中人 2 的策略个数,用 a_{ij}代表局中人 1 在局势(α_i,β_j)时的支付,$-a_{ij}$代表局中人 2 在局势(α_i,β_j)时的支付,就给定了一个两人有限零和对策.

例 9.2.1 例 9.1.1 就是一个矩阵对策,其中

$$S_1=\{\alpha_1,\alpha_2\},\quad S_2=\{\beta_1,\beta_2\},\quad \boldsymbol{A}=\begin{pmatrix}1&-1\\-1&1\end{pmatrix}$$

我们先来看在矩阵对策中,两个局中人如何采取**最稳妥的策略**.所谓最稳妥策略表示:一个局中人采取各种各样的策略时,最不利的情况是什么,而从这些最不利的情况中,他要选择其中最为有利的一种.

例如矩阵对策 $\Gamma=\{S_1,S_2;\boldsymbol{A}\}$,其中

$$\boldsymbol{A}=\begin{pmatrix}3&0&2\\-4&-1&3\\2&-2&-1\end{pmatrix}$$

局中人 1 采用 α_1 时,他能得到 3,0,或 2,最不利情况是获得 0. 如果他采用 α_2,他能得到-4,-1 或 3,最不利情况是获得-4. 如果他采用 α_3 时,他能得到 2,-2或-1. 最不利情况是获得-2,这三个最不利的情况以“获得 0”这种情况最为有利.这时局中人 1 的最稳妥策略是采用 α_1.

上面所讲的从各种最不利的情况中选一个最有利的这一事实,如果用矩阵的元素大小来叙述的话,就表示局中人 1 从各行中取出最小的数,然后再从这些最小的数中取最大的一个数,在这个例子中就是

$$\max_i\{\min_j a_{ij}\}=\max\{0,-4,-2\}=0$$

同样,局中人 2 所面临的各种情况是:采用 β_1 时,他将付出 3,-4 或 2,最不利的情况是付出 3. 采用 β_2 时,付出的数将分别是 0,-1 或-2,最不利的情况是付出 0. 采用 β_3 时,付出的数分别是 2,3 或-1,最不利的情况是付出 3. 这三个最不利的情况中以“付出 0”这个情况最有利.而这种选择也就是局中人 2 从矩阵的每一列中选最大的数,然后再从这些最大数中取最小的一个,在我们的例子中便是

$$\min_j\{\max_i a_{ij}\}=\min\{3,0,3\}=0$$

局中人 2 的最稳妥策略是采用策略 β_2.

综上所述,给定矩阵对策 $\Gamma=\{S_1,S_2;\boldsymbol{A}\}$,如果

$$\max_i\{\min_j a_{ij}\}=\min_j a_{i_0j}$$

那么局中人 1 的最稳妥策略是 α_{i_0}.如果

$$\min_j\{\max_i a_{ij}\}=\max_i a_{ij_0}$$

那么局中人 2 的最稳妥策略是 β_{j_0}.如果

$$\max_i\{\min_j a_{ij}\}=\min_j\{\max_i a_{ij}\} \tag{9.2.1}$$

因为 $\min_j a_{i_0j}\leqslant a_{i_0j_0}\leqslant\max_i a_{ij_0}$,就有

$$\max_i\{\min_j a_{ij}\}=a_{i_0j_0}=\min_j\{\max_i a_{ij}\}$$

这说明,如果两个局中人都采取自己的最稳妥策略,那么他们都得到在最坏情况下的最好结果.

由此可得到矩阵对策平衡局势的概念.

定义 9.2.1　矩阵对策 $\Gamma=\{S_1,S_2;\boldsymbol{A}\}$,如果存在局势 (i^*,j^*) 满足等式

$$\max_i \min_j a_{ij} = \min_j \max_i a_{ij} = a_{i^*j^*} \tag{9.2.2}$$

就称(i^*, j^*)是**对策 Γ 的平衡局势**.i^*, j^*分别是局中人 1 和局中人 2 的最优策略,$v = a_{i^*j^*}$称为**对策 Γ 平衡局势的值**.

例 9.2.2　某蔬菜种植地共有菜地 3 150 亩,种植茄子、辣椒等 13 种蔬菜.各种蔬菜在不同的水、肥、劳力、种子、日照时间等因素下,产量不相同.有的因素是人们可以掌握的,有的因素,像水、阳光等是暂时不能掌握也很难预测的.共选择了 5 个种植计划,把自然条件分为 6 类.每一个种植计划在不同的自然条件下的获得(单位:百元)都能计算出来,得表 9.2.1.

表 9.2.1　　单位:百元

	β_1	β_2	β_3	β_4	β_5	β_6
α_1	192 460	235 120	278 200	156 360	197 520	242 840
α_2	189 560	231 700	273 630	155 620	195 600	239 710
α_3	192 060	234 799	277 095	158 235	198 580	243 280
α_4	194 370	237 218	280 751	158 475	199 813	245 362
α_5	194 360	238 990	281 385	157 835	199 750	246 020

这是一个两人有限零和对策,计划制定者与大自然是两个局中人,他们的策略集是$S_1 = \{\alpha_1, \alpha_2, \alpha_3, \alpha_4, \alpha_5\}$,$S_2 = \{\beta_1, \beta_2, \beta_3, \beta_4, \beta_5, \beta_6\}$.计划制定者的获得如表 9.2.1 所示,大自然的获得可以看成是计划制定者的获得的负数,所以该表就是矩阵对策的支付矩阵.我们来找这个矩阵对策的平衡局势及其值:

$$\max_i \{\min_j a_{ij}\} = \max_i \{a_{14}, a_{24}, a_{34}, a_{44}, a_{54}\} = a_{44}$$

局中人 1 的最稳妥策略为α_4.

$$\min_j \{\max_i a_{ij}\} = \min_j \{a_{41}, a_{52}, a_{53}, a_{44}, a_{45}, a_{56}\} = a_{44}$$

局中人 2 的最稳妥策略为β_4.

$$\max_i \{\min_j a_{ij}\} = \min_j \{\max_i a_{ij}\} = a_{44}$$

矩阵对策的平衡局势为(α_4, β_4),值$v = a_{44} = 158\ 475$.

下面给出矩阵对策平衡局势存在的充要条件.

定理 9.2.1　矩阵对策$\Gamma = \{S_1, S_2; \boldsymbol{A}\}$满足等式(9.2.2)的充要条件是

$$a_{ij^*} \leqslant a_{i^*j^*} \leqslant a_{i^*j},\quad i = 1, 2, \cdots, m;\ j = 1, 2, \cdots, n \tag{9.2.3}$$

证　充分性.设

$$\max_i \{\min_j a_{ij}\} = \min_j a_{i_0 j},\quad \min_j \{\max_i a_{ij}\} = \max_i a_{ij_0} \tag{9.2.4}$$

那么

$$\min_j a_{i_0 j} \leqslant a_{i_0 j_0} \leqslant \max_i a_{ij_0}$$

所以

$$\max_i \{\min_j a_{ij}\} \leqslant \min_j \{\max_i a_{ij}\}$$

又由(9.2.3),

$$\max_i a_{ij^*} \leqslant a_{i^*j^*} \leqslant \min_j a_{i^*j}$$

$$\min_j\{\max_i a_{ij}\} \leqslant \max_i a_{ij^*} \leqslant \min_j a_{i^*j} \leqslant \max_i\{\min_j a_{ij}\}$$

就得到

$$\max_i\{\min_j a_{ij}\} = \min_j\{\max_i a_{ij}\}$$

必要性.由(9.2.4)及定理假设,得到

$$\min_j a_{i_0 j} = \max_i a_{ij_0}$$

所以

$$a_{i_0 j_0} = \min_j a_{i_0 j} = \max_i a_{ij_0}$$

$$a_{ij_0} \leqslant a_{i_0 j_0} \leqslant a_{i_0 j}, \quad i=1,2,\cdots,m;\ j=1,2,\cdots,n$$

(i_0, j_0)满足定理要求. ▌

从不等式组(9.2.3)可以得到,如果局中人 1 选取策略 i^*,那么局中人 2 选择 j^* 以外的任何策略,他的付出值不可能小于 $a_{i^*j^*}$.如果局中人 2 选择策略 j^*,那么局中人 1 选择 i^* 以外的任何策略,收入值不可能大于 $a_{i^*j^*}$.当局中人 1 选择策略 i^*,局中人 2 选择策略 j^* 时,两个局中人同时得到最坏情况下的最好结果.

2. 矩阵对策的混合扩充

不是所有的矩阵对策都存在平衡局势.

例 9.2.3　矩阵对策 $\Gamma=\{S_1,S_2;\boldsymbol{A}\}$,其中

$$\boldsymbol{A}=\begin{pmatrix} 2 & \frac{1}{2} & \frac{7}{2} \\ 0 & 3 & 1 \\ 1 & 2 & \frac{3}{2} \end{pmatrix}$$

由

$$\max_i\{\min_j a_{ij}\} = \max\left\{\frac{1}{2},0,1\right\} = 1 = \min_j a_{3j}$$

$$\min_j\{\max_i a_{ij}\} = \min\left\{2,3,\frac{7}{2}\right\} = 2 = \max_i a_{i1}$$

$\max\limits_i\{\min\limits_j a_{ij}\} \neq \min\limits_j\{\max\limits_i a_{ij}\}$,所以平衡局势不存在.

为了克服有些矩阵对策没有平衡局势的困难,我们将扩充这些矩阵对策,当然这种扩充要有意义,并且扩充以后,平衡局势存在的可能性就大得多.作这样的扩充:把每个局中人的策略集 S_i 扩充为在集合 S_i 上的概率分布集 S_i^*,$i=1,2$.就是说,在进行多次对策时,不是每次都选择同一策略,而是以不同的概率选择每个策略.支付函数是进行多次对策所得到支付的数学期望值,称这种扩充为**混合扩充**.

对于矩阵对策 $\Gamma=\{S_1,S_2;\boldsymbol{A}\}$:

局中人 1 的混合策略集为

$$S_1^* = \left\{X = (x_1, x_2, \cdots, x_m) \mid \sum_{i=1}^{m} x_i = 1,\ x_i \geqslant 0,\ i = 1, 2, \cdots, m\right\}$$

局中人 2 的混合策略集为

$$S_2^* = \left\{Y = (y_1, y_2, \cdots, y_n) \mid \sum_{j=1}^{n} y_j = 1,\ y_j \geqslant 0,\ j = 1, 2, \cdots, n\right\}$$

在局势(X,Y)下,局中人 1 的支付函数为

$$E(X,Y) = \sum_{i=1}^{m} \sum_{j=1}^{n} a_{ij} x_i y_j$$

局中人 2 的支付函数就是$-E(X,Y)$,所以 Γ 的混合扩充为:$\Gamma^* = \{S_1^*, S_2^*; E(X,Y)\}$.

扩充以后,可以类似地定义混合平衡局势.

定义 9.2.2 矩阵对策 $\Gamma = \{S_1, S_2; \boldsymbol{A}\}$ 的混合扩充为 Γ^*,如果存在局势(x^*, y^*),使等式

$$\max_{x \in S_1^*} \min_{y \in S_2^*} E(x,y) = \min_{y \in S_2^*} \max_{x \in S_1^*} E(x,y) = E(x^*, y^*) \tag{9.2.5}$$

成立,就称(x^*, y^*)是 Γ^* **的混合平衡局势**,x^*,y^* 是两个局中人的**最优策略**,$E(x^*, y^*)$是**混合平衡局势的值**.

与定理 9.2.1 类似,可以证明:

定理 9.2.2 矩阵对策 $\Gamma = \{S_1, S_2; \boldsymbol{A}\}$ 的混合扩充满足等式(9.2.5)的充要条件是

$$E(x, y^*) \leqslant E(x^*, y^*) \leqslant E(x^*, y),\quad x \in S_1^*,\quad y \in S_2^* \tag{9.2.6}$$

混合平衡局势可以使双方都达到最坏情况中的最好结果.

为方便起见,以后将对策的混合扩充的混合策略、混合局势、混合平衡局势简称为策略、局势、平衡局势.而把没有扩充以前的对策的策略、局势、平衡局势称为纯策略、纯局势、纯平衡局势.实际上纯策略可以看成是特殊的混合策略,是每次对策都采取这个策略的混合策略.

进一步,可以得到矩阵对策平衡局势的存在性定理.

定理 9.2.3 矩阵对策在它的混合扩充中存在平衡局势.

定理 9.2.3 的证明将在 §9.3 中给出.

3. 矩阵对策的简化

设矩阵对策的支付矩阵是

$$\begin{pmatrix} 1 & -2 & 0 \\ 0 & 1 & -1 \\ 2 & -1 & 1 \end{pmatrix}$$

容易看出,局中人 1 决不会采用他的策略一,这是因为不论局中人 2 选择什么策略,局中人 1 的策略三的支付总比策略一的支付大.因此,局中人 1 的策略一必定只能以零概率出现在他的最优策略中.

这样,要解上面这个矩阵对策,可以将矩阵的第一行划去,只要解矩阵对策

$$\begin{pmatrix} 0 & 1 & -1 \\ 2 & -1 & 1 \end{pmatrix}$$

就行了.

再对上面这个 2×3 矩阵进行考察,局中人 2 将他的策略一和策略三进行比较,他显然不愿采用策略一,不论局中人 1 采用哪一个策略,局中人 2 的策略三的支付都小于策略一的支付.因此可以将上面这个矩阵的第一列划去,只要解矩阵对策

$$\begin{pmatrix} 1 & -1 \\ -1 & 1 \end{pmatrix}$$

就行了.容易验证它的平衡局势是 $x^*=\left(\frac{1}{2},\frac{1}{2}\right)$, $y^*=\left(\frac{1}{2},\frac{1}{2}\right)$,值 $v=0$,再回到原来的矩阵对策,可以猜想,它的平衡局势及其值应该是

$$x^*=\left(0,\frac{1}{2},\frac{1}{2}\right),\quad y^*=\left(0,\frac{1}{2},\frac{1}{2}\right),\quad v=0$$

下面我们介绍优超性概念.

定义 9.2.3　给出矩阵对策 $\Gamma=\{S_1,S_2;\boldsymbol{A}\}$,$\boldsymbol{A}=(a_{ij})$ 是 $m\times n$ 矩阵,如果

$$a_{kj}\geqslant a_{lj},\quad j=1,2,\cdots,n \tag{9.2.7}$$

就称**局中人 1 的策略 k 优超于策略 l**;如果

$$a_{ik}\leqslant a_{il},\quad i=1,2,\cdots,m \tag{9.2.8}$$

就称**局中人 2 的策略 k 优超于策略 l**.

如果在(9.2.7),(9.2.8)中成立严格不等式,就分别称局中人 1,2 的**策略 k 严格优超于策略 l**.

还可以定义一个纯策略被另外若干个纯策略的凸线性组合所优超的情形.

可以证明,在这种情形下如果是严格优超,那么将被优超的那个纯策略所对应的行或列划去后,由剩下的较小的矩阵对策的最优策略,就可以得到原来对策的最优策略,只要将划去的那一行或列所对应的纯策略赋以概率 0 就行,而且值不改变.

如果只是优超不是严格优超,仍可以从较小的矩阵对策的平衡局势得到原来对策的平衡局势.只是由较小矩阵对策得到的平衡局势不一定是原对策的全部平衡局势.如果只要求找矩阵对策的一个平衡局势,而不是全部平衡局势,就可以用这种优超性简化求平衡局势的过程.

例 9.2.4　设矩阵对策的支付矩阵是

$$\begin{pmatrix} 3 & 2 & 4 & 0 \\ 3 & 4 & 2 & 3 \\ 4 & 3 & 4 & 2 \\ 0 & 4 & 0 & 8 \end{pmatrix}$$

局中人 1 的策略一被他的策略三所优超,可以将矩阵第一行划去:

$$\begin{pmatrix} 3 & 4 & 2 & 3 \\ 4 & 3 & 4 & 2 \\ 0 & 4 & 0 & 8 \end{pmatrix}$$

局中人 2 的策略一被他的策略三优超,可以将矩阵的第一列划去:

$$\begin{pmatrix}4&2&3\\3&4&2\\4&0&8\end{pmatrix}$$

不难看出,这个 3×3 矩阵对策的元素满足下列关系:

$$\begin{pmatrix}4\\3\\4\end{pmatrix}\geqslant\frac{1}{2}\begin{pmatrix}2\\4\\0\end{pmatrix}+\frac{1}{2}\begin{pmatrix}3\\2\\8\end{pmatrix}$$

因此,又可以将这个 3×3 矩阵的第一列划去,得到

$$\begin{pmatrix}2&3\\4&2\\0&8\end{pmatrix}$$

这个矩阵的第一行元素被第二、三行元素的一个凸线性组合所优超:

$$(2,3)\leqslant\frac{1}{2}(4,2)+\frac{1}{2}(0,8)$$

因此,又可以将这个 3×2 矩阵的第一行划去,得到

$$\begin{pmatrix}4&2\\0&8\end{pmatrix}$$

容易验证,这个矩阵对策的平衡局势是 $x^*=\left(\frac{4}{5},\frac{1}{5}\right)$, $y^*=\left(\frac{3}{5},\frac{2}{5}\right)$,值是$\frac{16}{5}$.所以原来矩阵对策的平衡局势是 $x^*=\left(0,0,\frac{4}{5},\frac{1}{5}\right)$, $y^*=\left(0,0,\frac{3}{5},\frac{2}{5}\right)$,值是$\frac{16}{5}$.

4. 线性规划求解方法

给定矩阵对策 $\Gamma=\{S_1,S_2;\boldsymbol{A}\}$,由定理 9.2.2,局势$(x^*,y^*)$是 Γ 的平衡局势的充要条件是下列不等式组成立:

$$\sum_{j=1}^{n}a_{ij}y_j^*\leqslant\sum_{i=1}^{m}\sum_{j=1}^{n}a_{ij}x_i^*y_j^*\leqslant\sum_{i=1}^{m}a_{ij}x_i^*,\quad i=1,2,\cdots,m;\ j=1,2,\cdots,n$$

定理 9.2.4 矩阵对策 $\Gamma=\{S_1,S_2;\boldsymbol{A}\}$,若存在实数 V 及局势(x^*,y^*),使下列不等式组成立:

$$\sum_{j=1}^{n}a_{ij}y_j^*\leqslant V,\quad i=1,2,\cdots,m$$

$$\sum_{i=1}^{m}a_{ij}x_i^*\geqslant V,\quad j=1,2,\cdots,n$$

则(x^*,y^*)是平衡局势,V 是值.

证 $V\leqslant\sum_{i=1}^{m}a_{ij}x_i^*$, $j=1,2,\cdots,n$,两端乘 y_j^*,得到

$$Vy_j^*\leqslant\left(\sum_{i=1}^{m}a_{ij}x_i^*\right)y_j^*,\quad j=1,2,\cdots,n$$

所以

$$V \leqslant \sum_{j=1}^{n} \sum_{i=1}^{m} a_{ij} x_i^* y_j^*$$

同理可以得到

$$V \geqslant \sum_{i=1}^{m} \sum_{j=1}^{n} a_{ij} x_i^* y_j^*$$

从而有

$$V = \sum_{i=1}^{m} \sum_{j=1}^{n} a_{ij} x_i^* y_j^* \quad \blacksquare$$

因此,求一个矩阵对策的平衡局势就变成解下列不等式组:找到 $x_1, x_2, \cdots, x_m, y_1, y_2, \cdots, y_n$,及 V,满足

$$\begin{cases} \sum_{i=1}^{m} a_{ij} x_i \geqslant V, \quad \sum_{i=1}^{m} x_i = 1, \ j = 1, 2, \cdots, n \\ \sum_{j=1}^{n} a_{ij} y_j \leqslant V, \quad \sum_{j=1}^{n} y_j = 1, \ i = 1, 2, \cdots, m \\ x_i \geqslant 0, \ y_j \geqslant 0, \ i = 1, 2, \cdots, m; \ j = 1, 2, \cdots, n \end{cases} \tag{9.2.9}$$

把解不等式组(9.2.9)变成解一对对偶规划问题.先假设 $a_{ij} > 0 (i = 1, 2, \cdots, m; j = 1, 2, \cdots, n)$,否则可以对矩阵 $\boldsymbol{A} = (a_{ij})$ 的每个元素 a_{ij} 加上常数 k,使 $a_{ij} + k > 0$,得到 $\boldsymbol{A}' = (a_{ij} + k)$.显然矩阵对策 $\Gamma = \{S_1, S_2; \boldsymbol{A}\}$ 与矩阵对策 $\Gamma' = \{S_1, S_2; \boldsymbol{A}'\}$ 的平衡局势相同,只是值增加了常数 k.

作线性规划

$$\begin{cases} \min \quad \sum_{i=1}^{m} x_i \\ \text{s.t.} \quad \sum_{i=1}^{m} a_{ij} x_i \geqslant 1, \ j = 1, 2, \cdots, n \\ \qquad x_i \geqslant 0, \ i = 1, 2, \cdots, m \end{cases} \tag{9.2.10}$$

和

$$\begin{cases} \max \quad \sum_{j=1}^{n} y_j \\ \text{s.t.} \quad \sum_{j=1}^{n} a_{ij} y_j \leqslant 1, \ i = 1, 2, \cdots, m \\ \qquad y_j \geqslant 0, \ j = 1, 2, \cdots, n \end{cases} \tag{9.2.11}$$

定理 9.2.5　线性规划(9.2.10),(9.2.11)有最优解 $X = (x_1, x_2, \cdots, x_m)$,$Y = (y_1, y_2, \cdots, y_n)$,并且 $\sum_{i=1}^{m} x_i = \sum_{j=1}^{n} y_j = \frac{1}{V}$,$X^* = V(x_1, x_2, \cdots, x_m)$,$Y^* = V(y_1, y_2, \cdots, y_n)$ 是矩阵对策 $\Gamma = \{S_1, S_2; \boldsymbol{A}\}$ 的平衡局势,V 是 Γ 的值.

证　容易看出(9.2.10),(9.2.11)都有可行解,且互为对偶规划.由定理 1.5.3 知,有最优解 $X = (x_1, x_2, \cdots, x_m)$,$Y = (y_1, y_2, \cdots, y_n)$,并且

$$\sum_{i=1}^{m} x_i = \sum_{j=1}^{n} y_j > 0.$$

设 $\sum_{i=1}^{m} x_i = \frac{1}{V}$,作 $X^* = VX$, $Y^* = VY$,就有

$$\sum_{j=1}^{n} a_{ij}y_j^* = \sum_{j=1}^{n} a_{ij}Vy_j \leqslant V, \quad i=1,2,\cdots,m$$

$$\sum_{i=1}^{m} a_{ij}x_i^* = \sum_{i=1}^{m} a_{ij}Vx_i \geqslant V, \quad j=1,2,\cdots,n$$

$$\sum_{i=1}^{m} x_i^* = \sum_{i=1}^{m} Vx_i = 1, \quad \sum_{j=1}^{n} y_j^* = \sum_{j=1}^{n} Vy_j = 1$$

$$x_i^* = Vx_i \geqslant 0, \quad y_j^* = Vy_j \geqslant 0, \quad i=1,2,\cdots,m, \quad j=1,2,\cdots,n$$

$x_1^*, x_2^*, \cdots, x_m^*; y_1^*, y_2^*, \cdots, y_n^*$ 满足不等式组(9.2.9),所以(X^*, Y^*)是 Γ 的平衡局势,V 是 Γ 的值. ▌

例 9.2.5 给定矩阵对策的支付矩阵为

$$\boldsymbol{A} = \begin{pmatrix} 1 & 3 & 3 \\ 4 & 2 & 1 \\ 3 & 2 & 2 \end{pmatrix}$$

求最优策略和值.

解 由定理 9.2.5,作线性规划:

$$\begin{cases} \min \quad z = x_1 + x_2 + x_3 \\ \text{s.t.} \quad x_1 + 4x_2 + 3x_3 \geqslant 1 \\ \qquad 3x_1 + 2x_2 + 2x_3 \geqslant 1 \\ \qquad 3x_1 + x_2 + 2x_3 \geqslant 1 \\ \qquad x_1, x_2, x_3 \geqslant 0 \end{cases}$$

和

$$\begin{cases} \max \quad w = y_1 + y_2 + y_3 \\ \text{s.t.} \quad y_1 + 3y_2 + 3y_3 \leqslant 1 \\ \qquad 4y_1 + 2y_2 + y_3 \leqslant 1 \\ \qquad 3y_1 + 2y_2 + 2y_3 \leqslant 1 \\ \qquad y_1, y_2, y_3 \geqslant 0 \end{cases}$$

解这对对偶规划,得到最优解

$$X = \left(\frac{1}{7}, 0, \frac{2}{7}\right), \quad Y = \left(\frac{1}{7}, \frac{1}{7}, \frac{1}{7}\right), \quad \sum_{i=1}^{3} x_i = \sum_{j=1}^{3} y_j = \frac{3}{7}$$

所以

$$V = \frac{7}{3}, \quad X^* = \frac{7}{3}\left(\frac{1}{7}, 0, \frac{2}{7}\right) = \left(\frac{1}{3}, 0, \frac{2}{3}\right),$$

$$Y^* = \frac{7}{3}\left(\frac{1}{7}, \frac{1}{7}, \frac{1}{7}\right) = \left(\frac{1}{3}, \frac{1}{3}, \frac{1}{3}\right)$$

(X^*, Y^*)是矩阵对策的平衡局势,值等于$\frac{7}{3}$.

用数学规划方法求矩阵对策的平衡局势这个想法已经得到一些推广，可以把求两人有限非零和对策（双矩阵对策）的平衡局势问题化成一个解二次规划问题.再进一步，把求较特殊的 n 人对策的平衡局势问题化成一个非线性规划问题.但是这些非线性规划也是不容易解的.

求平衡局势还有一些方法，例如迭代法、微分方程法等.有兴趣的读者可查阅参考文献[6]，[8]的有关章节.

§9.3　非合作对策的平衡局势

本节介绍两类非合作对策——对抗对策和 n 人对策的平衡局势.证明了多人有限非合作对策在它的混合扩充中存在平衡局势.

1. 对抗对策及其平衡局势

把矩阵对策中策略集有限的假设去掉，就是一般的两人零和对策，又称**对抗对策**.关于对抗对策也有类似的结果.

引理 9.3.1　设 f 是 $X\times Y\to\mathbf{R}$ 的一个有界函数，X,Y 是两个集合，则

$$\inf_{y\in Y}\sup_{x\in X}f(x,y)\geqslant\sup_{x\in X}\inf_{y\in Y}f(x,y)$$

证

$$\sup_{x\in X}f(x,y)\geqslant f(x,y),\quad\forall x\in X,y\in Y$$

对上式的两端取下确界，就有

$$\inf_{y\in Y}\sup_{x\in X}f(x,y)\geqslant\inf_{y\in Y}f(x,y),\quad\forall x\in X$$

所以

$$\inf_{y\in Y}\sup_{x\in X}f(x,y)\geqslant\sup_{x\in X}\inf_{y\in Y}f(x,y)$$

▌

利用引理 9.3.1，与证明定理 9.2.1 类似的方法，容易证明下列定理.

定理 9.3.1　对抗对策 $\Gamma=\{S_1,S_2;H\}$，H 是定义在 $S_1\times S_2$ 上的有界函数，则

$$\max_{\alpha\in S_1}\inf_{\beta\in S_2}H(\alpha,\beta),\quad\min_{\beta\in S_2}\sup_{\alpha\in S_1}H(\alpha,\beta)$$

存在并且相等的充要条件是存在 $\alpha^*\in S_1,\beta^*\in S_2$，使

$$H(\alpha,\beta^*)\leqslant H(\alpha^*,\beta^*)\leqslant H(\alpha^*,\beta),\quad\alpha\in S_1,\beta\in S_2\tag{9.3.1}$$

定义 9.3.1　若对抗对策 $\Gamma=\{S_1,S_2;H\}$ 存在局势 (α^*,β^*) 使不等式组 (9.3.1) 成立，则称 (α^*,β^*) 是 Γ 的**平衡局势**.α^*,β^* 分别是两个局中人的**最优策略**，$v=H(\alpha^*,\beta^*)$ 是 Γ **的值**.

例 9.3.1　对抗对策 $\Gamma=\{S_1,S_2;H\}$，$S_1=\{x\mid 0\leqslant x\leqslant 1\}$，$S_2=\{y\mid 0\leqslant y\leqslant 1\}$，$H(x,y)=2x^2-y^2$.

$$\max_{x\in[0,1]}\inf_{y\in[0,1]}(2x^2-y^2)=\max_{x\in[0,1]}(2x^2-1)=2\times1^2-1=1$$

$$\min_{y\in[0,1]}\sup_{x\in[0,1]}(2x^2-y^2)=\min_{y\in[0,1]}(2-y^2)=2-1^2=1$$

Γ 的平衡局势是 $(1,1)$，值是 $H(1,1)=1$.

2. n 人对策及其平衡局势

在对抗对策 $\Gamma=\{S_1,S_2;H\}$ 中，如果用 $H_1(\alpha,\beta)$，$H_2(\alpha,\beta)=-H_1(\alpha,\beta)$ 分别表示两个局中人的支付函数，那么不等式组(9.3.1)就变成

$$H_1(\alpha,\beta^*)\leqslant H_1(\alpha^*,\beta^*),\quad \alpha\in S_1$$

$$H_2(\alpha^*,\beta)\leqslant H_2(\alpha^*,\beta^*),\quad \beta\in S_2$$

就是说，存在一组局势 (α^*,β^*)，使局中人 1 或局中人 2 如果单独改动策略，就只可能减少收入，不可能增加收入.这样双方都不想改动，就能处于平衡状态.我们把这个想法推广到多人非零和对策上去.

用符号 $\overline{S}\parallel S^{(i)}$ 表示这样的局势：局中人 i 把策略 $\overline{S}^{(i)}$ 换成策略 $S^{(i)}$，其他局中人的策略不变，

$$\overline{S}\parallel S^{(i)}=\{\overline{S}^{(1)},\overline{S}^{(2)},\cdots,\overline{S}^{(i-1)},S^{(i)},\overline{S}^{(i+1)},\cdots,\overline{S}^{(n)}\}$$

定义 9.3.2 n 人对策 $\Gamma=\{I;S_i,i\in I;H_i(S),i\in I\}$，如果有局势 $\overline{S}=(\overline{S}^{(1)},\overline{S}^{(2)},\cdots,\overline{S}^{(n)})$，使

$$H_i(\overline{S}\parallel S^{(i)})\leqslant H_i(\overline{S}),\quad \forall\, i\in I,\quad \forall\, S^{(i)}\in S_i \tag{9.3.2}$$

就称 $\overline{S}$ 是 Γ 的一个**平衡局势**.

例 9.3.2 给定一个三人对策 Γ，其中 $I=\{1,2,3\}$，$S_1=\{\alpha_1,\alpha_2\}$，$S_2=\{\beta_1,\beta_2\}$，$S_3=\{\gamma_1,\gamma_2\}$，$H_i(S)$ $(i=1,2,3)$用表 9.3.1 表示：

表 9.3.1

	局中人			支付函数		
	1	2	3	H_1	H_2	H_3
策略	α_1	β_1	γ_1	1	1	2
	α_1	β_1	γ_2	-3	1	1
	α_1	β_2	γ_1	4	-2	-2
	α_1	β_2	γ_2	0	1	1
	α_2	β_1	γ_1	1	2	-1
	α_2	β_1	γ_2	2	0	-1
	α_2	β_2	γ_1	3	1	-1
	α_2	β_2	γ_2	2	1	-1

局势 $(\alpha_1,\beta_1,\gamma_1)$ 是平衡局势，因为

$$H_1(\alpha_2,\beta_1,\gamma_1)=1\leqslant H_1(\alpha_1,\beta_1,\gamma_1)=1$$

$$H_2(\alpha_1,\beta_2,\gamma_1)=-2\leqslant H_2(\alpha_1,\beta_1,\gamma_1)=1$$

$$H_3(\alpha_1,\beta_1,\gamma_2)=1\leqslant H_3(\alpha_1,\beta_1,\gamma_1)=2$$

对抗对策、矩阵对策的平衡局势就是使局中人都得到最坏情况下的最好结果.但是一般的两人非零和对策、多人对策不一定有这个结果,在例 9.3.2 中,

$$\max_{S^{(1)}\in S_1}\min_{\substack{S^{(2)}\in S_2\\ S^{(3)}\in S_3}} H_1(S^{(1)},S^{(2)},S^{(3)})=\max\{-3,1\}=1 \text{ 在 } \alpha_2 \text{ 上达到};$$

$$\max_{S^{(2)}\in S_2}\min_{\substack{S^{(1)}\in S_1\\ S^{(3)}\in S_3}} H_2(S^{(1)},S^{(2)},S^{(3)})=\max\{0,-2\}=0 \text{ 在 } \beta_1 \text{ 上达到};$$

$$\max_{S^{(3)}\in S_3}\min_{\substack{S^{(1)}\in S_1\\ S^{(2)}\in S_2}} H_3(S^{(1)},S^{(2)},S^{(3)})=\max\{-2,-1\}=-1 \text{ 在 } \gamma_2 \text{ 上达到}.$$

而平衡局势是$(\alpha_1,\beta_1,\gamma_1)$,并且 $H_1(\alpha_1,\beta_1,\gamma_1)=1, H_2(\alpha_1,\beta_1,\gamma_1)=1, H_3(\alpha_1,\beta_1,\gamma_1)=2$.

并不是所有的对策都存在平衡局势.下面我们研究对抗对策和 n 人有限对策的混合扩充.

3. 混合扩充的平衡局势

(1) 对抗对策 $\Gamma=\{S_1,S_2;H\}$,其中 $S_1=\{x\mid 0\leqslant x\leqslant 1\}$, $S_2=\{y\mid 0\leqslant y\leqslant 1\}$. $H(x,y)$ 是定义在 $S_1\times S_2$ 上的连续函数.局中人 1 的支付函数是 $H(x,y)$,局中人 2 的支付函数是$-H(x,y)$.局中人 1 的混合策略集是

$$S_1^*=\{F(x)\mid F(x)\text{是定义在}[0,1]\text{上的分布函数}\}$$

局中人 2 的混合策略集是

$$S_2^*=\{G(y)\mid G(y)\text{是定义在}[0,1]\text{上的分布函数}\}$$

在局势$(F(x),G(y))$上,局中人 1 的支付函数为

$$H^*(F,G)=\int_0^1\int_0^1 H(x,y)\,\mathrm{d}F(x)\,\mathrm{d}G(y)$$

局中人 2 的支付函数是$-H^*(F,G)$,所以连续对策的混合扩充为 $\Gamma^*=\{S_1^*,S_2^*;H^*\}$.

(2) n 人有限对策 $\Gamma=\{I;S_i,i\in I;H_i(S),i\in I\}$

每个局中人的策略集都是有限的:

$$S_i=\{S_1^{(i)},S_2^{(i)},\cdots,S_{m_i}^{(i)}\},\quad i=1,2,\cdots,n$$

局中人 i 的混合策略集是

$$S_i^*=\left\{x_i=(x_1^{(i)},x_2^{(i)},\cdots,x_{m_i}^{(i)})\;\middle|\;\sum_{j=1}^{m_i}x_j^{(i)}=1,\ x_j^{(i)}\geqslant 0,\ j=1,2,\cdots,m_i\right\},\quad i=1,2,\cdots,n$$

在局势 $x=(x_1,x_2,\cdots,x_n)$上,局中人 i 的支付函数为

$$H_i^*(x_1,x_2,\cdots,x_n)=\sum_{j_1=1}^{m_1}\sum_{j_2=1}^{m_2}\cdots\sum_{j_n=1}^{m_n}x_{j_1}^{(1)}x_{j_2}^{(2)}\cdots x_{j_n}^{(n)}H_i(S_{j_1}^{(1)},S_{j_2}^{(2)},\cdots,S_{j_n}^{(n)})$$
$$i=1,2,\cdots,n$$

所以它的混合扩充为

$$\Gamma^*=\{I;S_i^*,i\in I;H_i^*(x),i\in I\}$$

当然,对策略集 S_i 无限的 n 人对策也可以作混合扩充,只是 S_i 上的概率分布将复

杂一些.

扩充以后,可以类似地定义混合平衡局势.

定义 9.3.3 若 n 人对策的混合扩充 $\Gamma^*=\{I;S_i^*,i\in I;H_i^*(x),i\in I\}$ 有局势 $x^*=(x_1^*,x_2^*,\cdots,x_n^*)$,使

$$H_i^*(x^*)\geqslant H_i^*(x^*\parallel x_i),\quad \forall x_i\in S_i^*,\quad \forall i\in I$$

则称 x^* 为 Γ^* 的**混合平衡局势**.

现在来证明 n 人有限对策的混合扩充存在平衡局势.先证明下列引理.

引理 9.3.2 n 人有限对策 $\Gamma^*=\{I;S_i^*,i\in I;H_i^*(x),i\in I\}$,$x^*$ 是平衡局势的充要条件是

$$H_i^*(x^*)\geqslant H_i^*(x^*\parallel S_j^{(i)}),\quad S_j^{(i)}\in S_i,\quad i\in I,$$

证 必要性是显然的,因为 $S_i\in S_i^*$.

充分性.局中人 i 任取一个策略 $x_i=(x_1^{(i)},x_2^{(i)},\cdots,x_{m_i}^{(i)})$

$$H_i^*(x^*\parallel x_i)=\sum_{j=1}^{m_i}H_i^*(x^*\parallel S_j^{(i)})x_j^{(i)}\leqslant\sum_{j=1}^{m_i}H_i^*(x^*)x_j^{(i)}=H_i^*(x^*)$$ ▌

定理 9.3.2 n 人有限对策的混合扩充存在平衡局势.

证 设 n 人有限对策为 $\Gamma=\{I;S_i,i\in I;H_i(S),i\in I\}$,其中 $I=\{1,2,\cdots,n\}$,$S_i=\{S_1^{(i)},S_2^{(i)},\cdots,S_{m_i}^{(i)}\}$,$i\in I$,

$$S_i^*=\left\{x_i=(x_1^{(i)},x_2^{(i)},\cdots,x_{m_i}^{(i)})\ \middle|\ \sum_{j=1}^{m_i}x_j^{(i)}=1,x_j^{(i)}\geqslant 0,j=1,2,\cdots,m_i\right\}$$

对于任何 $x=(x_1,x_2,\cdots,x_n)\in\prod_{i=1}^{n}S_i^*=S^*$ 和 $i\in I$,作函数

$$\varphi_j^{(i)}(x)=\max\{0,H_i(x\parallel S_j^{(i)})-H_i(x)\},\quad i=1,2,\cdots,n;j=1,2,\cdots,m_i$$

此式表示局中人 i 改变策略的倾向,再定义局中人 i 改变策略的一个变换

$$\bar{x}_j^{(i)}=\frac{x_j^{(i)}+\varphi_j^{(i)}(x)}{1+\sum_{k=1}^{m_i}\varphi_k^{(i)}(x)},\quad i\in I,\ j=1,2,\cdots,m_i$$

不难验证,$\bar{x}^{(i)}=(\bar{x}_1^{(i)},\bar{x}_2^{(i)},\cdots,\bar{x}_{m_i}^{(i)})\in S_i^*$,并且这个变换是一个由 S^* 到 S^* 的连续变换.由 Brouwer 不动点原理,存在 $x=(x^{(1)},x^{(2)},\cdots,x^{(n)})\in S^*$,使得

$$x_j^{(i)}=\frac{x_j^{(i)}+\varphi_j^{(i)}(x)}{1+\sum_{k=1}^{m_i}\varphi_k^{(i)}(x)}$$

现在来证明这个 x 就是平衡局势.

对于任何 $i\in I$,使得 $x_j^{(i)}>0$ 的 j 中,至少存在一个 j 使得 $\varphi_j^{(i)}(x)=0$;否则,对于$j=1,2,\cdots,m_i$,都有 $\varphi_j^{(i)}(x)>0$ 或者 $x_j^{(i)}=0$,则

$$H_i^*(x\parallel S_j^{(i)})>H_i^*(x)\quad 或者\quad x_j^{(i)}=0$$

所以 $\sum_{j=1}^{m_i}H_i^*(x\parallel S_j^{(i)})x_j^{(i)}>H_i^*(x)$,即 $H_i^*(x)>H_i^*(x)$,但这是不可能的.因此对任何 $i\in I$,

都有一个 l,使得

$$x_l^{(i)}=\frac{x_l^{(i)}}{1+\sum_{k=1}^{m_i}\varphi_k^{(i)}(x)}$$

并且 $x_l^{(i)}>0$,所以 $\sum_{k=1}^{m_i}\varphi_k^{(i)}(x)=0$.

由于 $\varphi_j^{(i)}(x)\geqslant 0$,就得到对任何 $i\in I$ 与 $j=1,2,\cdots,m_i$,

$$\varphi_j^{(i)}(x)=0$$

由引理 9.3.2 知,x 是平衡局势. ▎

矩阵对策当然是 n 人有限对策的特殊情况,所以由上述定理就得到矩阵对策 $\Gamma=\{S_1,S_2;\boldsymbol{A}\}$ 在它的混合扩充中存在平衡局势,即定理 9.2.3 成立.

一般说来,当一个对策的策略个数无限时,这个对策的混合扩充不一定存在平衡局势.关于平衡局势存在性问题的研究一直是对策论研究工作者感兴趣的问题.

而且,找 n 人对策的平衡局势是很不容易的事.有兴趣的话,可以查阅相关文献.

§9.4　合 作 对 策

合作对策是指在对策过程中,局中人可以事先商量,协调他们的策略,每个局中人根据协调情况选择策略进行对策,结束后再重新分配这些局中人所得支付的总和.因此合作对策的局中人要考虑如何结成联盟以及如何重新分配联盟的支付.

1. 特征函数

n 人有限对策 $\Gamma=\{I;S_i,i\in I;H_i(S),i\in I\}$,局中人集 R 组成联盟.R 中的局中人可以协调他们的策略,所以 R 的纯策略集 $S_R=\prod_{i\in R}S_i$.混合扩充后,策略集是 $\prod_{i\in R}S_i$ 上的概率分布 S_R^*.联盟 R 采用最稳妥策略,就是要在最坏的情况下得到最好结果,最坏情况是 R 以外的局中人也组成联盟使 R 获得最少.R 以外的局中人的纯策略集是$S_{I\setminus R}=\prod_{i\in I\setminus R}S_i$,混合扩充后的策略集是 $S_{I\setminus R}$上的概率分布集合 $S_{I\setminus R}^*$.所以联盟至少可以得到

$$V(R)=\max_{\xi\in S_R^*}\min_{\eta\in S_{I\setminus R}^*}\sum_{i\in R}H_i(\xi,\eta)\tag{9.4.1}$$

$H_i(\xi,\eta)$是 R 采取 ξ,$I\setminus R$ 采取 η 以后,$H_i(S)$的数学期望值.

给定联盟 $R\subset I$,就有 $V(R)$,再规定 $V(\varnothing)=0$,就得到一个定义在局中人集 I 的所有子集上的函数 $V(R)$,称 $V(R)$为 Γ 的**特征函数**.

可以构造一个两人有限零和对策来求 $V(R)$:局中人集 $I=\{R,I\setminus R\}$,策略集 $\prod_{i\in R}S_i$, $\prod_{i\in I\setminus R}S_i$,支付函数 $\sum_{i\in R}H_i(S_R,S_{I\setminus R})$,$S_R\in\prod_{i\in R}S_i$,$S_{I\setminus R}\in\prod_{i\in I\setminus R}S_i$.这是一个矩阵对策,它的混合扩充存在解及值 V,且.

$$V=\max_{\xi\in S_R^*}\min_{\eta\in S_{I\setminus R}^*}\sum_{i\in R}E_i(\xi,\eta)=\min_{\eta\in S_{I\setminus R}^*}\max_{\xi\in S_R^*}\sum_{i\in R}E_i(\xi,\eta)$$

例 9.4.1 设合作三人对策的三个局中人 1,2,3 各有两个策略 A 和 B.以 (a,b,c) 表示三个局中人 1,2,3 的支付.列出表 9.4.1,求这个对策的特征函数 $V(R)$.

表 9.4.1

	局中人			支付
	1	2	3	(a,b,c)
策略	A	A	A	$(1,1,0)$
	A	A	B	$(-3,1,2)$
	A	B	A	$(4,-2,2)$
	A	B	B	$(0,1,1)$
	B	A	A	$(1,2,-1)$
	B	A	B	$(2,0,-1)$
	B	B	A	$(3,1,-1)$
	B	B	B	$(2,1,-1)$

首先,设局中人 1,2 组成联盟 $R=\{1,2\}$,R 和 $I\backslash R=\{3\}$ 之间的两人零和对策的支付矩阵是

$$\begin{array}{c} \\ AA \\ AB \\ BA \\ BB \end{array}\begin{array}{c} \begin{array}{cc} A & B \end{array} \\ \begin{pmatrix} 2 & -2 \\ 2 & 1 \\ 3 & 2 \\ 4 & 3 \end{pmatrix} \end{array}$$

这个 4×2 矩阵对策在纯策略集中就有解,值等于 3,所以 $V(\{1,2\})=3$.

令 $R=\{1,3\}$,$I\backslash R=\{2\}$,得到下面的 4×2 矩阵

$$\begin{array}{c} \\ AA \\ AB \\ BA \\ BB \end{array}\begin{array}{c} \begin{array}{cc} A & B \end{array} \\ \begin{pmatrix} 1 & 6 \\ -1 & 1 \\ 0 & 2 \\ 1 & 1 \end{pmatrix} \end{array}$$

这个矩阵对策在纯策略集中有平衡局势,值等于 1,所以 $V(\{1,3\})=1$.

令 $R=\{2\}$,$I\backslash R=\{1,3\}$,得到下面的 2×4 矩阵

$$\begin{array}{c} \\ A \\ B \end{array}\begin{array}{c} \begin{array}{cccc} AA & AB & BA & BB \end{array} \\ \begin{pmatrix} 1 & 1 & 2 & 0 \\ -2 & 1 & 1 & 1 \end{pmatrix} \end{array}$$

这个矩阵对策的平衡局势,最优策略分别为 $\left(\frac{3}{4},\frac{1}{4}\right)$ 及 $\left(\frac{1}{4},0,0,\frac{3}{4}\right)$,值等于 $\frac{1}{4}$,所以 $V(\{2\})=\frac{1}{4}$.

类似地,可以求出 $V(\{2,3\})=1, V(\{1\})=1, V(\{3\})=-1$. 当 $R=\{1,2,3\}$ 时,

$$V(R)=\max_{\xi\in S_R^*}\min_{\eta\in S_{I\setminus R}^*}\sum_{i\in R}H_i(\xi,\eta)$$
$$=\max_{\xi\in S_R^*}\sum_{i=1}^{3}H_i(\xi)=\max\{2,0,4,2,2,1,3,2\}=4$$

在 (A,B,A) 上达到.再加上 $V(\varnothing)=0$,就把特征函数的值全部求出了.

下面讨论特征函数的一些性质.

定理 9.4.1 设 $V(R)$ 是对策 Γ 的特征函数,则

$$V(R\cup T)\geqslant V(R)+V(T),\quad \forall R,T\subset I, R\cap T=\varnothing$$

证
$$\begin{aligned}V(R\cup T)&=\max_{\xi\in S_{R\cup T}^*}\min_{\eta\in S_{I\setminus R\cup T}^*}\sum_{i\in R\cup T}H_i(\xi,\eta)\\&\geqslant\max_{\xi\in S_{R\cup T}^*}\left[\min_{\eta\in S_{I\setminus R}^*}\sum_{i\in R}H_i(\xi,\eta)+\min_{\eta\in S_{I\setminus T}^*}\sum_{i\in T}H_i(\xi,\eta)\right]\\&\geqslant\max_{\xi\in S_R^*}\min_{\eta\in S_{I\setminus R}^*}\sum_{i\in R}H_i(\xi,\eta)+\max_{\xi\in S_T^*}\min_{\eta\in S_{I\setminus T}^*}\sum_{i\in T}H_i(\xi,\eta)\\&=V(R)+V(T)\end{aligned}$$
▌

定理 9.4.2 设 $V(R)$ 是定义在 $I=\{1,2,\cdots,n\}$ 的一切子集上的一个函数,并且满足

$$V(\varnothing)=0,$$
$$V(R\cup T)\geqslant V(R)+V(T),\quad \forall R,T\subset I,\ R\cap T=\varnothing$$

则存在一个 n 人对策 Γ,使 Γ 的特征函数就是 $V(R)$.

我们略去这个定理的证明.

由定理 9.4.1 及定理 9.4.2,可以看出特征函数完全反映了 n 人合作对策的性质.以后就用特征函数来表示一个 n 人合作对策,记作 $\Gamma=\{I,V\}$.

n 人合作对策 $\Gamma=\{I,V\}$,如果具有下列性质:

$$V(R\cup T)=V(R)+V(T),\quad \forall R,T\subset I,\ R\cap T=\varnothing$$

就称 V 具有**可加性**.

n 人合作对策的特征函数如果具有可加性,就称为**非实质性的对策**,它没有值得研究的内容,这可以从下面的定理看出来.

定理 9.4.3 合作对策 $\Gamma=\{I,V\}$ 的特征函数 V 具有可加性的充要条件是

$$V(I)=\sum_{i=1}^{n}V(\{i\})\tag{9.4.2}$$

证 必要性是显然的.

充分性.假设(9.4.2)成立,任取 $R,T\subset I,R\cap T=\varnothing$,由特征函数的性质,

$$\begin{aligned}V(I)&=\sum_{i=1}^{n}V(\{i\})=\sum_{i\in R}V(\{i\})+\sum_{i\in T}V(\{i\})+\sum_{i\in I\setminus R\cup T}V(\{i\})\\&\leqslant V(R)+V(T)+V(I\setminus R\cup T)\\&\leqslant V(R\cup T)+V(I\setminus R\cup T)\leqslant V(I)\end{aligned}$$

所以 $V(R\cup T)=V(R)+V(T)$. ▌

在定理证明过程中可以看出,非实质性对策具有这样的性质:

$$V(R)=\sum_{i\in R}V(\{i\}),\quad \forall R\subset I$$

这就是说,局中人无论怎样组成联盟,他们的收入总是单独对抗的收入之和.所以以后讨论的 n 人合作对策主要不是非实质性对策,而是其特征函数 V 满足条件

$$V(I)>\sum_{i=1}^{n}V(\{i\})$$

的对策,这种对策称为**实质性对策**.

2. 分配

合作对策的每个局中人应当从联盟的收入中分得各自应得的份额,这可以用一个 n 维向量 $\boldsymbol{x}=(x_1,x_2,\cdots,x_n)$ 来表示,其中 x_i 表示局中人 i 在 $\boldsymbol{x}$ 中应得的份额.这个向量应满足下面两个条件

$$x_i\geqslant V(\{i\}),\quad i=1,2,\cdots,n \tag{9.4.3}$$

$$\sum_{i=1}^{n}x_i=V(I) \tag{9.4.4}$$

条件(9.4.3)表示,每一个局中人不管参加哪一个联盟,如果最后分配给他的数额还达不到他一个人单独行动所能得到的收入,很难想象他会接受这样的分配.

条件(9.4.4)可以这样理解,如果

$$\sum_{i=1}^{n}x_i<V(I)$$

那么 I 中全部人员组成一个大联盟,得到总收入 $V(I)$.由于 $V(I)-\sum_{i=1}^{n}x_i>0$,所以每个局中人 i 可以在 x_i 以外再得到一个额外的收入.例如每个局中人可以得到

$$\frac{1}{n}\left[V(I)-\sum_{i=1}^{n}x_i\right]>0$$

因此他们肯定不会接受 $\boldsymbol{x}$ 这个分配方案.另一方面,

$$\sum_{i=1}^{n}x_i>V(I)$$

也是不可能的.因为由特征函数的性质,无论怎样组成联盟,联盟收入的总和都不会超过 $V(I)$,那么总的分配就不允许超过 $V(I)$.可见(9.4.4)式一定成立.

以后称满足条件(9.4.3),(9.4.4)的向量 $\boldsymbol{x}$ 为**分配**,用 X 表示分配的全体.

非实质性对策只有一个分配

$$\boldsymbol{x}=(V(\{1\}),V(\{2\}),\cdots,V(\{n\}))$$

因为对某个 i,有 $x_i>V(\{i\})$,由(9.4.3)得到

$$\sum_{i=1}^{n}x_i>\sum_{i=1}^{n}V(\{i\})=V(I)$$

这是不可能的.

对于实质性对策 $\Gamma=\{I,V\}$，由于

$$a=V(I)-\sum_{i=1}^{n}V(\{i\})>0$$

有无穷多种方式将 $V(I)-\sum_{i=1}^{n}V(\{i\})$ 分为 n 个非负实数 $a_1,a_2,\cdots,a_n$ $\left(\sum_{i=1}^{n}a_i=a\right)$.

容易验证

$$\boldsymbol{x}=(V(\{1\})+a_1,V(\{2\})+a_2,\cdots,V(\{n\})+a_n)$$

是个分配.

3. 核心与稳定集

合作对策要想解决的一个重要问题就是求一个或者一组使每个局中人都满意的分配，这就是通常说的求这个对策的解.但是到目前为止，还没有一个使大家都比较满意的解的定义.我们将介绍几个常用的解.

下面先比较两个分配的好坏.

定义 9.4.1 设 $\boldsymbol{x}=(x_1,x_2,\cdots,x_n)$ 和 $\boldsymbol{y}=(y_1,y_2,\cdots,y_n)$ 是合作对策 $\Gamma=\{I,V\}$ 的两个分配，联盟 S 是 I 的非空子集，如果满足条件

$$\begin{cases}\sum_{i\in S}y_i\leqslant V(S)\\ y_i>x_i,\ i\in S\end{cases}$$

就称 **$\boldsymbol{y}$ 关于 S 优超于 $\boldsymbol{x}$**，记为 $\boldsymbol{y}\underset{S}{>}\boldsymbol{x}$.

显然，$\boldsymbol{y}$ 关于 S 优超于 $\boldsymbol{x}$，$\boldsymbol{x}$ 关于 S 优超于 $\boldsymbol{z}$，就一定有 $\boldsymbol{y}$ 关于 S 优超于 $\boldsymbol{z}$.

单人联盟不可能有分配的优超关系，这是因为，如果 $\boldsymbol{y}\underset{\{i\}}{>}\boldsymbol{x}$，则由优超的定义

$$\begin{cases}y_i\leqslant V(\{i\})\\ y_i>x_i\end{cases}$$

于是有 $V(\{i\})\geqslant y_i>x_i$，$x_i$ 不符合分配的定义.

全体局中人联盟 I 也不可能有优超关系，这是因为，如果 $\boldsymbol{y}\underset{I}{>}\boldsymbol{x}$，那么

$$\begin{cases}\sum_{i=1}^{n}y_i\leqslant V(I)\\ y_i>x_i,\ i\in I\end{cases}$$

于是有 $\sum_{i=1}^{n}y_i>\sum_{i=1}^{n}x_i=V(I)$，这是不可能的.

定义 9.4.2 如果存在一个非空联盟 S，使得 $\boldsymbol{y}\underset{S}{>}\boldsymbol{x}$，就称**分配 $\boldsymbol{y}$ 优超于分配 $\boldsymbol{x}$**，记为 $\boldsymbol{y}>\boldsymbol{x}$.

分配的一般优超关系不一定满足传递性，举例如下：

设三人合作对策的特征函数 V 的值是

$$V(\{i\})=0,\ i=1,2,3$$

$$V(\{1,2\})=V(\{1,3\})=V(\{2,3\})=V(I)=10$$

考虑下面三个分配：

$$z=(0,5,5),\ y=(6,4,0),\ x=(4,0,6)$$

我们有 $z>y$，$y>x$，但是 z 不优超于 x.

下面我们利用分配的优超概念来定义对策的解.

定义 9.4.3 合作对策 $\Gamma=\{I,V\}$ 有一分配集 C，满足条件：如果 $x\in C$，就不存在分配 y，使 $y>x$，就称 C 是对策 Γ 的**核心**.

下列的定理给出一个求核心的方法.

定理 9.4.4 设 C 是 n 人合作对策 $\Gamma=\{I,V\}$ 的核心，则分配 $x\in C$ 的充要条件是对任何 $S\subset I$，都有

$$\sum_{i\in S} x_i\geqslant V(S) \tag{9.4.5}$$

证 充分性.如果 x 是满足(9.4.5)的分配，但 $x\notin C$，则由核心的定义，存在非空集 $S\subset I$ 及分配 $y=(y_1,y_2,\cdots,y_n)$，使 $y\underset{S}{>}x$，也就是

$$\begin{cases}\sum\limits_{i\in S} y_i\leqslant V(S)\\ y_i>x_i,\ i\in S\end{cases}$$

所以，$V(S)\geqslant\sum\limits_{i\in S} y_i>\sum\limits_{i\in S} x_i\geqslant V(S)$，而这是不可能的.

必要性.C 是核心，如果存在分配 $x\in C$ 及 $S\subset I$，使 $\sum\limits_{i\in S} x_i<V(S)$，取

$$\varepsilon=V(S)-\sum_{i\in S} x_i>0,\ a=V(I)-V(S)-\sum_{i\in I\backslash S} V(\{i\})\geqslant 0$$

作向量 $y=(y_1,y_2,\cdots,y_n)$，其中

$$y_i=\begin{cases}x_i+\dfrac{\varepsilon}{|S|}, & i\in S\\[2ex] V(\{i\})+\dfrac{a}{n-|S|}, & i\notin S\end{cases}$$

($|S|$ 表示集合 S 包含的元素个数).

容易证明，$y=(y_1,y_2,\cdots,y_n)$ 是个分配，但 $y\underset{S}{>}x$，与假设矛盾. ▌

例 9.4.2 三人合作对策 $\Gamma=\{I,V\}$，有

$$V(\{1\})=4,\ V(\{2\})=V(\{3\})=0,\ V(\{1,2\})=5$$
$$V(\{1,3\})=7,\ V(\{2,3\})=6,\ V(\{1,2,3\})=10$$

求核心 C.

解 由定理 9.4.4，$(x_1,x_2,x_3)\in C$ 的充要条件是满足下列不等式组：

$$\begin{cases}x_1\geqslant 4,\ x_2\geqslant 0,\ x_3\geqslant 0\\ x_1+x_2+x_3=10\\ x_1+x_2\geqslant 5\\ x_1+x_3\geqslant 7\\ x_2+x_3\geqslant 6\end{cases}$$

由 $x_1+x_2+x_3=10$，$x_2+x_3\geqslant 6$，得到 $x_1\leqslant 4$，所以 $x_1=4$，同样可得 $x_2\leqslant 3$，$x_3\leqslant 5$，$x_2+x_3=6$，所以

$$C=\{(4,6-x,x)\mid 3\leqslant x\leqslant 5\}$$

例 9.4.3　三人合作对策 $\Gamma=\{I,V\}$，有

$$V(\{1\})=V(\{2\})=V(\{3\})=0$$

$$V(\{1,2\})=V(\{1,3\})=V(\{2,3\})=V(\{1,2,3\})=1$$

求核心 C.

解　解下列不等式组：

$$\begin{cases} x_1\geqslant 0,\ x_2\geqslant 0,\ x_3\geqslant 0\\ x_1+x_2+x_3=1\\ x_1+x_2\geqslant 1\\ x_1+x_3\geqslant 1\\ x_2+x_3\geqslant 1\end{cases}$$

由后面四个式子得到 $x_3\leqslant 0, x_2\leqslant 0, x_1\leqslant 0$，但是 $x_1+x_2+x_3=1$，所以不等式组无解. 由定理 9.4.4，核心 C 是空集.

用核心作为合作对策的解的优点是核心中的分配有很强的稳定性. 任何联盟都没有更好的分配，也就不想改变它. 但是，可惜的是很多合作对策的核心是空集. 因此有必要提出一个存在的可能性比较大的解的概念.

J.von Neumann 提出另一个解的概念.

定义 9.4.4　设 V 是合作对策 $\Gamma=\{I,V\}$ 的部分分配组成的集合，如果它满足

（1）$\boldsymbol{x},\boldsymbol{y}\in V$，则 $\boldsymbol{x}$ 不优超于 $\boldsymbol{y}$；

（2）若 $\boldsymbol{x}\notin V$，则存在 $\boldsymbol{y}\in V$，使 $\boldsymbol{y}>\boldsymbol{x}$.

就称 V 是 Γ 的一个**稳定集**，也称 V 是 Γ 的 **VN-M 解**.

例 9.4.4　证明 $V=\left\{\left(\frac{1}{2},\frac{1}{2},0\right),\left(\frac{1}{2},0,\frac{1}{2}\right),\left(0,\frac{1}{2},\frac{1}{2}\right)\right\}$ 是例 9.4.3 中给出的合作对策 Γ 的稳定集.

证　分配 $\left(\frac{1}{2},\frac{1}{2},0\right),\left(\frac{1}{2},0,\frac{1}{2}\right),\left(0,\frac{1}{2},\frac{1}{2}\right)$ 之间显然没有优超关系. 分配

$$\boldsymbol{x}=(x_1,x_2,x_3)\notin V,\ x_1+x_2+x_3=1,\ x_1\geqslant 0,\ x_2\geqslant 0,\ x_3\geqslant 0$$

分三种情况：

（1）x_i 中至少有一个大于 $\frac{1}{2}$，那么其余两个 x_i 都小于 $\frac{1}{2}$.

（2）x_i 中有一个等于 $\frac{1}{2}$，如果还有一个 x_i 等于 $\frac{1}{2}$，就与 $\boldsymbol{x}\notin V$ 矛盾，所以其余两个 x_i 都小于 $\frac{1}{2}$.

（3）x_i 全小于 $\frac{1}{2}$.

无论哪种情况，只要分配 $\boldsymbol{x}=(x_1,x_2,x_3)\notin V$，就至少有两个分量小于 $\frac{1}{2}$，例如

$x_1<\frac{1}{2},x_2<\frac{1}{2}$,就取 $\boldsymbol{y}=\left(\frac{1}{2},\frac{1}{2},0\right)\in V,\boldsymbol{y}\underset{\{1,2\}}{>}\boldsymbol{x}$,所以 V 是稳定集.

定理 9.4.5 如果合作对策 $\Gamma=\{I,V\}$ 有非空的核心 C,且它的稳定集 V 存在,那么 $C\subseteq V$.

证 假定分配 $\boldsymbol{x}\in C$,但 $\boldsymbol{x}\notin V$,由稳定集的定义,存在 $\boldsymbol{y}\in V,\boldsymbol{y}>\boldsymbol{x}$,这与 $\boldsymbol{x}\in C$ 矛盾,定理成立. ▌

看来,稳定集的存在的可能性要比核心大,但是从 J. von Neumann 在 1944 年给出合作对策的稳定集的概念以后,许多人企图证明它的存在性都没有成功.直到 1969 年,Lucas 构造了一个没有稳定集的 10 人对策的例子以后,才说明了一般合作对策的稳定集不一定存在.

4. 核仁

关于合作对策的解的概念还有很多,下面我们将介绍从另一个角度提出的解的概念.

给定合作对策 $\Gamma=\{I,V\}$,设 $S\subset I$ 是局中人的一个联盟,$\boldsymbol{x}=(x_1,x_2,\cdots,x_n)$ 是一个分配,定义在 $\boldsymbol{x}$ 处的**超出值**

$$e(S,\boldsymbol{x})=V(S)-\sum_{i\in S}x_i$$

这个值的大小反映了联盟 S 对于分配 x 的"态度",$e(S,\boldsymbol{x})$ 越大,$\boldsymbol{x}$ 越不受 S 的欢迎.因为 S 组成联盟以后的获得比分配给他们的要大得多.如果 $e(S,\boldsymbol{x})$ 很小,最好是负数,说明分配给联盟 S 的要比他们组成联盟以后的获得要多得多,当然受联盟 S 的欢迎.

对于同一个分配 $\boldsymbol{x}$,可以计算出 I 的 2^n 个子集 $S\subset I$ 在 $\boldsymbol{x}$ 处的超出值 $e(S,\boldsymbol{x})$,以这 2^n 个 $e(S,\boldsymbol{x})$ 为分量,按从大到小的次序排列,可以构成一个 2^n 维向量

$$\boldsymbol{\theta}(\boldsymbol{x})=(\theta_1(\boldsymbol{x}),\theta_2(\boldsymbol{x}),\cdots,\theta_{2^n}(\boldsymbol{x}))$$

其中

$$\theta_i(\boldsymbol{x})=e(S_i,\boldsymbol{x}),\quad \theta_1(\boldsymbol{x})\geqslant\theta_2(\boldsymbol{x})\geqslant\cdots\geqslant\theta_{2^n}(\boldsymbol{x}),\quad S_i\subset I$$

我们希望找 $\boldsymbol{x}$,使 $\theta(\boldsymbol{x})$ 尽可能小.对于不同的分配 $\boldsymbol{x},\boldsymbol{y}$,规定 θ 的字典次序如下:设存在下标 k,使得

$$\theta_i(\boldsymbol{x})=\theta_i(\boldsymbol{y}),\quad i=1,2,\cdots,k-1$$
$$\theta_k(\boldsymbol{x})<\theta_k(\boldsymbol{y})$$

则称 $\theta(\boldsymbol{x})$ **字典序小于** $\theta(\boldsymbol{y})$,记为

$$\theta(\boldsymbol{x})\overset{L}{<}\theta(\boldsymbol{y})$$

$\theta(\boldsymbol{x})\overset{L}{\leqslant}\theta(\boldsymbol{y})$ 表示 $\theta(\boldsymbol{x})$ 字典序小于 $\theta(\boldsymbol{y})$ 或者等于 $\theta(\boldsymbol{y})$.

定义 9.4.5 合作对策 $\Gamma=\{I,V\}$ 的**核仁**是分配集合 X 的子集 N,对其中的每一个分配 $\boldsymbol{x},\theta(\boldsymbol{x})$ 是字典序最小的,即

$$N=\{\boldsymbol{x}\mid\boldsymbol{x}\in X,\text{对于一切 }\boldsymbol{y}\in X,\text{有 }\theta(\boldsymbol{x})\overset{L}{\leqslant}\theta(\boldsymbol{y})\}$$

核仁这一概念是 Schmeidler 在 1969 年提出的,并且证明了合作对策的核仁存在而且只包含唯一的分配.相关证明可查阅文献[12]的有关章节.

核仁有很好的存在性质，可是求核仁太困难了，下列定理将有助于求核仁.

定理 9.4.6　若合作对策 Γ 的核心 C 存在，则核仁 $N\subset C$.

证　设存在分配 $\boldsymbol{x}$, $\boldsymbol{x}\in N$, $\boldsymbol{x}\notin C$，则存在联盟 S，使

$$e(S,\boldsymbol{x})=V(S)-\sum_{i\in S}x_i>0$$

设 $\boldsymbol{\theta}(\boldsymbol{x})=(\theta_1(\boldsymbol{x}),\theta_2(\boldsymbol{x}),\cdots)$，其中 $\theta_1(\boldsymbol{x})\geqslant\theta_2(\boldsymbol{x})\geqslant\cdots$，至少存在一个联盟 S，使 $e(S,\boldsymbol{x})>0$，所以 $\theta_1(\boldsymbol{x})>0$. 又因为 C 非空，存在 $\boldsymbol{y}\in C$，对所有的联盟 S，

$$e(S,\boldsymbol{y})=V(S)-\sum_{i\in S}y_i\leqslant 0$$

所以

$$\boldsymbol{\theta}(\boldsymbol{y})=(\theta_1(\boldsymbol{y}),\theta_2(\boldsymbol{y}),\cdots),\quad \theta_i(\boldsymbol{y})\leqslant 0,\quad i=1,2,\cdots,2^n$$

就有 $\boldsymbol{\theta}(\boldsymbol{y})\overset{L}{<}\boldsymbol{\theta}(\boldsymbol{x})$，与 $\boldsymbol{x}\in N$ 矛盾. ▌

例 9.4.5　求例 9.4.2 给出的合作对策的核仁.

解　已知给定的对策的核心 $C=\{(4,6-x,x)\mid 3\leqslant x\leqslant 5\}$，求 $e(S,x)=V(S)-\sum_{i\in S}x_i$，$x\in C$.

$$\begin{aligned}
&S=\{1\},\ e(S,x)=4-4=0\\
&S=\{2\},\ e(S,x)=0-(6-x)=x-6\\
&S=\{3\},\ e(S,x)=0-x=-x\\
&S=\{1,2\},\ e(S,x)=5-[4+(6-x)]=x-5\\
&S=\{1,3\},\ e(S,x)=7-(4+x)=3-x\\
&S=\{2,3\},\ e(S,x)=6-[(6-x)+x]=0\\
&S=\{1,2,3\},\ e(S,x)=10-10=0
\end{aligned}$$

$x-6<x-5$, $-x<3-x$，所以只需要求 $\min\max\limits_{3\leqslant x\leqslant 5}\{x-5,3-x\}$，$\min\max\limits_{3\leqslant x\leqslant 5}\{x-5,3-x\}$ 在 $x=4$ 达到，所以 $N=\{(4,2,4)\}$.

5. Shapley 值

前面介绍的核心、稳定集是用优超概念来定义的，核心是不被优超的分配集.稳定集是优超这个集合以外的分配的分配集.核仁是利用超出值来定义的，希望它的最大超出值最小化.利用优超、超出值等概念来定义的解还不少.下面我们将从另一个角度来定义解.

先作这样的设想，一个“公平合理”的分配至少应该满足什么条件，再根据这些条件来定义解.Shapley 提出一个“公平合理”的分配至少应该满足下列三个条件：

（1）分配值应该与局中人的标号无关.

（2）如果局中人 i 参加任何联盟 S，都不对联盟做出任何贡献，就是

$$V(S\cup\{i\})=V(S)+V(\{i\}),\quad S\subset I,\quad \{i\}\notin S$$

那么局中人 i 的分配值应该是 $V(\{i\})$.

（3）一个特征函数 W，如果能写成两个特征函数 U 和 V 之和，那么局中人在特征函数 W 下的分配应该是在特征函数 U 和特征函数 V 下的分配之和.

为了把上述三个条件严格化,先引进两个概念.

设 π 是 $I=\{1,2,\cdots,n\}$ 的一个排列,也就是一个 I 到它自身的映射,以 πS 表示联盟 S 在排列 π 下的象集.若 $\pi i=j$,则 j 是 i 在 π 下的象.以 $\pi(I)$ 表示定义在 I 上的全体排列组成的集合.

设 $N\subseteq I$ 是个联盟,如果对于一切 $S\subseteq I$,有

$$V(S)=V(S\cap N)+\sum_{i\in S\setminus N}V(\{i\})$$

那么称 N 为对策 Γ 的一个**支柱**.

设 $i\notin N$,则

$$\begin{aligned}V(S\cup\{i\})&=V((S\cup\{i\})\cap N)+\sum_{j\in S\cup\{i\}\setminus N}V(\{j\})\\&=V(S\cap N)+\sum_{j\in S\setminus N}V(\{j\})+V(\{i\})\\&=V(S)+V(\{i\})\end{aligned}$$

就是说,如果局中人 i 不属于任何支柱 N,那么这个局中人对任何联盟不能做出任何贡献.

定义 9.4.6 n 人对策 $\Gamma=\{I,V\}$ 的 Shapley **值**是满足下面三条公理的函数

$$\varphi(V)=(\varphi_1(V),\varphi_2(V),\cdots,\varphi_n(V))$$

(1) 若对于 $\pi\in\pi(I)$ 和每一个 $S\subseteq I$,有

$$V(\pi S)=V(S)$$

则

$$\varphi_{\pi i}(V)=\varphi_i(V)$$

(2) 对于 Γ 的每一个支柱 N,有

$$\sum_{i\in N}\varphi_i(V)=V(N)$$

(3) 对于定义在 I 的全体子集上的任意两个特征函数 U 和 V,有

$$\varphi(U+V)=\varphi(V)+\varphi(U)$$

由支柱 N 的定义及公理(2),可以证明,当 $i\notin N$ 时,$\varphi_i(V)=V(\{i\})$.

Shapley 在 1953 年证明了下面的定理.

定理 9.4.7 设 $\Gamma=\{I,V\}$ 是合作 n 人对策,则存在唯一的一组 Shapley 值

$$\begin{aligned}&\varphi_i(V)\\&=\sum_{S\ni\{i\}}\frac{(n-|S|)!\ (|S|-1)!}{n!}[V(S)-V(S\setminus\{i\})],\quad i=1,2,\cdots,n\end{aligned}\qquad(9.4.6)$$

我们略去这个定理的证明.这个定理可以作下述直观解释.

局中人 i 参加联盟 S 以后,他为联盟增加收入 $V(S)-V(S\setminus\{i\})$.他参加 S 的概率是多少呢?如果我们想象 n 个局中人随机地依次参加对策,一共有 $n!$ 个排列次序,局中人 i 参加他前面 $|S|-1$ 个局中人组成的联盟,他后面 $n-|S|$ 个局中人又依次序参加各个不同的联盟,共有 $(|S|-1)!\cdot(n-|S|)!$ 种排列次序,所以出现的概率为

$$\frac{(|S|-1)!\,(n-|S|)!}{n!}$$

再对所有包含局中人 i 的 S 相加,就得到(9.4.6)式.

例 9.4.6　某公司有 5 个股东，股东 1 有三个投票权，股东 2,3,4,5 各有一个投票权.一个提案必须得票半数以上方能通过，如果提案能通过就得到支付 1，否则就得到支付 0. 求这 5 人对策的 Shapley 值.

解　局中人 $I=\{1,2,3,4,5\}$，特征函数 $V(S)$，由假设

$$V(\{1,2\})=V(\{1,3\})=V(\{1,4\})=V(\{1,5\})=1$$

$$\begin{aligned}V(\{1,2,3\})&=V(\{1,2,4\})=V(\{1,2,5\})=V(\{1,3,4\})\\&=V(\{1,3,5\})=V(\{1,4,5\})=1\end{aligned}$$

$$\begin{aligned}V(\{1,2,3,4\})&=V(\{1,2,3,5\})=V(\{1,2,4,5\})\\&=V(\{1,3,4,5\})=V(\{2,3,4,5\})=1\end{aligned}$$

$$V(\{1,2,3,4,5\})=1$$

先计算 $\varphi_1(V)$.只需要考虑 $V(S)-V(S\setminus\{1\})\neq 0$ 且包含局中人 1 的联盟 S.当 $|S|=2$ 时，有 $\{1,2\}$，$\{1,3\}$，$\{1,4\}$，$\{1,5\}$ 共 4 个，$V(S)-V(S\setminus\{1\})=1$，

$$4\cdot\frac{(2-1)!(5-2)!}{5!}=4\cdot\frac{3!}{5!}=\frac{1}{5}$$

当 $|S|=3$ 时，有 $\{1,2,3\}$ 等共 6 个，$V(S)-V(S\setminus\{1\})=1$，

$$6\cdot\frac{(3-1)!(5-3)!}{5!}=\frac{1}{5}$$

当 $|S|=4$ 时，有 $\{1,2,3,4\}$ 等共 4 个，$V(S)-V(S\setminus\{1\})=1$，

$$4\cdot\frac{(4-1)!(5-4)!}{5!}=\frac{1}{5}$$

所以

$$\varphi_1(V)=\frac{1}{5}+\frac{1}{5}+\frac{1}{5}=\frac{3}{5}$$

再计算 $\varphi_2(V)$.包含局中人 2 且 $V(S)-V(S\setminus\{2\})\neq 0$ 的联盟只有 $\{1,2\}$，$\{2,3,4,5\}$，并且 $V(S)-V(S\setminus\{2\})=1$，

$$\varphi_2(V)=\frac{(2-1)!(5-2)!}{5!}+\frac{(4-1)!(5-4)!}{5!}=\frac{1}{10}$$

$\varphi_3(V)$，$\varphi_4(V)$，$\varphi_5(V)$ 是同样的，所以 Shapley 值

$$\varphi(V)=\left(\frac{3}{5},\frac{1}{10},\frac{1}{10},\frac{1}{10},\frac{1}{10}\right)$$

对这个例子，我们可以计算它的核心、稳定集和核仁.

核心 $C=\varnothing$，核心是空集.

稳定集 $V=\{(x,1-x,0,0,0)\mid 0\leqslant x\leqslant 1\}$ 或 $\{(x,0,1-x,0,0)\mid 0\leqslant x\leqslant 1\}$ 或 $\{(x,0,0,1-x,0)\mid 0\leqslant x\leqslant 1\}$ 或 $\{(x,0,0,0,1-x)\mid 0\leqslant x\leqslant 1\}$.

核仁 $N=\left\{\left(\frac{3}{7},\frac{1}{7},\frac{1}{7},\frac{1}{7},\frac{1}{7}\right)\right\}$.

* §9.5 网络对策

在社会网络中，一个人购买产品、选择职业通常会受到周围人们的影响.研究这种交互行为需要把对策论知识延伸到网络背景，也称为网络博弈.本节将介绍网络上的图形对策和合作交流对策.

1. 图形对策

有限的图形对策是指这样的对策：有一个局中人集 N，$|N|=n$，局中人通过网络 $G(N)$ 连接.每个局中人的策略集都是有限的，$S_i=\{0,1\}$，即选择行动或不行动.对于局中人集的策略 $\boldsymbol{x}=(x_1,x_2,\cdots,x_n)$，记局中人 i 的支付函数为 $u_i(x_i,x_{N_i(G)})$，其中 $N_i(G)$ 是网络中 i 的邻居集，$x_{N_i(G)}$ 是 i 的邻居们采取的行动组合，即 i 的支付受自己和邻居们行动的综合影响.下面看一个具体例子.

例 9.5.1（互补的阈值对策） 在网络 $G(N)$ 中，只有当他的较多邻居们采取行动时，局中人 i 才采取行动，他获得的支付与不行动相比是随着采取行动的邻居们的数量而（弱）增加，从而

$$u_i(1,x_{N_i(G)})\geqslant u_i(0,x_{N_i(G)})\text{ 当且仅当 }\sum_{j\in N_i(G)}x_j\geqslant t_i$$

其中 t_i 是一个阈值.特别地，若多于 t_i 的邻居们选择行动，则局中人 i 会选择 1，否则选择 0.

进一步，如果行动需花费成本，且支付能随着更多的邻居采取行动而增加，支付函数可表示为：对某个 $a_i>0$ 和 $c_i>0$，

$$u_i(1,x_{N_i(G)})=a_i\cdot\left(\sum_{j\in N_i(G)}x_j\right)-c_i$$

$$u_i(0,x_{N_i(G)})=0$$

此时阈值 $t_i=c_i/a_i$ 意味着如果至少 t_i 个邻居选择行动，局中人 i 选择 1 有利，否则选择 0.

类似于矩阵对策，图形对策的 Nash 均衡为一个策略集 $\boldsymbol{x}=(x_1,x_2,\cdots,x_n)^{\mathrm{T}}$，满足

$$u_i(1,x_{N_i(G)})\geqslant u_i(0,x_{N_i(G)})\text{，如果 }x_i=1$$

$$u_i(0,x_{N_i(G)})\geqslant u_i(1,x_{N_i(G)})\text{，如果 }x_i=0$$

该条件要求每个局中人选取最大获得的行动来响应邻居们的行动去达到均衡.图 9.5.1 至图 9.5.3 为例 9.5.1 中阈值取 2 时的三个纯策略下的均衡.以公共品服务为例，“1”代表局中人提供公共品的行动，“0”为不提供，即搭便车.

可以看到，在互补的阈值对策中存在多个均衡.当选择 1（即采取行动）的局中人达到最多时的均衡称为最大均衡，如图 9.5.3 所示.

图形对策的混合平衡定义及存在性，可以查阅文献[13]等.

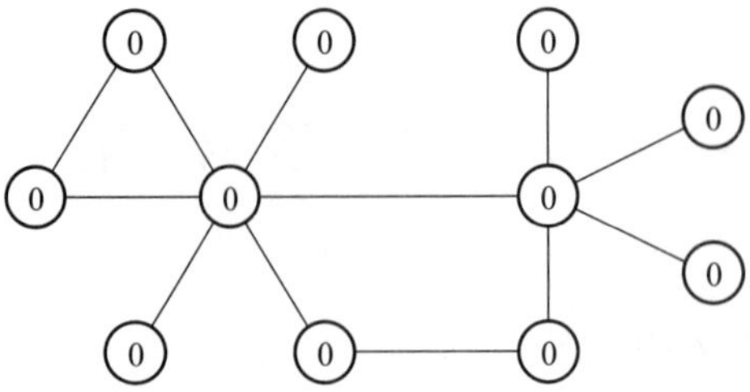

图 9.5.1

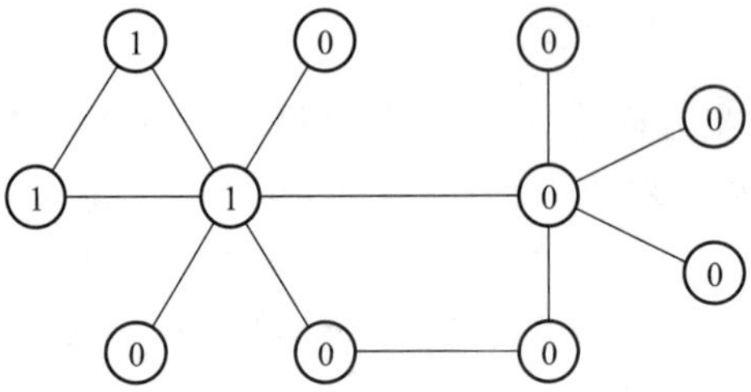

图 9.5.2

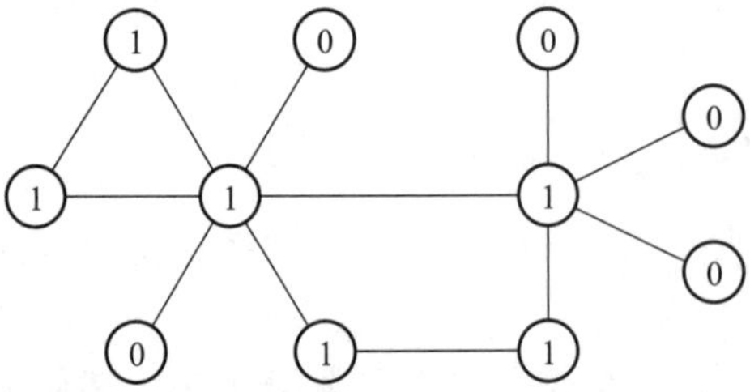

图 9.5.3

有限的图形对策可以推广到如下情形:设第 i 个局中人的策略集为 $S_i=[0,+\infty)$,他从自己的策略及邻居的策略中获得支付

$$u_i(x_i,x_{N_i(G)})=f\left(x_i+\sum_{j\in N_i(G)}x_j\right)-cx_i$$

其中 f 是一个连续可微的严格凹函数,且存在某个充分大的 x,使得$f'(0)>c>f'(x)$,$c>0$为成本参数.下面的定理给出一个求 Nash 均衡的方法.

定理 9.5.1　设 x^* 满足 $f'(x^*)=c$,策略集 $\boldsymbol{x}=(x_1,x_2,\cdots,x_n)^{\mathrm{T}}$ 是一个均衡,当且仅当对每个 $i=1,2,\cdots,n$,有如下条件成立:

$$\begin{cases}\text{若 } x_i>0,\text{则 } x_i+\sum\limits_{j\in N_i(G)}x_j=x^* \\ \text{若 } x_i=0,\text{则 } \sum\limits_{j\in N_i(G)}x_j\geqslant x^*\end{cases}$$

证明略.

容易看出,任何均衡必须在每个局中人的邻域中有 x^* 的获得,否则他会增加行动以获取更多支付.图 9.5.4 给出了 $x^*=1$ 时三人网络的多个均衡.

网络对策中,还有其他形式的均衡,相关定义和求解方法可参阅文献[13]、[14].

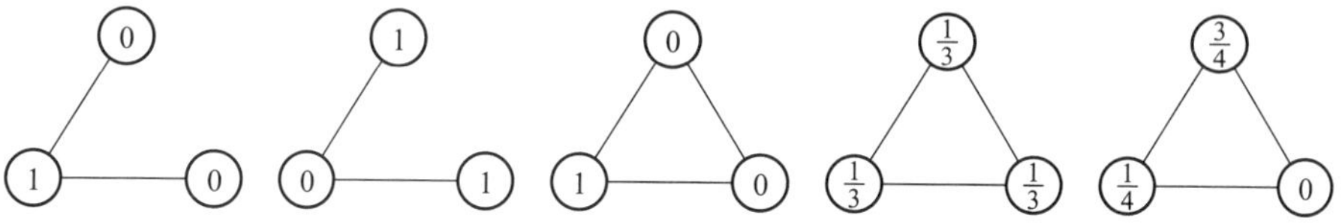

图 9.5.4

2. 合作交流对策

Myerson 基于局中人的网络结构,引入了一类有趣的合作对策,称为交流对策,用来描述包含交流情形的合作对策现象.

给定网络 G,若干局中人形成联盟 S,S 为 G 中点集 N 的一个子集,$G[S]$为 S 的点导出子图,$V(S)$为 S 的特征函数,定义交流对策的值为

$$\hat{V}_G(S)=\sum_{C\in G[S]}V(C)$$

其思想是联盟只能在可以沟通的条件下发挥作用,创造价值.下面看一个例子.

例 9.5.2 对图 9.5.5 中的网络,联盟$S_1=\{1,4,5\}$能起作用是因为局中人 1,4,5 在网络中的相互路径是连通的,都位于 $G[S]$的一个连通分支中,故

$$\hat{V}_G(S_1)=V(S_1)=V(\{1,4,5\}).$$

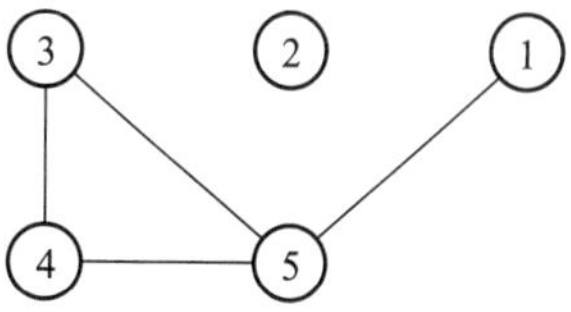

图 9.5.5

考虑联盟 $S_2=\{1,3,4\}$,在 G 中,局中人 1 与局中人 3,4 若要交流必须借助于局中人 5,故没有局中人 5 参加的话,局中人 1 与局中人 3,4 无法交流,S_2 的收益应为$\{3,4\}$联盟的收益,$\hat{V}_G(S_2)=V(\{1\})+V(\{3,4\})=V(\{3,4\})$.

同理,联盟 $S_3=\{1,2\}$的交流对策值为 $\hat{V}_G(S_3)=0$,因为局中人 1,2 在 G 中根本无法交流.

有了联盟的合作交流值之后,Myerson 为合作交流对策定义了一个分配

$$\varphi_i^M(V)=\varphi_i^S(\hat{V}_G)$$

其中 $\varphi_i^S(\hat{V}_G)$是基于交流收益 $\hat{V}_G$ 的 Shapley 值,$\varphi_i^M(V)$称为 Myerson 值,它是 Shapley 值在交流对策中的一个扩展.当 G 为完全图时,交流对策退化为 $\hat{V}_G=V$ 的合作对策,联盟的 Myerson 值等于 Shapley 值.当网络结构改变时,$\hat{V}_G$ 随之变化,Myerson 值也要相应改变.

例 9.5.3 现有某立法机构讨论如何分配明年的预算资金,设资金总数为 1.遵循多数原则,即一个方案只有超过半数以上的成员同意才可以通过,试计算它的 Myerson 值.

解 不妨设$|N|=3$,3 个局中人的 Shapley 值相等,均为 $\varphi_i^S=\frac{1}{3}$.下面求其 Myerson 值.

若 G 为完全图,即任意两人都可交流,则 $\varphi_i^M=\frac{1}{3}$.

若 G 只有一条边,不妨设局中人 1,2 相连,局中人 3 与他们无交流,则

$$\hat{V}_G(\{1,2\})=V(\{1,2\})=1,\ \hat{V}_G(\{1,3\})=0,\ \hat{V}_G(\{2,3\})=0,$$
$$\hat{V}_G(\{1\})=\hat{V}_G(\{2\})=\hat{V}_G(\{3\})=0,$$

所以 $\varphi_1^M=\frac{1}{2}=\varphi_2^M,\varphi_3^M=0$.

若 G 只有两条边,不妨设局中人 1 与 2 相连,2 与 3 相连,1 与 3 不直接相连,则

$$\hat{V}_G(\{1,2\})=\hat{V}_G(\{2,3\})=1,\ \hat{V}_G(\{1,3\})=0,$$
$$\hat{V}_G(\{1\})=\hat{V}_G(\{2\})=\hat{V}_G(\{3\})=0.$$

代入 Shapley 值公式,所以 $\varphi_1^M=\frac{1}{6},\varphi_2^M=\frac{2}{3},\varphi_3^M=\frac{1}{6}$.

若 G 无边,则全部的 $\hat{V}_G$ 为 0,对应的 Myerson 值也为 0.

在对策论中可以根据不同指标对对策问题进行分类,通常的分类方式有(1) 根据局中人的数量,分为两人对策和多人对策;(2) 根据所有局中人的支付函数的代数和是否为零,分为零和对策与非零和对策;(3) 根据局中人掌握信息的情况,分为完全信息对策和不完全信息对策;(4) 根据决策过程是否有先后顺序(即与时间有关),分为静态对策和动态对策;(5) 根据对策模型的数学表示,又分为矩阵对策、连续对策、微分对策等;(6) 根据局中人是否合作,分为合作对策和非合作对策.随着对策问题的详细化,对它的研究越加深入.文献[15]还介绍了当下博弈论的热点研究:期权博弈、行为博弈、演化博弈及实验博弈等内容,它们都与社会的发展息息相关.其中,算法博弈在近几十年来逐渐成为一个重要的研究方向.该理论假设一个系统有规划者和参与者两类人,其中,规划者从整体利益出发,设计系统以求全局最优;而参与者却从自身利益出发,选择利己行动以求个体最优,这常常使得系统的实际性能低于预期.该理论主要研究如何进行合理的机制设计、均衡解的界定及有效算法等内容.

对策论与诺贝尔经济学奖

应用对策论思维,辩证分析新问题

对策论程序

第 9 章习题

(A)

1. 举出几个可以归结为下列对策模型的例子.

(1) 两人零和对策;

(2) 两人非零和对策;

(3) 多人对策.

2. 假设甲、乙双方交战,乙方用三个师的兵力防卫一座城市,有两条公路可通过该城市.甲方用两个师的兵力进攻这座城市,可能两个师各攻一条公路,也可能都攻同一条公路.防守方可用三个师的兵力防守一条公路,也可以用两个师防守一条公路,用一个师防守另一条公路.哪方军队在某一条

公路上的数量多，哪方军队就控制这条公路.如果军队数量相同，则有一半机会防守方控制这条公路，一半机会进攻方攻入该城市.把进攻方作为局中人 1，攻下这座城市的概率作为支付，写出这个问题的矩阵对策.

3. 证明定理 9.3.1.

4. 求下列矩阵对策的最稳妥策略：

(1) $\begin{pmatrix} 1 & 2 & 3 & 2 \\ 5 & 3 & 6 & 4 \\ 0 & 2 & 4 & 2 \end{pmatrix}$　　(2) $\begin{pmatrix} 6 & 5 & 6 & 5 \\ 1 & 4 & 2 & -1 \\ 8 & 5 & 7 & 5 \\ 0 & 2 & 6 & 2 \end{pmatrix}$

(3) $\begin{pmatrix} -2 & 12 & -4 \\ 1 & 4 & 8 \\ -5 & 2 & 3 \end{pmatrix}$　　(4) $\begin{pmatrix} 2 & 2 & 1 \\ 3 & 4 & 4 \\ 2 & 1 & 6 \end{pmatrix}$

5. 设矩阵对策 $\Gamma=\{S_1,S_2;\boldsymbol{A}\}$ 有两个平衡局势 (X^1,Y^1)，(X^2,Y^2)，试证明 (X^1,Y^2)，(X^2,Y^1) 也是平衡局势，并且对应的值相等.

6. 下列矩阵为局中人 1 的支付矩阵，先尽可能按优超原则简化，再求平衡局势及其值：

(1) $\begin{pmatrix} 2 & 4 \\ 2 & 3 \\ 3 & 2 \\ -2 & 6 \end{pmatrix}$　　(2) $\begin{pmatrix} 3 & 5 & 4 & 2 \\ 5 & 6 & 2 & 4 \\ 2 & 1 & 4 & 0 \\ 3 & 3 & 5 & 2 \end{pmatrix}$　　(3) $\begin{pmatrix} 5 & 7 & -6 \\ -6 & 0 & 4 \\ 7 & 8 & -5 \end{pmatrix}$

7. 给定 2×2 矩阵对策 $\boldsymbol{A}=\begin{pmatrix} a & b \\ c & d \end{pmatrix}$，在纯策略集中没有平衡局势，试证明它的值

$$V=\frac{ad-bc}{a+d-b-c}$$

平衡局势是

$$\left[\left(\frac{d-c}{a+d-b-c},\frac{a-b}{a+d-b-c}\right),\ \left(\frac{d-b}{a+d-b-c},\frac{a-c}{a+d-b-c}\right)\right]$$

8. 用线性规划方法解以下对策问题：

(1) $\begin{pmatrix} 2 & 0 & 2 \\ 0 & 3 & 1 \\ 1 & 2 & 1 \end{pmatrix}$　　(2) $\begin{pmatrix} -1 & 2 & 1 \\ 1 & -2 & 2 \\ 3 & 4 & -3 \end{pmatrix}$

9. 证明在所有的两人对策中，核心是整个分配集又是唯一的稳定集.

10. 考虑一对策，其特征函数为

$$V(\{1\})=4,\ V(\{2\})=V(\{3\})=0,\ V(\{1,2\})=5$$
$$V(\{1,3\})=7,\ V(\{1,2,3\})=10,\ V(\{2,3\})=6$$

(1) 求分配集；(2) 求核心；(3) 求核仁；(4) 证明 $V=\{(4,6-x,x)\mid 0\leqslant x\leqslant 6\}$ 是稳定集.(5) 求 Shapley 值.

11. 某个理事会，有 5 个理事，其中 2 个理事有否决权.通过一个提案必须有半数以上理事同意，且都不能投弃权票.通过提案得到 1，否则得到 0. 求这个合作对策的核心、核仁、Shapley 值、稳定集.

12. 证明(9.4.6)式给出的 $\varphi_i(V)$，$i=1,2,\cdots,n$ 满足 Shapley 值的三条公理.

13. 有一个多人群体，每人决定是否买书，如果不买，若邻居有，他可以从邻居处借得.设买书的花费为 c，读书的效用为 1，给出该图形对策的支付函数.

(B)

1. 甲、乙两人分别有 1 角、5 分和 1 分的硬币各一枚.在双方互不知道的情况下，各出一枚硬币.并规定当和为奇数时，甲赢得二人所出的硬币；当和为偶数时，乙赢得所出硬币.试列出两人的对策模型，并说明该游戏对双方是否公平合理.

2. 沿河有 1、2、3 三个城镇，地理位置及各城镇的距离如图 1 所示.

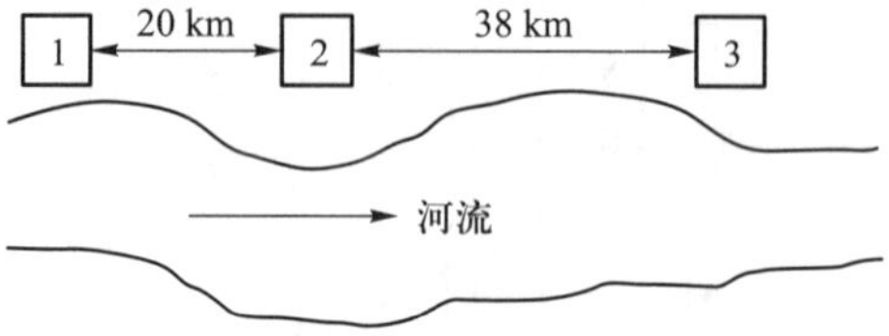

图 1

城镇排放的污水需经过处理才能排入河中.三个城镇既可以单独建污水处理厂，也可以联合建厂，用管道将污水集中处理(污水必须从上游城镇送往下游城镇，处理厂必须建在下游位置).按照经验公式，建造污水处理厂的费用 P_1 和铺设管道的费用 P_2 分别为

$$P_1 = 73Q^{0.712}(\text{万元}),\quad P_2 = 0.66Q^{0.51}L(\text{万元})$$

其中 Q 表示污水处理量(单位：t/s)，L 表示管道长度(单位：km).如果三个城镇的污水量分别为 $Q_1 = 5$，$Q_2 = 3$，$Q_3 = 6$，试从节约总投资的角度为三个城镇制定建厂方案.如果联合建厂，费用应如何分担？

参考文献

[1] VON NEUMANN J，MORGENSTERN O. Theory of games and economic behavior[M]. Princeton，New Jersey：Princeton University Press，1944.

[2] 中国科学院数学研究所第二室.对策论(博弈论)讲义[M]. 北京：人民教育出版社，1960.

[3] KUHN H W，TUCKER A W.Contributions to the theory of games Ⅰ-Ⅴ[M]. Princeton，New Jersey：Princeton University Press，1950-1959.

[4] 麦克金赛. 博弈论导引[M].高鸿勋，曾鼎鉌，王厦生，译.北京：人民教育出版社，1960.

[5] AUBIN J P. Mathematical method of game and economic theory[M]. Amsterdam：North-Holland Publishing Company，1979.

[6] OWEN G. Game theory[M]. New York：Academic Press，1982.

[7] LUCAS W F. The proof that a game may not have a solution[J]. Trans actions of the American. Mathematical Society，1969，137(4)：219-229.

[8] THOMAS L C.Games，theory and applications[M]. New York：Halsted Press，1984.

[9] MOESCHLIN O，PALLASCHKE D. Game theory and mathematical economics[M]. Amsterdam：North-Holland Publishing Company，1981.

[10] 王建华.对策论[M].北京：清华大学出版社，1986.

[11] 谭永基，朱晓明，丁颂康，等.经济管理数学模型案例教程[M].2 版.北京：高等教育出版社，2014.

[12] 刁在筠,刘桂真,宿洁,等.运筹学[M]. 3版.北京:高等教育出版社,2007.
[13] 杰克逊. 社会与经济网络[M]. 柳茂森,译.北京:中国人民大学出版社,2011.
[14] 弗登博格,梯若尔.博弈论[M]. 黄涛,郭凯,龚鹏,等,译.北京:中国人民大学出版社,2010.
[15] 洪开荣,孙倩.经济博弈论前沿专题[M]. 北京:经济科学出版社,2012.

习题参考答案与提示

第1章习题

(A)

1—4. 略.

5. (1) $\boldsymbol{x}^*=(6,2)^{\mathrm{T}}, z^*=12$; (2) $\boldsymbol{x}^*=(6,14)^{\mathrm{T}}, z^*=48$; (3) 无解; (4) 有无穷多个最优解,即以点$(2,3)^{\mathrm{T}}$与$(4,2)^{\mathrm{T}}$为端点的线段上的点均为最优解,最优值$z^*=8$.

6—8. 略.

9. $\boldsymbol{B}=\begin{pmatrix}2&0\\1&1\end{pmatrix}, \boldsymbol{N}=\begin{pmatrix}-2&1\\3&0\end{pmatrix}$, $\boldsymbol{B}$所对应的基本可行解为$\boldsymbol{x}=(0,2,0,4)^{\mathrm{T}}$.

10,11. 略.

12.
$$\begin{cases}\min\quad z=-1-\dfrac{5}{4}x_1-\dfrac{1}{2}x_4+\dfrac{3}{8}x_5\\ \text{s.t.}\quad -\dfrac{1}{2}x_1+x_2+\dfrac{1}{4}x_5=3\\ \qquad \dfrac{5}{4}x_1+x_3+\dfrac{1}{2}x_4+\dfrac{1}{8}x_5=5\\ \qquad -\dfrac{25}{2}x_1-4x_4-\dfrac{7}{4}x_5+x_6=-39\\ \qquad x_j\geqslant 0,\ j=1,\cdots,6\end{cases}$$

13. 略.

14. 最优解$\boldsymbol{x}^*=(13,5)^{\mathrm{T}}$,最优值$z^*=-31$.

15. 原问题为

$$\begin{cases}\min\quad -5x_1-3x_2\\ \text{s.t.}\quad -\dfrac{1}{5}x_1-\dfrac{2}{25}x_2\leqslant\dfrac{8}{5}\\ \qquad x_1+\dfrac{2}{5}x_2\leqslant 2\\ \qquad x_1,\ x_2\geqslant 0\end{cases}$$

$$\boldsymbol{B}=(\boldsymbol{A}_3,\boldsymbol{A}_1)=\begin{pmatrix}1 & -\frac{1}{5}\\ 0 & 1\end{pmatrix},\ \boldsymbol{B}^{-1}=\begin{pmatrix}1 & \frac{1}{5}\\ 0 & 1\end{pmatrix}$$

16. (1) $\boldsymbol{x}^*=(15,5,0)^{\mathrm{T}}, z^*=-35$;(2) $\boldsymbol{x}^*=(0,2,0,4)^{\mathrm{T}}, z^*=6$;(3) 问题无界.

17. (1) $\boldsymbol{x}^*=\left(0,4,\frac{28}{3},\frac{50}{3}\right)^{\mathrm{T}}, z^*=\frac{104}{3}$;(2) 无解;(3) 人工变量不出基,但值为零,得最优解 $\boldsymbol{x}^*=\left(\frac{3}{5},\frac{6}{5}\right)^{\mathrm{T}}, z^*=\frac{18}{5}$;(4) $\boldsymbol{x}^*=(8,0,3,0)^{\mathrm{T}}, z^*=31$.

18. (1) $$\begin{cases}\max & 5w_1+3w_2+2w_3+4w_4\\ \text{s.t.} & 5w_1+w_2+w_3+8w_4=10\\ & 2w_1+4w_2+3w_3+2w_4=10\\ & w_j\geqslant 0,\ j=1,2,3,4\end{cases}$$

(2) $$\begin{cases}\max & 2w_1+3w_2-5w_3\\ \text{s.t.} & 2w_1+2w_2-w_3\leqslant 1\\ & 3w_1+w_2-3w_3\leqslant 2\\ & 4w_1+6w_2-5w_3=4\\ & w_1\geqslant 0,\ w_3\geqslant 0,\ w_2\ \text{无约束}\end{cases}$$

(3) $$\begin{cases}\max & \sum_{i=1}^{m}a_i\alpha_i+\sum_{j=1}^{n}b_j\beta_j\\ \text{s.t.} & \alpha_i+\beta_j\leqslant c_{ij},\ i=1,\cdots,m;j=1,\cdots,n\\ & \alpha_i,\beta_j\geqslant 0\end{cases}$$

19. 略.

20. (1) $\boldsymbol{x}^*=\left(0,\frac{5}{2},\frac{7}{4}\right)^{\mathrm{T}}, z^*=\frac{7}{4}$;

(2) $$\begin{cases}\max & -5w_1+3w_2\\ \text{s.t.} & -w_1\leqslant 1\\ & -2w_1+\frac{1}{2}w_2\leqslant 0\\ & w_2\leqslant 1\\ & w_1\geqslant 0,\ w_2\geqslant 0\end{cases}$$

(3) $$\begin{cases}-2w_1+\frac{1}{2}w_2=0\\ w_2=1\end{cases}$$

$$\boldsymbol{w}^*=\left(\frac{1}{4},1\right)^{\mathrm{T}}$$

21. 略.

22. (1),(2),(3)不正确,(4)正确.

23. (1) $\boldsymbol{x}^*=\left(\frac{11}{5},\frac{2}{5},0\right)^{\mathrm{T}}$,$z^*=\frac{28}{5}$;(2) 无解;(3) $\boldsymbol{x}^*=\left(\frac{8}{5},\frac{1}{5},0,0\right)^{\mathrm{T}}$,$z^*=\frac{19}{5}$.

24. (1) $\boldsymbol{x}^*=(5,0,3,0)^{\mathrm{T}}$,$z^*=-\frac{13}{4}$;(2) $\boldsymbol{x}^*=(5,0,3,0)^{\mathrm{T}}$,$z^*=-\frac{1}{4}$;(3) 无解;(4) $\boldsymbol{x}^*=\left(0,1,\frac{5}{2},0\right)^{\mathrm{T}}$,$z^*=\frac{5}{2}$.

25. (1) $\boldsymbol{w}^*=\left(0,\frac{5}{6},\frac{7}{6}\right)^{\mathrm{T}}$,$z^*=9$;(2) $0\leqslant c_1\leqslant 6$.

26. (1)

λ 取值范围	最优解	最优值
$\lambda<4$	(PCP)无界	
$4\leqslant\lambda\leqslant 5$	$x_j^*=0,j=1,2,3,4$	$z(\lambda)=0$
$5\leqslant\lambda\leqslant\frac{11}{2}$	$x_2^*=1,x_j^*=0,j=1,3,4$	$z(\lambda)=5-\lambda$
$\lambda>\frac{11}{2}$	(PCP)无界	

(2)

λ 取值范围	最优解	最优值
$\lambda<2$	(PRP)无解	
$2\leqslant\lambda\leqslant 6$	$x_j^*=0,j=1,2,3$	$z(\lambda)=0$
$6\leqslant\lambda$	$x_1^*=-3+\frac{\lambda}{2},x_2^*=x_3^*=0$	$z(\lambda)=-6+\lambda$

(B)

1. (1) 最优解 $x_1^*=130,x_2^*=\frac{150}{13},x_3^*=\frac{915}{13}$;最优值 $z^*=\frac{260\ 050}{13}$;

(2) 因为对偶最优解 $w_1^*=\frac{3}{13},w_2^*=\frac{365}{13},w_3^*=\frac{85}{13},w_4^*=w_5^*=0$,企业要改善现状,需设法增加前 3 种资源的供应量,第 4,5 种资源增加,不会使利润增加;

(3) 当增加第 i 种单位资源时,需增加额外单位费用为 $d_i,i=1,2,3$,只有使 $d_i<w_i^*$ 时,才对企业有利,此时前 3 种资源每增加一单位,总利润的增量为 $\sum_{i=1}^{3}(w_i^*-d_i)$;至于各种资源可以增加的范围,需用参数规划理论得到.

2. (1) 设 x_1 为每周生产产品甲的单位数,x_2 为每周生产产品乙的单位数,该问题的数学模型为

$$
\begin{cases}
\max \quad z=0.5x_1+0.3x_2 \\
\text{s.t.} \quad 2x_1 + 2x_2 \leqslant 400\ 000 & (\text{仓库限制}) \\
\dfrac{1}{2\ 000}x_1+\dfrac{1}{2\ 500}x_2 \leqslant 130 & (\text{生产时间限制}) \\
x_1 \leqslant 250\ 000 & \\
x_2 \leqslant 350\ 000 & (\text{市场需求}) \\
-x_2 \leqslant -50\ 000 & (\text{合同约束}) \\
x_1,\ x_2 \geqslant 0
\end{cases}
$$

其最优解 $x_1^*=150\ 000, x_2^*=50\ 000$,最优值 $z^*=90\ 000$;

(2) 对偶最优解(即影子价格)$w_1^*=0.25, w_2^*=w_3^*=w_4^*=0, w_5^*=0.20$,即仓库容量每增加一单位,将使利润增加 0.25 单位,减少按合同供给特殊用户一单位乙产品,可增加利润 0.20 单位;而增加生产时间,扩大宣传力度都是不必要的;

(3) 设 t_1 是对应仓库容量的参数,t_5 是对应合同约束的参数,其参数规划如下:

$$
\begin{cases}
\max \quad z=0.5x_1+0.3x_2 \\
\text{s.t.} \quad 2x_1+2x_2 \leqslant 400\ 000+t_1 \\
5x_1+4x_2 \leqslant 1\ 300\ 000 \\
x_1 \leqslant 250\ 000 \\
x_2 \leqslant 350\ 000 \\
x_2 \geqslant 50\ 000+t_5 \\
x_1, x_2 \geqslant 0
\end{cases}
$$

(i) 令 $t_5=0$,当 $-300\ 000 \leqslant t_1 \leqslant 140\ 000$ 时,影子价格不变,故最多租用 140 000 单位的仓库额外容量,且每周租金不超过 0.25 单位/仓库单位时,对工厂有利;

若工厂能租到 100 000 单位仓库容量,租金为每周 0.15 单位/仓库单位,则每周可生产甲产品 200 000 单位,乙产品 50 000 单位,总利润为 100 000 单位,这是个重合同、守信誉的策略;

(ii) 令 $t_1=0$,当 $-50\ 000 \leqslant t_5 \leqslant 150\ 000$ 时,影子价格不变;如果特殊用户同意修改合同,每周只需供应他们 25 000 单位乙产品,但要求比原合同每少供应一单位乙产品需补偿经济损失 0.1 单位;此时,每周可生产甲产品 175 000 单位,乙产品 25 000 单位,总利润为 92 500 单位;

(iii) 在保持影子价格不变的前提下,当 t_1, t_5 均可变动时,应解如下(LP)问题:

$$
\begin{cases}
\max \quad f=90\ 000+0.25t_1-0.20t_5 \\
\text{s.t.} \quad 150\ 000+\dfrac{1}{2}t_1-t_5 \geqslant 0 \\
350\ 000-\dfrac{5}{2}t_1+t_5 \geqslant 0 \\
100\ 000-\dfrac{1}{2}t_1+t_5 \geqslant 0 \\
300\ 000 \qquad -t_5 \geqslant 0 \\
50\ 000 \qquad +t_5 \geqslant 0
\end{cases}
$$

此时 $t_1^*=125\ 000$, $t_5^*=-37\ 500$, $f^*=128\ 750$.即每周可生产甲产品 250 000 单位,乙产品 12 500 单位.扣除租金和补偿费用后的利润为 f^*-额外租金费-额外补偿费.

3. 建议用统计的聚类和线性规划方法求解.此题规模大、无统一答案,是一个好的应用案例.

第 2 章习题

(A)

1. 设 A,B 产品的生产量分别为 x_1 和 x_2 件,该问题的数学模型为

$$\begin{cases}\max\quad z=c_1x_1+c_2x_2\\ \text{s.t.}\quad a_{11}x_1+a_{12}x_2\leqslant b_1\\ \qquad a_{21}x_1+a_{22}x_2\leqslant b_2\\ \qquad a_{31}x_1+a_{32}x_2\leqslant b_3\\ \qquad x_1\geqslant k_1,\ x_2\geqslant k_2\\ \qquad x_1,x_2\text{ 为整数}\end{cases}$$

2. 设 0-1 变量 x_{ij} 表示

$$x_{ij}=\begin{cases}1,\ \text{指派第 } i \text{ 个人完成第 } j \text{ 项任务}\\ 0,\ \text{不指派第 } i \text{ 个人完成第 } j \text{ 项任务}\end{cases}$$

其数学模型为

$$\begin{cases}\min\quad z=\sum\limits_{i=1}^{n}\sum\limits_{j=1}^{n}c_{ij}x_{ij}\\ \text{s.t.}\quad \sum\limits_{j=1}^{n}x_{ij}=1,\ i=1,\cdots,n\\ \qquad \sum\limits_{i=1}^{n}x_{ij}=1,\ j=1,\cdots,n\\ \qquad x_{ij}=0\text{ 或 }1,\ i,j=1,\cdots,n\end{cases}$$

3. 可行解集 $=\{(4,0)^{\mathrm T},(5,0)^{\mathrm T},(6,0)^{\mathrm T},(7,0)^{\mathrm T},(8,0)^{\mathrm T},(5,1)^{\mathrm T},(6,1)^{\mathrm T}\}$,最优解 $\boldsymbol{x}^*=(5,1)^{\mathrm T}$,最优值 $z^*=0$.

4,5. 略.

6. (1) 最优解 $\boldsymbol{x}^*=(4,1)^{\mathrm T}$,最优值 $z^*=14$;(2) 最优解 $\boldsymbol{x}^*=(2,3)^{\mathrm T}$,最优值 $z^*=-34$.

7. 最优解 $\boldsymbol{x}^*=\left(3,\dfrac{8}{3}\right)^{\mathrm T}$,最优值 $z^*=\dfrac{43}{3}$.

(B)

1. 设 x_{ij} 为从设在 A_i 地的工厂运往销售地点 B_j 的运量,$i=1,\cdots,m$;$j=1,\cdots,n$.又设

$$y_i=\begin{cases}1, & \text{在 } A_i \text{ 地建厂} \\ 0, & \text{不在 } A_i \text{ 地建厂}\end{cases}\quad (i=1,\cdots,m)$$

则有

$$\begin{cases}\min \quad z=\sum_{i=1}^{m}\sum_{j=1}^{n}c_{ij}x_{ij}+\sum_{i=1}^{m}f_i y_i \\ \text{s.t.} \quad \sum_{j=1}^{n}x_{ij}\leqslant a_i y_i, i=1,\cdots,m \\ \qquad \sum_{i=1}^{m}x_{ij}\geqslant b_j,\ j=1,\cdots,n \\ x_{ij}\geqslant 0, y_i=0 \text{ 或 } 1, i=1,\cdots,m, j=1,\cdots,n.\end{cases}$$

这是一个混合 ILP.

2. 设 x_{ij} 为学生 i 在周 j 的值班时间.

$$y_{ij}=\begin{cases}1, & \text{安排学生 } i \text{ 在周 } j \text{ 值班} \\ 0, & \text{否则}\end{cases}$$

用 a_{ij} 代表学生 i 在周 j 最多可安排的值班时间，c_i 为学生 i 每小时的报酬，则有

$$\begin{cases}\min \quad z=\sum_{i=1}^{6}\sum_{j=1}^{5}c_i x_{ij} \\ \text{s.t.} \quad 2y_{ij}\leqslant x_{ij}\leqslant a_{ij}y_{ij}, i=1,\cdots,6, j=1,\cdots,5 (\text{不超过可安排时间}) \\ \qquad \sum_{j=1}^{5}x_{ij}\geqslant 8,\ i=1,\cdots,4 \quad (\text{大学生每周值班不少于 8 小时}) \\ \qquad \sum_{j=1}^{5}x_{ij}\geqslant 7,\ i=5,6 \quad (\text{研究生每周值班不少于 7 小时}) \\ \qquad \sum_{i=1}^{6}x_{ij}=14,\ j=1,\cdots,5 \quad (\text{实验室每天开放 14 小时}) \\ \qquad \sum_{j=1}^{5}y_{ij}\leqslant 3,\ i=1,\cdots,6 \quad (\text{每个学生每周值班不超过 3 次}) \\ \qquad \sum_{i=1}^{6}y_{ij}\leqslant 3,\ j=1,\cdots,5 \quad (\text{每天值班不超过 3 人}) \\ \qquad y_{5j}+y_{6j}\geqslant 1,\ j=1,\cdots,5 \quad (\text{每天至少有一个研究生值班}) \\ \qquad x_{ij}\geqslant 0, y_{ij}=0 \text{ 或 } 1, i=1,\cdots,6;\ j=1,\cdots,5\end{cases}$$

值班方案如下，每周总支付 713.6 元.

学生代号	周一	周二	周三	周四	周五
1	6	0	6	0	7
2	0	4	0	6	0
3	0	8	0	0	5
4	5	0	6	0	0

续表

学生代号	周一	周二	周三	周四	周五
5	3	0	2	5	0
6	0	2	0	3	2

3.

8	3	**4**	1	**9**	5	2	**6**	**7**
7	2	5	4	**3**	6	1	8	9
6	**1**	**9**	**8**	**7**	2	3	4	**5**
3	5	**7**	9	**6**	**4**	**8**	1	2
2	**9**	6	7	1	8	5	**3**	4
4	8	**1**	**5**	**2**	3	**7**	9	**6**
1	4	8	2	**5**	**9**	**6**	**7**	**3**
9	6	2	3	**8**	7	4	5	1
5	**7**	3	6	**4**	1	**9**	2	8

第3章习题

(A)

1. 略.

2. 设产品A生产x_1(百箱),产品B生产x_2(百箱),最优解$x_1^*=\dfrac{25}{6},x_2^*=\dfrac{65}{12}$.

3. (1) 整体最优解$\boldsymbol{x}^*=(1,2)^{\mathrm{T}}$,最优值$f(\boldsymbol{x}^*)=-\dfrac{1}{2}$;(2) 整体最优解$\boldsymbol{x}^*=(0,2)^{\mathrm{T}}$,最优值$f(\boldsymbol{x}^*)=-2$;(3) 整体最优解$\boldsymbol{x}^*=\left(\dfrac{1}{2},\dfrac{1}{2}\right)^{\mathrm{T}}$,最优值$f(\boldsymbol{x}^*)=\dfrac{3}{2}$.

4. 略.

5. (1) 凸函数;(2) 凹函数;(3) 凸函数.

6,7. 略.

8. $t^*=\dfrac{46}{290}$.

9. 近似解$t=2.084$, $\varphi(t)=-1.938$.

10. $t_5\doteq 4.000\ 04$,该问题的精确解$t^*=4$.

11,12. 略.

13. (1) 整体最优解为 $\boldsymbol{x}^*=\left(\frac{12}{5},\frac{14}{5}\right)^{\mathrm{T}}$;(2) 严格局部最优解为 $\boldsymbol{x}^*=(0,0)^{\mathrm{T}}$.

14. $\alpha\geqslant 0$.

15. (1) $\boldsymbol{x}^3=(0.024,-0.016)^{\mathrm{T}}$;(2) $\boldsymbol{x}^3=\left(\frac{3}{8},\frac{5}{4}\right)^{\mathrm{T}}$.

16,17. 略.

18. $\boldsymbol{p}^1=\left(1,\frac{1}{3}\right)^{\mathrm{T}}$.

19. 最优解 $\boldsymbol{x}^*=(1,1)^{\mathrm{T}}$.

20. 略.

21. 最优解 $\boldsymbol{x}^*=\left(\frac{4}{5},\frac{4}{5}\right)^{\mathrm{T}}$,最优值 $f(\boldsymbol{x}^*)=-\frac{16}{25}$,$\lambda^*=\left(\frac{4}{25},\frac{4}{25}\right)^{\mathrm{T}}$.

22. (1) K-T 点:$\boldsymbol{x}^*=(2,1)^{\mathrm{T}}$, $\boldsymbol{\lambda}^*=\left(\frac{1}{3},0,0\right)^{\mathrm{T}}$, $\mu=\frac{2}{3}$;(2) K-T 点:$\boldsymbol{x}^1=(-1,1)^{\mathrm{T}}$, $\boldsymbol{\lambda}^1=(0,4)^{\mathrm{T}}$; $\boldsymbol{x}^2=(1,1)^{\mathrm{T}}$, $\boldsymbol{\lambda}^2=(2,0)^{\mathrm{T}}$; $\boldsymbol{x}^3=(-1,-1)^{\mathrm{T}}$,$\boldsymbol{\lambda}^3=(0,0)^{\mathrm{T}}$.

23. (1) $\boldsymbol{A}\boldsymbol{p}=\boldsymbol{0}$ 和当 $\bar{x}_i=0$ 时,$p_i\geqslant 0$;(2) 当 $\sum_{j=1}^{n}a_{ij}\bar{x}_j=b_i$ 时, $\sum_{j=1}^{n}a_{ij}p_j\geqslant 0$ 和当 $\bar{x}_i=0$时,$p_i\geqslant 0$;(3) 当 $\sum_{j=1}^{n}a_{ij}\bar{x}_j=b_i$ 时, $\sum_{j=1}^{n}a_{ij}p_j\leqslant 0$, $\boldsymbol{C}\boldsymbol{p}=\boldsymbol{0}$ 和当 $\bar{x}_i=0$ 时,$p_i\geqslant 0$.

24. 最优解 $\boldsymbol{x}^*=\left(\frac{35}{31},\frac{24}{31}\right)^{\mathrm{T}}$.

25. (1) 略;(2) $x^k=\frac{2k-1}{k}$;(3) $x^*=2$.

26. 最优解 $\boldsymbol{x}^*=(0,0)^{\mathrm{T}}$.

(B)

1. 略.
2. 最优解 $\boldsymbol{x}^*=(380.95,476.19,142.86)^{\mathrm{T}}$,最优值 $f(\boldsymbol{x}^*)=75\ 238$.
3. 写出其 Lagrange 函数,最短距离为$\frac{\sqrt{2}}{8}$.

第 4 章习题

(A)

1. 最短路线为 $A\to B_2\to C_1\to D_1\to E$,其长度是 8.
2. 设

$$f_k(y)=\max\{c_1x_1+\cdots+c_kx_k \mid a_1x_1+\cdots+a_kx_k\leqslant y,\ x_i=0,1,\ i=1,2,\cdots,k\}$$

则

$$\begin{cases} f_k(y)=\max\limits_{x_k=0,1}\{c_kx_k+f_{k-1}(y-a_kx_k)\} \\ f_1(y)=\begin{cases} c_1y, & a_1\leqslant y \\ 0, & a_1>y \end{cases} \quad (\text{当 } y<0 \text{ 时}, f_k(y)=-\infty) \end{cases}$$

3. $$\begin{cases} f_k(x,x_k)=\max\limits_{x_{k-1}\geqslant\frac{1}{a}x_k}\{f_{k-1}(x,x_{k-1})+\varphi(y)\} \quad k=2,3,\cdots,N \\ y=x_{k-1}-\dfrac{1}{a}x_k,\ x_N=z \\ f_1(x,x_1)=\varphi(y),\ y=x-\dfrac{1}{a}x_1 \end{cases}$$

4. 最短路线为 $1\to3\to4\to5\to2\to1$ 或 $1\to2\to5\to4\to3\to1$，最短路程为 37.

5. (1) 最短路线为 $O\to B\to D\to H\to L\to P\to S\to V$，最短路程是 11；

(2) 用穷举法有 $(m+n-1)\binom{n+m}{n}$ 次加法，$\binom{n+m}{n}$ 次比较；用动态规划方法总共用 $2mn+(m+n-2)$ 次加法，mn 次比较.

6. 最优决策为 $y_1=0$，$y_2=0$，$y_3=81$，$y_4=54$，总收益为 2 680 元 .

7. 略.

(B)

1,2. 略.

第5章习题

(A)

1—6. 略.

7. 所求的最小树为 $T=G[\{12\},\{45\},\{14\},\{35\}]$.

8. 略.

9. 设 u_i 为点 1 到点 $i(2\leqslant i\leqslant 6)$ 的最短有向路的长度，则 $u_2=1,u_3=3,u_4=5,u_5=8,u_6=8$.

10. 最大流的值为 4，其中 $x_{sa}=1,x_{ac}=1,x_{ct}=1,x_{sb}=3,x_{bd}=3,x_{dt}=3$，其他 $x_{ij}=0$.

11. 最小费用流为 $x_{sa}=1,x_{sb}=2,x_{ac}=1,x_{bc}=2,x_{ct}=3$，其他 $x_{ij}=0$.

12. 略.

13. 网络密度 $d=\dfrac{8}{15}$，聚类系数 $C=\dfrac{19}{36}$.

(B)

1. 铺设电缆的道路为 12,24,34,46,56,57,68,它们构成图的一棵最小树,总长度为 1 400 km.

2. 每个服务员所走的最短路程分别为点 i 到点 1 的最短路.设点 i 到点 1 的最短路为 $P_i(2\leqslant i\leqslant 11)$,则 $P_2=21$,$P_3=\{36,65,52,21\}$,$P_4=\{41\}$,$P_5=\{52,21\}$,$P_6=\{65,52,21\}$,$P_7=\{73,36,65,52,21\}$,$P_8=\{85,52,21\}$,$P_9=\{910,107,73,36,65,52,21\}$,$P_{10}=\{107,73,36,65,52,21\}$,$P_{11}=\{119,910,107,73,36,65,52,21\}$.

3. 最优运输方案为 $x_{13}=70$,$x_{21}=40$,$x_{22}=60$,$x_{24}=80$,$x_{33}=50$,$x_{35}=10$,$x_{42}=50$,$x_{45}=100$,总运价为 44 400 元.

4. 工作效率最高的分配方案为 x_1 做工作 y_4,x_2 做工作 y_1,x_3 做工作 y_3,x_4 做工作 y_2,x_5 做工作 y_5,工作效率为 14.

第 6 章习题

(A)

1.

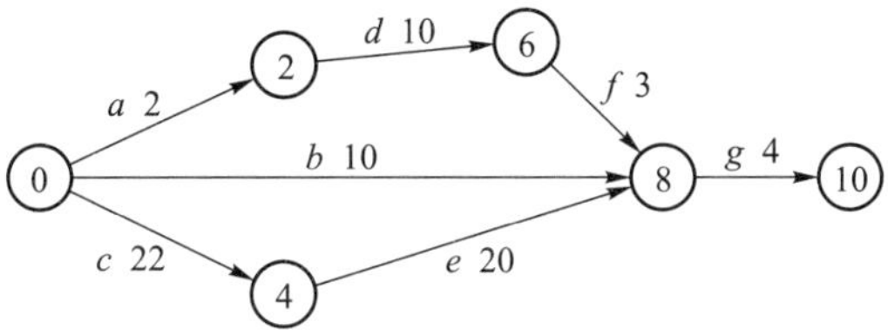

2.

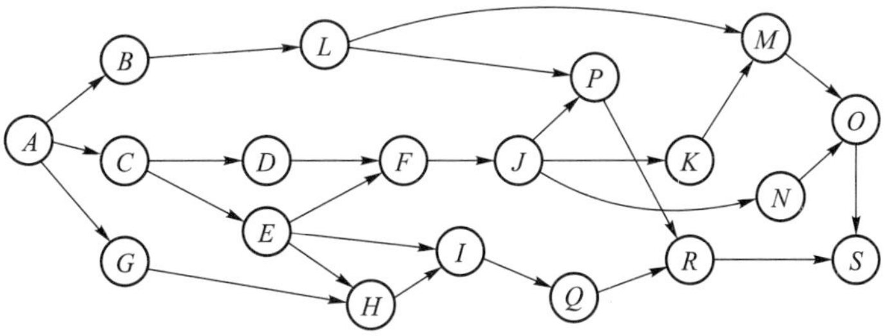

节点图

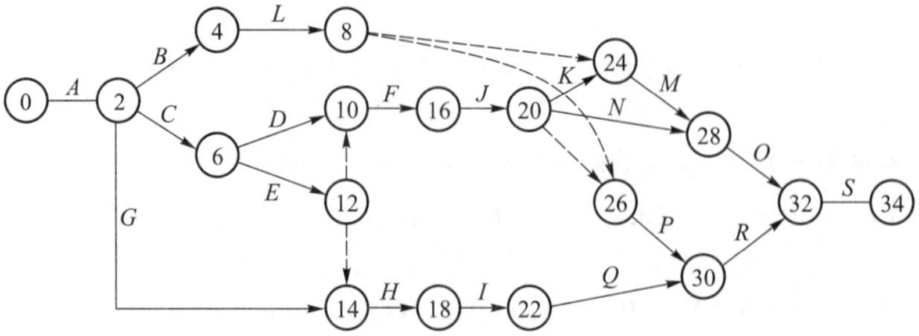

箭线图

3.

节点	1	2	3	4	5	6	7	8	9	10	11
最早时间	0	2	4	2	4	6	7	3	7	5	12
最晚时间	0	3	4	5	4	9	7	6	10	8	12

关键路线为①→③→⑤→⑦→⑪.

4.

工作	1→2	1→4	1→3	2→5	4→5	4→7	4→6	3→6	5→8	5→7	6→7	6→9	7→9	8→9
最早开始时间	0	0	0	2	8	8	8	4	8	8	12	12	13	15
最早结束时间	2	8	4	5	8	11	10	12	15	10	13	19	15	20
最晚结束时间	5	8	5	8	8	18	13	13	15	18	18	20	20	20
最晚开始时间	3	0	1	5	8	15	11	5	8	16	17	13	18	15

关键路线为①→④→⑤→⑧→⑨.

(B)

1. 箭线图：

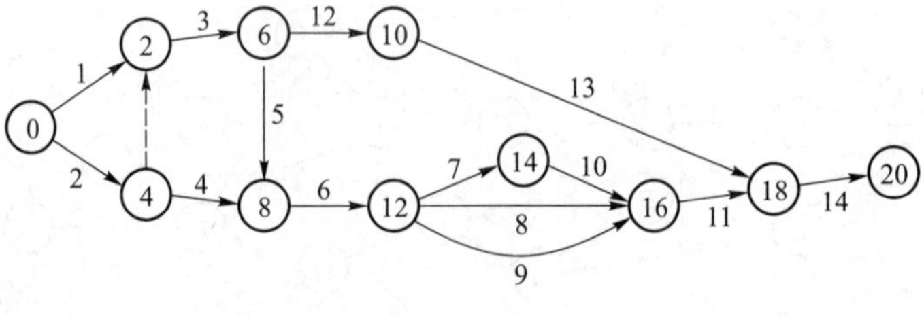

(1) 最短工期 85 天；

(2) 无影响；

(3) 缩短 4 天；

（4）第 59 天；

（5）缩短关键路线上 10 天工期.

2. 最小费用为 141 元.

第 7 章习题

（A）

1. $E(\xi)=\frac{1}{\lambda}$，$D(\xi)=\frac{1}{\lambda^{2}}$.

2. $E[N(t)]=\lambda t$，$D[N(t)]=\lambda t$.

3. 用条件概率公式.

4. (1) $p_0=1-\rho=0.25$，(2) $L=\frac{\lambda}{\mu-\lambda}=3$(人)，(3) $W=\frac{L}{\lambda}=1$(时)，(4) $W\geqslant 1.25$，即 $\frac{1}{4-\lambda}\geqslant 1.25$，就有 $\lambda\geqslant 3.2$ 人/时.

5. $p_n=\frac{\lambda^n}{\mu_2^{n-1}\mu_1}p_0$，$p_0=\frac{\mu_1(\mu_2-\lambda)}{\mu_1\mu_2+\lambda(\mu_2-\mu_1)}$，$L=\frac{\lambda}{\mu_1}\cdot\frac{1}{(1-\rho)^2}p_0$，$L_q=L-(1-p_0)$，$W=\frac{L}{\lambda}$，$W_q=\frac{L_q}{\lambda}$.

6. $p_0=0.6$，$p_1=0.2$，$p_2=0.1$，$L=0.8$(人)，$L_q=0.4$(人)，$W=1.6$(分钟)，$W_q=0.8$(分钟).

7. $p_n=\frac{1}{n!}\cdot\rho^n p_0$，$p_0=\mathrm{e}^{-\rho}$，$\lambda_e=\mu(1-\mathrm{e}^{-\rho})$，$L=\rho$，$L_q=\rho+\mathrm{e}^{-\rho}-1$，$W=\frac{\rho}{\mu(1-\mathrm{e}^{-\rho})}$，$W_q=\frac{\rho+\mathrm{e}^{-\rho}-1}{\mu(1-\mathrm{e}^{-\rho})}$.

8. 略.

9. 方案一的费用 $S_1=59.42$ 万元，方案二的费用 $S_2=52.884$ 万元，用方案二较好.

*10. $p_0=0.0995$，平均发生故障的电梯数为 $\bar{c}=3.46$ 部，平均停工时间 $W=7.21$ 天.

（B）

1. 58 个，32 个.

2. 略.

3. (1) 模型的构建

为简单计算，假设前一艘船卸货结束后马上离开码头，后一艘船立即可以开始卸货.

引进如下记号：

a_j——第 j 艘船的到达时间；

t_j——第 $j-1$ 艘船与第 j 艘船到达之间的时间间隔；

u_j——第 j 艘船的卸货时间；

l_j——第 j 艘船的离开时间；

w_j——第 j 艘船的等待时间；

s_j——第 j 艘船在港口的停留时间；

d_j——卸完第 $j-1$ 艘船到开始卸第 j 艘船之间的设备闲置时间；

w_m——船只最长等待时间；

s_a——船只平均停留时间；

s_m——船只最长停留时间；

w_a——船只平均等待时间；

d_l——设备闲置总时间；

R_d——设备闲置百分比.

为了分析码头的效率，我们考虑共有 n 条船到达码头卸货的情形，原则上讲，n 越大越好.由于 n 条船到达码头的时间和卸货时间都是不确定的，故我们要用随机模拟（又称为 Monte Carlo 模拟）的方法来建立数学模型.

首先，我们假设两船到达之间的时间间隔是一个随机变量，服从 15 min 到 145 min 的均匀分布；各船卸货时间也是一个服从 45 min 到 90 min 均匀分布的随机变量.然后我们可以用发生均匀分布的随机数的方法，分别产生 n 个 $[15,145]$ 和 $[45,90]$ 内的随机数 $t_1,t_2,\cdots,t_n$ 和 $u_1,u_2,\cdots,u_n$ 模拟 n 艘船两两之间到达的时间间隔和各艘船的卸货时间.

设初始时刻为 0，利用船舶到达的时间间隔，我们可以计算出各船的到达时间

$$a_1=t_1,\quad a_j=a_{j-1}+t_j\quad (j=2,3,\cdots,n)$$

有了这些数据后，我们就可以计算各艘船在码头等待卸货的时间，离开的时间，以及两艘船之间卸货设备的闲置时间.

第一艘船到港就可以卸货，卸完货即可离开，因而有

$$w_1=0,l_1=a_1+u_1$$

而在该船到达之前设备闲置，即

$$d_1=a_1$$

以后各艘船到达码头时，若前一艘船已经离港，则马上可以卸货，否则必须等待，等待时间为上一艘船的离港时间与本船到达时间之差，从而第 j 艘船的等待时间为

$$w_j=\begin{cases}0, & a_j\geqslant l_{j-1}\\ l_{j-1}-a_j, & a_j<l_{j-1}\end{cases}\quad (j=2,3,\cdots,n)$$

或

$$w_j=\max\{0,l_{j-1}-a_j\}\quad (j=2,3,\cdots,n)$$

由此可得

$$l_j=a_j+w_j+u_j$$

若第 j 艘船需等待卸货，设备不会闲置，但若第 j 艘船的到达时间迟于第 $j-1$ 艘船

的离开时间,那么这段时间差就是设备的闲置时间,即

$$d_j=\begin{cases}a_j-l_{j-1}, & a_j\geq l_{j-1}\\ 0, & a_j<l_{j-1}\end{cases}\quad (j=2,3,\cdots,n)$$

或

$$w_j=\max\{0,a_j-l_{j-1}\}\quad (j=2,3,\cdots,n)$$

进一步可以用下式计算船只停留时间：

$$s_j=l_j-a_j\quad (j=1,2,\cdots,n)$$

以及船只最大和平均停留时间以及最大和平均等待时间

$$s_m=\max_{1\leq j\leq n} s_j,\quad s_a=\frac{1}{n}\sum_{j=1}^{n} s_j$$

$$w_m=\max_{1\leq j\leq n} w_j,\quad w_a=\frac{1}{n}\sum_{j=1}^{n} w_j$$

也可以计算设备闲置总时间和闲置时间百分比如下

$$d_l=\sum_{j=1}^{n} d_j,\quad R_d=d_l/l_n$$

由于 t_j 和 u_j 是随机产生的,重复进行计算,结果是会有差异的,故仅用一次计算的结果作为分析的依据是不合理的.较好的做法是重复进行多次模拟,取各项数据的平均值作为分析的依据.

(2) 模型的求解与应用

各种计算机高级语言和数学软件都有产生随机数的子程序或命令语句,随机模拟是不难用一个简单的程序实现的.

我们以 $n=100$ 为例,列出 6 次模拟的结果如下表所示,其中所有时间均以 min 为单位:

船在港口的平均停留时间	106	85	101	116	112	94
船在港口的最长停留时间	287	180	233	280	234	264
船的平均等待时间	39	20	35	50	44	27
船的最长等待时间	213	118	172	203	167	184
设备闲置时间的百分比	0.18	0.17	0.15	0.2	0.14	0.21

若为了提高码头的卸货能力,增加了部分劳力和改善了设备从而使卸货时间减少到 35 min 至 75 min,两艘船到达的时间间隔仍为 15~145 min,六次模拟的结果如下表所示:

船在港口的平均停留时间	74	62	64	67	67	73
船在港口的最长停留时间	161	116	167	178	173	190
船的平均等待时间	19	6	10	12	12	16
船的最长等待时间	102	58	102	110	104	131
设备闲置时间的百分比	0.25	0.33	0.32	0.3	0.31	0.27

从上表可见，每艘船的卸货时间缩短了 15~20 min，等待时间明显缩短，但设备闲置时间的百分比增加了一倍. 为了提高效率，可以接纳更多的船只来港卸货，于是将两艘船到达的时间间隔缩短为 10~120 min. 在装载时间仍为 35~75 min 的情况下，再进行 6 次模拟，其结果如下表所示. 此时等待时间增加了，但设备闲置时间减少了.

船在港口的平均停留时间	114	79	96	88	126	115
船在港口的最长停留时间	248	224	205	171	371	223
船的平均等待时间	57	24	41	35	71	61
船的最长等待时间	175	152	155	122	309	173
设备闲置时间的百分比	0.15	0.19	0.12	0.14	0.17	0.06

第 8 章习题

(A)

1. 最大可能法：一般加固设计；期望值法：一般加固设计；利用效用函数：常规设计.

2. 决策树如下图所示. 最优方案为不搬走，筑一防护堤.

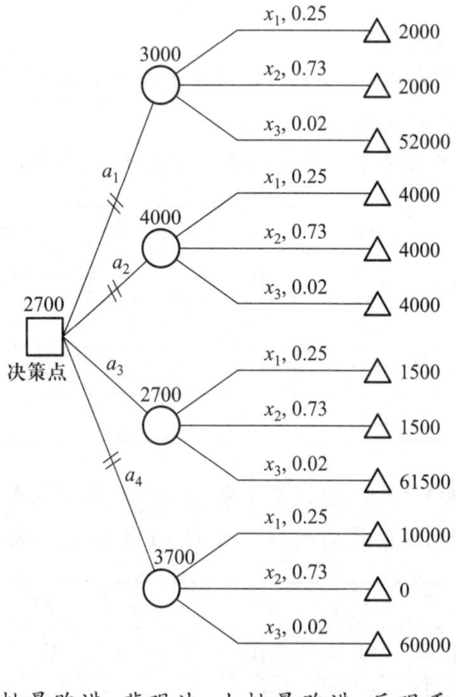

3. (1) 乐观法：大批量购进；悲观法：小批量购进；乐观系数法：大批量购进；后悔值法：大批量购进；等可能法：大批量购进；(2) 大批量购进；46 万元.

4. 公司应求助于咨询部门，获利 800 元，公司应开发该项目.

(B)

1. 略.

2. 利用计算机模拟,得到A公司经营状况好坏的概率如下:第一年"好"的概率为0.6,"坏"的概率为0.4.在第一年"好"的情况下,第二年"好"的概率为0.7,"坏"的概率为0.3;在第一年"坏"的情况下,第二年"好"的概率为0.4,"坏"的概率为0.6.具体信息如下表所示.

决策方案	A公司的经营状况		收益/千元
	第一年	第二年	
第一年用全部资金购买股票	好	好	800
	好	坏	-500
	坏	好	600
	坏	坏	-700
仅第一年用一半资金购买股票	好	好	300
	好	坏	0
	坏	好	100
	坏	坏	-100
两年各用一半资金购买股票	好	好	600
	好	坏	-600
	坏	好	500
	坏	坏	-400
买债券			50

这样,风险投资问题可归结为一个多阶段决策问题.

为了比较直观地反映决策者选择不同方案,在各种不同情况下的可能收益,可以采用决策树来表示.

画出决策树后,就可以着手计算不同决策的期望收益.具体计算从右向左进行,对于第一个方案第二阶段的机会点C_{11},其期望收益为$800\times0.7+(-500)\times0.3=410$,将这个值写在机会点$C_{11}$的下面.同样地,第一个方案第二阶段的机会点$C_{12}$,其期望收益为$600\times0.4+(-700)\times0.6=-180$,将这个值写在机会点$C_{12}$的下面.这样,机会点$C_1$的期望收益值为$410\times0.6+(-180)\times0.4=174$,这就是第一个方案最终的期望收益,将这个值写在机会点C_1的下面.同理可以计算出其他机会点的期望收益.

再来看决策点的选择.对于决策点d_{21},有两种选择C_{21}和C_{22}.C_{21}的期望收益为240,C_{22}的期望收益为210,因此决策点d_{21}应选择C_{21},期望收益为240,将240写在d_{21}的下面,表示这个决策所得到的期望收益.类似地,对于决策点d_{22},应选择C_{24},期望收益为-20.而对于决策点d_1,有三种选择C_1,C_2和C_3,其期望收益分别为174,136,50,故应选择第一种方案,期望收益值为174.

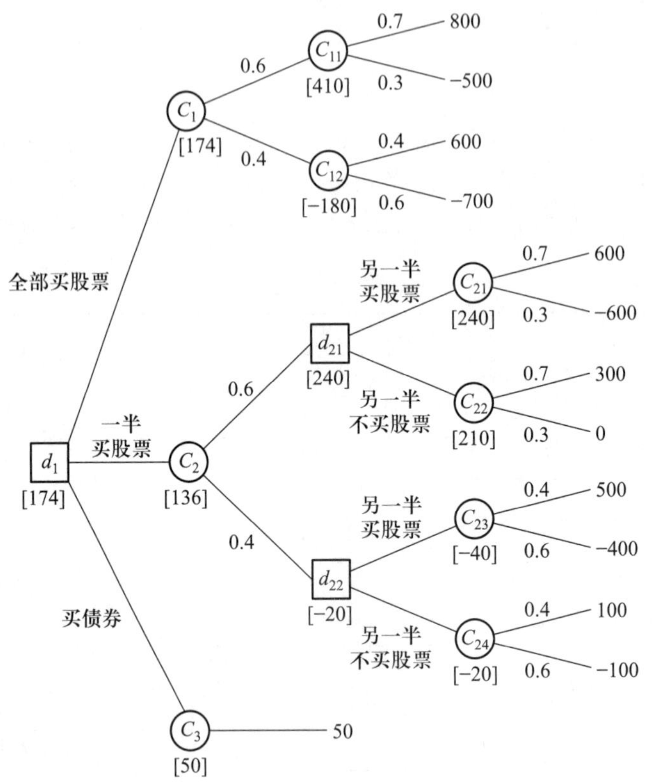

第 9 章习题

(A)

1. 略.

2. $\boldsymbol{A}=\begin{pmatrix}1 & \dfrac{1}{2}\\ \dfrac{1}{2} & \dfrac{3}{4}\end{pmatrix}$.

3. 略.

4. (1) (α_2,β_2), (2) (α_1,β_2), (3) (α_2,β_1), (4) (α_2,β_1).

5. 略.

6. (1) $X^*=\left(\dfrac{1}{3},0,\dfrac{2}{3},0\right)$, $Y^*=\left(\dfrac{2}{3},\dfrac{1}{3}\right)$, $v=\dfrac{8}{3}$;

(2) $X^*=\left(0,\dfrac{3}{5},0,\dfrac{2}{5}\right)$, $Y^*=\left(0,0,\dfrac{2}{5},\dfrac{3}{5}\right)$, $v=\dfrac{16}{5}$;

(3) $X^*=\left(0,\frac{6}{11},\frac{5}{11}\right)$, $Y^*=\left(\frac{9}{22},0,\frac{13}{22}\right)$, $v=-\frac{1}{11}$.

7. 略.

8. (1) $X^*=\left(\frac{1}{3},0,\frac{2}{3}\right)$, $Y^*=\left(\frac{2}{3},\frac{1}{3},0\right)$, $v=\frac{4}{3}$;

(2) $X^*=\left(\frac{17}{46},\frac{20}{46},\frac{9}{46}\right)$, $Y^*=\left(\frac{14}{46},\frac{12}{46},\frac{20}{46}\right)$, $v=\frac{30}{46}$.

9. 根据定义证明.

10. 核心 $C=\{(4,3-x,3+x)\mid 0\leqslant x\leqslant 2\}$,核仁 $N=\{(4,2,4)\}$,Shapley 值 $\varphi(V)=\left(\frac{28}{6},\frac{13}{6},\frac{19}{6}\right)$,其余略.

11. 核心 $C=\{(x,1-x,0,0,0)\mid 0\leqslant x\leqslant 1\}$,核仁 $N=\left\{\left(\frac{1}{2},\frac{1}{2},0,0,0\right)\right\}$, Shapley 值 $\varphi(V)=\left(\frac{9}{20},\frac{9}{20},\frac{1}{30},\frac{1}{30},\frac{1}{30}\right)$,稳定集

$$V_1=\{(y_1,y_2,y_3,0,0)\mid y_i\geqslant 0,\ i=1,2,3,\ y_1+y_2+y_3=1\}$$
$$V_2=\{(y_1,y_2,0,y_3,0)\mid y_i\geqslant 0,\ i=1,2,3,\ y_1+y_2+y_3=1\}$$
$$V_3=\{(y_1,y_2,0,0,y_3)\mid y_i\geqslant 0,\ i=1,2,3,\ y_1+y_2+y_3=1\}$$

12. 略.

13. 局中人 i 的支付函数为

$$u_i(1,x_{N_i(G)})=1-c$$
$$u_i(0,x_{N_i(G)})=1,\text{如果存在某个 } j\in N_i(G),\text{有 } x_j=1$$
$$u_i(0,x_{N_i(G)})=0,\text{如果所有的 } j\in N_i(G),\text{有 } x_j=0$$

其中 $1>c>0$.

(B)

1. 略.

2. 三城镇建厂方案一共有以下 5 种:

(1) 三城镇分别建造.建造费用分别为

$$F(1)=73\times 5^{0.712}=230(\text{万元}),\quad F(2)=73\times 3^{0.712}=160(\text{万元})$$
$$F(3)=73\times 6^{0.712}=261(\text{万元})$$

总投资额为 $F(1)+F(2)+F(3)=651$(万元);

(2) 城镇 1,2 合作,在城镇 2 建厂,城镇 3 单独建,建造费用为

$$F(1,2)=73\times(5+3)^{0.712}+0.66\times 5^{0.51}\times 20=351(\text{万元})$$

总投资额为 $F(1,2)+F(3)=612$(万元);

(3) 城镇 2,3 合作,在城镇 3 建厂,城镇 1 单独建,建造费用为

$$F(2,3)=73\times(3+6)^{0.712}+0.66\times 3^{0.51}\times 38=393(\text{万元})$$

总投资额为 $F(2,3)+F(1)=623$(万元);

(4) 城镇 1,3 合作,在城镇 3 建厂,城镇 2 单独建,建造费用为

$$F(1,3)=73\times(5+6)^{0.712}+0.66\times5^{0.51}\times58=490(\text{万元})$$

总投资额为 $F(1,3)+F(2)=650$(万元);

(5) 三城镇合作建厂,建造费用为

$$F(1,2,3)=73\times(5+3+6)^{0.712}+0.66\times5^{0.51}\times20+0.66\times(5+3)^{0.51}\times38=580(\text{万元})$$

比较以上方案,费用最小的自然是第(5)种,三城镇自然都会考虑合作建设.那么应该如何分担这笔合作建造费用?

如果不采用 Shapley 的方法,人们首先会想到根据排放污水量平均分担的办法.于是,城镇 1 应该分担

$$V(1)=\frac{5}{5+3+6}\times580=207(\text{万元})$$

同样,城镇 2 应分担 $V(2)=124$ 万元,城镇 3 应分担 $V(3)=249$ 万元.

然而,按照这样的方案,城镇 1 可以节省 23 万元,城镇 2 可节省 36 万元,城镇 3 却只能节省 12 万元,似乎并不尽合理.

考虑到合作建厂的费用由建处理厂和铺设管道两部分组成,城镇 3 提出另外的方案:建处理厂费用应按排污量平均分担,而 2,3 段管道费用应由 1,2 两城镇分担,1,2 段管道费用由城镇 1 单独承担.这种方案貌似公平,但仔细算来,城镇 3 只需承担费用

$$V(3)=\frac{6}{5+3+6}\times73\times(5+3+6)^{0.712}=205(\text{万元})$$

而城镇 2 和城镇 1 的费用将分别达到 138 万元和 237 万元(计算略).城镇 1 甚至超过单独建厂的费用,这显然是不合理的.

如果采用 Shapley 的方法,我们可以把合作方案节省的投资额看成收益,它将符合特征函数的要求.因此,可以用 Shapley 值计算各城镇节省的资金额.更方便地,可以直接用各种合作方案的建造费用作为效益函数计算 Shapley 值,其结果就是各方应承担的投资费用.用上述数据计算,以城镇 1 为例,可得下表:

S_i	$\{1\}$	$\{1,2\}$	$\{1,3\}$	$\{1,2,3\}$
$V(S_i)$	230	351	490	580
$V(S_i\backslash i)$	0	160	260	393
ΔV	230	191	229	187
$\lvert S_i \rvert$	1	2	2	3
$w(\lvert S_i \rvert)$	1/3	1/6	1/6	1/3
$w(\lvert S_i \rvert)\cdot\Delta V$	230/3	191/6	229/6	187/3
$\sum$	209			

即得 $p_1=209$(万元).类似地可以计算得到 $p_2=125$(万元),$p_3=245$(万元).也就是说,如果三城镇合作,那么各城镇投资应按上述比例分摊.这时,各城镇按排污量平均每秒吨的投资额分别为 41.8 万元、41.67 万元和 40.83 万元.排放距离即铺设管道长些,承担费用略大些.各城镇节省额的差额比按照排放污水量平均分担方案小些.这种分摊结果还是更合理些.